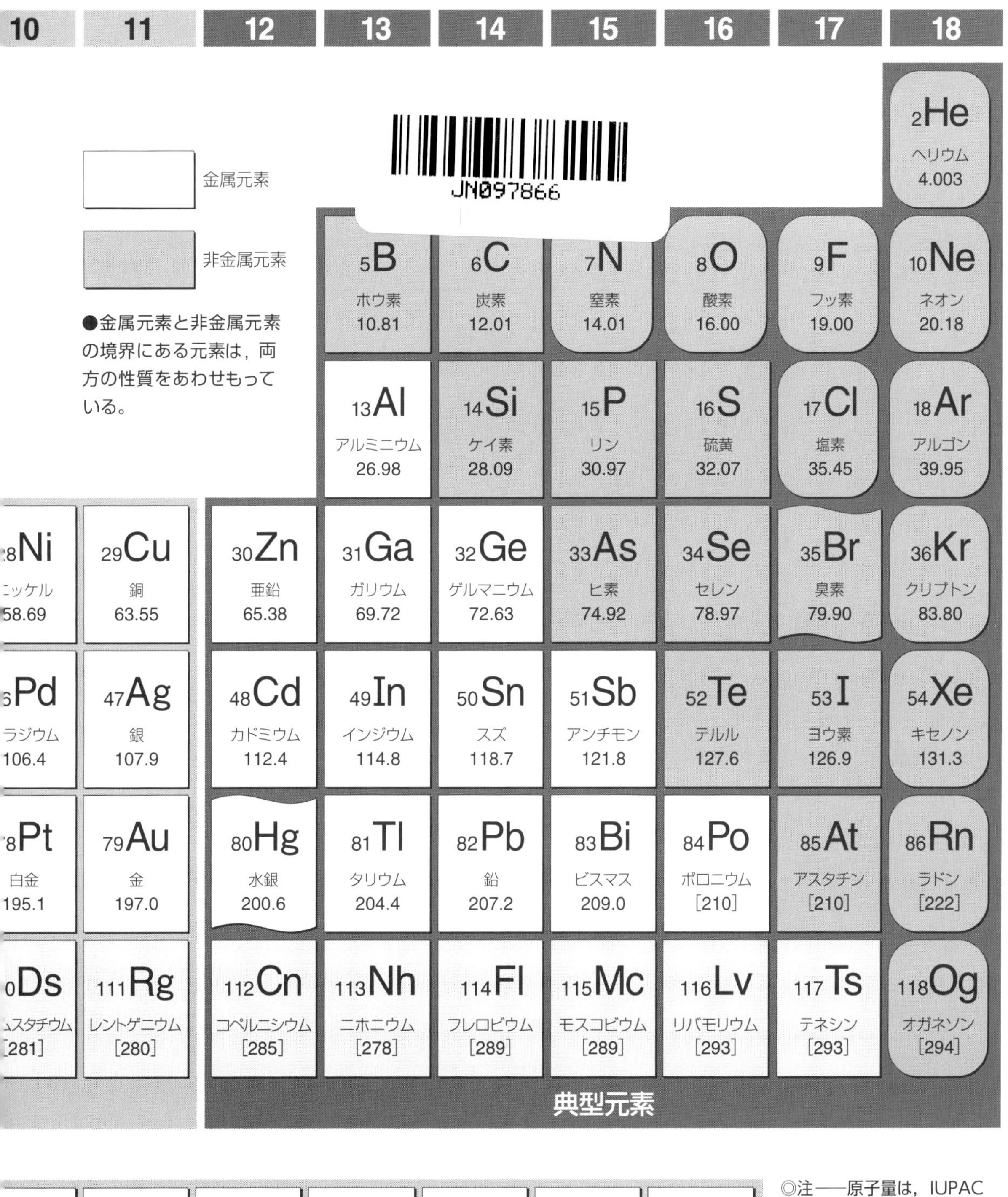

10	11	12	13	14	15	16	17	18
								2He ヘリウム 4.003
			5B ホウ素 10.81	6C 炭素 12.01	7N 窒素 14.01	8O 酸素 16.00	9F フッ素 19.00	10Ne ネオン 20.18
			13Al アルミニウム 26.98	14Si ケイ素 28.09	15P リン 30.97	16S 硫黄 32.07	17Cl 塩素 35.45	18Ar アルゴン 39.95
Ni ッケル 58.69	29Cu 銅 63.55	30Zn 亜鉛 65.38	31Ga ガリウム 69.72	32Ge ゲルマニウム 72.63	33As ヒ素 74.92	34Se セレン 78.97	35Br 臭素 79.90	36Kr クリプトン 83.80
Pd ラジウム 106.4	47Ag 銀 107.9	48Cd カドミウム 112.4	49In インジウム 114.8	50Sn スズ 118.7	51Sb アンチモン 121.8	52Te テルル 127.6	53I ヨウ素 126.9	54Xe キセノン 131.3
Pt 白金 195.1	79Au 金 197.0	80Hg 水銀 200.6	81Tl タリウム 204.4	82Pb 鉛 207.2	83Bi ビスマス 209.0	84Po ポロニウム [210]	85At アスタチン [210]	86Rn ラドン [222]
Ds ムスタチウム [281]	111Rg レントゲニウム [280]	112Cn コペルニシウム [285]	113Nh ニホニウム [278]	114Fl フレロビウム [289]	115Mc モスコビウム [289]	116Lv リバモリウム [293]	117Ts テネシン [293]	118Og オガネソン [294]

典型元素

金属元素

非金属元素

●金属元素と非金属元素の境界にある元素は，両方の性質をあわせもっている。

Tb ルビウム 158.9	66Dy ジスプロシウム 162.5	67Ho ホルミウム 164.9	68Er エルビウム 167.3	69Tm ツリウム 168.9	70Yb イッテルビウム 173.0	71Lu ルテチウム 175.0
Bk -クリウム [247]	98Cf カリホルニウム [252]	99Es アインスタイニウム [252]	100Fm フェルミウム [257]	101Md メンデレビウム [258]	102No ノーベリウム [259]	103Lr ローレンシウム [262]

◎注——原子量は，IUPAC原子量委員会(2017)で承認された数値をもとに，日本化学会原子量小委員会で決定されたものである(原子量表(2019))。
有効数字4桁の数値で示した。安定同位体がなく天然の同位体存在比が一定していない元素については，その代表的な同位体の質量数を[ ]の中に示した。

有機化合物命名法（IUPAC命名法）①

ギリシャ語の数詞					
1	mono	モノ	11	undeca	ウンデカ
2	di	ジ	12	dodeca	ドデカ
3	tri	トリ	13	trideca	トリデカ
4	tetra	テトラ	14	tetradeca	テトラデカ
5	penta	ペンタ	20	icosa(eicosa)	イコサ（エイコサ）
6	hexa	ヘキサ	21	henicosa(heneicosa)	ヘンイコサ（ヘンエイコサ）
7	hepta	ヘプタ	22	docosa	ドコサ
8	octa	オクタ	30	triaconta	トリアコンタ
9	nona	ノナ	31	hentriaconta	ヘントリアコンタ
10	deca	デカ	40	tetraconta	テトラコンタ

アルカン (alkane)	直鎖構造	butane以上はギリシャ語の数詞の最後にneを加えaneで終わる。	CH_4 C_2H_6 C_3H_8 C_4H_{10} - - - - - C_5H_{12} C_6H_{14}	メタン：methane エタン：ethane プロパン：propane ブタン：butane - - - - - ペンタン：pentane ヘキサン：hexane
	枝分かれ側鎖構造	最長鎖のアルカンのある部分の水素原子がアルキル基で置き換わった化合物として命名する。側鎖の位置は主鎖の端からつけた炭素の位置番号で示し，この位置番号が最小となるように番号付けする。同じ基が複数あるときは，基の名称の前にギリシャ数詞（mono, di, triなど）をつける。	CH_2-C(CH_3)(CH_3)-CH_2-CH(CH_3)-CH_2-CH_3 （① ② ③ ④ ⑤ ⑥） CH_3-CH(CH_3)-CH_2-CH(CH_3)-CH(CH_3)-CH_3	2,2,4-トリメチルヘキサン（3,5,5-ではない）： 2,2,4-trimethylhexane 2,3,5-トリメチルヘキサン（2,4,5-ではない）： 2,3,5-trimethylhexane
アルキル基 (alkyl)		対応するアルカンの名称の語尾aneをylに変える。	$-CH_3$ $-CH_2CH_3$ $-CH_2CH_2CH_3$ $-CH_2CH_2CH_2CH_3$	メチル：methyl エチル：ethyl プロピル：propyl ブチル：butyl
		直鎖状飽和炭化水素の末端以外の炭素から水素原子1個を除いた1価の基は，水素が1個不足した炭素原子を炭素の位置番号を1として示し，側鎖の基名を接頭語としてつける。	④ ③ ② ① CH_3-CH_2-CH_2-CH(CH_3)— ④ ③ ② ① CH_3-CH_2-CH(CH_3)-CH_2—	1-メチルブチル 1-methylbutyl （①の炭素にメチル基がついたブチル基） 2-メチルブチル 2-methylbutyl

専門基礎ライブラリー

新編基礎化学　第２版

藤野竜也・相沢宏明・石井　茂・田代基慶

実教出版

まえがき

「専門基礎ライブラリー」の中の「基礎化学 1」と「基礎化学 2」では，工学部の学生がそれぞれの専門を理解し発展させるために必要な「化学」の基礎をまとめている。その「基礎化学 1」と「基礎化学 2」をご利用いただいている方々の中から「1 冊にまとめた本が欲しい」とのご希望が多く寄せられており，今回「基礎化学　合本版」(＝新編基礎化学：本書)の刊行となった。「新編基礎化学」においても「基礎化学 1」や「基礎化学 2」と同様に，どの専門分野においても必要不可欠な「化学」分野を厳選してわかりやすくまとめている。それぞれの分野は章にまとめられており，各節は講義 1 時限分に相当する内容を含み，半期 14 週の教科書として利用することを想定しているが，それぞれの講義の都合により省略しても理解できるようにまとめている。1 年間で実施する講義を考え，生命・環境については触れていない。他の講義で補完していただきたい。

「新編基礎化学」では，「第 1 章 はじめに」において「化学の基礎となるモルの概念」と定量的に考える際に必要な「単位と有効数字の扱い方」についてまとめ，「濃度の計算」，「指数・対数」と「微分・積分」の基礎を学べるようにした。第 2 章・3 章では，物質の基礎となる原子・分子の構造と結合や性質についてできるだけわかりやすくまとめており，厳密さに若干かける部分は第 9 章で記述した。私たちのまわりの物質は原子・分子が集合したものであり，第 4 章においては主に気体の性質を，第 5 章では気体分子の運動を考え，エネルギーとエントロピーの基礎を学び，第 6 章で化学反応がどのように起こるのかを勉強する。また，実際の生活に密着した物質・材料について，第 7 章においては無機・固体材料とその基礎となる無機化学を，第 8 章において有機化学の基礎をまとめている。第 9 章は，化学の基礎となる量子化学に触れており，より深く化学を勉強することも可能ではあるが，場合によっては省略しても差し支えない。各章には例題・ドリル問題・演習問題が用意されており，問題を解くことにより，内容がより理解しやすくなるように構成されている。

内容は平易にわかりやすく記述しているので，化学の基礎力を身につけて，それぞれの専門をさらに発展させていただきたい。

なお，本書中のいくつかの図には，高等学校教科書「化学 I」実教出版 井口洋夫・木下實ほか　より転載(一部改変)させていただいたものがあり，そのご厚意に厚く御礼申し上げます。

「新編基礎化学」の著者を代表して

吉田泰彦

第2版発行にあたって

化学には大きく分けて，物理化学，無機化学，分析化学，有機化学，生物化学などがあり，近年では環境化学や材料化学といった応用的な分野も存在します。つまり私たちの衣食住は必ずどこかで「化学」とつながっており，身のまわりの事象を理解するためには化学の理解が不可欠であるといえます。さらに将来的な観点から，持続可能な社会を実現し次世代の人たちに住みやすい環境を提供するためにも化学は不可欠な分野です。本書を手に取った皆さんもぜひ化学の考え方，知識を身に付けていただき，自分の身のまわりの社会，環境を積極的に理解していただきたいと思います。

本書は大学初年度に学習する化学のための教科書を想定しています。理学部や工学部の化学系，または生命，農学を学ぶ人たち，あるいは化学を必要とする社会人の基礎固めとして活用できるように，各章を配置しました。

1章では化学の基礎である質量保存の法則やモルの定義などを学びます。この改訂版では近年変更されたアボガドロ数の定義も新しくしました。さらに数値データを扱う際の有効数字，またその四則演算の規則を学びます。有効数字を意識した計算では1+0.1は1.1にならないことを理解してください。2章と3章では原子の構造と分子の成り立ちを学びます。旧版9章の内容は改訂版第2章に組み込み，内容を充実させました。この分野は以後化学を考えていく上で重要な部分ですので，理解に努めてください。4章で気体と溶液の性質を学びます。また5章の名称を「化学熱力学」に変更して，熱力学の第一法則や第二法則について学習します。6章は網羅的な章で，化学平衡や酸化還元などの分析化学に関係する部分と，反応速度論といった物理化学の分野を学習します。7章で無機化学を学びます。一つひとつの元素についての特徴や応用例などを側注に豊富に記してあります。8章は有機化学です。命名法や官能基を学びます。本書は化学で扱う各分野の入口に相当する内容を記しました。したがって，初年度における学習だけでなく，専門的な分野に各人の興味を展開していく上で，ことあるごとに本書に立ち返って基礎を確実なものとしていただきたいと思っております。

なお，この第2版は，第1版を大きく引き継ぐ形で出版されました。第1版を執筆された吉田泰彦，安藤寿浩，蒲生西谷美香，田島正弘，宮崎芳雄，矢尾板仁，好野則夫，金原粲，各先生方に感謝申し上げます。また編集に携わって頂いた実教出版企画開発部の平沢健様に深く感謝申し上げます。

著者を代表して
藤野　竜也

目次

1 はじめに

1-1 まずはおさえておきたい化学の基礎

1-1-1 物質は原子・分子からできている

化学は，目で見ることのできない**原子**[1]や**分子**[2]を基本にして物質の構造や性質を考える学問であるから，一般にはなじみにくく感じられるかもしれない。しかし，生命体，環境物質から先端材料まで，実際に対象となる物質はすべて原子や分子の集合体であり，私たちの社会や生活のあらゆるものが「化学」の対象となる。

[1] **原子**
物質を構成する基本的な粒子。くわしくは**1-1-2**項あるいはp. 26参照。

[2] **分子**
いくつかの原子が結合した粒子。くわしくは**1-1-2**項あるいはp. 59参照。

図1-1　あらゆる物質は原子(元素)からできている

私たちが存在している宇宙を構成する**元素**[3]は，そのほとんどが水素とヘリウムである。しかし地球は重力が小さいため，軽い元素である水素やヘリウムをほとんど含まず，恒星での核融合反応により生まれたさまざまな元素から構成されている(表紙裏の周期表参照)。46億年前の地球誕生後，有機化合物の化学進化を経て30数億年前に誕生した生命は，現在のヒトにまで進化してきた。私たちヒトも含めた生命は，その主要成分が水(60～80%)であり，生命において水の役割がいかに大きいかがわかる。体を構成する成分元素では，水分子の水素と酸素以外に，炭素と窒素の割合が多いことが生命体の特徴である。また，生命の維持のためには，数多くの微量元素の存在とその役割が必要である。

生命を構成する炭素**C**，水素**H**，酸素**O**や窒素**N**などの**原子**は，さまざまな**化学結合**により，タンパク質，脂肪，糖類，ビタミンやホルモンなどの**分子**となり[4]，生体中においてさまざまな重要な役割を果たしている。このように，私たち人間も「化学物質」から構成されており，

[3] **元素**
元素とは，同じ原子番号を持つ「原子の種類」のことで，それぞれ**元素記号**で表す。

[4] **単体と化合物**
炭素(グラファイトやダイヤモンド)や水素分子や酸素分子のように，1種類の元素からなる物質を**単体**という。また，水，タンパク質や脂肪や糖類など，2種類以上の元素からなる物質を**化合物**という。

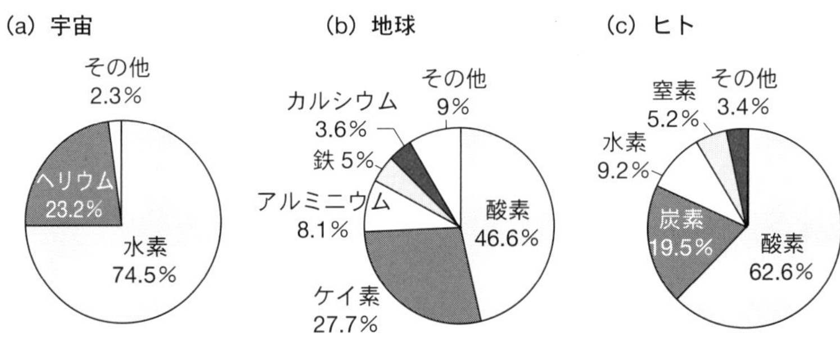

図 1-2　宇宙，地球，ヒトを構成する元素の存在比

その**化学反応**により生命をつないでいるのである。

私たちのまわりには，空気，水，土壌，動物・植物や住宅，衣服，食品，電化製品，自動車，文具などのさまざまな物質が存在している。自然界から単離[5]・同定[6]されてきた物質に加えて，人類の科学技術の発展により自然界には存在しない物質も数多く合成されている。その数は年々増加し，現在，6400 万種類もの物質が知られている。

1-1-2 原子と分子

物質の成分は何かということをとことん探っていくと，極めて小さな原子という粒子にたどりつく。原子の大きさは 100 億分の 1 メートル (1×10^{-10} m) くらいの大きさであり，その質量は元素[7]により異なる。たとえば水素原子 1 つの質量は 1.674×10^{-27} kg と非常に小さく，最も大きな原子でもそれよりせいぜい 2 桁程度大きいにすぎない。

実際の物質は，いくつかの原子がさまざまな化学結合をした分子や化合物からなっており，その構造に応じた物理的性質や化学的性質を示す。たとえば，水は，酸素原子 1 つと水素原子 2 つが結合した粒子である「水分子」を構成単位としている。分子は，元素記号と原子数を用いて表され，その式を**分子式**という。分子式は，その原子数を元素記号の右下に添えて表す。水の分子式は H_2O，酸素は O_2，二酸化炭素は CO_2，メタンは CH_4 と表される。

塩化ナトリウムは，ナトリウムイオン[8] Na^+ と塩化物イオン Cl^- が静電的な引力で引き合い（イオン結合，p. 69），それぞれのイオン成分は 1 : 1 の割合でイオン結晶といわれる物質を構成している。イオン結晶では，分子は存在しないが[9]，その成分となっているイオンの種類と割合を示す**組成式**で表す。塩化ナトリウムの組成式は NaCl，炭酸カルシウムは $CaCO_3$ と表される。

[5] **単離**
多くの混合物の中から，純粋な 1 つの物質として分けること。

[6] **同定**
単離した物質が，どのような物質であるかを明らかにすること。

[7] **「原子」と「元素」の違い**
「原子」は粒子そのものを述べるときに使う言葉である。「元素」とは，ある特定の原子番号を有する原子の集まりを表す言葉であり，周期表（表紙裏を参照）で見られるように現在では 100 以上の元素が知られている。
なお，同一元素に属していても，質量が異なる原子がある。これを**同位体**というが，くわしくは **2-1-2** 項で述べる。

[8] **イオン**
イオンについては p. 69 も参照。

[9] **イオン結晶に分子が存在しない理由**
陰（－：マイナス）イオンと陽（＋：プラス）イオンが電気的な引力で結合しているため，たとえば Na^+ のまわりにいくつか Cl^- が配置されており，特定の Na^+ と Cl^- のペアを区別できない。そのため，「分子は存在せず」原子数の割合で組成を表す（**組成式**）。

化学式 COLUMN

分子式，**組成式**の他にもイオンを表す**イオン式**，分子の構造を表す**構造式**があり，これらをまとめて**化学式**という。それぞれの見方を以下に示す。

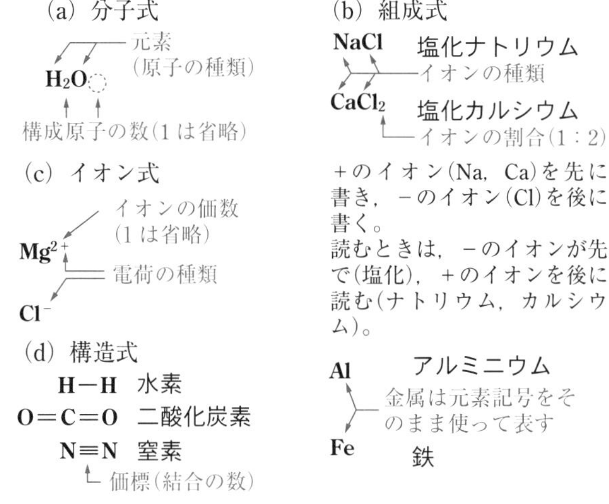

図 1-3　化学式

1-1-3 化学反応

≪状態変化≫　一定の分子や化合物から構成されているある物質が，液体になったり気体になったりした場合には，分子が変化しているのだろうか。

水は，液体の水を加熱すると蒸発して気体の水蒸気になったり，冷却すると固体の氷になったりするが，それらはすべて化学式 H_2O で表され，水分子としては何も変化していない。この変化を**物理変化**あるいは**状態変化**という(**4-1** 節参照)。

≪化学反応と化学反応式≫　物質は，さらに別の物質に変化することがある。これを**化学変化**または**化学反応**という。たとえば，水素 H_2 と酸素 O_2 の化学反応により，水 H_2O が生成する。こういった化学反応を表した式を**化学反応式**という。

$$2\,H_2 + O_2 \longrightarrow 2\,H_2O \qquad (1\text{-}1)$$

水素分子が2つという意味の係数(2)　水素分子(水素原子2つ)(H_2)　酸素分子(酸素原子2つ)(O_2)　反応が左から右へ起きたという矢印(→)　水分子が2つという意味の係数(2)　水分子(H_2O)

ここで，H_2 や H_2O の前に2という「係数」が付いているが，**左辺と右辺で，それぞれの原子数が等しくなり**，かつ，**最も簡単な整数比になる**ように付けられている。このことは，反応の前後で質量が変化しないことを意味している。これはフランスのラボアジエ(A. Lavoisier)により発見され，**質量保存の法則**という。

例題 メタノール CH_3OH を燃焼すると，二酸化炭素と水が生成した。この化学変化を化学反応式で表せ。なお，「燃焼する」とは，ここでは酸素と反応（酸化）して熱を発する現象と考えてよい。

（略解） 化学反応は次のように表される。

$$xCH_3OH + yO_2 \longrightarrow zCO_2 + wH_2O$$

ここで係数を決定するために，左辺と右辺の炭素，水素，酸素の原子の数が等しくなるにはどうすればよいのかを考える。

炭素の数　$x=z$

水素の数　$4x=2w \longrightarrow 2x=w$

酸素の数　$x+2y=2z+w$

の関係が成り立つ。仮に $x=1$ とすると，$z=1$，$w=2$ から，$y=1.5$ となる。最も簡単な整数比にすると，$x:y:z:w=1:1.5:1:2=2:3:2:4$ となる。

よって化学反応式は次のようになる。

$$2\,CH_3OH + 3\,O_2 \longrightarrow 2\,CO_2 + 4\,H_2O$$

≪酸化還元反応≫ なお，式 1-1 の反応は，水素 H_2 が酸素と化合したことから，水素は「**酸化**された」という。酸素 O_2 は水素と化合し，一つの酸素原子 O から見ると酸素を失っているので，酸素は「**還元**された」という。このように酸化と還元は一つの反応で同時に起きている（**酸化還元反応**）。酸化還元反応は，化学ではよく出てくる重要な反応である[10]。

≪酸と塩基の反応≫ また，身近な反応として，炭酸ガス（二酸化炭素 CO_2）が温浴効果を高めることを利用した入浴剤[11]について見てみよう。これは，錠剤を水に溶かすことにより，その成分の有機酸（フマル酸，構造式 HOOCHC＝CHCOOH）と重曹（じゅうそう）（炭酸水素ナトリウム $NaHCO_3$）が徐々に反応し，CO_2 ガス[12]を発生するのである。この反応は，**酸**と**塩基**の反応で，**中和反応**という。

$$\underset{\text{酸}}{HOOCHC{=}CHCOOH} + \underset{\text{塩基}}{NaHCO_3}$$

$$\longrightarrow \underset{\text{酸}}{HOOCHC{=}CHCOONa} + H_2O + CO_2\uparrow \quad (1\text{-}2)$$

[13]

ここで**酸**とは，水に溶けたときに「酸っぱい」，「青色のリトマス試験紙を赤く変色する」や「亜鉛などの金属と反応し水素ガスを発生する」などの性質を持っている物質のことである。**塩基**とは，「苦い」，「酸と反応して酸性を打ち消す（**中和**）」，「赤色のリトマス試験紙を青く変色する」や「強塩基は手に付くとぬるぬるする」などの性質を持っている物質のことである[14]。

[10] **酸化と還元**
酸化還元の定義には，他にも水素や電子のやり取りによるものなどがあるが，くわしくは **6-4** 節で述べる。ここでは，酸素と化合すると「酸化された」，酸素を失うと「還元された」としておく。**7-1** 節の注 7，注 8 も参照。

[11] **炭酸ガス系入浴剤**
炭酸ナトリウムや重曹（炭酸水素ナトリウム）とフマル酸，コハク酸，リンゴ酸を組み合わせた錠剤。
手作り入浴剤には，入手しやすさからクエン酸が利用されている。

[12] **CO_2 が水に溶ける割合**
CO_2 は，水に溶けて炭酸（H_2CO_3）を生成するが，CO_2 は，水 1 L（1 L＝1000 mL＝0.001 m^3）に 0.87 L（0 ℃，大気圧）溶ける。この水 1 L に溶ける割合（この場合は体積）を**溶解度**という。水中の CO_2 が多くなると，CO_2 が水に溶けきらず，ガスが発生する。

$$H_2O + CO_2 \rightleftharpoons H_2CO_3 \rightleftharpoons H^+ + HCO_3^- \rightleftharpoons 2\,H^+ + CO_3^{2-}$$

[13] **「↑」の記号**
反応式中の「↑」は，「ガスの発生」を意味する。

その性質を実際に表す物質は，酸では水素イオン H^+[15]，塩基では水酸化物イオン OH^-である。

たとえば，酸として塩化水素 HCl や酢酸 CH_3COOH の水溶液（塩酸や食酢）中では，

$$HCl \longrightarrow H^+ + Cl^- \qquad (1\text{-}3)$$

$$CH_3COOH \longrightarrow H^+ + CH_3COO^- \qquad (1\text{-}4)$$

というように，HCl 分子や CH_3COOH 分子の一部が，水素イオン H^+と塩化物イオン Cl^-や酢酸イオン CH_3COO^-という形に，電荷を持ったイオンの形に分離して存在している。

≪pH[16]≫　水溶液中での水素イオンの濃度［H^+］を逆数にして常用対数をとったものが **pH（水素イオン指数）** である[17]。pH が 7 のとき **中性**，pH が 7 より小さいとき **酸性**，pH が 7 より大きいとき **塩基性** という。炭酸ガスが溶けている雨水は pH 5〜6 を示し，それよりも pH が低い雨を「酸性雨」と呼んでいる。レモンや食酢の pH は約 3 であり，塩酸を主成分とする胃液は pH 1 と酸性を示し，「酸っぱい」ことがわかる。

塩基の代表的なものは

$$NaOH \longrightarrow Na^+ + OH^- \qquad (1\text{-}5)$$

$$NH_3 + H_2O \longrightarrow NH_4^+ + OH^- \qquad (1\text{-}6)$$

のように水溶液中において水酸化物イオン OH^-を生じる。この OH^-は，酸との反応で

$$OH^- + H^+ \longrightarrow H_2O \qquad (1\text{-}7)$$

のように水 H_2O を生じる。これが中和の意味である。

例題　pH 7 の純水中で H^+（あるいは OH^-）を生じる水分子は全体の何％か。なお，純水 1 L（リットル）は 55.6 mol として計算せよ（「mol」については，次の **1-1-4** 項を参照）。

（略解）　pH 7 の純水中で H^+の濃度は［H^+］＝10^{-7} mol/L である。純水 1 L は 55.6 mol であるので，この中の 10^{-7} mol の水分子が電離している。よって，（10^{-7} mol/55.6 mol）×100＝1.8 ×10^{-7}％の水分子がイオンに電離している。

1-1-4 化学で使う単位とモルの概念

≪国際単位系≫　「化学」を考えるときに，その「量」（**物理量**という）が必要となる。質量や体積などは，数値に単位をかけて表す。

物理量 ＝ 数値 × 単位　(1-8)

たとえば，水素分子 1.00 mol の質量は m＝2.02 g，体積は 0 ℃，1 気圧で V＝22.4 L などと表される。

[14] 酸と塩基の定義

酸と塩基の定義には歴史的にみて 3 つあり，①が一番狭い意味の定義，③が広く一般的な定義になっている。

①アレニウスの定義

酸とは，水溶液中で水素イオン H^+を生じる物質。

塩基とは，水溶液中で水酸化物イオン OH^-を生じる物質。

②ブレンステッドの定義

酸とは，塩基に水素イオン H^+を与えることのできる物質。

塩基とは，水素イオン H^+と結合することのできる物質。

③ルイスの定義

酸とは，電子対を受け取ることのできる物質。

塩基とは，電子対を与えることのできる物質。

[15] 水素イオン

H^+は，水溶液中では水 H_2O と結合して，オキソニウムイオン H_3O^+として存在しているが，H^+として表すことが多い。

[16] 純水の水素イオン濃度

純水 H_2O は，25 ℃で 1 L あたり 10^{-7} mol の H^+ と OH^-に電離している。

$$H_2O \longrightarrow H^+ + OH^-$$

純水の水素イオン濃度は，［H^+］＝10^{-7} mol/L であり，このときの純水の pH は $-\log_{10}$［H^+］＝7 となり中性である。この中に H^+を解離する物質（酸）を溶かすと，［H^+］は増加し，［OH^-］は減少して pH<7 となり，酸性を示す。また，OH^-を解離する物質（塩基）を溶かすと，［H^+］は減少し，［OH^-］は増加して pH >7 となり，塩基性を示す。

⑰ 水素イオン濃度とpHの関係

水素イオン濃度$[H^+]$: mol/L, $pH = -\log_{10}[H^+]$

表 1-1　SI 基本単位（国際単位系）

物理量	量の記号（例）	SI 単位の名称と記号	
長さ	l, s	メートル	m
質量	m	キログラム	kg
時間	t	秒	s
電流	I	アンペア	A
熱力学的温度	T	ケルビン	K
物質量	n	モル	mol
光度	I_v	カンデラ	cd

表 1-2　代表的な SI 誘導単位の名称と記号

物理量	SI 誘導単位		SI 基本単位による表し方
力	ニュートン	N	$kgms^{-2}$
圧力	パスカル	Pa	$kgm^{-1}s^{-2}(=Nm^{-2})$
エネルギー	ジュール	J	$kgm^2s^{-2}(=Nm=Pam^3)$
仕事率	ワット	W	$kgm^2s^{-3}(=Js^{-1})$
電荷	クーロン	C	As
電位差	ボルト	V	$kgm^2s^{-3}A^{-1}(=JA^{-1}s^{-1})$
周波数	ヘルツ	Hz	s^{-1}

表 1-3　SI で使う接頭語

倍数	接頭語	記号	倍数	接頭語	記号
10^{24}	ヨタ（yotta）	Y	10^{-1}	デシ（desi）	d
10^{21}	ゼタ（zetta）	Z	10^{-2}	センチ（centi）	c
10^{18}	エクサ（exa）	E	10^{-3}	ミリ（milli）	m
10^{15}	ペタ（peta）	P	10^{-6}	マイクロ（micro）	μ
10^{12}	テラ（tera）	T	10^{-9}	ナノ（nano）	n
10^{9}	ギガ（giga）	G	10^{-12}	ピコ（pico）	p
10^{6}	メガ（mega）	M	10^{-15}	フェムト（femto）	f
10^{3}	キロ（kilo）	k	10^{-18}	アト（ato）	a
10^{2}	ヘクト（hecto）	h	10^{-21}	ゼプト（zepto）	z
10	デカ（deca）	da	10^{-24}	ヨクト（yocto）	y

物理量を表すのに，今までにさまざまな単位が用いられていたが，1960 年に国際度量衡総会で決議された**国際単位系**（**SI**（エスアイ））に統一され，科学および工学のあらゆる分野でのこの単位系の使用が勧告された。SI 単位系は表 1-1 に示す 7 つの**基本単位**と表 1-2 の**誘導単位**（基本単位から組み立てられる）から構成されている。さらに，大きな物理量や小さな物理量を表すために，表 1-3 のような**接頭語**も使われる。

≪原子量・分子量≫　SI 単位の中で**物質量**（**モル**：**mol**）は，化学では重要な単位であるが，その説明の前に学んでおきたいことがある。

炭素原子 ^{12}C⑱一つの質量は 1.993×10^{-26} kg であるが，私たちの感覚からすると小さすぎてわかりにくい。ここで，

⑱ 質量数

^{12}C の「12」は**質量数**を表す。質量数は，原子核中の陽子の数と中性子の数を足したものである。^{12}C の場合は，「陽子数 6 + 中性子数 6 = 質量数 12」である。

「質量数 12 の炭素原子 ^{12}C の 1 個の質量を 12 として，これを基準にして各原子の相対質量(基準と比較した質量)を定める」

と，化学反応が扱いやすくなる。しかし，元素には相対質量の異なる同位体が存在している。それらの存在比はほぼ一定であることから，各元素の同位体の相対質量の平均値を元素の**原子量**[19]という。これら原子から構成される分子の**分子量**は，原子量の和で示される。

たとえば，水 H_2O の分子量は，水素の原子量 1.0 と酸素の原子量 16 から，18 と求められる。これは，水 18 g は水素原子 2 g と酸素原子 16 g を含むことを示している。

例題 メタン CH_4 の分子量を求めよ。

(略解) 炭素の原子量は 12，水素の原子量は 1.0 であるから，メタン CH_4 の分子量は，12＋1.0×4＝16 となる。

≪式量≫ 分子が定義できないイオン結晶のような化合物を化学式で表したとき，その中に含まれる原子の原子量の総和を**式量**という。分子式から分子量を求めると同様に，組成式やイオン式から原子量の和で求められる。NaCl のように，分子を構成しない物質に通常使われる用語である。

例題 塩化ナトリウム NaCl の式量を求めよ。

(略解) ナトリウムの原子量は 23.0，塩素の原子量は 35.5 であるから，塩化ナトリウム NaCl の式量は，23.0＋35.5＝58.5 となる。

≪モル≫ モル(記号 mol)は物質量の単位である。1 モルには厳密に 6.02214076×10^{23} 個の要素粒子が含まれる。この数はアボガドロ定数の単位を mol^{-1} で表したときの数値であり，**アボガドロ数**と呼ばれる。

アボガドロ定数：$N_A = 6.02214076\times10^{23}\ mol^{-1}$

アボガドロ数：6.02214076×10^{23} (1-9)

このアボガドロ定数 N_A を使って，物質量・モルが定義される。

物質量(モル) = 粒子の数 ÷ アボガドロ定数 (1-10)

「化学」の理解の第一歩は，**物質量「モル(mol)」**である。物質 1 mol の質量は，原子量・分子量に g 単位を付けたものであり[20]，すべての物質 1 mol はアボガドロ数個の原子または分子を含んでいる[21]。この「モル」を使うことにより，いろいろなことが理解できるようになる(図 1-4)。

[19] 原子量
たとえば，炭素には存在比の高い 2 種類の同位体 ^{12}C (98.889%) と ^{13}C(1.111%) がある。これらの「質量数×存在比」の平均を取ると，炭素の原子量はおよそ「12.01」となる(周期表を参照)。
また，炭素のように「**存在比の大きい安定な同位体**」がある元素では，原子量の値は，「**存在比の大きい同位体の質量数**」にほぼ近くなる。

[20] モル質量(g/mol)
物質 1 mol あたりの質量を**モル質量**という。本文にあるように，1 mol あたりの質量は，その物質の原子量または分子量にグラムを付ければよい。たとえば，1 mol の水(H_2O：分子量 18)は，18 g(モル質量は 18 g/mol)である。

[21] モルの考え方
たとえば，「太い棒」も「細い棒」も 12 本を「1 ダース」というように，「重い分子」も「軽い分子」も 6.02×10^{23} 個を「1 mol」という。

	炭素原子 C	水分子 H_2O	アルミニウム Al	塩化ナトリウム NaCl
粒子の質量	2.0×10^{-23} g	3.0×10^{-23} g	4.5×10^{-23} g	9.7×10^{-23} g
原子量・分子量・式量	12	1.0×2＋16＝18	27	23＋35.5＝58.5
（原子量・分子量・式量）g の物質中の粒子の数	^{12}C が 6.02×10^{23}個 12 g	H_2O が 6.02×10^{23}個 18 g	Al が 6.02×10^{23}個 27 g	Na^+ と Cl^- がそれぞれ 6.02×10^{23}個 58.5 g
	1mol			

図 1-4　原子量・分子量と物質量との関係

たとえば炭素を燃焼させると，化学反応式は次のように表される。

$$C + O_2 \longrightarrow CO_2 \qquad (1\text{-}11)$$

これは，「炭素 1 原子と酸素 1 分子が反応して，二酸化炭素 1 分子が生成する」と考えることもできる。しかし，実際には「炭素を何 g 用いた場合には，何 g の二酸化炭素が生じるのか」ということが知りたい。ここで，「アボガドロ数個の炭素 C とアボガドロ数個の酸素分子 O_2 が反応して，アボガドロ数個の二酸化炭素 CO_2 を生成する」と考えると，「1 mol の炭素と 1 mol の酸素分子が反応して，1 mol の二酸化炭素を生成する」，あるいは「炭素 12 g が酸素分子 32 g と反応して二酸化炭素 44 g を生成する」ということが理解される。

さらに，私たちに身近な生活において考えてみよう。たとえば，水 1 mol は 18 g である。水 180 mL[22]（牛乳ビン 1 本分）は，180 g で 10 mol であり，水分子 H_2O が「アボガドロ数×10 個」入っている。これは約 6000000000000000000000000 個（6×10^{24} 個：6 億×1 億×1 億個）の水分子が牛乳ビン 1 本分に入っていることとなる。このような膨大な数字を使用することは不便であり，間違いやすく，本質を見失うこととなる。物質量・モルを使うことにより，「水 180 mL は 10 mol」と簡単になる。

[22] リットル
リットル（記号：L）は，SI 単位系ではないが，従来よりよく使われている体積の単位で，SI との併用が認められている。

$$1\,L = 10^{-3}\,m^3 = 1\,dm^3 = 10^3\,cm^3$$

例題　水 1 L は何モルか。

（略解）　水の密度は $1.0\ g/cm^3$ であり，水 1 L は 1 kg＝1000 g である。水の分子量は 18 g/mol であるので，水 1 L は，1000 g÷18 g/mol≒56 mol である。

ドリル問題 1-1

1. 水素イオン濃度$[H^+]$が，5.0×10^{-3} mol/L である場合の pH を求めよ。
2. 次の物質の分子量または式量を小数第 2 位まで求めよ(各原子量は，表紙裏の周期表を参照すること)。

   (1) メタノール CH_3OH　(2) アンモニア NH_3

   (3) 硫酸 H_2SO_4　(4) 過マンガン酸カリウム $KMnO_4$

   (5) 塩化ナトリウム NaCl　(6) 炭酸カルシウム $CaCO_3$

   (7) ベンゼン C_6H_6　(8) 硝酸カリウム KNO_3
3. 次の物質 100 g の物質量(mol)を求めよ(各原子量は，表紙裏の周期表を参照すること)。

   (1) 水 H_2O　(2) 金 Au　(3) 水銀 Hg　(4) エタノール C_2H_5OH　(5) セシウム Cs

   (6) 炭酸カルシウム $CaCO_3$　(7) 二酸化炭素 CO_2　(8) ウラン U　(9) 塩素 Cl_2
4. 1.0 mol/m^3 は何 mol/L か。
5. 6.022×10^{22} 個の酸素分子の物質量は何 mol か。
6. 1 円硬貨は純粋なアルミニウム 1.0 g からできているとする。この 1 円硬貨に含まれるアルミニウム原子は何個か。

1-2 化学で使う数学

これまで述べたように化学を，その物質の量，エネルギーや反応の速さなどについて定量的に考える際に，さまざまな数式を用いる必要に迫られる。ここではとくに，「化学において必要とされ，使われる数学」をまとめる。

1-2-1 有効数字

有効数字は，実際に測定した際にどの桁(けた)までが信頼できる数字であるかを示すものである。たとえば，水 18 g は有効数字 2 桁で 17.5 g～18.4 g の間の量を，水 18.0 g は有効数字 3 桁で 17.95 g～18.04 g の間の量であることを示している。測定値を用いて計算する場合には，計算した後に有効数字の桁数の最小のものに合わせなければならないが，加減算と乗除算の計算において有効数字の取り扱いは注意が必要である。

≪加減算≫　計算後に，有効数字の末位が最も高いものに合わせる。

（例）　水 H_2O の分子量は

$$\underbrace{1.008\ \mathrm{g/mol}}_{\text{小数第3位}} \times 2 + \underbrace{16.00\ \mathrm{g/mol}}_{\text{小数第2位}} = 18.016\ \mathrm{g/mol} \fallingdotseq \underbrace{18.02\ \mathrm{g/mol}}_{\text{小数第2位に合わせる}}$$

≪乗除算≫　計算した後に，有効数字の桁数の最も少ないものに合わせる。

（例）　2.0 mol の水素分子の数は，

$$\underbrace{2.0\ \mathrm{mol}}_{\text{有効数字2桁}} \times \underbrace{6.02214 \times 10^{23}\ \mathrm{mol^{-1}}}_{\text{有効数字6桁}} = 1.204428 \times 10^{24}$$

$$\fallingdotseq \underbrace{1.2 \times 10^{24}}_{\text{有効数字2桁に合わせる}}$$

≪計算式をいくつも使う場合≫　計算式が 1 つの場合には，有効数字は上のように考えればよい。しかし，いくつもの計算式を使う場合にはどうすればよいのであろうか。

コンピュータなどを用いる場合には，数値を途中で求めず計算後に有効数字の桁数の最小のものに合わせればよい。電卓などの場合にはそのつど数値が得られるので，それらの計算で必要な有効数字よりも 1 桁多い数値を使用して，最後に有効数字を合わせればよい。

例題　水の分子量は 18.02 g/mol である。水 36.0 g のモル数を答えよ。

（略解）　36.0 g÷18.02 g/mol＝1.9978 mol≒2.00 mol

（有効数字は，36.0 の 3 桁に合わせる）

例題 2.3×10^3 g の水に塩 1.3×10^2 g を溶かした。このときに全量は何 g になったのか。また，何％の濃度になったのかを計算せよ。

(略解) 全量は，全量 = 水の重量 + 塩の重量

$$= 2.3\times10^3\,\mathrm{g} + 1.3\times10^2\,\mathrm{g}$$

$$= \underset{\text{小数第1位}}{2.3\times10^3\,\mathrm{g}} + \underset{\text{小数第2位}}{0.13\times10^3\,\mathrm{g}}$$

$$= 2.43\times10^3\,\mathrm{g} \fallingdotseq \underset{\text{小数第1位に合わせる}}{2.4\times10^3\,\mathrm{g}}$$

塩の濃度は，濃度(%) $= \dfrac{\text{塩の重量}}{\text{水の重量} + \text{塩の重量}} \times 100$

$$= \frac{\overset{\text{有効数字2桁}}{1.3\times10^2\,\mathrm{g}}}{\underset{\text{有効数字2桁}}{2.3\times10^3\,\mathrm{g} + 1.3\times10^2\,\mathrm{g}}} \times 100$$

$$= 5.3497942\% \fallingdotseq \underset{\text{有効数字2桁に合わせる}}{5.3\%}$$

ここで，水が 2.30×10^3 g の場合には，全量が 2.43×10^3 g，塩の濃度は5.3％となる。

1-2-2 比例計算

物質量(mol)[1]と質量(g)のように比例関係にある場合には比例計算が用いられる。たとえば，二酸化炭素1.0 mol の質量は44.0 g である。二酸化炭素2.0 mol の質量 x[g]を計算するときは，

二酸化炭素1.0 mol：質量44.0 g

= 二酸化炭素2.0 mol：質量 x[g] → $\dfrac{1.0}{44.0} = \dfrac{2.0}{x}$

あるいは，

二酸化炭素1.0 mol：二酸化炭素2.0 mol

= 質量44.0 g：質量 x[g] → $\dfrac{1.0}{2.0} = \dfrac{44.0}{x}$

から，$x=44.0\times\dfrac{2.0}{1.0}=88$ となり，二酸化炭素2.0 mol の質量は88 g である。

[1] **物質量**
国際単位系(SI)で定められた7つの基本単位の中の物質量で，単位は mol で示される。物質1 mol はアボガドロ数個(約 6.02×10^{23} 個)の粒子を含んでいる。すなわち，物質(化合物)が「分子量」の重さの量であるとき，その物質の分子の数はアボガドロ数個であり，「その物質の物質量は1 mol」という関係がある。

例題 メタン1.00 mol の質量は16.0 g である。メタン5.00 mol の質量 x[g]を計算せよ。

(略解) $1.00 : 16.0 = 5.00 : x \longrightarrow \dfrac{1.00}{16.0} = \dfrac{5.00}{x}$ より

$$x = 5.00\times\frac{16.0}{1.00} = 80.0$$

メタン5.00 mol の質量は80.0 g となる。

化学反応式の係数については次のように求める。メタンを酸素で完全に酸化して二酸化炭素と水が生成する反応では,

$a\mathrm{CH_4} + b\mathrm{O_2} \longrightarrow c\mathrm{CO_2} + d\mathrm{H_2O}$

炭素 C に注目すると, $a=c$

酸素 O に注目すると, $2b=2c+d$

水素 H に注目すると, $4a=2d$

となる。ここで, $a=1$ とすると, $a:b:c:d=1:2:1:2$ となり, 化学反応式は

$\mathrm{CH_4} + 2\mathrm{O_2} \longrightarrow \mathrm{CO_2} + 2\mathrm{H_2O}$

となる。化学反応式の係数については, 最も簡単な整数比にすることが普通である。

また, さまざまな物理量は数字と単位より構成される。現在, 単位は国際単位系(SI)[2]で示されるようになってきてはいるが, 従来からの単位との換算ができるように勉強しなければならない。

例題 1.00 気圧(atm)は, SI 単位系では 1.01325×10^5 Pa(パスカル : $\mathrm{Pa=Nm^{-2}=kg/(ms^2)}$)で, 地表での標準的な気圧である。台風情報の際に 930 hPa(ヘクトパスカル)などと言われると, かなり強い台風と考えられる。これを気圧で表すと, 何気圧になるだろうか。

(略解) 1.00 気圧(atm) : 1.01325×10^5 Pa
= x 気圧(atm) : 930×10^2 Pa

$$\longrightarrow \frac{1.00}{1.01325 \times 10^5} = \frac{x}{9.30 \times 10^4} \quad \text{より}$$

$x=\dfrac{9.30\times10^4}{1.01325\times10^5}\fallingdotseq 0.918$ となり, 0.918 気圧(atm)となる。

1-2-3 濃度などの物質の量を用いた計算

化学において, ある一定濃度の溶液を希釈(きしゃく)して(薄めて)実験を行うときがよくある。希釈による濃度の変化は, **質量保存の法則**[3]を用いて計算すればよい。希釈前と後においても物質の量は同じである。

例題 5 mol/L の硫酸酸性水溶液 0.4 L を水で希釈して, 1 mol/L の希硫酸水溶液にするには, 水を加えて何 L にすればよいか。

(略解) 希釈前と希釈後において, 硫酸 $\mathrm{H_2SO_4}$ の量は変わらないので,「希釈前の硫酸水溶液から計算した $\mathrm{H_2SO_4}$ の mol 量」=「希釈後の硫酸水溶液から計算した $\mathrm{H_2SO_4}$ の mol 量」より,
5 mol/L×0.4 L=1 mol/L×x[L] より, x=2 L となる。

[2] **国際単位系(SI)**
従来の単位としては, cgs 系や mks 系が利用されていた。cgs 系は長さの単位としてセンチメートル(cm), 重さの単位としてグラム(g), 時間の単位として秒(s)を使い, mks 系は長さの単位としてメートル(m), 重さの単位としてキログラム(kg), 時間の単位として秒(s)を使っていた。1960 年に国際度量衡(どりょうこう)総会で物理量を単位として国際単位系(SI)に統一することが決議され, 科学および工学のあらゆる分野でこの単位系を使用することが勧告された。SI 単位系は, 7 つの基本単位, 長さ(メートル : m), 質量(キログラム : kg), 時間(秒 : s), 電流(アンペア : A), 熱力学的温度(ケルビン : K), 物質量(モル : mol), 光度(カンデラ : cd)と, 基本単位から組み立てられる誘導単位から構成されている。

[3] **質量保存の法則**
化学変化の前後において, 変化に関係した物質全体の質量は変わらない。

1-2-4 指数

とくに大きな数値や小さな数値は**指数**(10^y)で表示する。アボガドロ定数[4]は,

$$\begin{aligned}\text{アボガドロ定数} &= 6.02 \times 10^{23}\ \text{mol}^{-1} \\ &= 6.02 \times \underbrace{10 \times 10 \times \cdots \times 10 \times 10}_{10\text{が}23\text{個}}\ \text{mol}^{-1} \\ &= 6.02 \times \underbrace{100000000000000000000000}_{0\text{が}23\text{個}}\ \text{mol}^{-1}\end{aligned}$$

中性(pH 7)[5]の水の中の水素イオン濃度$[H^+]$は,

$$[H^+] = 10^{-7}\ \text{mol/L} = 1/10^7\ \text{mol/L} = 1/\underbrace{10000000}_{0\text{が}7\text{個}}\ \text{mol/L}$$

となり,指数を使うと数値の大きさ(桁(けた)数)がわかりやすくなる。

指数は,$a^x \times a^y = a^{(x+y)}$,$a^x \div a^y = a^{(x-y)}$で計算される。

〔例〕 $(5\times10^5)\times(3\times10^4)=(5\times3)\times(10^5\times10^4)=15\times10^{5+4}$

$=15\times10^9=1.5\times10^{10}$

また,**指数関数**e^x(エクスポネンシャル)($\exp(x)$とも表示される)[6]は,化学で特別な役割を担(にな)っている。

1-2-5 対数

化学においては**常用対数**と**自然対数**が混じって利用されているので注意が必要である。たとえば,酸性やアルカリ性を表すpHには常用対数が用いられている。一方,反応速度などの計算には自然対数が用いられる。

≪常用対数≫ $10^y=x$のとき,yをxの**常用対数**といい,$y=\log_{10} x$(ログ)と表す(常用対数の**底**(てい)は10)。化学においては,常用対数の底を省略している場合もあるので注意しなければならない。

$pH=-\log_{10}[H^+]$ であるので,$[H^+]=10^{-3}$ mol/Lの場合には,$pH=-\log_{10}[H^+]=3$ となる。

≪自然対数≫ 反応の速度などを考える場合には,eを底とする自然対数が使われる。物理や数学では,ある数xの自然対数として$\log x$として底を省略しているが,化学の場合の常用対数と混同しやすいので注意が必要である。このため,**自然対数**(natural logarithm)として$\ln x$と表示されている場合もある。

≪対数の公式≫ $\log_a a^x=x$から,$\log_a 1=\log_a a^0=0$,$\log_a a=\log_a a^1=1$,$\log_a a^{-x}=-x$であり,

$$\log_a(M \times N) = \log_a M + \log_a N$$

$$\log_a(M \div N) = \log_a M - \log_a N$$

$$\log_a M^r = r \log_a M$$

[4] **アボガドロ定数**
質量数12の炭素原子^{12}C 12 gの中にある炭素原子の数がアボガドロ定数N_Aと定義される。
アボガドロ定数:
$N_A = 6.02214 \times 10^{23}\text{mol}^{-1}$

[5] **pH(ピーエッチ)(6-3節参照)**
水溶液の酸性度を表すのに,pH(potential Hydrogen)が用いられている。pHは水素イオン濃度$[H^+]$を用いて,次のように定義されている。pHの7の場合,中性といい,7より小さな数字の場合には酸性,7より大きくなるとアルカリ性という。
$pH = -\log_{10}[H^+]$
$= \log_{10}(1/[H^+])$

[6] ***e***
ネピア数とも言われ,$e≒2.71828\cdots$という無理数で,自然現象を表すときによく使われる。ある種の確率現象はeと深い関わりを持っており,たとえば,単位時間あたりに平均1回の電話が,ある単位時間内に1度もかかってこない確率は$\frac{1}{e}$である。(高分子学会編,化学者のための数学,東京化学同人)

である。

例題　ヒトの胃酸(主成分は塩酸)の pH は 1 といわれる。このときの塩酸の濃度を求めよ。

(略解)　$pH = -\log[H^+]$ より，$[H^+] = 10^{-pH}$　であることから，$pH = 1$ のとき $[H^+] = 10^{-pH} = 10^{-1}$ mol/L である。よって胃液の塩酸の濃度は 0.1 mol/L である。

1-2-6 微分と積分

ここでは，化学で用いられる微分と積分の公式を理解する。

化学反応においてごく微小な範囲，あるいはごく微小な時間の中での変化を定量的に考える必要にせまられるときがあるが，その際に用いられるのが**微分**である。なお，微分や積分の定義など，詳細は数学のテキストを参照のこと。

化学でよく用いられる微分の公式としては，次のものがある。

$$\frac{dC}{dx} = 0 \quad (C\text{ は任意の定数})$$

$$\frac{dx^n}{dx} = nx^{n-1}$$

$$\frac{de^{ax}}{dx} = ae^{ax}$$

$$\frac{d\log_e(ax)}{dx} = \frac{1}{x}$$

$$\frac{d(xe^x)}{dx} = \frac{dx}{dx}e^x + x\frac{d(e^x)}{dx} = e^x + xe^x = (1+x)e^x$$

また，化学反応において，たとえば濃度の時間変化は微分で与えられるが，物質が時間とともに変化していくときには，**積分**が用いられる。化学で用いられる積分の公式としては，次のものがある。

$$\int x^n dx = \frac{x^{n+1}}{n+1} + C$$

$$\int e^{ax} dx = \frac{e^{ax}}{a} + C \qquad (C\text{ は任意の定数，} a \neq 0)$$

$$\int \frac{1}{x} dx = \log_e x + C$$

$$\int \log_e(ax)\,dx = x\log_e(ax) - x + C$$

初歩の化学においては，これらの微積分の公式を理解していれば，ほとんどの場合に計算ができる。

例題 次の関数を微分せよ。 $y=x^2(2x+1)$

（略解）

$$\begin{aligned}\frac{dy}{dx} &= \frac{d\{x^2(2x+1)\}}{dx} \\ &= \frac{d(x^2)}{dx}(2x+1)+x^2\frac{d(2x+1)}{dx} \\ &= 2x(2x+1)+x^2\times 2 \\ &= 4x^2+2x+2x^2 \\ &= 6x^2+2x\end{aligned}$$

あるいは

$$\begin{aligned}\frac{dy}{dx} &= \frac{d\{x^2(2x+1)\}}{dx} \\ &= \frac{d(2x^3+x^2)}{dx} \\ &= \frac{d(2x^3)}{dx}+\frac{dx^2}{dx} \\ &= 6x^2+2x\end{aligned}$$

例題 次の関数を積分せよ。 $\dfrac{xe^x-1}{x}$

（略解） $\displaystyle\int\frac{xe^x-1}{x}\,dx=\int\left(e^x-\frac{1}{x}\right)dx=e^x-\ln x+C$

例題 次の式を計算せよ。 $\displaystyle\int_b^a x^2\,dx$

（略解） $\displaystyle\int_b^a x^2\,dx=\left[\frac{1}{3}x^3\right]_b^a=\frac{1}{3}a^3-\frac{1}{3}b^3=\frac{a^3-b^3}{3}$

ドリル問題 1-2

1. 氷 1000 g は何 mol か計算せよ。
2. 硫酸のモル質量を 98 g/mol であるものとして，硫酸 200 g の物質量を計算せよ。
3. 塩化ナトリウムを水に溶かして，3.0% 水溶液を水 500 g を用いて調製した。このときに使った塩化ナトリウムは何 g か。
4. 2,3,7,8-テトラクロロジベンゾジオキシン（2,3,7,8-ダイオキシン：$C_{12}H_4Cl_4O_2$） 1.0 g は何モルか計算せよ。
5. 二酸化窒素（NO_2） 5.000 mol の質量を求めよ。
6. 1.0 mol/L の水酸化ナトリウム水溶液 0.20 L を，濃度 0.40 mol/L に希釈したい。水を加えて何 L にすればよいか。
7. pH 10 の水溶液中の水素イオン濃度［H^+］を求めよ。
8. 鉄 1000 g は何 mol か計算せよ。

9. 次の関数を積分せよ。

(1) $\int_0^1 x^n dx$　(2) $\int_0^2 e^{2x} dx$　(3) $\int_1^9 \frac{2}{x}\,dx$

10. 次の関数を微分せよ。

(1) $y=2x^3-3x^2+x-5$　(2) $y=\frac{1}{x^3}$　(3) $y=e^{2x}$　(4) $y=e^x \log_e x$

(5) $y=(x+1)(x+2)$　(6) $y=\frac{2x^3+5x^2+7x+2}{x^2}$

11. 次の関数を積分せよ。

(1) $\int(2x^3+3x^2-x+4)\,dx$　(2) $\int e^{3x}dx$　(3) $\int\left(4x+\frac{3}{x}\right)dx$

1章 演習問題

1. 9.85 g 中に 3.01×10^{22} 個が含まれている原子の原子量を求め，その原子は何かを答えなさい。

2. コップ 1 杯(180 mL)の水をこぼした。この水は，下水から河川を通って海洋に達し，蒸発して水蒸気になったり，雨として降ってきたりして地球上に拡散する。こぼした水が地球上に均一に拡散した後，コップ 1 杯(180 mL)の水を飲もうとした。この中に，「こぼした水の分子」が何個入っているか。水の密度を 1.0 g/mL，地球上の水の総量を 14 億 km^3 として計算せよ。

3. 全世界での年間の二酸化炭素の発生は，340 億トン(記号 t：1 t＝1000 kg)に達するが，この二酸化炭素が大気中に均一に拡散すると，大気中の二酸化炭素濃度は何 ppm 増加するか。地球大気の全質量を 5.0×10^{18} kg として計算せよ。

なお，ppm は，parts per million の略で，100 万分の 1(10^{-6})のこと。濃度の単位などに使われる。

(注)　化石燃料消費により発生した二酸化炭素の一部は海洋などに吸収され，実際の大気濃度の増加(2019 年)は前年と比べて 2.6 ppm 程度となっている。

4. 次の化学反応式に係数を付けて式を完成させよ。

(1)　$H_2S + SO_2 \longrightarrow S + H_2O$

(2)　$N_2 + H_2 \longrightarrow NH_3$

(3)　$CH_3CH_2OH + O_2 \longrightarrow CO_2 + H_2O$

(4)　$H_2O_2 \longrightarrow H_2O + O_2$

5. メタン CH_4 を燃焼させると，二酸化炭素と水が生成した。この化学変化を化学反応式で表せ。

6. 亜鉛 Zn に塩酸 HCl を反応させると，水素 H_2 を発生して，塩化亜鉛 $ZnCl_2$ ができた。この化学変化を化学反応式で表せ。

7. 大理石(主成分は炭酸カルシウム：$CaCO_3$)に塩酸を反応させると，二酸化炭素を発生する。この化学変化を化学反応式で表せ。

8. ダイオキシンの耐容一日摂取量(TDI)は，4 pg·TEQ/kg/日とされており，大気・土壌・食品から私たちの体に自然に入ってくる(1 pg＝1×10^{-12} g)。

日本の一般環境(バックグラウンド)の空気 1 m^3 中のダイオキシン量(TEQ 値)は 0.13 pg である。1 回の呼吸で 0.5 L の空気が肺に入るとして，ダイオキシン $C_{12}H_4Cl_4O_2$ 何個が肺に取り込まれるか計算しなさい。また，ヒトは毎分 15 回の呼吸を行うとして，ヒトは 1 日で何 pg

のダイオキシンを体内に取り入れるか，計算しなさい。

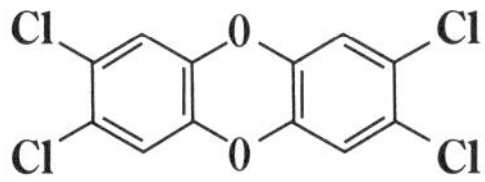

2, 3, 7, 8–テトラクロロジベンゾジオキシン
(2, 3, 7, 8–TCDD)

(注)　TEQ とは，2,3,7,8-TCDD の毒性等価量のこと。ダイオキシン類には多くの異性体などが存在し，それぞれ毒性が異なる。そこで，毒性が最強の 2,3,7,8-TCDD の質量に換算するとどのくらいになるのか，というようにダイオキシン類の毒性を質量で表した評価の方法。

9. ある金属 M の単体 11.17 g を完全に燃焼させたら，金属酸化物 M_2O_3 が 15.97 g 得られた。この金属の原子量はいくらか。

10. エネルギーでよく用いられる単位はカロリー cal であるが，SI 単位系ではジュール J(J＝Nm＝kgm^2/s^2) である。1 cal＝4.184 J に換算される。人が一日で必要とするエネルギーは約 2000 kcal であるが，これを SI 単位で示すと，どれくらいになるか。

11. 過酸化水素の 30％水溶液 1 L に水を加えて 10 L にした。過酸化水素の濃度を求めよ。

12. 過去にレモン汁と同じくらい酸性(pH 3)が強い酸性雨が降ったことがある。このときの水素イオン濃度[H^+]を求めよ。

13. ドライアイス 200 g は，炭酸ガス何 mol か計算せよ。

14. 海水の塩分濃度は 3.50％である。海水から塩を 100 g 得るためには，何 g の海水が必要か。

15. プロパンガス(C_3H_8) 10 kg は何 mol か計算せよ。

16. お酒には，アルコール(エタノール)が 15.0％溶けている。お酒 180 mL の中にはアルコールが何 g 入っているか計算せよ。

17. 正常なヒトの空腹時の血糖値(血液中のグルコース濃度)は，70〜100 mg/100 mL である。血糖値 80 の血液 500 mL には，グルコースが何 g 溶けているか計算せよ。

18. 通常の雨水には二酸化炭素が溶解している。この場合の pH を調べて(実際に測定したり，成書で調査する)，その雨水中の水素イオン濃度[H^+]を求めよ。

19. 生理食塩水を調べて，生理食塩水中の塩は何％の濃度になるかを計算せよ。

2 原子の構造と性質

2-1 原子

2-1-1 原子の基本構造

すべての物質は**原子**からできている。それでは原子はどのような構造をしているのだろうか[1]。これに解答を与えたのはラザフォード[2]である。ラザフォードは，放射性物質[3]から出てくる α（アルファ）粒子[4]と呼ばれる電荷を持った粒子を，金の薄膜に照射してその散乱を調べた。その結果，ほとんどの α 粒子はそのまま通過するが，少数の粒子は進行方向が曲がり，また，反対方向に弾き飛ばされるものがあることがわかった[5]。α 粒子の実態は正の電荷を持ったヘリウム原子核（$^{4}He^{2+}$）である。原子に属する電子は α 粒子に比べて非常に軽い$\left(重さが約\ \dfrac{1}{7300}\right)$ので，α 粒子の方向を大きく曲げることはできない。この実験結果（α 粒子の散乱）を説明するためには，次の条件が必要である。

① ほとんどの α 粒子はそのまま通過することから，金原子が隙間なく並んでいるとすると，原子の内部はほとんど何もない空間である。

② α 粒子の方向を変えたり，α 粒子を弾き飛ばしたりするためには，微小な空間を占めて正の電荷を持った質量の大きい物質を考える必要がある。

このことから，原子の中心部にはその原子の質量を持ち，正の電荷を持つ小さな核（**原子核**）が存在し，そのまわりに**電子**が存在するという，現在のような原子の構造が推定された。本章では，この原子の構造についてもう少しくわしく述べていくことにする。

なお，この節の内容は高等学校の物理で学ぶ内容と重なっている。“化学”ではあるが，その理解のためには“物理”も必要なのである。

2-1-2 原子と元素

≪元素と元素記号≫ われわれの身のまわりの物質は，「たとえば水 H_2O は水素 H と酸素 O からできている」というように，さまざまな元素からできている。「元素」とは，1 章で述べたように同じ原子番号を持つ「原子の種類」のことで，それぞれ記号（**元素記号**）で表す（図 2-1）。元素には原子番号 1 番の水素 H から 118 番のオガネソン Og まで，元素記号が与えられている。自然界に存在する元素は原子番号 94 番のプルトニウム Pu までである。ただ，プルトニウムとこれより原子番号の小さいテクネチウム Tc，プロメチウム Pm，ネプツニウム Np は天然

[1] **ラザフォードの実験以前に想定されていた原子モデル** J. J. トムソン（J. J. Thomson, 1856～1940，イギリスの物理学者）は電子の発見後，図のように負の電荷を持った電子が一様に正電荷を帯びた球体の中に，その電荷を打ち消すだけ散らばっているとする原子のモデルを提案した。また，長岡半太郎（1865～1950，物理学者）のモデルは，中心に正電荷を持つ核が存在し，電子がそのまわりを公転しているというものである。その後，ラザフォードの実験（本文参照）によって，正電荷を持ち，ごく小さい体積で質量の大きい粒子（原子核）の存在が実証された。この実験結果はトムソンの原子モデルよりも長岡モデルが真実に近いことを示唆している。

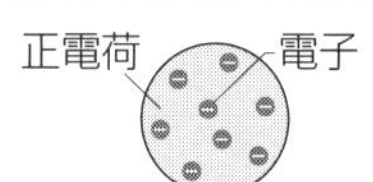

トムソンの原子モデル

[2] **ラザフォード** ラザフォード（E. Rutherford, 1871～1937）は，ニュージーランド生まれのイギリスの物理学者。α 線，β 線の発見者でもある。

(a) 元素記号

$^{A}_{Z}\mathbf{X}$　**X** 元素記号　A 質量数(核子数)　Z 原子番号(陽子数)

元素記号で省略できる

(b) 原子の構造の例($^{4}_{2}$He の場合)

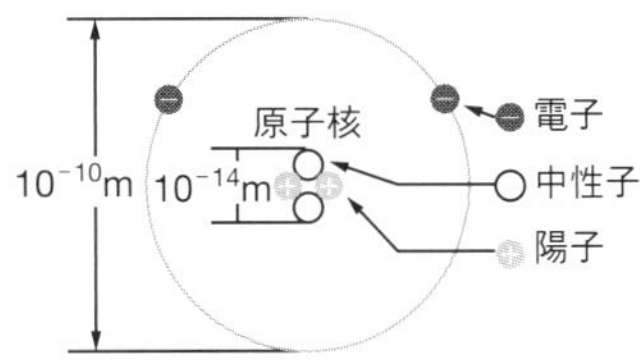

図 2-1　元素記号と原子の構造

物の発見より先に人工的につくられた。

≪原子の構造と原子番号の意味≫　それぞれの元素は，非常に小さな粒子(原子)から成っている。原子の構造の概念図を図 2-1 に示す。原子の大きさは，元素の種類にかかわらず半径がおよそ 1×10^{-10} m で，前述のようにその中心には**原子核**がある(図 2-1 b)。原子核の大きさは半径がおよそ 1×10^{-14} m $\left(\text{原子の半径の}\ \dfrac{1}{10000}\right)$で，そのまわりを負の電荷を持つ**電子**(通常 e^- で表記する。**エレクトロン**と呼ぶこともある)が運動している。原子核の内部には正の電荷を持つ**陽子**(p；**プロトン**)と電荷を持たない**中性子**(n；**ニュートロン**)がある。陽子と中性子は，ほぼ同じ大きさと重さを持っている[6]。また，電子 1 個の電荷の大きさ(**電気素量**(でんきそりょう))は陽子 1 個の電荷の大きさと等しい。通常の原子は電気的に中性であるので，電子の数と陽子の数は等しい。この原子核の陽子の数を**原子番号**という。陽子と中性子を合わせた数を**質量数**という。電子の質量は陽子や中性子の質量に比べて非常に小さいので，原子の質量はほぼ「質量数に比例」し，「原子核の重さと等しい」と考えてよい。

表 2-1　同位体の存在比(H, Li, O, F, Ne, Cl)と原子量の計算例(Li)

元　素	同位体	存在比(%)	相対原子質量	原子量
水素 $_{1}$H	^{1}H	99.9885	1.00782503223	1.00784
	^{2}H	0.0115	2.01410177812	～ 1.00811
リチウム $_{3}$Li	^{6}Li	7.59	6.0151228874	6.938
	^{7}Li	92.41	7.0160034366	～ 6.997
酸素 $_{8}$O	^{16}O	99.757	15.99491461957	15.99903
	^{17}O	0.038	16.99913175650	～15.99977
	^{18}O	0.205	17.99915961286	
フッ素 $_{9}$F	^{19}F	100	18.99840316273	18.99840316273
ネオン $_{10}$Ne	^{20}Ne	90.48	19.9924401762	20.1797
	^{21}Ne	0.27	20.993846685	
	^{22}Ne	9.25	21.991385114	
塩素 $_{17}$Cl	^{35}Cl	75.76	34.968852682	35.446
	^{37}Cl	24.24	36.965902602	～35.457

(アメリカ国立標準技術研究所 https://physics.nist.gov/Comp による)

原子量は，同位体の相対原子質量に存在比を掛けたものの総和になる。たとえばリチウムでは，$6.015\times0.0759+7.016\times0.9241=6.940$ となる。なお，比較のため，同位体が存在しないフッ素 F の例をあげた。

[3] 放射性物質
ウランやプルトニウムなどの元素が有名。原子核が壊れると(**崩壊**または**壊変**)，目に見えない**放射線**を出す。放射線には **α 線**(α 粒子)，**β 線**，**γ 線**などがある。**β 線**は，原子核が壊れることによって高速で原子核から飛び出す電子，**γ 線**は波長の短い電磁波である。

[4] α 粒子
α 線のこと。α 粒子は原子核が壊れることによって飛び出してくる。

[5] α 粒子の散乱

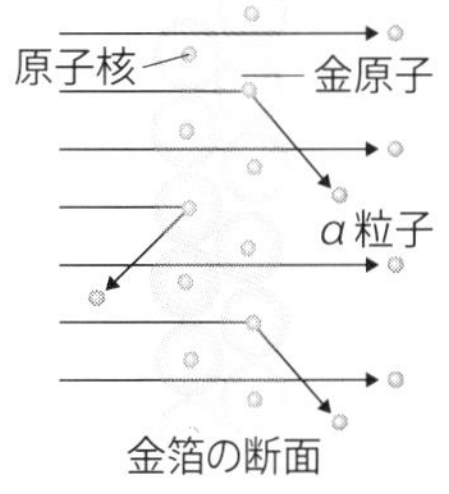

[6] 各粒子の質量
陽子・中性子の質量は 1.67×10^{-27} kg，電子の質量は 9.11×10^{-31} kg である。

≪原子量と相対原子質量≫　同じ元素に属していて陽子の数が同じ原子でも，中性子の数が異なる場合がある。このような原子を**同位体**という。同位体の化学的性質は同じである。たとえば，自然界に存在する炭素には質量数が 12 と 13 の 2 種類の同位体がある。この場合，元素記号を使って次のように表す。

質量数 12 の炭素　質量数 13 の炭素

原子番号(陽子数) $^{12}_{6}C$　$^{13}_{6}C$

自然界に存在する元素には 2 種類以上の同位体を持つものが多くあるが(表 2-1)，同位体を持たない元素も 21 種類ある[7]。

1 章で述べたように，同じ原子がアボガドロ数個集まったときの質量を，g(グラム)単位で表したときの数値を**原子量**という(よって，原子量には単位はない)[8]。通常，元素の原子量は同位体の相対原子質量の平均値で表す。相対原子質量や同位体の存在比は質量分析計を使ってくわしく測定することができる。同位体の存在比は地域で異なることもあるため，存在比から産地を逆に推定することもできる。

[7] **同位体を持たない元素**
Be，F，Na，Al，P，Sc，Mn，Co，As，Y，Nb，Rh，I，Cs，Pr，Tb，Ho，Tm，Au，Bi，Th の 21 種類の元素である。

[8] **原子量の基準**
質量数 12 の炭素原子 1 個の質量 1.992646×10^{-26} kg を 12 としたときの各原子の相対的な質量を定め，**相対原子質量**とする。

放射性同位体　COLUMN

同位体の中には α(アルファ)線や β(ベータ)線を出して他の元素に変わったり，γ(ガンマ)線などのエネルギーを放出したりする**放射性同位体**がある。自然界に存在する炭素には，ごく微量に放射性同位体の ^{14}C が含まれている。この同位体は地球のはるか上空で窒素 ^{14}N が太陽からの宇宙線などの作用によって生成したものである。

$$^{14}_{7}N + ^{1}_{0}n \longrightarrow ^{14}_{6}C + ^{1}_{1}p \qquad (2\text{-}1)$$ [9]

^{14}C は大気中の二酸化炭素に 1.2×10^{-10} %ほど含まれていて，ここ数万年変わらないとされている。光合成ができる生物は大気中の二酸化炭素から炭素化合物を合成して生きている。それ以外の生物も，他の生物が光合成で合成した炭素化合物を生きている限り常に取り込み続ける。そのため，生物の体の中にある炭素は一定濃度の ^{14}C を含んでいる。^{14}C は β 崩壊して ^{14}N に戻るが，その半減期[10]は 5730 年である。生物が死ぬと新しい炭素は補給されなくなるので，死後 5730 年経つと，炭素中の ^{14}C の濃度は半分になる。このことを利用して，ピラミッドや弥生時代の遺跡から出た木材の年代を推定しているのである。

[9] **式 2-1 について**
式 2-1 は，窒素 N が，周期表では隣の炭素 C に変化することを表している。式中の N は陽子 7 個と中性子 7 個，C は陽子 6 個と中性子 8 個である。なお，式中の n は中性子(電荷は 0 で質量数 1)を表し，p は陽子(電荷は +1 で質量数 1)を表している。

[10] **半減期**
ある物質が，変化して半分の量になる時間のことを**半減期**という。

≪周期律と周期表≫　元素の**原子容**(げんしよう)(単体固体 1 モルの体積)やイオンの大きさなどの物理的化学的な性質の中には，原子番号で周期的に変化するという特徴を示すものがある。これを**周期律**(しゅうきりつ)という。

1869 年ロシアのメンデレーエフ(D. I. Mendeleev)は 1 番軽い元素である水素からそれぞれの元素を当時の原子量の小さい順(当時の原子番号順)に並べて表にした(よく知られている表は 1871 年のもの)。この表を**周期表**という。

周期表は時代によって変化してきたが，現在の周期表を表紙裏に掲載した。1族，2族，12〜18族の元素を**典型元素**（てんけいげんそ）[11]と呼ぶ。典型元素は化学的性質が互いに似ている。そのため，たとえば1族の「アルカリ金属」のように，族の元素をグループとして扱うこともある。

3族から11族の元素は**遷移元素**（せんいげんそ）[11]と呼ばれる。3族6周期のLaからLuの元素は**ランタノイド**，3族7周期のAcからLrの元素は**アクチノイド**と呼び，両者を合わせて**内部遷移元素**という。Tc，PmとPoより後の元素は，すべて放射性元素である。典型元素と同様にこれらの元素も，周期表で隣り合った元素どうしは化学的性質が似ている。

[11] 12族の元素について
12族の元素(Zn，Cd，Hg)は化学的特徴からかつては遷移元素に分類されることもあったが，d軌道(**2-2-4**項参照)が閉殻であることから近年では典型元素に分類される。
なお遷移元素は「不完全に満たされたd軌道を持つ元素，またはそのようなd軌道を持つ陽イオンを生ずる元素」と定義される。
現在では遷移元素，典型元素といった分類にかわり最高エネルギー準位の電子の原子軌道によりp-ブロック元素，d-ブロック元素といった分類も使われる(図2-18)。

メンデレーエフが予測した元素　COLUMN

メンデレーエフは各元素がつくる水素化物や酸化物の化学式をもとにして元素の配列を決めた。そのため，縦に並んだ元素は原子番号の前後の元素よりも似た性質を持ち，原子番号に一定の周期を持って現れている。しかし，原子量の順に並べると，コバルトCoとニッケルNi，テルルTeとヨウ素Iのところでは，各元素のつくる化合物の性質を優先し，当時知られていた原子量の順番をわずかな差であるが逆転させている。何よりもこの周期表が歴史的に評価されるのは，上下左右の元素を比較して表をつくったため，いくつかの空欄をつくらざるを得なかった点であろう。

メンデレーエフの周期表の空欄は当時まだ発見されていない元素の位置であった。メンデレーエフは空欄の上下左右の元素から，未発見の3つの元素の性質を予測することができた。それらの中で有名なのはエカケイ素である[12]。

メンデレーエフが予言したエカケイ素は，1886年にドイツのウィンクラー(C. A. Winkler)によって発見され，ゲルマニウムと名付けられた。メンデレーエフが予測したエカケイ素の原子量や特徴(密度や原子容，沸点など)は，実際に発見されたゲルマニウムのものとかなりの精度で一致した。また，エカアルミニウムとした元素は1875年にフランスのボアボードラン(P. E. Lecoq de Boisbaudran)によって発見されたガリウムであり，エカホウ素とした元素は現在ではスカンジウムと呼ばれている。

[12] エカケイ素
ケイ素の次の物質という名前。エカとはサンスクリット語の数詞「1」。接頭語として「次」を表した。つまり，ケイ素の1つ下にある元素という意味。

≪周期表と元素の化学的性質≫　なぜ元素は異なった化学的な性質を示すのか。そして，周期表で隣り合った周期の元素どうしの化学的性質が似ているのはなぜなのか。

この問に答えるには，これまで述べた原子の構造だけでは不十分であり，原子核のまわりを回る電子の軌道に関する知識が必要になる。化学的な性質が決まるのには，この電子軌道が重要な意味を持つ。電子軌道を知ることが原子の化学的な性質を理解することにつながるのである。以降では，まず最も単純な電子軌道を持つ水素原子について述べていくことにする。

超ウラン元素 COLUMN

超ウラン元素とは，ウランの原子番号である 92 よりも原子番号の大きい元素のことをさす。原子番号 93 以降の元素は基本的にすべて人工的につくり出さねばならず，すべて放射性で放射線を放出して別の元素に変化する。ただし，微量の $_{93}$Np，$_{94}$Pu はウラン鉱石中に見いだされている。半減期(半分の数になるまでにかかる時間)は同じ元素でも同位体によって異なるが，マイクロ秒(100 万分の 1 秒)台という極めて短い場合から 200 万年以上という場合もある。質量数 237 の Np の同位体は 214 万年，質量数 239 の Pu の同位体は 2 万 4 千年で，このあと述べるニホニウムの質量数 278 の同位体は 0.24 ミリ秒(1000 分の 1 秒)である。

2016 年 IUPAC(国際純正・応用化学連合)によって，原子番号 115 のモスコビウム(Moscoviumu：Mc)，原子番号 117 のテネシン(Tennessine：Ts)，原子番号 118 のオガネソン(Oganesson：Og)とともに正式名称，元素記号が承認された原子番号 113 のニホニウム(Nihoniumu：Nh)は，理化学研究所の研究グループによって質量数 278 の同位体が発見され，命名権がこの研究グループに与えられた元素である。“アジア初，日本発” 元素が周期表に加わったのである。

2-1-3 水素原子の構造

≪水素原子のスペクトル≫　原子中では，陽子と中性子からなる原子核のまわりを電子が運動している。その電子はどのような軌道を運動しているのだろうか。

原子の内部の電子の状態について知るためには，「原子内部に光や粒子を衝突させて，何がどのように出てくるかを見る」方法や，「原子や分子をいろいろな条件において原子内部から出てくるものを測定する」方法が比較的簡単である。真空中で水素分子に電子をぶつけると，赤紫色に発光する。この光をプリズムなどで分光すると，**バルマー系列**と呼ばれる飛び飛びの波長(色)を持つ**水素原子のスペクトル**[13]が観測される(図 2-2)。太陽光の可視光部は分光すると虹のような連続した光に分解されるので，発見の時点では水素原子のスペクトルがなぜ飛び飛びになるのかわからなかった。この現象を研究したスイスのバルマー(J. J. Balmer)は，それぞれのスペクトル線の波長(λ（ラムダ）；単位は m)が，次の

[13] **水素原子のスペクトル**
光をプリズムなどで分光したときに現れる光の帯を**スペクトル**という。
太陽光を分光すると，赤から紫へと色が次第に(連続的に)変わる。このようなスペクトルを**連続スペクトル**という。
水素原子の発する光を分光すると，色が連続的に変わるのではなく，特定の色の光(特定の波長の光)が線のように現れる。これを**線スペクトル**という。この光の線は**輝線**とか**スペクトル線**と呼ばれる。
水素原子の発する光のうち可視光の部分を示したのが図 2-2 である。

式で表されることを見いだした[14]。

$$\lambda = 364.56 \times 10^{-9}\left(\frac{n^2}{n^2-4}\right) \qquad n=3,4,5,\cdots \tag{2-2}$$

その後，水素原子のスペクトルには，バルマー系列のほかに，短波長の紫外部に**ライマン系列**，長波長の赤外部に**パッシェン**，**ブラケット**，**プント**の各系列があることがわかった（表2-2）。これらの系列は，スウェーデンのリュードベリ（J. R. Rydberg）によって，

$$\frac{1}{\lambda} = R_{\mathrm{H}}\left(\frac{1}{{n_2}^2}-\frac{1}{{n_1}^2}\right) \qquad R_{\mathrm{H}} = 1.096776 \times 10^7\ \mathrm{m}^{-1}$$

$$(n_1, n_2 \text{ の値は表 2-2}) \tag{2-3}$$

という式で表されることがわかった。ここで，R_{H}は（水素原子の）**リュードベリ定数**と呼ばれる定数である。この不思議な現象を説明するために，以降に述べるボーアの原子モデルが提案され，原子内部の電子の状態が明らかとなっていくのである。

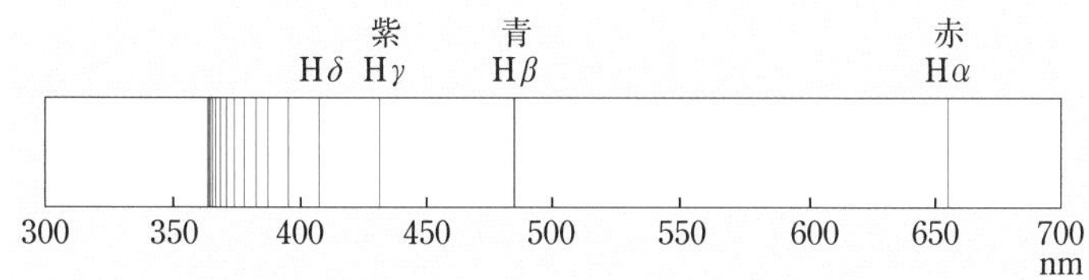

図2-2　水素原子のスペクトル図（バルマー系列）

表2-2　水素原子スペクトルの系列とn_1, n_2の値

系列	n_2	n_1
ライマン	1	2, 3, 4, …
バルマー	2	3, 4, 5, …
パッシェン	3	4, 5, 6, …
ブラケット	4	5, 6, 7, …
プント	5	6, 7, 8, …

≪ボーア原子モデルと電子軌道≫　1913年，デンマークのボーア（N. H. D. Bohr）は，電子が原子核にクーロン力[15]で引っ張られており，「クーロン力が遠心力とつり合って原子核のまわりを回っている」という古典的な物理学から出発して，水素原子のスペクトルを見事に説明した。ボーアは「原子からの光の放射とは，電子が円軌道間を移動する（飛び移る）とき，余分なエネルギーを光として放射する現象である[16]」と考え，次の仮定をおくことによって，水素原子の発光スペクトルが連続ではなく，飛び飛びになっていることを説明した。

①　電子は原子核のまわりを一定の半径を持つ円軌道を運動している。電子は減速することなく，その運動に伴うエネルギーは保存さ

[14] バルマーの式
この時点では，なぜこのような式で表されるのかはわからなかった。きちんと実験結果を整理することによって，この式にたどり着いたのである。これは，式2-3のリュードベリの式についても同じで，R_{H}にどのような意味があるのかがわかってくるのは，後の時代になってからである。

[15] クーロン力
負電荷を持つ粒子どうし，または正電荷を持つ粒子どうしにはお互いに反発する力が働く。また，正電荷と負電荷を持つ粒子どうしはお互いに引き合う。そのような力の大きさは電荷の積に比例し，お互いの距離の二乗に反比例する。このような力をクーロン力，または静電力と呼ぶ。

[16] 光のエネルギー
光のエネルギーは$E=h\nu$で表される。この式を**プランクの式**と呼ぶ。ν[Hz]は光の振動数，E[J]は光のエネルギー，h（$=6.63\times10^{-34}$ J·s）は**プランク定数**である。つまり，光のエネルギーは振動数に比例（波長に反比例）する。なお，振動数は波長の逆数に比例する（$\nu=\frac{c_0}{\lambda}$　ここでc_0は光速：3.00×10^8 m/s）。可視光の「色」は波長によって決まる（可視光の場合，波長は色に対応する）ので，可視光のエネルギーは色と密接な関係がある。

れる[17](定常状態)。

② 円運動に伴う電子の角運動量[18]の大きさは

$$\frac{h}{2\pi} \times n \quad (n = 1, 2, 3, \cdots) \quad h\text{ はプランク定数} \tag{2-4}$$

に等しく，$\frac{h}{2\pi}$ を単位にして飛び飛びの値をとる[19]。

③ 光の放射(吸収)は，円軌道間を電子が移動するとき，余分(必要)なエネルギーの光($\varDelta E = h\nu$)を放射(吸収)する[20]。

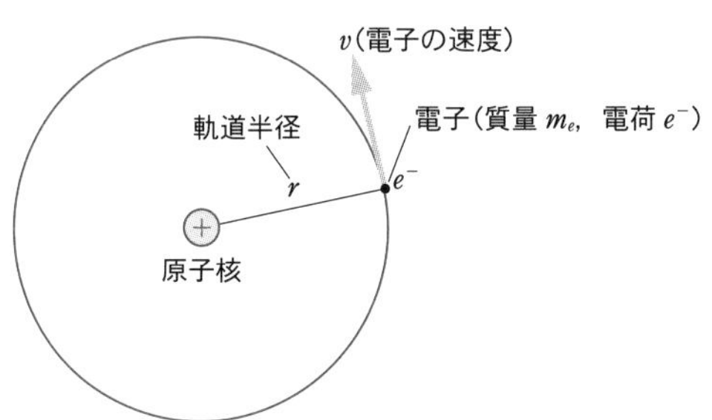

図 2-3　ボーアの原子モデル

これらの仮定をもとに水素原子の電子のエネルギーを計算してみよう。なお，以下の式では電子の質量を m_e(=9.11×10^{-31} kg)，電子の電荷を e(=1.60×10^{-19} C(クーロン))，真空の誘電率(ゆうでんりつ)[21]を ε_0(イプシロン)(=8.85×10^{-12} $C^2 \cdot N^{-1}$(ニュートン)$\cdot m^{-2}$)，プランク定数を h(=6.63×10^{-34} J·s)，円周率を π(パイ)とする。また v は電子の速度，r は円軌道の半径である。

紐(ひも)の先におもりをつけてグルグル回している状態と同じように，円軌道を描いて運動する電子の遠心力 $F\left(=\frac{m_e v^2}{r}\right)$ と，原子核と電子に働くクーロン力$\left(\frac{e^2}{4\pi\varepsilon_0 r^2}\right)$がつり合っているから

$$\frac{m_e v^2}{r} = \frac{e^2}{4\pi\varepsilon_0 r^2} \tag{2-5}$$

である。円運動する電子の角運動量は，仮定②より

$$m_e v r = \frac{h}{2\pi} \times n \tag{2-6}$$

である。式 2-5 と式 2-6 から v を消去して r を求め，混乱のないように，ある n のときの半径を r_n で表現すると，

$$r_n = \left(\frac{\varepsilon_0 h^2}{\pi m_e e^2}\right) \times n^2 = (5.29 \times 10^{-11}\ \mathrm{m}) \times n^2 \tag{2-7}$$

が得られる。このとき，電子軌道の半径は**量子数**(りょうしすう)と呼ばれる整数 n で決まることになる。一般に，物理量がある値の整数倍を取るとき，「**量子化**されている」という。式 2-7 から明らかなように，量子数 n が 1 から 2, 3, …になると，円軌道の半径 r_n は 4 倍，9 倍と飛び飛びに大きく変わる。n=1 のときの半径 r_1 を**ボーア半径** a_0 と呼び，その大きさは

[17] 仮定①についての注意
マクスウェルの電磁理論によると，原子核の電場の中を電子が円運動をすると，電磁波を放出してそのエネルギーを失い最後には原子核に落ちてしまう。ボーアの仮定はこれを無視するものである。

[18] 角運動量
角運動量とは，回転運動している物体が持つ物理量の 1 つである。その大きさは「回転の半径×(電子の)質量×速度」で求められる。並進運動の運動量は「質量×速度」なので(本シリーズ「基礎物理 1」参照)，「角運動量＝回転半径×運動量」と書くこともできる。

[19] 飛び飛びの値をとる理由
ボーアの原子モデルの段階(1913 年)では電子の角運動量が飛び飛びの値をとることは天下りの「仮定」であり，理由付けはない。1924 年にド・ブロイによって提唱された「物質波」の考えを用いると，電子が周回する軌道の周長は物質波としての波長の整数倍にならなければならないという条件が導かれ(p.41 参照)，これが飛び飛びの角運動量となる理由となる。つまり，電子が波のように振る舞うことがそもそもの原因である。

[20] 光のエネルギー
振動数 ν(ニュー)の光のエネルギー E は，プランクの式 $E = h\nu$ で表される。注 16 参照。

[21] 真空の誘電率
真空の誘電率 ε_0(一定：8.85×10^{-12} $C^2 \cdot N^{-1} \cdot m^{-2}$)については，本シリーズの「基礎物理 2」を参照のこと。

0.0529 nm（ナノメートル）である。電子の状態により n はいろいろな値をとりうるが，半径は不連続的な値しかとれない。$n=1$ のとき，電子軌道の半径は最も小さく安定であり，電子は通常この半径 a_0 で運動している。

≪電子軌道とエネルギー≫　距離 r で働く力が F_r のときのポテンシャルエネルギー[22]は，$-\int F_r dr$ である。電子の静電的なポテンシャルエネルギーは，電子が原子核にとらわれていない距離が無限大のところを基準（ポテンシャルエネルギー＝0）とする。無限大から r の距離に近づいたとき，電子と原子核にはクーロン力 $\dfrac{-e^2}{4\pi\varepsilon_0 r^2}$ が働いているので，ポテンシャルエネルギーは $\dfrac{-e^2}{4\pi\varepsilon_0 r}$ である[23]。

速度 v で運動している電子の運動エネルギー[24]は，式2-5から，$\dfrac{1}{2}m_e v^2=\dfrac{e^2}{8\pi\varepsilon_0 r}$ となる。電子の全エネルギー E は運動エネルギーとポテンシャルエネルギーの和であるから，

$$\underbrace{E_n}_{\text{電子の全エネルギー}} = \underbrace{\frac{e^2}{8\pi\varepsilon_0 r}}_{\text{運動エネルギー}} - \underbrace{\frac{e^2}{4\pi\varepsilon_0 r}}_{\text{ポテンシャルエネルギー}} = -\frac{e^2}{8\pi\varepsilon_0 r}$$

$$= -\frac{e^2}{8\pi\varepsilon_0} \times \frac{\pi m_e e^2}{\varepsilon_0 h^2} \times \frac{1}{n^2} = -\frac{m_e e^4}{8{\varepsilon_0}^2 h^2} \times \frac{1}{n^2} \qquad (2\text{-}8)$$

である（量子数 n の関数として電子のエネルギーを E_n で表す）[25]。

この式で，量子数 n は 1, 2, 3, …の値をとるので，$n=1$ のとき，電子は一番低いエネルギーの状態（基底状態[26]）になっている。n が大きくなるにつれて円軌道の半径は大きくなり，電子のエネルギーは0に近づく。ここまでは，簡単のために水素に限って考えてきたが，原子核の正（＋）電荷が増えれば，電子が引っ張られる力は大きくなり，電子軌道の半径は小さくなる。電子1個を持つ He^+ や Li^{2+} についても水素の場合と同様に考えることができる。このとき，原子番号を Z とすると，

$$r_n = \frac{\varepsilon_0 h^2}{\pi m_e e^2} \times \frac{n^2}{Z} \qquad E_n = -\frac{m_e e^4}{8{\varepsilon_0}^2 h^2} \times \frac{Z^2}{n^2} \qquad (2\text{-}9)$$

となる。よって，異なる元素では，n が等しい軌道でもその半径やエネルギーは異なる。

電子が $n=1$ の基底状態から $n>1$ の高いエネルギー状態（大きな円軌道）になったとする。この状態は不安定で，電子は安定な（n の小さな）状態に移ろうとする。このように，2つの円軌道（$n_1>n_2$）を電子が遷移（せんい）する（飛び移る）とき，そのエネルギー差 ΔE（デルタ）に等しいエネルギーの光が放出される。電子の持つ全エネルギー（E_n）の式2-8より，

$$\Delta E = h\nu = -\frac{m_e e^4}{8{\varepsilon_0}^2 h^2} \times \frac{1}{{n_1}^2} - \left(-\frac{m_e e^4}{8{\varepsilon_0}^2 h^2} \times \frac{1}{{n_2}^2}\right)$$

[22] **ポテンシャルエネルギー**
位置エネルギーともいう。バネを伸ばしたとき，地面から物体を上に持ち上げたとき，元の位置から遠くに行くほど物体はエネルギーを蓄えている（物体の速度，すなわち運動エネルギーに変えることができる）。静電力でも同様に位置エネルギーが存在する。

[23] **エネルギーがマイナスの値である意味**
地上を基準にすると，2階にいる人のポテンシャルエネルギーは正（＋）であるが，地下にいる人は地上に行くためにエネルギーが必要であるから負（－）のポテンシャルエネルギーを持つ。原子核に近い電子には，エネルギーを与えないと原子から飛び出さないので，原子核にとらわれた電子のポテンシャルエネルギーは負（－）になる。

[24] **運動エネルギー**
質量 m[kg] の物体が，速度 v[m/s] で運動しているときの運動エネルギー K[J] は，$K=\dfrac{1}{2}mv^2$ である。

[25] **エネルギーの量子化**
エネルギーが n の値で飛び飛びの値をとるときも，**量子化**されているという。

[26] **基底状態**
エネルギーの一番低い安定な状態。逆に，基底状態よりエネルギーが高い状態を**励起状態**といい，化学反応が起きやすくなったり，光を放出する原因となる。

$$= \frac{m_e e^4}{8\varepsilon_0{}^2 h^2} \times \left(\frac{1}{n_2{}^2} - \frac{1}{n_1{}^2} \right) \tag{2-10}$$

となる。$\lambda = \frac{c_0}{\nu}$ であるから，式 2-10 に代入すると

$$\frac{1}{\lambda} = \frac{m_e e^4}{8c_0\varepsilon_0{}^2 h^3} \times \left(\frac{1}{n_2{}^2} - \frac{1}{n_1{}^2} \right) \tag{2-11}$$

となり，リュードベリの式 2-3 に一致する。$\frac{m_e e^4}{8c_0\varepsilon_0{}^2 h^3}$ を計算すると $1.09737\times10^7\ \mathrm{m}^{-1}$ となり，リュードベリ定数 R_∞ に一致する[27]。図 2-4 に，n の異なるエネルギー状態を図にした「エネルギー準位図」と，比較のために「スペクトル系列」を示す。ライマン，バルマー，パッシェン系列の順にエネルギー差は小さくなり，放出される光の波長は長くなる。

以上のように，ボーアの 3 つの仮定から導かれた原子モデルは「水素原子スペクトル」という現象をよく説明できることがわかった。

水素原子の基底状態[28]のエネルギーは E_1 なので，$n_1=\infty$（水素原子から電子を取り去った状態），$n_2=1$（水素原子の基底状態）とすると，式 2-11 は水素のイオン化エネルギーに相当する光の波長を与える。

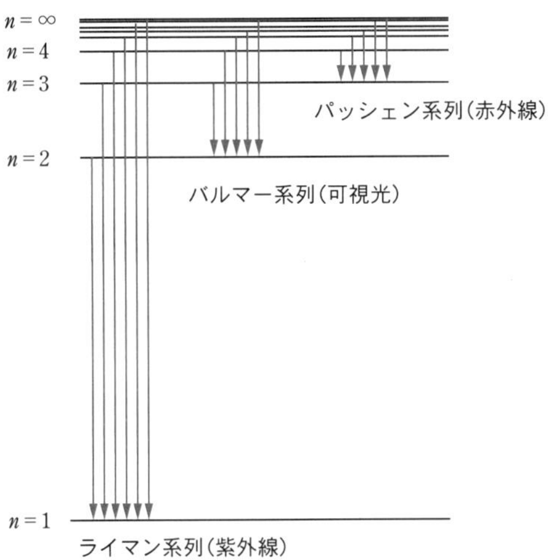

図 2-4　エネルギー準位図とスペクトル系列

[27] リュードベリ定数
m_e の代わりに水素原子の換算質量 $\frac{m_e m_p}{m_e+m_p}$（m_p は陽子の質量）を使って計算すると，$R_H=1.096776\times10^7\ \mathrm{m}^{-1}$ になる。水素原子の測定で得られるのは R_H である。R_∞ は陽子が無限に重いとした場合の値である。

[28] 水素原子の基底状態
前述のように基底状態は $n=1$ のとき。この場合は低いエネルギーを持つ軌道 n_2 を基底状態と考えている。

2-1-4 原子の電子配置

≪電子配置≫　水素原子の電子軌道の半径は，式 2-7 で与えられるような不連続な値を持つことがわかった。では，他の元素も同じような構造を持っているのであろうか。

「陽子 1 個」と「電子 1 個」からできている単純な構造の水素原子と比べるとはるかに複雑ではあるが，他の元素も似たような原子の構造（原子の電子軌道）を持っている。地球上には数多くの元素が存在し，その性質は互いに似ていたり異なったりしている。それぞれの元素は原子核の電荷とそれに対応した電子数を持っている。各元素の化学的性質が

異なってくる理由は，電子の原子内での配置(**電子配置**)が異なるからである。

水素に限らず，すべての原子中の電子は通常エネルギーが1番低い安定な状態をとる(**基底状態**)。原子番号が大きくて電子数が多い原子では，電子軌道のエネルギーが飛び飛びに変化する。電子の空間的な広がりは，それぞれ図2-5に示したようにひとまとまりになっているので**電子殻**という。原子核に近い順から**K殻, L殻, M殻**, …と呼ぶ。図2-5に示したように，各電子殻に入る電子の数は元素にかかわらず一定である。各元素の電子配置を模式的に示した図を図2-6に示す[29]。

[29] 電子軌道の図について
後で述べるように，現在わかっている実際の電子軌道は図2-6のような単純な円ではなく，電子の配置も正しくない。しかし，電子の数と原子核のまわりを電子が運動している点は正しい。理解をうながすために，ここでは不正確ではあるが単純なモデルを提示している。後半で，実際の原子の構造(電子軌道)がこの図とどう違うのかを学び，理解を深めてもらいたい。

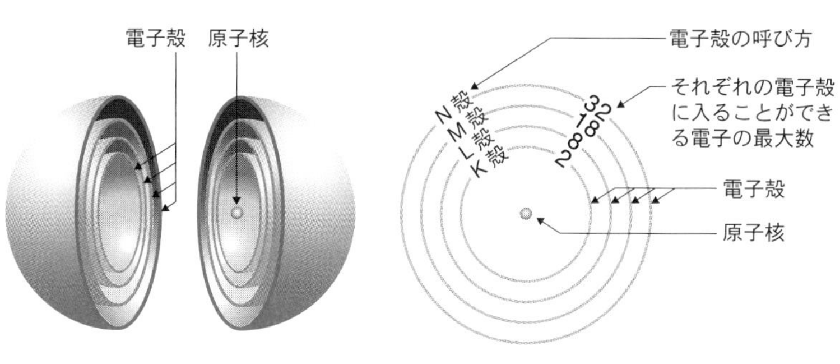

図2-5　電子殻

周期	族	1	2	13	14	15	16	17	18
1	電子配置	1+ 水素 H							2+ ヘリウム He
	K殻	1							2
2	電子配置	3+ リチウム Li	4+ ベリリウム Be	5+ ホウ素 B	6+ 炭素 C	7+ 窒素 N	8+ 酸素 O	9+ フッ素 F	10+ ネオン Ne
	K殻	2	2	2	2	2	2	2	2
	L殻	1	2	3	4	5	6	7	8
3	電子配置	11+ ナトリウム Na	12+ マグネシウム Mg	13+ アルミニウム Al	14+ ケイ素 Si	15+ リン P	16+ 硫黄 S	17+ 塩素 Cl	18+ アルゴン Ar
	K殻	2	2	2	2	2	2	2	2
	L殻	8	8	8	8	8	8	8	8
	M殻	1	2	3	4	5	6	7	8
4	電子配置	19+ カリウム K	20+ カルシウム Ca						
	K殻	2	2						
	L殻	8	8						
	M殻	8	8						
	N殻	1	2						

K殻
L殻
M殻
N殻

n+ 原子核が持つ正の電荷
⊖ 電子

図2-6　原子の電子配置

≪価電子とルイス構造式≫　すでに述べたように，電子配置と周期律には密接な関係がある。原子やイオンの物理化学的な性質を周期表から見てみると，いろいろな関係を見いだすことができる。原子の最も外側の電子殻にある電子(**最外殻電子**)は，原子の化学的性質に直接関与し重要な役割を果たす。そのため，内側の電子(**内殻電子**)と区別して**価電子**(または**原子価電子**)と呼ばれている。また，元素記号に価電子(最外殻電子)を「・」で表して書き入れたものは，**ルイス構造式**(電子式)と呼ばれている。

図 2-7 は，1～3 周期の元素の価電子をルイス構造式で表したものである。この図から，価電子が周期的に変化していることがよくわかる。

図中の 18 族の元素は，最外殻電子の配置が安定で，各元素はそれに近い構造をとる傾向にある。典型元素の中で 1 族，2 族の元素は，価電子数が 1 個または 2 個であり，電子を放出して+1，+2 の陽イオンになりやすいので**陽性元素**と呼ばれる。陽イオンの電子配置は原子番号の少ない 18 族の元素の電子配置と同じになっている(たとえば Li^+ は He と，Na^+ は Ne と同じ)。同じように酸素やフッ素など，価電子数が 6, 7 の元素は，電子を他の原子からもらって−1，−2 の陰イオンになりやすく，**陰性元素**と呼ばれる。この陰イオンの電子配置は原子番号の大きい 18 族の元素の電子配置と同じである。つまり，Na^+ と O^{2-} の電子配置は Ne と同じであり，Ca^{2+} と Cl^- は Ar と同じ電子配置を持つ(もちろん原子核は異なる)。遷移元素では，最外殻電子が 1 個または 2 個で，その内側の軌道に電子が配置されるが，イオンになるときは最外殻軌道の電子から外れていく。

1 族	2 族	13 族	14 族	15 族	16 族	17 族	18 族
H・ 水素							He： ヘリウム
Li・ リチウム	Be： ベリリウム	・B： ホウ素	・C・ 炭素	・N： 窒素	・O・ 酸素	・F： フッ素	：Ne： ネオン
Na・ ナトリウム	Mg： マグネシウム	・Al： アルミニウム	・Si・ ケイ素	・P： リン	・S・ 硫黄	・Cl： 塩素	：Ar： アルゴン

図 2-7　ルイス構造式による価電子の図(H から Ar)

ドリル問題 2-1

1. 1円玉の半径は1 cmである。アルミニウム原子の半径が143 pmとすると，1円玉の直径には何個の原子が並ぶか。
2. 次の原子やイオンの陽子，中性子，電子の数を答えよ。
   ^{35}Cl　$^{37}Cl^{-}$　$^{23}Na^{+}$
3. 表2-1から酸素の相対原子質量を計算しなさい。
4. 式2-3から，ライマン系列の長波長側のスペクトル線3本(単位はnm)を計算しなさい。
5. 式2-4から，ボーア半径(pm)を計算し，単位がmになることを導きなさい。
6. 次の語について簡潔に説明せよ。
   (1)　同位体　(2)　量子数　(3)　価電子
7. ヘリウムと同じ電子配置を持つイオンを4種類あげなさい。
8. アルゴンレーザーの青い光の波長は488 nmである。この光(光子)1個のエネルギー(J単位)と1 molのエネルギー(kJ単位)を計算しなさい。

2-2 原子の電子軌道

原子核のまわりを動く電子軌道の半径は飛び飛びの決まった値しかとらないことがわかった。では，なぜ飛び飛びの軌道しかとれないのであろうか。

この答えはフランスのド・ブロイ(L. V. de Broglie)によってもたらされた。彼の研究から，運動している物質は波の性質(**波動性**)を持つことが明らかとなったのである。また，運動している物質が波動性を持つのと逆に，電磁波が**粒子性**を持つ場合もある。物質が粒子性と波動性の2つの性質を持つことを「**二重性を持つ**」という[1]。つまり電子は「粒子」と「波」の両方の性質を持つのである。

「運動している物質は波動性を持つ」というド・ブロイの理論をボーアの原子モデルに応用すると，「**電子が波の性質を持ち，原子核のまわりで定常波として存在するならば，電子軌道は飛び飛びの軌道しかとることはできない**」という結論が導かれる。

[1] **物質が波動性を持つ⁉**
物質(各種の粒子)は波の性質を持ち，電磁波は物質の性質を持つ。どちらが本質かを考え，混乱した人のために一言。われわれの身のまわりのサイズでは実感しにくいが，電子レベルの極小サイズでは物質も波も似たような性質を示し，厳密には区別できない。ただ，条件の違いによって，物質の特性が強く出るか波の特性が強く出るかが異なる。「物質か波か」ではなく，物質の本質は「両方」であり，われわれの常識が偏っていると考えるべきである。

2-2-1 電磁波の粒子性

電磁波はその波長に応じて電波，光(赤外線，可視光，紫外線)，X線，ガンマ線などと呼ばれるが，このような電磁波は基本的に波として振る舞う。たとえば，ラジオなどで用いられる電波が山やビルのような障害物を乗り越えて遠くまで届くのは「回折」と呼ばれる波の性質が関係しているし，シャボン玉の表面が虹色に見えるのはシャボン玉の膜で光が波特有の「干渉」と呼ばれる現象を起こすからである。

ところが，1900年代前半に波として振る舞うはずの電磁波が粒子として振る舞う例が発見された。X線を物質に当て散乱されて出てくるX線の波長を調べると，入射したX線より長波長のX線が観測された(**コンプトン散乱**)。この現象はX線を光子(粒子)として扱い，ビリヤード玉どうしの衝突のように「X線光子が物質中の電子と衝突して電子を弾き飛ばす」という力学の衝突の問題として説明することができた。ほかにも，金属表面に光を当てた際に表面から電子が放出される現象(光電効果)や物体を高温に熱した際に放射される光のスペクトルの考察(黒体放射)から，エネルギーの高い電磁波(X線)は**粒子性**を持つことが明らかになった。

このことを逆に考え，1924年にフランスのド・ブロイ(L. V. de Broglie)は，「運動している粒子は運動量を持っているのであるから，波の性質(**波動性**)を持っている」と仮定した。この波を**ド・ブロイ波**(**物質波**)と呼ぶ。

波の特徴

COLUMN

波(波動)は粒子とは異なり,「重ね合わせの原理」と呼ばれる性質が成り立つことが知られている。図のように,反対方向に進む波どうしが衝突してもお互い素通りしてそのまま進行し続ける。あたかも互いが存在しないかのような振る舞いである。このことが原因で,光や水面の波などには干渉や回折[2]と呼ばれる現象が現れる。粒子の場合は衝突によって互いの進行方向が変化する(ビリヤードの玉どうしの衝突を考えてみてほしい)。また,干渉のような現象は粒子では起きない。

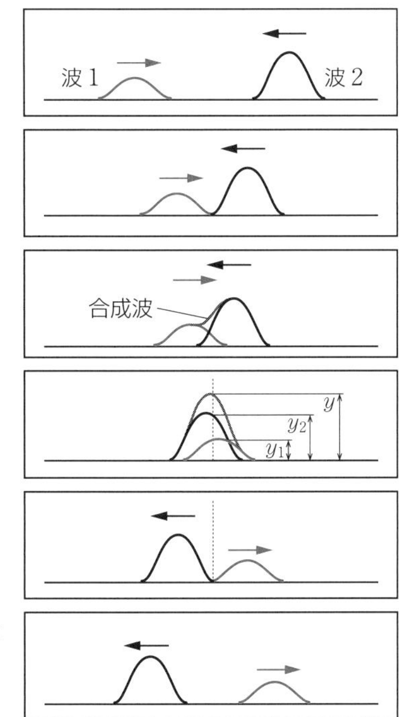

(出典:wikibooks 高等学校物理/物理 I/波/波の性質より クリエイティブ・コモンズ CC0 1.0 全世界 パブリック・ドメイン提供より)

図 2-8 波の衝突と重ね合わせの原理

ある場所での元の波の高さ(y_1 と y_2)を足し合わせたものが衝突でできる合成波の高さ y になる。

[2] **回折**
波の進路に障害物がありその障害物に穴や隙間があると,波は障害物の背後に回り込む。このように,障害物の背後に波が回り込む現象を波の**回折**という。回折は波に特有の現象である。

2-2-2 ド・ブロイ波(物質波)

アインシュタインの**特殊相対性理論**[3]から質量 m の粒子のエネルギー E と運動量 P の関係は,真空中の光の速度を c_0 として,

$$E^2 = m^2c_0^4 + c_0^2P^2 \quad (2\text{-}12)$$

(粒子の持つ全エネルギー E^2 = 質量由来のエネルギー $m^2c_0^4$ + 運動量由来のエネルギー $c_0^2P^2$)

である。電磁波が波ではなく,粒子として振る舞うことを考えよう。電磁波は質量がなく($m=0$),$E=h\nu$,$\lambda\nu=c_0$(ν(ニュー)は電磁波の振動数,λ(ラムダ)は波長)という関係がある。これらと式 2-12 から,

$$P = \frac{h}{\lambda} \quad (2\text{-}13)$$

が導かれる。波長 λ の電磁波は運動量 P を持つことがわかる。

2-2-1 項の「コンプトン散乱」という現象から,エネルギーの高い X 線(電磁波)は粒子性を持ち,その運動量は式 2-13 で表されることが

[3] **特殊相対性理論**
どのような速度で運動する物体であっても,その物体に乗っている人からは物理法則が同じに見える。また,どのような速度の物体(乗り物)から光の速度を測定したとしても,光速は常に一定のある値を持つ。アインシュタインはこの 2 つのことから,時間と空間を記述する新しい理論,特殊相対性理論を提案した。この理論によると,光速に近い速度を持つ物体の運動エネルギーと速度の関係は従来の $E=\frac{1}{2}mv^2$ からずれることが予測され,そのことは実験的に確認されている。

わかった。今度は逆に粒子を考えてみよう。速度 v で運動している質量 m の粒子は，運動量 $P(=mv)$ を持っている。ド・ブロイは，粒子がこのとき

$$\lambda = \frac{h}{P} \tag{2-14}$$

という波長の波の性質（波動性）を持つとする仮説を提唱した（**ド・ブロイ波**）。粒子（または電磁波）が粒子性と波動性の2つの性質を持つことを「**二重性**」という。

1927年，アメリカのデビッソン（C. J. Davisson）とジャーマー（L. H. Germer）は，Ni の結晶に照射した電子線の回折（かいせつ）[2]パターンを解析して，電子線の波動性を確かめた。100 V の電位差で電子を加速すると電子は 100 eV[4]の運動エネルギーを得る。その速度 v は $100\ \text{eV} = \frac{1}{2}m_e v^2$ であるから[5]，

$$v = \sqrt{\frac{2 \times 100\ \text{eV}}{m_e}} = \sqrt{\frac{2 \times 100 \times 1.602 \times 10^{-10}\ \text{C·V}}{9.109 \times 10^{-31}\ \text{kg}}} = 5.931 \times 10^6\ \text{m·s}^{-1} \tag{2-15}$$

となる。運動量 P は

$$P = m_e v = 9.109 \times 10^{-31} \times 5.931 \times 10^6 = 5.403 \times 10^{-24}\ \text{kg·m·s}^{-1} \tag{2-16}$$

であるから

$$\lambda = \frac{h}{P} = \frac{6.626 \times 10^{-34}\ \text{J·s}}{5.403 \times 10^{-24}\ \text{kg·m·s}^{-1}} = 1.226 \times 10^{-10}\ \text{m} \tag{2-17}$$

となる。このように，100 V で加速された電子は，波長が X 線領域の波の性質を持っている。電子顕微鏡はこれを利用しているのである。

[4] エレクトロンボルト
100 V（ボルト）の電位差で電子を加速した場合，電子の得る運動エネルギーは 100 eV（エレクトロンボルト）となる。
$1\ \text{eV} = 1.60217738 \times 10^{-19}\ \text{J}$

[5] 運動エネルギーが大きいとき
運動エネルギーが大きいときは特殊相対論による補正が必要となる（注3および式2-12参照）。

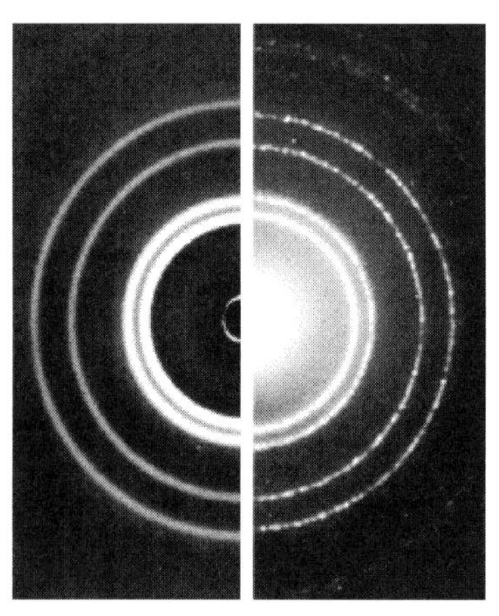

図 2-9　アルミニウム薄膜（金属結晶）に対して X 線（電磁波）を照射して観測される回折像（左図）と電子線を照射して得られた回折像（右図）

電子が粒子として振る舞う場合，このような回折像は得られない。X 線の波長と電子の物質波としての波長がほぼ同じであるために，回折像は非常に似た形状になっている。

≪電子の波動性と電子軌道≫　ここまでの結果(運動している物質は波動性を持つ)をボーアの原子モデルに応用してみよう。電子が半径 r の円軌道を動き続けることから，波長 λ の電子の波は，軌道を 1 周したところで波の山と山，谷と谷が一致する定常波[6]となるので，円周が波長の整数倍でなければならない(図 2-10)。つまり，

$$2\pi r = n\lambda \tag{2-18}$$

となる。一方，式 2-14 と運動量 P の定義(式 2-16)から，プランク定数を h として，

$$\lambda = \frac{h}{P} = \frac{h}{m_e v} \tag{2-19}$$

であるから，式 2-18 を式 2-19 に入れると，

$$m_e v r = \frac{h}{2\pi} \times n \tag{2-20}$$

となる。この式は，ボーアの原子モデルで，円運動する電子の角運動量($P_r = mvr$)は飛び飛びであるという仮定②を式として表したものと一致する。ボーアの考えた仮定②の「電子の角運動量の量子化」とは，電子を波と考えて「原子核のまわりに波が安定に存在する(定常波である)こと」だったのである。つまり，**電子が波の性質を持ち，原子核のまわりで定常波として存在するならば，電子軌道は飛び飛びの軌道しかとることはできない。**

[6] **定常波**
波が減衰しないで残り，いつでも形が繰り返し現れる状態の波を**定常波**という。図 2-10 の(a)は，電子の進み方が定常波になっている軌道。(b)は定常波にならず，許されない軌道。

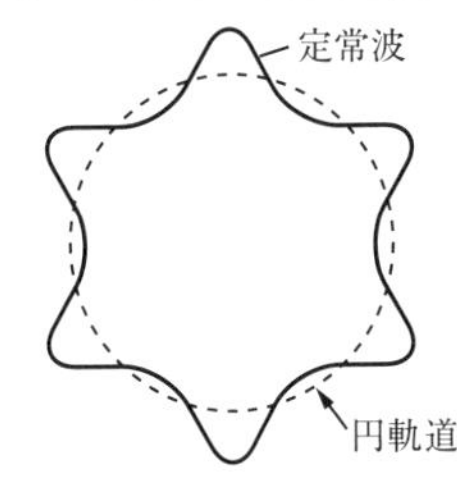

(a) 定常波になっている軌道

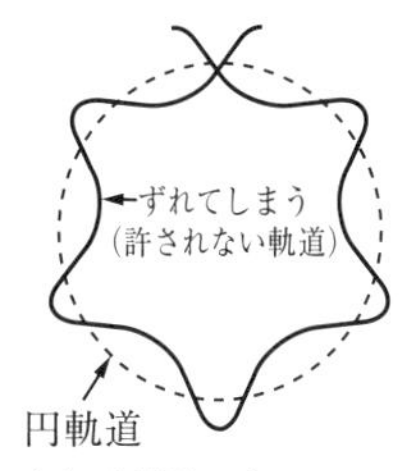

(b) 定常波になっていない軌道

図 2-10　円軌道を進む電子の波

2-2-3 ハイゼンベルグの不確定性原理

光の粒子性は波長が短くなるほど顕著に現れてくる。しかし，波長の短い X 線でも結晶格子で回折現象を示す。デビッソンとジャーマーの実験で，粒子が回折現象を示すということから入射粒子の運動量の方向が変化することがわかる。

図 2-11 のように x 軸方向に進む粒子(運動量 P_x)が y 軸方向に Δy (デルタ)だけ開いたスリットを通過する。スリットを抜けた粒子の y 方向の位置

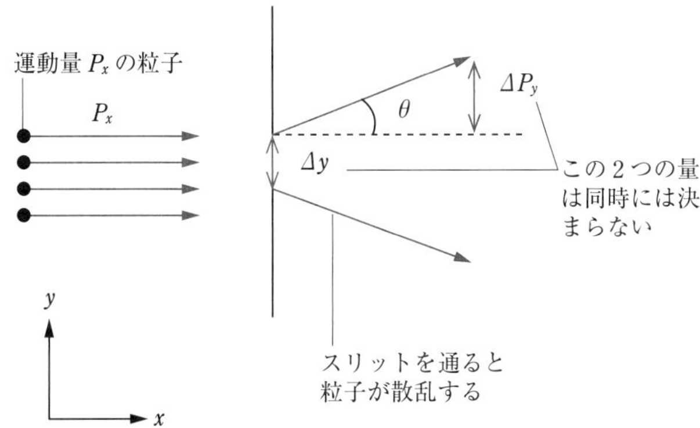

図 2-11　不確定性原理の説明

には Δy のあいまいさがあり，粒子の進行方向は角 θ（シータ）の範囲に広がる。古典的な光学から角 θ とスリット幅 Δy，波長 λ（ラムダ）の間には

$$\Delta y \sin\theta = \lambda \tag{2-21}$$

の関係がある。粒子の進行方向 (x) の運動量は $P_x = \dfrac{h}{\lambda}$ であり，もともと y 方向に運動量を持たない粒子がスリットを通った後で角 θ 方向に広がるのだから y 方向の運動量のあいまいさ ΔP_y は

$$\Delta P_y \approx \frac{h}{\lambda}\sin\theta \tag{2-22}$$

[7]

となる。これらの式から

両方あいまいな量なので，一方を決めようとすると他方のあいまいさが急激に上昇する

プランク定数（$=6.63\times10^{-34}$ J·s）

$$\Delta P_y \cdot \Delta y \approx \frac{h}{\lambda}\sin\theta \times \frac{\lambda}{\sin\theta} = h \tag{2-23}$$

を得る[8]。

この式は，「運動している粒子の y 座標を正確に求めようとすると，Δy を小さくしなければならない」ということを意味している。スリット幅が小さくなれば，ΔP_y が大きくなり，回折角 (θ) は広がる。すなわち，y 方向の運動量の不確定さは大きくなる。このように，粒子の 1 つの方向の座標（位置）とその方向の運動量は不確定の関係にある。これを，**不確定性原理**と呼び，ドイツのハイゼンベルク（W. K. Heisenberg）が 1927 年に提唱した。このことから，電子の位置を正確に求めることはできず，統計的確率で表さなければならないことがわかる[9]。

2-2-4 シュレーディンガー方程式と電子の軌道

電子の軌道は正確には原子内のどの位置にどのような形状で存在しているのだろうか。

原子の構造は波動性を持つ電子が原子核のまわりを運動していると考える必要がある。波動性を持つ電子が原子核のまわりを運動しているので，電子の運動は従来の力学では扱うことができない。そのため，ボーアが用いたような粒子を扱う力学とは異なった取り扱いをしなければならない。オーストリアのシュレーディンガー（E. Schrödinger）は波を表す方程式である「**波動方程式**」を使って電子の運動を記述した[10]。シュレーディンガーは波動関数を用いて，電子を波として考えた場合に電子が原子内のどこに存在しているのかということを「**電子の存在確率**」で表した[11]。原子や分子のエネルギーを問題にするときには，時間で変化しない定常状態を扱う。これを

$$\hat{H}\Psi(x, y, z) = E\Psi(x, y, z) \tag{2-24}$$

と書いて，**シュレーディンガー方程式**と呼ぶ。$\hat{H}$ は**ハミルトニアン**と呼ばれ，**ハミルトン関数**（運動量表示の運動エネルギーとポテンシャル

---

[7] 記号「≈」
記号「≈」は，「ほとんど等しい」ということを意味する。

[8] 式 2-23 の意味の補足
Δy 方向の位置を決めるということは，$\Delta y\to0$ の条件を入れることである。このときは，$\Delta P_y\to\infty$ となる。逆に運動量を決めることは，運動量のあいまいさ $\Delta P_y\to0$ とすることであり，このとき，式 2-23 から $\Delta y\to\infty$ となる。つまり，この式は位置と運動量を同時に決定することはできないということを表している。

[9] 電子の存在確率と不確定性原理
この原理から，電子の位置を正確に求めることはできず，統計的確率で表さなければならないことが示された。不確定性原理は，実際には時間と空間（と物質）の本質に関係した原理である。現代物理学の発展に深くかかわる部分であり，その詳細は通常の化学で取り扱う分野を多少越えている。くわしく知りたい場合は，物理化学や物理学（量子力学）を勉強してほしいが，このような概念が電子雲の考え方につながっていくのである。

[10] 波動関数
この波動方程式の解を Ψ（プサイ）で表し，**状態関数**あるいは**波動関数**と呼ぶ。$|\Psi|^2$ は，電子がある場所にどのくらいの確率で存在するかを示す**存在確率密度**を表している。

[11] 電子の存在確率
波動関数を用いて計算を行うと，電子は存在確率密度で表すことができる。電子が雲のような形状で表現されるため，これを**電子雲**と呼ぶ。

エネルギーの和)を一定の方法で演算子に置き換えたものである。

水素原子を例にすると，式2-24から，

$$\underbrace{-\frac{\hbar^2}{2m_e}\left(\frac{\partial^2}{\partial x^2}+\frac{\partial^2}{\partial y^2}+\frac{\partial^2}{\partial z^2}\right)}_{\text{電子の運動エネルギー}}\Psi(x,y,z)-\underbrace{\frac{e^2}{4\pi\varepsilon_0 r}}_{\text{原子核による電子のポテンシャルエネルギー}}\Psi(x,y,z)$$

$$=\underbrace{E}_{\text{電子のエネルギー}}\underbrace{\Psi(x,y,z)}_{\text{波動関数}} \quad (2\text{-}25)$$ [12]

となる。左辺の1項目は電子の運動エネルギーに相当する微分演算子[13]，2項目は原子核による電子のポテンシャルエネルギーに相当する項である。右辺の E は電子のエネルギーである。Ψ(プサイ)(x, y, z) は電子の状態を表すもので，**波動関数**あるいは**状態関数**と呼ばれている。

原子は原子核を中心として球対称であるから，(r, θ(シータ), ϕ(ファイ))を使った極座標表示が便利である[14]。上の微分方程式は，ある条件の下で解を持つ。その結果，エネルギー E_n はボーアの原子モデル(**2-1-3**項「水素原子の構造」参照)から導かれたものと等しく，次のようになる。

$$E_n = -\frac{m_e e^4}{8{\varepsilon_0}^2 h^2}\times\frac{1}{n^2} \quad (2\text{-}26)$$

波動関数を用いて計算を行うと，電子は存在確率密度で表され，図2-13に示す雲のような形状で表現できる。そのため，これを**電子雲**(でんしうん)と呼ぶ。

波動関数は式で表すと，

$$\underbrace{\Psi_{n,l,m}(r,\theta,\phi)}_{\text{波動関数}} = \underbrace{R_{n,l}(r)}_{\text{動径分布関数(直径)}}\cdot\underbrace{\Theta_{l,m}(\theta)\cdot\Phi_m(\phi)}_{\text{極座標の角度を表す部分}} \quad (2\text{-}27)$$

である。波動関数は4種の量子数で表される。これらの量子数は，それぞれ**主量子数**(しゅりょうしすう)$\boldsymbol{n}$，**方位量子数**(ほういりょうしすう)$\boldsymbol{l}$，**磁気量子数**(じきりょうしすう)$\boldsymbol{m}$，**スピン量子数** $\boldsymbol{s}$ と呼ばれている。以降でそれらの量子数について説明する。

≪主量子数 *n*(*n*=1，2，3，4，…)≫　ボーアの原子モデルでの「量子数」に相当するもので，主量子数が小さいほど電子は原子核のそばにいる確率が大きい。n の値が同じ電子軌道では，電子のエネルギーや波動関数の空間的な広がりがひとまとまりになっているので，すでに述べたように**電子殻**(でんしかく)と呼ばれている。$n=1$ のときは**K殻**，$n=2$ は**L殻**，$n=3$ は**M殻**，…となる。原子核に近い方(エネルギーの低い方)から電子が詰まっていくが，その順番は**構成原理**と呼ばれている。n で与えられる電子殻には，最大 $\boldsymbol{2n^2}$ **個の電子**が入ることができる。

≪その他の量子数≫　主量子数 n については，ボーアの原子モデルの半径に対応する値としてこれまでにも述べてきた。主量子数 n 以外の量子数には，**方位量子数**(l=0，1，2，3，…，$n-1$)，**磁気量子数**($m=-l$，$-l+1$，…，1，0，1，…，$l-1$，l)，**スピン量子数**(s)がある。で

[12] **偏微分**
式2-25で $\frac{\partial}{\partial_x}$ は，Ψ の y，z を定数として，x のみで微分することを意味する。$\frac{\partial}{\partial_y}$ や $\frac{\partial}{\partial_z}$ についても同様である。
$\frac{\partial}{\partial_x}$ を x の**偏微分**という。

[13] **微分演算子**
演算子とはある関数を別の関数に変える操作のことである。微分演算子はある関数 $f(x)$ に対して，その微分 $df(x)/dx$ を返す操作であり，関数 $f(x)$ は何でもよいので，$f(x)$ を省略して d/dx などと書く。

[14] **極座標**
下図の点Pの位置を表すのに，x，y，z の座標で表すのが直交座標である。原子中の電子の位置を表すには，原点からの距離(**動径**)r と2つの角度(θ，ϕ)で表す**極座標**が便利である。

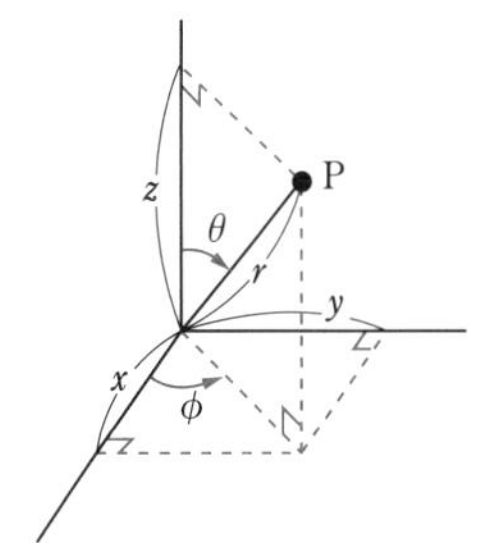

直交座標，P(x，y，z)
極座標，P(r, θ, ϕ)

図2-12　極座標

(a) **電子軌道**

(b) **電子密度**

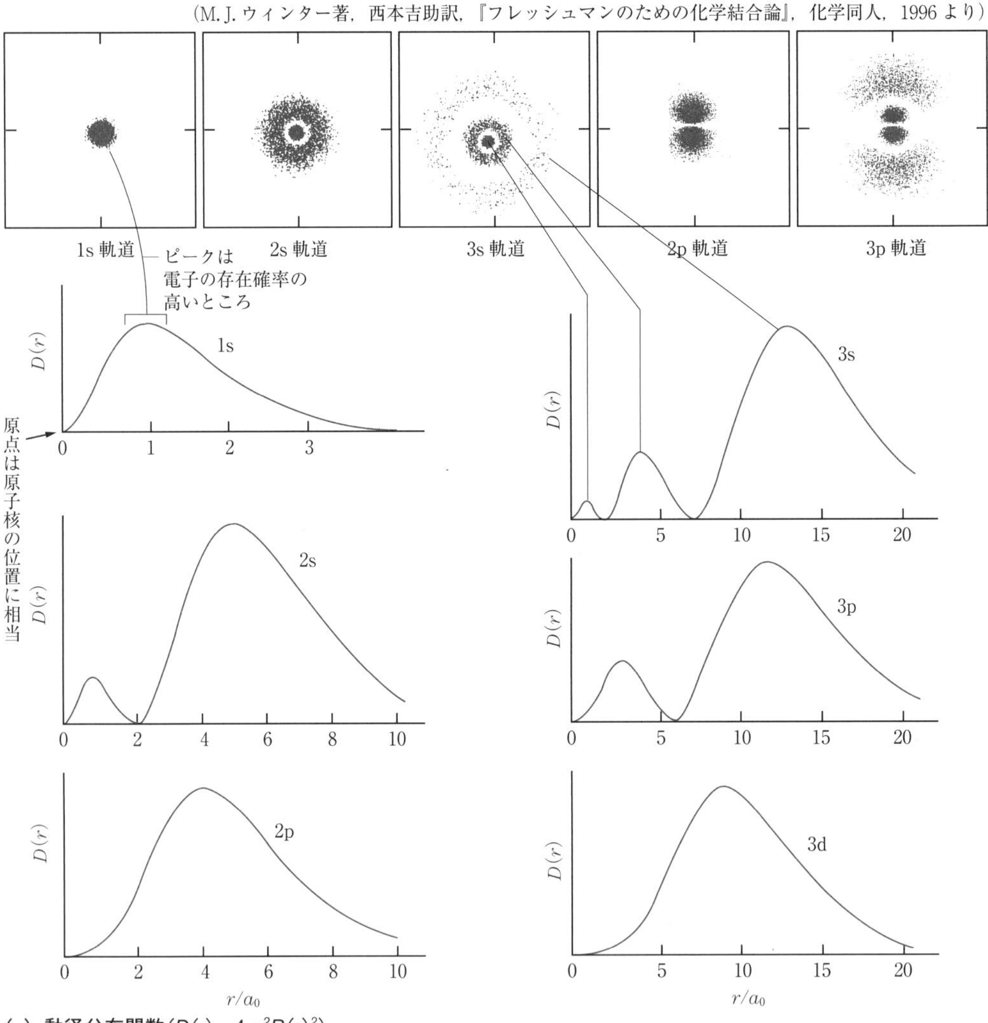

(c) **動径分布関数**($D(r)=4\pi r^2R(r)^2$)

図 2-13　(a)電子軌道(s 軌道，p 軌道，d 軌道)，白い部分は軌道(波動関数)のプラス成分，青色はマイナス成分を表す。(b)電子密度。(c)動径分布関数(電子密度の方向依存性を平均して r 方向の分布のみ表示したもの)。

は，n 以外の量子数は何を表すのであろうか。 方位量子数と磁気量子数は実際の電子軌道が球形とは限らないために必要となる量子数である。一方，スピン量子数は電子軌道が２個で１対となることを表した値である。

≪方位量子数 l（l=0，1，2…n−1）[15]≫　方位量子数は，軌道角運動量の大きさを表す量子数であり，**軌道角運動量量子数**と呼ばれることもある。方位量子数は主量子数が n のとき **0 から n−1 まで**の n 個ある（$n=1$ のときは $l=0$，$n=2$ のときは $l=0$，1）。図 2-13(a)に示すように，これは，同じ n でも電子軌道が立体的に偏って存在する場合もあるために生じた，**電子軌道の方向性**を表すために導入された数である。方位量子数 $l=0$，1，2，3，…の代わりに s，p，d，f，…[16]の文字を使い，主量子数 n と組み合わせて 1s，2s，2p，3s，3p，3d，…軌道（またはオービタル）と呼んで電子軌道の状態を表す（K 殻には 1s 軌道，L 殻には 2s，2p 軌道，M 殻には 3s，3p，3d 軌道，…がある）。

≪磁気量子数 m（m=0，±1，±2…±l）[17]≫　原子を磁場の中に置いたとき，電子の軌道角運動量に伴う磁気モーメントと磁場との相互作用によってエネルギーが異なってくるため，この名がある。くわしくは述べないが軌道角運動量の z 軸方向成分に対応する。磁気量子数は方位量子数 l に対して **2l+1 個**ある。1 個の s 軌道（$l=0$），3 個の p 軌道（$l=1$ のとき「p_x，p_y，p_z」），5 個の d 軌道（$l=2$ のとき「d_{z^2}，d_{xy}，d_{yz}，d_{xz}，$d_{x^2-y^2}$」）がある。

n と l が決められた軌道にある電子は通常エネルギーの等しい状態にある。このことを**縮退**（しゅくたい）または**縮重**（しゅくじゅう）という[18]。p 軌道は 3 重に，d 軌道は 5 重に縮退している。水素原子の場合は，電子のエネルギーは n で決まるので，主量子数 n の状態は n^2 重に縮退している。

以上をまとめて水素類似原子の波動関数を表 2-3 にあげた。水素類似原子は原子番号が Z で 1 個の電子を持つ（**2-1-3** 項の式 2-9 前後の説明も参照）。水素原子の波動関数は表 2-3 で $Z=1$ としたものである。

≪スピン量子数 s≫　Na の原子スペクトル（Na-D 線）をくわしく測定すると，2 本の線スペクトルからなっていることがわかった。一組の n，l，m は，1 つのエネルギー状態であるから，その間の電子遷移（せんい）は 1 本の線スペクトルを与えるだけである。そのため，一組の n，l，m には，電子の状態が 2 つなければいけないことになる。このことから，原子スペクトルを説明するために，量子数 n，l，m の他に，もう 1 つの量子数が必要になった。

電子はそれ自体で角運動量と磁気モーメントを持っている。電子が持っている固有の角運動量のことを**電子スピン**または**電子スピン角運動量**という。スピンというのは，電子が地球と同じように自転しているイ

[15] 方位量子数の補足
この量子数は，電子の軌道角運動量の大きさを表す量子数であるので，**軌道角運動量量子数**とも呼ばれる。s 軌道以外は，電子軌道には方向性があるが，方位量子数は軌道の方向に対応しているわけではない。次に述べる磁気量子数は，たとえば p 軌道では x, y, z の方向に対応しているが，方位量子数は 1s，2s，2p，…のように軌道の種類に対応している。主量子数は「原子核からの距離」に対応しているのでわかりやすいが，方位量子数は「角運動量」に対応する。つまり，「角運動量があるかないか」や「どの程度あるか」で軌道の形が変わり，軌道の種類に対応しているように見えるのである。

[16] s，p，d，f の語源
原子スペクトルの sharp series, principal series, diffuse series, fundamental series からきている。

[17] 磁気量子数の名称の由来
原子を磁場の中に置いた場合，電子の軌道角運動量に伴う磁気モーメントと磁場との相互作用によってエネルギーが異なってくるため，この名がある。この現象を**ゼーマン効果**という。

[18] 縮退
図 2-13 を見ればわかるように，たとえば p 軌道は方向が異なる 3 つの同じ軌道がある。これらの軌道は見分けがつかない。すなわち，電子軌

道のエネルギーも，その他の状態も，同等であり，方向のみが異なっている。エネルギーの大きさで比較すれば，これらの軌道は「重なっている」。このことを**縮退**または**縮重**という。一方，原子にある方向の磁場をかければ，電子雲がゆがむ。ゆがむ方向が軌道によって異なるし，影響の受け方も違うので，3つの軌道は見分けがつく(**縮退が解ける**)ようになる。

表 2-3　水素類似原子の波動関数(1s, 2s, 2p, 3d)

$n=1,\ l=0,\ m=0$	$\psi 1\mathrm{s}=\dfrac{1}{\sqrt{\pi}}\left(\dfrac{Z}{a_0}\right)^{\frac{3}{2}}e^{-\rho}\qquad\left(\rho=\dfrac{Z}{a_0}r\right)$
$n=2,\ l=0,\ m=0$	$\psi 2\mathrm{s}=\dfrac{1}{4\sqrt{2\pi}}\left(\dfrac{Z}{a_0}\right)^{\frac{3}{2}}(2-\rho)e^{-\frac{\rho}{2}}$
$n=2,\ l=1,\ m=0$	$\psi 2\mathrm{p}_z=\dfrac{1}{4\sqrt{2\pi}}\left(\dfrac{Z}{a_0}\right)^{\frac{3}{2}}\rho e^{-\frac{\rho}{2}}\cos\theta$
$n=2,\ l=1,\ m=\pm1$	$\psi 2\mathrm{p}_x=\dfrac{1}{4\sqrt{2\pi}}\left(\dfrac{Z}{a_0}\right)^{\frac{3}{2}}\rho e^{-\frac{\rho}{2}}\sin\theta\cos\phi$
	$\psi 2\mathrm{p}_y=\dfrac{1}{4\sqrt{2\pi}}\left(\dfrac{Z}{a_0}\right)^{\frac{3}{2}}\rho e^{-\frac{\rho}{2}}\sin\theta\sin\phi$
$n=3,\ l=0,\ m=0$	$\psi 3\mathrm{s}=\dfrac{2}{81\sqrt{3\pi}}\left(\dfrac{Z}{a_0}\right)^{\frac{3}{2}}(27-18\rho+2\rho^2)e^{-\frac{\rho}{3}}$
$n=3,\ l=1,\ m=0$	$\psi 3\mathrm{p}_z=\dfrac{2}{81\sqrt{\pi}}\left(\dfrac{Z}{a_0}\right)^{\frac{3}{2}}(6\rho-\rho^2)e^{-\frac{\rho}{3}}\cos\theta$
$n=3,\ l=1,\ m=\pm1$	$\psi 3\mathrm{p}_x=\dfrac{2}{81\sqrt{\pi}}\left(\dfrac{Z}{a_0}\right)^{\frac{3}{2}}(6\rho-\rho^2)e^{-\frac{\rho}{3}}\sin\theta\cos\phi$
	$\psi 3\mathrm{p}_y=\dfrac{2}{81\sqrt{\pi}}\left(\dfrac{Z}{a_0}\right)^{\frac{3}{2}}(6\rho-\rho^2)e^{-\frac{\rho}{3}}\sin\theta\sin\phi$
$n=3,\ l=2,\ m=0$	$\psi 3\mathrm{d}_{z^2}=\dfrac{1}{81\sqrt{6\pi}}\left(\dfrac{Z}{a_0}\right)^{\frac{3}{2}}\rho^2e^{-\frac{\rho}{3}}(3\cos^2\theta-1)$
$n=3,\ l=2,\ m=\pm1$	$\psi 3\mathrm{d}_{xz}=\dfrac{\sqrt{2}}{81\sqrt{\pi}}\left(\dfrac{Z}{a_0}\right)^{\frac{3}{2}}\rho^2e^{-\frac{\rho}{3}}\sin\theta\cos\theta\cos\phi$
	$\psi 3\mathrm{d}_{yz}=\dfrac{\sqrt{2}}{81\sqrt{\pi}}\left(\dfrac{Z}{a_0}\right)^{\frac{3}{2}}\rho^2e^{-\frac{\rho}{3}}\sin\theta\cos\theta\sin\phi$
$n=3,\ l=2,\ m=\pm2$	$\psi 3\mathrm{d}_{x^2-y^2}=\dfrac{1}{81\sqrt{2\pi}}\left(\dfrac{Z}{a_0}\right)^{\frac{3}{2}}\rho^2e^{-\frac{\rho}{3}}\sin^2\theta\cos2\phi$
	$\psi 3\mathrm{d}_{xy}=\dfrac{1}{81\sqrt{2\pi}}\left(\dfrac{Z}{a_0}\right)^{\frac{3}{2}}\rho^2e^{-\frac{\rho}{3}}\sin^2\theta\sin2\phi$

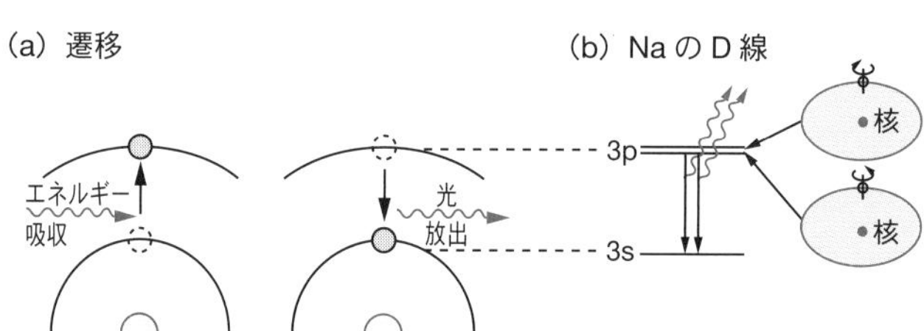
(a) 遷移
エネルギー
吸収
光
放出
(b) Na の D 線
3p
3s
核
核
電子は，エネルギーの吸収や放出によって，エネルギーの異なる軌道に移動する
スピンの向きによって，わずかにエネルギーが異なるので，2本のスペクトルが出る

図 2-14　電子の遷移とスピン

メージ(あくまでもイメージ)である。電荷が回転すると電磁気学から磁気モーメントを持つ。電子スピンは量子化されており，その量子数を**スピン量子数 *s*** と呼ぶ。電子のスピン量子数は $s=\dfrac{1}{2}$ であり，その成分は $\dfrac{1}{2}$，$-\dfrac{1}{2}$ の2つである。これらを **α**(アルファ) **スピン**，**β**(ベータ) **スピン**または，**上向きスピン**，**下向きスピン**という。

ここまで述べてきた量子数 *n*，*l*，*m* の値を指定すると，水素原子の(空間部分の)軌道を1つ指定することができる。この軌道には2つまでの電子が入ることができるが，この際必ず上向き・下向きのスピンを持つ電子が対を作って軌道に入る。これは自然法則によって決まっているルールであり，2つの電子が両方とも上向き（または下向き）で軌道に入ることはあり得ない。

原子核のスピン量子数　COLUMN

電子だけではなく，陽子や中性子も大きさ $\frac{1}{2}$ のスピンを持つことが知られている。つまり，陽子や中性子もあたかも自転しているように振る舞うのである。原子核は陽子と中性子からできているが，原子核内ではいくつもの陽子や中性子が自転しつつ互いのまわりを軌道運動していることになる。この様子を原子核の外から眺めると，原子核は非常に小さいので陽子や中性子の運動はわからないが，あたかも原子核自体は自転しているように見えるのである。原子核の回転運動にも「角運動量」が伴い，これは「核スピン」量子数 I で表現される。また，その回転方向は核スピン磁気量子数 m_{I} によって表される（$m_{\mathrm{I}}=-I,\ -I+1,\ \cdots,\ I-1,\ I$ であり磁気量子数 m の値がとる範囲と同じルールにしたがう）。例をあげると，水素（^{1}H）原子核（陽子）は $I=\frac{1}{2}$，重水素（^{2}D）原子核は $I=1$ である。同位体によって中性子の数が異なるので核スピンの大きさも違っていることに注意してほしい。他にも，^{12}C 原子核は $I=0$ であるが，^{13}C は $I=\frac{1}{2}$ であり，^{14}N は $I=1$，^{15}N は $I=\frac{1}{2}$，^{19}F は $I=\frac{1}{2}$ となる。

ゼロではないスピンを持つ粒子は「磁石」として振る舞う。したがって，外部から磁場を掛けると「磁石の向く方向」，すなわちスピン磁気量子数に応じた位置エネルギーを持つことになる。この現象を利用するのが電子スピン共鳴（ESR）や核磁気共鳴（NMR），核磁気共鳴画像法（MRI）と呼ばれる手法であり，特に NMR は物質の分析や同定の手段として盛んに用いられている。なお，^{12}C や ^{16}O 原子核は $I=0$ であるので磁石としては振る舞わない。NMR でよく用いられるのは ^{1}H や ^{13}C である。

スピン量子数と光による遷移　COLUMN

ここまで1つの電子が電子スピン角運動量 $\left(S=\frac{1}{2}\right)$ を持つことを見てきた。ほとんどの原子や分子は2つ以上の電子を持っているが，この場合の電子スピン角運動量はどのようになっているのだろうか。くわしい理論的な説明は省略するが，個々の電子の電子スピン角運動量は互いに足し合わさって原子や分子全体としての電子スピン角運動量（全スピン）となることが知られている。電子対がある場合，上向き下向きスピンの電子が対をつくるので原子や分子全体への寄与はゼロとなる。不対電子がある場合，原子や分子全体での不対電子の数，および不対電子の方向に応じて全スピンが決まる。たとえば，ヘリウム原子や水素分子は電子対を1つ持つが不対電子を持たないので全スピンはゼロである($S=0$)。スピン磁気量子数は$m_s=0$と1つしかないので，「一重項」状態とも呼ばれる。一方で，酸素原子や酸素分子は同じ方向を向いた不対電子を2つ持つので全スピンSは1となる$\left(\frac{1}{2}+\frac{1}{2}=1\right.$という計算$\left.\right)$。この場合，スピン磁気量子数は$m_s=-1, 0, +1$の3通り存在するので「三重項」状態とも呼ばれる。

原子や分子の全スピンと光の発光，吸収は密接な関係を持つことが知られている。基本的には同じ全スピン量子数Sを持つ状態の間でのみ光吸収，発光による遷移が起きる。Sが異なる場合は禁制遷移と呼ばれ，光による遷移は起きない(通常とは異なる仕組みによる発光・光吸収が起きることもあるが，その速度は非常に遅い)。別な言葉で言うと，光の吸収や発光では個々の電子のスピンの向きを変えないように遷移が起きるのである。実例をあげると，ヘリウム原子は一重項$S=0$と三重項$S=1$の2種類の異なる励起電子状態を持つ。一重項$S=0$の状態は20ミリ秒程度の寿命で光を放出して基底状態に遷移するのに対し，三重項$S=1$の状態は8000秒という非常に長い寿命で光を放出する。これはヘリウム原子の基底電子状態が$S=0$なので，励起電子状態のスピンの向きの組み合わせによって片方は禁制遷移になっていることを反映している。

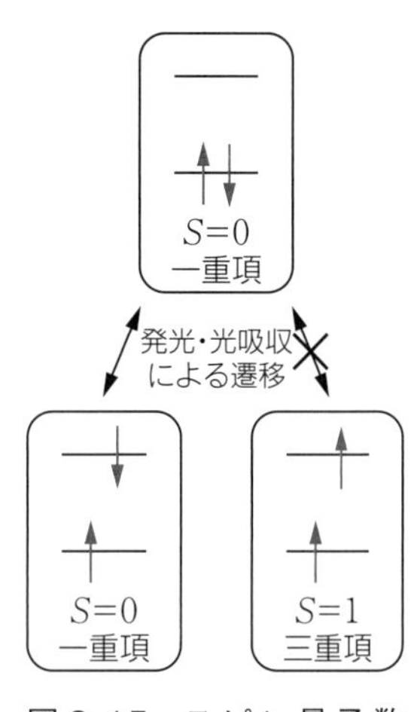

図2-15　スピン量子数と光による遷移の関係

2-2-5 電子軌道と元素の化学的性質

≪電子軌道と電子対≫　前述のように，1つの軌道には電子が2個までしか入れない。そのときにはα(アルファ)スピンとβ(ベータ)スピンの組み合わせ(上向きスピン(↑)，下向きスピン(↓)の組み合わせ)に限られる。これを**パウリの排他原理**(はいたげんり)と呼ぶ。3章でくわしく述べるが，この現象があるために分子が形成されることになるのであり，大変に重要な原理である。1つの軌道に1個入っている電子のことを**不対電子**(ふついでんし)，α，βスピンの組で入っている2個の電子を**電子対**(でんしつい)と呼ぶ。それぞれの殻(かく)には軌道の数がn^2個あるので，K殻には電子が2個，L殻には8個，M殻には18個のように**2n^2個の電子が入る**。それぞれの原子について電子配置を見ていくと，表2-4に示すようになる。

水素原子Hでは1s軌道に1個の電子が入る。スピンはα，βどちらでも同じである。これを$1s^1$のように書く。不対電子数は1である。炭素原子Cは6個の電子を持つが，そのうち2個は1s軌道に入ってHe

表 2-4　原子の電子配置(基底状態)

表では，閉殻構造の電子配置を，たとえば $1s^2$ を[He]，$1s^2 2s^2 2p^6$ を[Ne]，$1s^2 2s^2 2p^6 3s^2 3p^6$ を[Ar]…と省略して示した。また Au の電子配置を太線で示した。

He では，1 s 軌道に α と β スピンの電子が入る。これを「$1s^2$」で表す。不対電子数は 0。Li では，3 番目の電子は 2 s 軌道に入り，$1s^2 2s^1$ となる。これを[He] $2s^1$ と表す。不対電子数は 1。Be は，2 s 軌道に α と β スピンの電子が入り，[He] $2s^2$ となる。不対電子数は 0。B は，2 p 軌道に電子が 1 個入る。2 p 軌道は p_x，p_y，p_z の 3 種類あるが，どれに入っても同じである。よって[He] $2s^2 2p^1$。不対電子数は 1。

元素[19]	電子配置	元素	電子配置	元素	電子配置
$_{1}$H	$1s^1$	$_{33}$As	——$3d^{10}4s^2 4p^3$	$_{65}$Tb	——$4f^9 6s^2$
$_{2}$He	$1s^2$	$_{34}$Se	——$3d^{10}4s^2 4p^4$	$_{66}$Dy	——$4f^{10}6s^2$
$_{3}$Li	[He] $2s^1$	$_{35}$Br	——$3d^{10}4s^2 4p^5$	$_{67}$Ho	——$4f^{11}6s^2$
$_{4}$Be	——$2s^2$	$_{36}$Kr	——$3d^{10}4s^2 4p^6$	$_{68}$Er	——$4f^{12}6s^2$
$_{5}$B	——$2s^2 2p^1$	$_{37}$Rb	[Kr] $5s^1$	$_{69}$Tm	——$4f^{13}6s^2$
$_{6}$C	——$2s^2 2p^2$	$_{38}$Sr	——$5s^2$	$_{70}$Yb	——$4f^{14}6s^2$
$_{7}$N	——$2s^2 2p^3$	$_{39}$Y	——$4d^1 5s^2$	$_{71}$Lu	——$4f^{14}5d^1 6s^2$
$_{8}$O	——$2s^2 2p^4$	$_{40}$Zr	——$4d^2 5s^2$	$_{72}$Hf	——$4f^{14}5d^2 6s^2$
$_{9}$F	——$2s^2 2p^5$	$_{41}$Nb	——$4d^4 5s^1$	$_{73}$Ta	——$4f^{14}5d^3 6s^2$
$_{10}$Ne	——$2s^2 2p^6$	$_{42}$Mo	——$4d^5 5s^1$	$_{74}$W	——$4f^{14}5d^4 6s^2$
$_{11}$Na	[Ne] $3s^1$	$_{43}$Tc	——$4d^5 5s^2$	$_{75}$Re	——$4f^{14}5d^5 6s^2$
$_{12}$Mg	——$3s^2$	$_{44}$Ru	——$4d^7 5s^1$	$_{76}$Os	——$4f^{14}5d^6 6s^2$
$_{13}$Al	——$3s^2 3p^1$	$_{45}$Rh	——$4d^8 5s^1$	$_{77}$Ir	——$4f^{14}5d^7 6s^2$
$_{14}$Si	——$3s^2 3p^2$	$_{46}$Pd	——$4d^{10}$	$_{78}$Pt	——$4f^{14}5d^9 6s^1$
$_{15}$P	——$3s^2 3p^3$	$_{47}$Ag	——$4d^{10}5s^1$	$_{79}$Au	**[Xe] $4f^{14}5d^{10}6s^1$**
$_{16}$S	——$3s^2 3p^4$	$_{48}$Cd	——$4d^{10}5s^2$	$_{80}$Hg	——$6s^2$
$_{17}$Cl	——$3s^2 3p^5$	$_{49}$In	——$4d^{10}5s^2 5p^1$	$_{81}$Tl	——$6s^2 6p^1$
$_{18}$Ar	——$3s^2 3p^6$	$_{50}$Sn	——$4d^{10}5s^2 5p^2$	$_{82}$Pb	——$6s^2 6p^2$
$_{19}$K	[Ar] $4s^1$	$_{51}$Sb	——$4d^{10}5s^2 5p^3$	$_{83}$Bi	——$6s^2 6p^3$
$_{20}$Ca	——$4s^2$	$_{52}$Te	——$4d^{10}5s^2 5p^4$	$_{84}$Po	——$6s^2 6p^4$
$_{21}$Sc	——$3d^1 4s^2$	$_{53}$I	——$4d^{10}5s^2 5p^5$	$_{85}$At	——$6s^2 6p^5$
$_{22}$Ti	——$3d^2 4s^2$	$_{54}$Xe	——$4d^{10}5s^2 5p^6$	$_{86}$Rn	——$6s^2 6p^6$
$_{23}$V	——$3d^3 4s^2$	$_{55}$Cs	[Xe] $6s^1$	$_{87}$Fr	[Rn] $7s^1$
$_{24}$Cr	——$3d^5 4s^1$	$_{56}$Ba	——$6s^2$	$_{88}$Ra	——$7s^2$
$_{25}$Mn	——$3d^5 4s^2$	$_{57}$La	——$5d^1 6s^2$	$_{89}$Ac	——$6d^1 7s^2$
$_{26}$Fe	——$3d^6 4s^2$	$_{58}$Ce	——$4f^1 5d^1 6s^2$	$_{90}$Th	——$6d^2 7s^2$
$_{27}$Co	——$3d^7 4s^2$	$_{59}$Pr	——$4f^3 6s^2$	$_{91}$Pa	——$6d^3 7s^2$
$_{28}$Ni	——$3d^8 4s^2$	$_{60}$Nd	——$4f^4 6s^2$	$_{92}$U	——$5f^3 6d^1 7s^2$
$_{29}$Cu	——$3d^{10}4s^1$	$_{61}$Pm	——$4f^5 6s^2$	$_{93}$Np	——$5f^4 6d^1 7s^2$
$_{30}$Zn	——$3d^{10}4s^2$	$_{62}$Sm	——$4f^6 6s^2$	$_{94}$Pu	——$5f^6 7s^2$
$_{31}$Ga	——$3d^{10}4s^2 4p^1$	$_{63}$Eu	——$4f^7 6s^2$	$_{95}$Am	——$5f^7 7s^2$
$_{32}$Ge	——$3d^{10}4s^2 4p^2$	$_{64}$Gd	——$4f^7 5d^1 6s^2$	$_{96}$Cm	——$5f^7 6d^1 7s^2$

⑲ 元素の表記
p. 27 の図 2-1 を参照。

と同じになり，その外側の 2 s と 2 p に 2 個ずつ入る。そこでその電子配置は[He] $2s^2 2p^2$ と表す。不対電子数は 2 である(ヘリウム，リチウム，ベリリウム，ホウ素については，表中の説明を参照)。

電子を 2 つ以上持つ多電子原子での軌道エネルギーの順番は一般に図 2-16 のようになる(図では 4 p より上の軌道は省略した)。水素原子の場合，たとえば 2s，2 p の軌道エネルギーは同じで縮重しているが，多電子原子の場合は 2 s 軌道よりも 2 p 軌道のエネルギーの方が高くなる。

主量子数 n が同じ場合，軌道角運動量 l が大きい軌道ほどエネルギーが高くなり，図 2-16 のような順番になる。磁気量子数 m については水素原子と同様に同じ l に属する軌道では縮重している。

多電子原子ではこれらの軌道に原子番号と同じ数の電子が収容される。その際の基本的なルールは**構成原理**と呼ばれ，

① エネルギーの低い軌道から順に電子が入る

② 1つの軌道には上向きスピン(↑)，下向きスピン(↓)の組み合わせで2つまで電子が入る(パウリの排他原理)

③ 同じエネルギーの軌道が並んでいる場合は，電子はスピンの向きをそろえて別々の軌道に入ってゆく(フントの規則)

となる。図 2-17 に多電子原子の電子配置の例を示す。図 2-16 で示したのは特定の元素における軌道の順番(相対的な順序)であるが，図 2-17 のように原子核の電荷が異なると(つまり違う元素では)，1 s 軌道などのエネルギー(絶対値)も異なる点に注意してほしい。図より電子の数が増えるにつれて，構成原理のルールにしたがって電子が軌道に収容されることがわかる。図 2-16 を見ると，4 s 軌道と 3 d 軌道では 4 s 軌道の

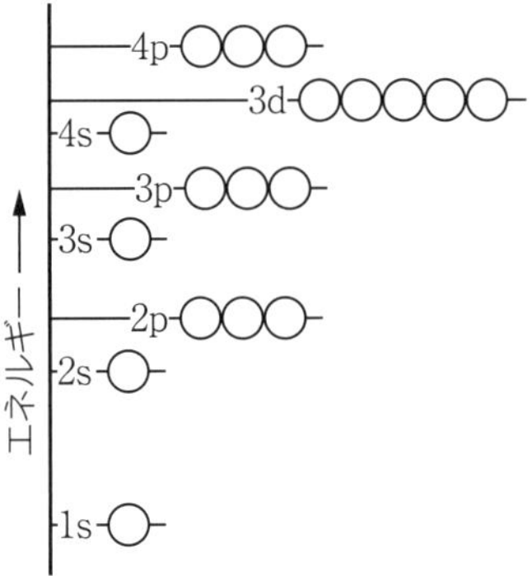

図 2-16　一般的な原子での軌道のエネルギー

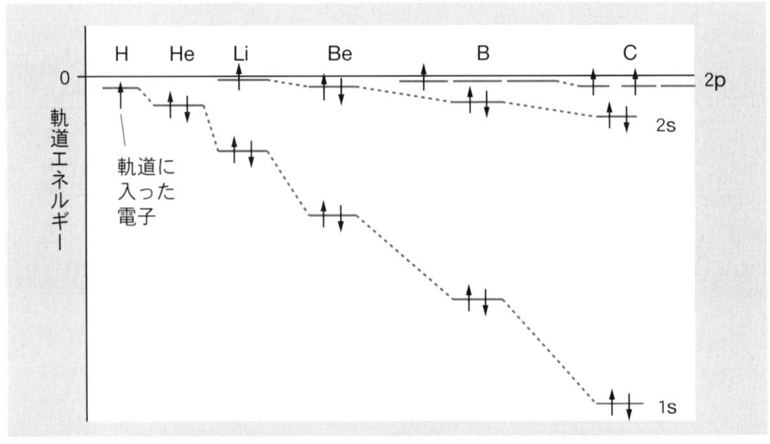

図 2-17　電子配置図(H から C まで，矢印は電子の持つスピンを表す)

方がエネルギーが低いことがわかる。表2-4で電子数18個のArの欄を見ると，3p軌道以下の軌道が電子で満たされているが，電子数19個のKでは19個目の電子が構成原理の①より，4s軌道に収容されている。原子番号19以上では，このように，4s軌道と3d軌道のエネルギーが逆転しているので電子が収容される順番が異なる場合があり，遷移元素と呼ばれている。

≪周期表と電子軌道≫　周期表では上段から**第1〜第7周期**になっていて，第1周期は電子殻のK殻，第2周期はL殻，順にM殻，N殻…に電子が入っていく(表紙裏の周期表参照)。最外殻の電子数が同じ元素が縦の列に同じ族として1〜18族まで並んでいる。

1族，2族はs軌道に電子が配置し，13族から18族はp軌道に電子が配置する過程の元素である。これらはそれぞれの族で最外殻の電子配置が同じである。

3族から12族はd軌道に電子が配置していく元素がこの場所を占める。さらに，3族6，7周期にはf軌道に電子が配置する元素がひとまとめになっている(図2-18)。

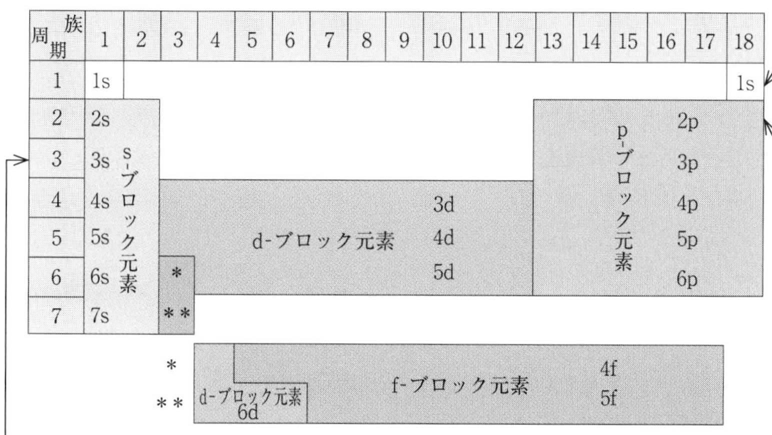

第1周期：H：$1s^1$，He：$1s^2$の2元素が，それぞれ最外殻のK殻($n=1$)に1個の電子を持つ1族と，最外殻が満たされた18族に入る。

第2周期：最外殻がL殻($n=2$)となり，2s軌道に電子が入るLi：$2s^1$とBe：$2s^2$が1，2族に属する。2p軌道に電子が入るB：$2s^22p^1$からNe：$2s^22p^6$の6元素が13族から18族に右詰めで入る。

第3周期：最外殻がM殻($n=3$)になり，Na：$3s^1$からAr：$3s^23p^6$の8元素が同じように1，2族，13から18族に入る。M殻には3d軌道もあるが，次の第4周期で3族から12族になる。

第4周期：最外殻がN殻($n=4$)になり，K：$4s^1$とCa：$4s^2$は，1，2族のNaとMgの下に位置する。Sc：$3d^14s^2$からZn：$3d^{10}4s^2$の10元素はd軌道に電子が入り，順に3族から12族に属する。Ga：$3d^{10}4s^24p^1$からKr：$3d^{10}4s^23p^6$の6元素は，第3周期までと同じくp軌道に電子が入り，13から18族に属する。

第5周期：最外殻がO殻($n=5$)になり，Rb：$5s^1$からXe：$4d^{10}5s^25p^6$の18元素が，第4周期と同じく1族から18族に入る。

第6周期，第7周期：最外殻($n=6，7$)より主量子数が2小さい電子殻のf軌道が関係してくる。Cs：$6s^1$とBa：$6s^2$はそれぞれ1，2族に入り，La：$5d^16s^2$は3族に入るが，次のCe：$4f^15d^16s^2$からLu：$4f^{14}5d^16s^2$の14元素は1族から18族の電子配置と異なっているのでLaと共にランタノイドとして周期表の下に配置されている。Hf：$4f^{14}5d^26s^2$からRn：$4f^{14}5d^{10}6s^26p^6$の元素は第4，第5周期と同じく4族から18族に入る。第7周期も同じように，AcからLrの15元素はアクチノイドと名付けられて，ランタノイドの下に配置されている。

図2-18　最外殻の電子軌道によるグループ

1族，2族，12〜18族の典型元素では，同じ族の元素は最外殻(1番外側の電子殻)の電子配置が同じであるため，化学的性質が互いに似ている。3族から11族の遷移(せんい)元素は原子番号が増えても最外殻の4s軌道の電子配置はほとんど変化せず，内側の3d軌道の電子が増えていくに過ぎない。そのため，周期表で隣り合った元素どうしの性質が似ている。3族6周期のランタノイドと3族7周期のアクチノイドは，最外殻から2つ内側の電子配置が異なるので，遷移元素と同様に隣り合った元素の化学的性質は一層似通ったものとなっている。

2-2-6 電子のエネルギーと原子の安定性

≪イオン化エネルギー≫ 化学反応とは，基本的には原子どうしの結合が変化することである。3章でくわしく述べるが，そのためには原子の最外殻電子(さいがいかくでんし)(最も外側にある電子)が重要になる。この電子がどの程度原子核に強く引かれているかが，その原子の化学的な性質を決める。これを表す目安として，化学では「原子をイオンにするのに必要なエネルギー」である**イオン化エネルギー**を用いている[20]。次の式のように，気体状の中性原子(基底状態)にエネルギーを与え，電子1個を取り去るための最小のエネルギーを**第一イオン化エネルギー I_1** という。

$$M(g) \longrightarrow M^+(g) + e^- \qquad (2\text{-}28)$$

この反応で中性原子は陽イオンと電子に分離する。生成した陽イオンから，さらに電子を分離する最小のエネルギーを，**第二イオン化エネルギー I_2** という。

$$M^+(g) \longrightarrow M^{2+}(g) + e^- \qquad (2\text{-}29)$$

同様にして，I_3，I_4 が定義される。結果として，イオン化エネルギーは電子の数だけある。

元素のイオン化エネルギーは $I_1 < I_2 < I_3 < \cdots$ と次第に大きくなるが，最外殻にある電子がすべて取れると安定な閉殻(へいかく)の電子配置になるので，その次のイオン化エネルギーは一段と大きくなる。

≪最外殻の電子配置とイオン化エネルギー≫ 表2-5に，第3周期までの原子のイオン化エネルギーを示す。この表中の I_1 をもとにすると図2-19が得られる。18族の元素(He，Ne，…)は，最外殻の電子配置が $1s^2$，ns^2np^6 の閉殻(へいかく)となっており，元素の電子が安定なために大きな値をとっている。1族の元素(H，Li，…)は，ns^1 の電子が取れると安定な閉殻になるので，イオン化エネルギーは小さい。同じ周期では，原子番号の増加とともに，主量子数が同じ電子殻に電子が入っていく。そのため，原子核の電荷が増加するので電子は強く引きつけられ，イオン化エネルギーは右上がりとなる。また，Be，N，Mg，Pの元素で I_1 が極大となっている。これらの元素では電子配置が ns^2，ns^2np^3 となっていて，

[20] **イオン化エネルギーと原子の性質**
イオン化エネルギーが大きいということは，「原子から電子を引きはがすのが大変」ということであり，「その原子は変化しにくく化学的に安定である」ということである。イオンについては，p. 69「イオン結合」を参照。

表 2-5　第 3 周期までのイオン化エネルギー（単位：kJ/mol）

	I_1	I_2	I_3	I_4	I_5	I_6
H	1312					
He	2372	5250				
Li	520	7297	11813			
Be	899	1757	14846	21003		
B	801	2427	3659	25022	32822	
C	1086	2352	4620	6222	37825	47270
N	1402	2856	4577	7474	9443	53258
O	1314	3388	5300	7468	10988	13324
F	1681	3374	6049	8406	11021	15162
Ne	2080	3952	6141	9368	12176	15236
Na	496	4562	6911	9542	13351	16608
Mg	738	1450	7732	10539	13628	17992
Al	577	1816	2744	11576	14829	18375
Si	786	1577	3231	4355	16089	19782
P	1012	1903	2912	4956	6273	21265
S	999	2251	3360	4563	7012	8494
Cl	1251	2297	3821	5157	6541	9361
Ar	1520	2665	3930	5770	7237	8780
K	419	3051	4411	5876	7974	9647
Ca	590	1145	4911	6473	8143	10494

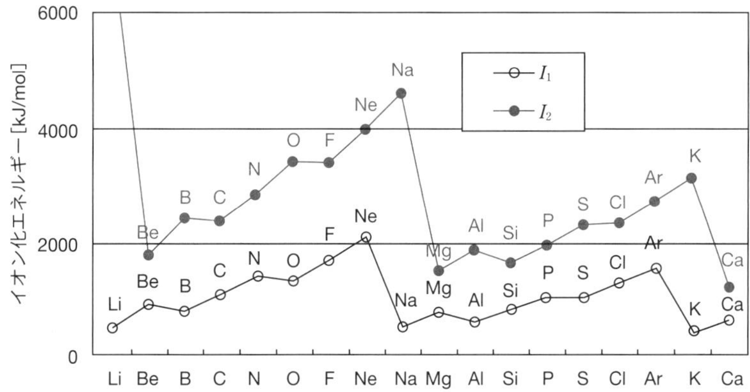

図 2-19　原子の第一，第二イオン化エネルギー

18 族の電子配置ほどではないが，それに準じた安定なものであることを意味している。図 2-19 には第二イオン化エネルギーの一部もあげているが，このことをよく示している。

≪元素とイオン化エネルギー≫　図 2-19 では Ca まで示したが，さらに大きな原子番号を持つ元素の第一イオン化エネルギーをグラフにすると，次のような周期性が見られる（図 2-20）。

① 18 族で極大となり，1 族で極小を示す。

② 18 族元素の極大値と 1 族元素の極小値はともに原子番号が増大すると減少する。

③ 1 族から 18 族に至る間は，イオン化エネルギーはだいたい原子番号とともに増大するが，上に述べたように途中に小さい極小，極

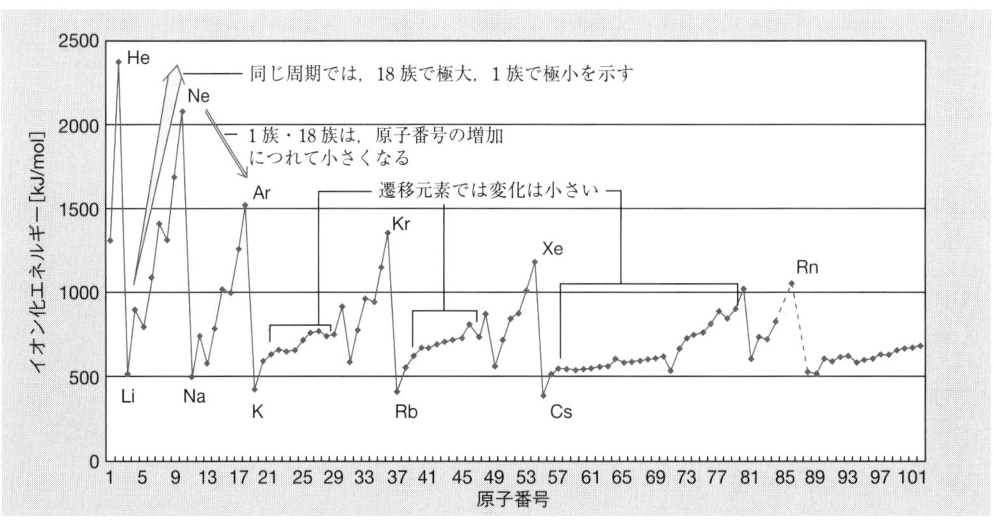

図 2-20　イオン化エネルギーの周期性

大が見られる。

④　遷移元素(せんいげんそ)ではイオン化エネルギーの変化は小さい。

イオン化エネルギーの大小は，その原子やイオンの電子配置の安定性を示す。周期が進むと最外殻軌道の半径が増大するため同じ族ではイオン化エネルギーは減少する[21]。

≪電子親和力(*EA*)≫　原子は，他の原子から電子を奪って陰イオンになる場合がある。**「どのくらい陰イオンになりやすいか」**を表すために**電子親和力**(でんししんわりょく)という指標が用いられる。電子親和力は，気体状の中性原子(基底状態)に，以下の式に表されるように，1 個の電子を加えて陰イオンをつくるときに放出されるエネルギーであり[22]，*EA*(electron affinity)で表す(図 2-21)。

$$\mathrm{M(g)} + \mathrm{e^-} \longrightarrow \mathrm{M^-(g)} + EA \qquad (2\text{-}30)$$

原子番号 Z の原子核のまわりを運動している K 殻の電子は，核の電荷 Z をそのまま感じているわけでなく，他方の電子が核の電荷を s($0<s<e$)だけ遮蔽(しゃへい)[23]した，いわば($Z-s$)の核電荷を持った原子核のまわりを 2 個の電子が運動していると近似できる。

このように考えていくと，原子はすべて，エネルギー(電子親和力)を放出して安定な陰イオンを形成すると思われる。しかし，$n\mathrm{s}^2n\mathrm{p}^6$ の電子配置の 18 族元素(He，Ne，…)では，電子は主量子数(しゅりょうしすう)が($n+1$)のエネルギーの高い軌道に入らなければならないため，元の電子状態より不安定な陰イオンになってしまう。よって，$EA<0$ になり電子親和性はない。同じように，$n\mathrm{s}^2$ の安定な電子配置の 2 族元素(Be，Mg，…)では，電子はエネルギーの高い np 軌道に入らなければならないので，18 族と同様に電子親和性はない。フッ素 F や塩素 Cl などの 17 族では，外殻

[21] **イオン化エネルギーと原子軌道のエネルギーの関係**
各元素のイオン化エネルギーから，原子軌道のエネルギーのだいたいの値を求めることができる。

[22] **電子親和力はエネルギー**
日本語では「電子親和力」と呼んでいるが，実際は「力」ではなく「エネルギー」を表している。

[23] **原子核の遮蔽**
原子の電子から原子核の電荷を見たとき，その電子より内側にまだ電子(**内殻電子**という)がある場合，内側の電子の分だけ正電荷が減らされていることになる。この効果を核電荷の**遮蔽**と呼ぶ。なお，その電子から見て，遮蔽によって少なくなった原子核の正電荷を，**有効核電荷**という(その電子にとって有効な電荷)。

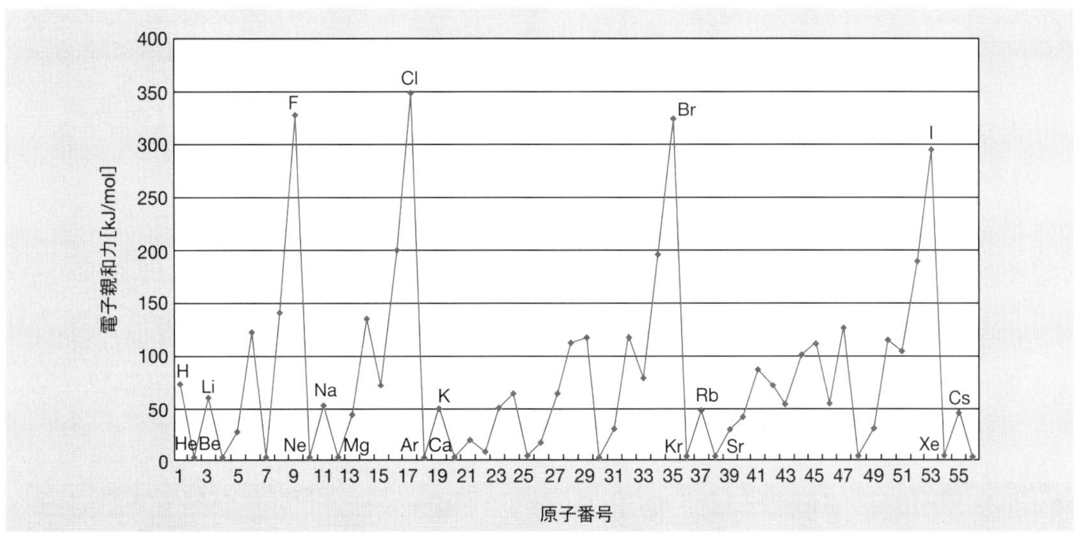

図 2-21　電子親和力

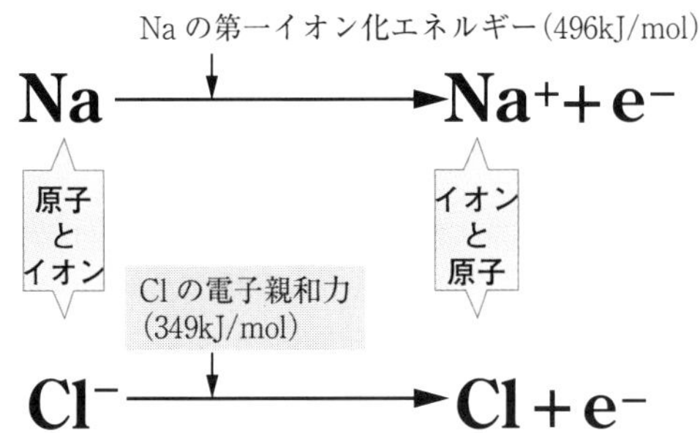

第一イオン化エネルギー(I_1)；A ⟶ A^+ + e^-
(電子を原子から引き離す)
電子親和力（EA)；A^- ⟶ A + e^-（電子を陰イオンから引き離す)

図 2-22　イオン化エネルギーと電子親和力の違い

電子における有効核電荷(ゆうこうかくでんか)が大きく，陰イオンの電子配置が $n\mathrm{s}^2n\mathrm{p}^6$ の安定な閉殻構造(へいかくこうぞう)となるので，電子親和力は大きくなる。

このように，電子親和力は，陰イオンを形成したときの電子配置を考えることで，ある程度説明できる。また，電子親和力は，1 価の陰イオンから電子を 1 個分離する(余分に持つ電子を陰イオンから引き離す)イオン化エネルギーに相当する。第一イオン化エネルギー(I_1)と電子親和力(EA)との違いを図 2-22 に示す。なお，第一イオン化エネルギーと電子親和力は，3 章の電気陰性度の項で重要となる。

ドリル問題 2-2

1. 表 2-5 で，He の I_2，Li の I_3，Be の I_4，B の I_5 が，H の I_1 の 4，9，16，25 倍になっていることを確かめ，その理由を考えなさい。
2. パウリの排他原理とはどのような原理か。簡潔に説明せよ。
3. 表 2-4 を参考にして，以下の元素のすべての軌道をあげて電子配置を説明せよ。また，不対電子の数を示せ。
   炭素，塩素，鉄，銀，金
4. イオン化エネルギーと電子親和力の違いを説明せよ。

2 章 演習問題

1. 同位体の種類を考えると，水分子は何種類あるか。
2. He^{+}，Li^{2+} のイオン化エネルギーを，式 2-9 から計算しなさい。
3. メンデレーエフは，エカケイ素の原子量などをどのように推量したかを調べなさい。
4. 周期表の 1 族元素は，水素を除きアルカリ金属などと呼ばれている。2 から 18 族にはどのような名前が付けられているか調べなさい。
5. 可視領域のフラウンホーファー線を調べ，原子スペクトルによるものをあげなさい。
6. 遷移元素のイオン化エネルギー I_1 の値を調べて図に書き，変化が小さいことを確かめ，その理由を考えなさい。

3 化学結合と分子の構造

3-1 化学結合と電子

3-1-1 原子どうしを結び付ける力

2章では，原子の構造について述べてきた。3章では，原子どうしを結び付けている**化学結合**について述べる。

物質は，多くの原子が結合することによってつくられる。原子どうしはなぜ結合していられるのだろうか。

原子どうしは，互いに引っ張り合っており，近づきすぎると反発し合うため，一定の範囲内で振動や回転をしながらも安定した関係を保つことができる。これらの力は主に静電的引力(**電磁気力**)であり，静電的引力とは電気の＋/－や磁気のN/S間に働く力と同じものである[1]。正の電荷を持つ2つの原子核の間に負の電荷を持つ電子が存在することによって，原子どうしが結合している(図3-1)。**化学反応**とは，ある原子どうしの結合(**化学結合**)を切断して別の結合をつくることであり，化学とは化学結合に関する学問といってもよいであろう。

≪化学反応と電子軌道≫　ある物質から別の物質ができた場合，化学反応が起きたことになる。化学では，特殊な場合を除いて地上の1気圧(地上付近の平均的な気圧は1013 hPa(ヘクトパスカル))，25℃での反応を基本としている。このような条件では，原子どうしの化学結合を切断して別の結合をつくることはできるが，人為的に原子核を変化させることはできない[2]。つまり，化学反応によって物質の化学変化が起こる場合は，原子核自体は変化していないのである。

化学反応では，原子内の電子分布(電子雲(でんしうん))が変化しているか，原子間(または分子間)で電子の受け渡しが起きている。つまり，化学結合は，**原子や分子内における電子配置の変化の結果**である。そう考えると，化

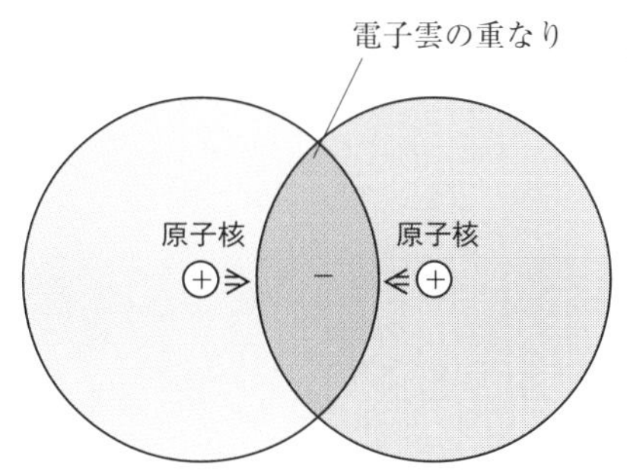

静電的引力が，原子どうしの結合の原理になっている。

図3-1　原子どうしが結合する原理

[1] **原子間に働く力**
当然，重力などの力も働くが，化学反応を考える場合，重力は無視できるくらい小さい。基礎的な化学では，原則として電磁気力以外の力はほとんど考えない。しかし，最近宇宙科学の分野が急速に発達した結果，化学反応でも重力の効果を無視できないことがわかってきた。そのため，微重力(昔は無重力と呼ばれたが，地球の衛星軌道上では正確には微重力である)下での化学反応や生化学反応を研究する分野では，微重力下での化学反応と重力下での反応とを比較検討することが重要になってきている。

[2] **原子核を変化させる**
化学は錬金術を源流とするが，人工的に「ある元素から別の元素をつくる」ことは，核物理学や核化学の分野で取り扱う。

学における電子や電子軌道の重要性が理解できるであろう。たとえば，水素 H_2 と酸素 O_2 から水 H_2O ができる場合[3]，水素原子や酸素原子が他の原子になってしまうわけではないし，合計した原子の種類や数も電子の数も変わらない。しかし，結果としては，酸素や水素からまったく違う性質を持った水という物質が生じる。このような化学反応では，「電子と，電子を引っ張っている核との関係」は重要ではあるが，最も注目すべきは，**電子**(雲)や**電子軌道**なのである。

[3] **水ができる反応**
化学反応式で書けば，次のようになる。

$$2\,H_2 + O_2 \longrightarrow 2\,H_2O$$

≪化学結合と最外殻電子軌道≫ 原子核どうしは，互いに正(＋)の電荷を持つため，反発し合うだけであり，間に電子が介在して初めて引き合う。電子は，原子核のまわりの軌道(原子軌道については 2 章参照)上に束縛されている。原子の大きさから考えると，原子核はほとんど点であり，電子は，原子核のまわりの電子軌道上を非常な高速で動いている。

このように極めて小さな空間と極めて短い時間を扱う場合は，正(＋)の電荷を持つ原子核のまわりを負(－)の電荷を持つ電子が運動しているという日常的な物理法則をあてはめて考えるのは難しい。この場合は，すでに 2 章で述べたように「**電子雲**」と呼ばれる表現方法が便利であり，電子の軌道は電子の存在確率(全部の確率を足すと 1 になる)を示した電子の雲のような図(図 2-13)で表現される[4]。

[4] **電子軌道の形**
原子や分子内の電子分布は，「ある場所に電子の存在する確率」を示す**電子雲**で表される。電子雲の形は，必ずしも球形にはならず，複数の軌道が飛び飛びに存在するなど，マクロ(日常)の常識では理解しがたい。なぜそうなるかについては，2 章に述べたが，その根拠となっているのは「量子力学」の名で知られている理論である。現在，量子力学は，多くの物理・化学現象を大変よく説明できる理論である。

電子軌道は，2 章で述べたように(図 2-5，2-6 参照)，原子核を中心にして外に向かって飛び飛びに存在するが，基本的には原子核に近い軌道から電子が埋まっていく(図 3-2)。そのため，分子の形成(化学反応や化学結合)では，原子や分子の**最外殻軌道**(原子核から最も遠い軌道)にある電子が大変に重要となる。「負(－)の電荷を持つ電子雲に包み込まれた正(＋)の電荷を持つ原子核」というイメージから出発することに

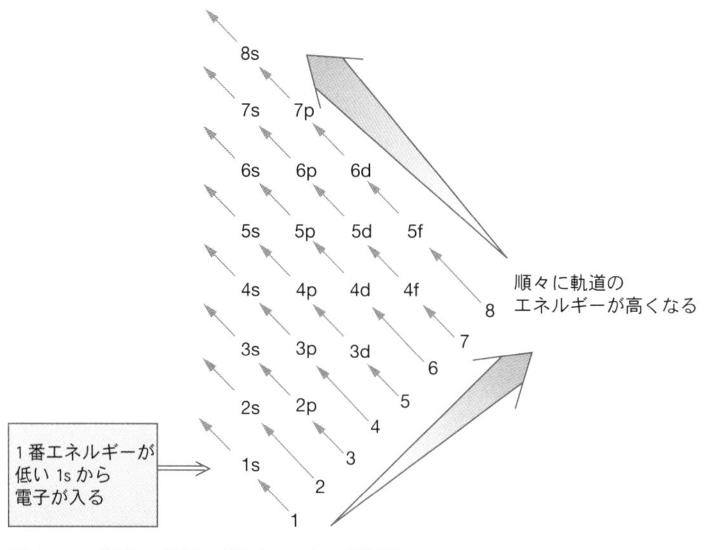

図 3-2　軌道に電子が埋まっていく順番

よって，この後に述べる化学結合や分子が理解しやすくなる。

≪化学結合の種類≫　化学結合には，共有結合をはじめとして，電子の状態で区別される多くの結合がある。大別すると，**原子どうしが結び付いて化合物をつくる化学結合**(共有結合，イオン結合，配位(はいい)結合(けつごう)，金属結合など)と，**分子どうしが引き合う結合**(水素結合，ファンデルワールス結合)に分類できる。前述のように，すべての結合は静電的引力によって引き合っていることに変わりはないが，分子を形づくる結合は，その種類によって結合の仕組みが異なる。その結果として，各種の化学結合の強さや結合距離も変わるし，分子の性質も大きく異なる。

ここから以降は，まず，化合物を形づくる各種の結合について述べる。最初に，化学結合の中でも最も重要な共有結合について説明し，次にイオン結合，金属結合，配位結合について述べる。その後に，分子どうしが引き合う機構について説明する。

3-1-2 共有結合

われわれ自身の体や，身のまわりにある物質は，基本的には原子どうしの**共有結合**で形成されている。複数の原子が共有結合で結ばれて安定に存在している場合，その原子の集合体を**分子**と呼ぶ(ただし，化学結合をせずに原子単独で存在している場合も分子であり，**単原子分子**と呼ばれる)。これまで述べてきたように，原子どうしを結び付ける主な力が静電的な引力なのであれば，2個の水素原子はなぜ結合できるのであろうか。

共有結合の原理を単純に考えれば，次のようになる。正(+)の電荷を持つ原子核が2個あった場合，互いに反発力が働く。一方，2つの原子核の間に電子雲が存在すれば，それぞれの原子核と中間にある電子雲が引き合うため，特定の条件を満たせば原子核どうしの反発力を打ち消して原子どうしが安定して結合することができる。

しかし，静電的な力のみを考えるのであれば，そもそも原子は必ずしも分子などの化合物を形成する必要がない。原子核の陽子の数と電子の数が同じであれば，どのような原子でも単原子分子として安定に地上で存在できることになる。だが，実際に単原子分子で存在しているものは，貴ガス[5]などの特定の原子に限られている。

「水素はH_2の形で存在し，H原子1個として存在していない」ということから，電気的中性の条件以外に，原子や分子が地上付近で安定に存在するための，もう1つの条件が必要であることが推察できる。原子が安定に存在するには，多くの場合，原子どうしが協力し合って分子を形成しなければならない。共有結合を理解するためには，原子や分子のまわりの電子軌道について理解することが必要になるのである。

[5] **貴ガス**
希ガス，**不活性ガス**とも呼ぶ。He，Ne，Ar，Kr，Xe，Rnを指す。貴ガスは，安定で他の原子とほとんど相互作用をしない(不活性)ため，一般に気体であり，そのため**貴ガス**と呼ばれている(**7-3-6**項参照)。

≪電荷と電子対≫　正(+)と負(−)の電荷を持つ粒子は，互いに引き合って中性の状態を形成する傾向がある。そのため，電子は正の電荷を持つ原子核のまわりに引き寄せられる[6]。荷電状態が中性になれば(正と負の電荷の数が同じになれば)，電子は原子核のまわりで安定に存在できそうな気がするが，実際にはそうはならない。ある条件を満たさないと電子は原子のまわりを安定[7]に運動することができないのである(**2-2** 節を参照)。

その条件とは，

「原子や分子の核の周囲に存在する電子は，2種類の**スピン**(α あるいは β)[8]を持ち，2個の電子のスピンが互いに異なる(α と β のように)場合にのみ安定した一対の電子対として同一の軌道中に共存して安定に運動できる」

というものである。電子は2個で一対の**電子対**を形成し，それぞれの対が一定の軌道を描いて原子核のまわりを運動する。この電子対が形成されないと，基本的には電子は原子核の周囲を運動し続けることができない。電子対は，1つの軌道に属し，スピンが逆向きになるのである。

さらに，電子軌道は，通常内側[9]から埋まっていくが，最外殻の電子殻(K, L, M, N, …)が電子対によって埋まると，電子軌道を運動する電子は他の軌道に移動しにくくなる。すなわち，電子が安定に電子軌道に存在するためには**「最外殻の電子軌道の電子対の充足」**が必要なのである。

≪化学結合を形成するための条件≫　原子レベルで電荷を持たず，**「最外殻の電子軌道の電子対の充足」**という条件を満たしているのは，ヘリウム He，ネオン Ne，アルゴン Ar などの貴ガスであり，1個の原子として安定に存在できる。そのため，これらの原子は，常温常圧下では他の原子とも大変に反応しにくく，同じ原子どうしでもほとんど結合をつくらない。貴ガスのように，最外殻の電子軌道に電子が充足している状態を**閉殻構造**と呼ぶ[10](図 2-6，2-7 参照)。

一方，ほとんどの原子は，「最外殻電子軌道の電子対の充足」という条件を満たしていないため，一般的には単独に存在することができない[11]。安定に存在するために，他の原子と協力して電子を出し合って分子を形成することにより，この条件を満たすのである。

≪共有結合の形成≫　地上近くの条件(大気中，水中，地表など)では，原子や分子は互いに絶えず衝突を繰り返している。電子対を形成していない電子軌道を持つ原子や分子が衝突すれば，電子軌道の安定のために，互いに電子を出し合って新しい電子軌道を形成する(図 3-3)。

原子は，「最外殻にある電子軌道に電子対がそろっている」，「電気的に中性である」という2つの条件を同時に満たす相手(原子)と結合する

[6] 電子が原子核に落ちない理由
電子が陽子になぜ衝突しないかは，2章**2-3**節で説明した不確定性原理(量子力学)で説明できる。電子が陽子に衝突するのは電子の位置が陽子の位置に一致する場合，すなわち位置の不確定性がゼロに近い場合になるが，そのような場合は不確定性原理より運動量(速度)の不確定性が非常に大きくなる。電子の持つ平均的な運動量(速度)が大きいということは，電子は陽子の近くに留まることができずに広がった分布をとらざるを得ない。ニュートン力学で予測される場合よりも，基底状態のエネルギーが高くなり(ゼロ点エネルギー)，広がった範囲での運動が見られるのが量子力学の特徴である。

[7]「安定」とは
ここでの「安定」とは，電子が「一定の軌道・状態を保つ」ということである。

[8] 2種類のスピン
電子の2種類のスピンは，便宜的に「上向きスピン」と「下向きスピン」と呼ばれることもあり，↑と↓の記号で表される。電子のスピンについては，すでに**2-2-1**項で述べたが，量子力学の分野における成果である。

[9]「内側」の意味
ここでは原子核に近い側という意味であるが，実際には必ずしもそうではなく，正確にはエネルギー順位が低い順である。

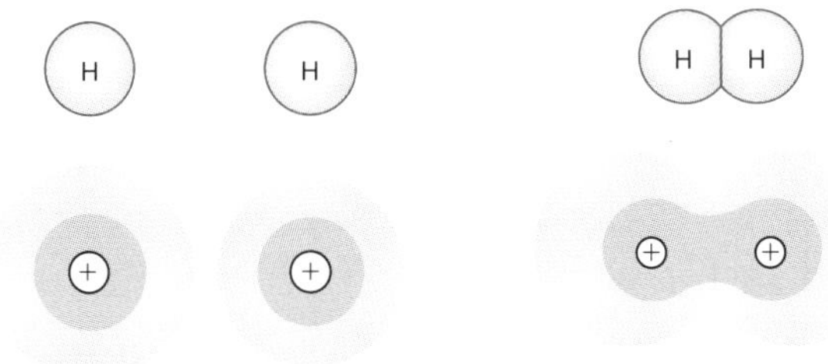

図 3-3　共有結合の形成（上：青色の広がりは電子の分布を表す）

ことで初めて，地上周辺で安定に存在できる。この場合，電気的には中性な原子どうしでも化学結合を形成することになる。これが**共有結合**と呼ばれる結合の基本である[12]。このことからわかるように，共有結合とは，2 つの原子が「**電子対を共有している結合**」という意味である。分子を構成する各原子が電子を共有することにより，最外殻の電子軌道が貴ガスと似たような閉殻構造をとり，安定に存在できる分子を形成できるのである。電子対に注目する場合，共有結合は 2 章 p. 36 で述べた**ルイス構造式**[13]を用いて図 3-3 のように表すと便利である。

図 3-3 の場合，水素分子に含まれる水素原子のまわりの電子構造はヘリウムと同じになっている（青い丸で囲っている場所）。図 3-4 には他の分子での共有結合の様子をルイス構造式で表した。HCl（塩化水素）の場合，不対電子どうしが電子対をつくり共有結合をつくる。HCl 分子の水素原子のまわりの電子構造はヘリウムと同じ形の閉殻であり，Cl 原子のまわりの電子構造は Ar と同じ形の閉殻となっている。他の安定な分子についても同様であり，分子内の各原子の周囲の電子構造が貴ガスと同じ閉殻になることが多い。このような傾向は**オクテット則**とも呼ばれる。

なお，分子の構造式で（たとえば水分子 H−O−H），化学結合を表す

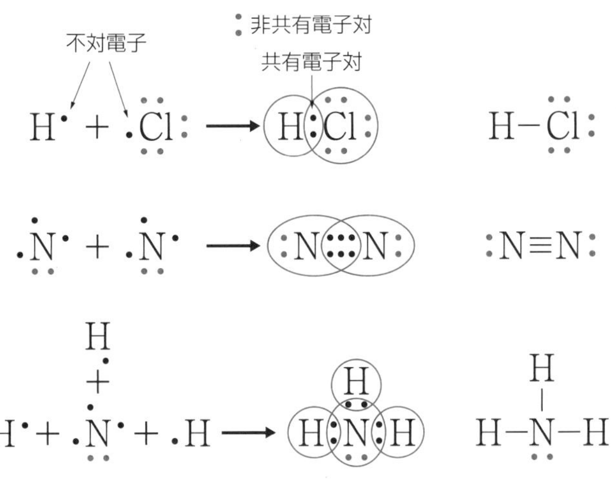

図 3-4　HCl，N_2，NH_3 のルイス構造

⑩ 閉殻構造
ルイスは，「2 個の原子が電子を共有することによって，それぞれ 8 個の電子を持つようになる」と共有結合を説明した。下の例に示した水分子の例の場合，最外殻（L 殻：$2s^22p^6$）の 8 個の電子が充足されると閉殻構造が形成され，分子として安定する。
（例）　H:Ö:H

⑪ 単独に存在できる場合
ただし，これは地上付近での場合。原子どうしがほとんど出会わない超高真空中や，超高温＋超高圧下などでは異なる。

⑫ 共有結合の電子軌道
原子間に電子対が共有される形で形成された新しい電子軌道は，当然単独の原子の場合とは異なる。

⑬ ルイス構造式
電子式とも呼ばれる。化学結合に参加する可能性を持つ最外殻の電子対を図中に「・」で示す式。2 章の図 2-7，**3-1** 節の注 10 参照。

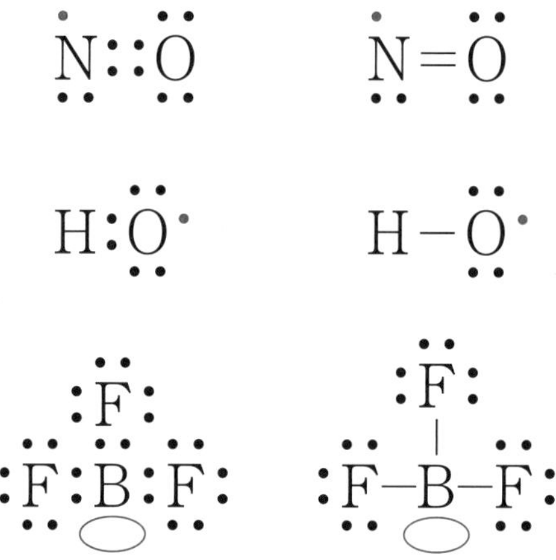

図 3-5　オクテット則を満たさない分子の例(NO, OH, BF_3)
青点が不対電子，青丸がオクテット則を満たすために電子が不足している場所。

線を結合と呼び，1つの原子から出ている結合の数を**原子価**と呼ぶ。原子価は，「ある元素の原子が，特定の原子といくつ結合できるかを示した数」とも言える。原子価は原子の種類によって決まっている。たとえば，水素は1，酸素は2，窒素は3，炭素は4である。

多くの安定な分子はオクテット則を満たし，原子のまわりの電子数を数えると2つ(水素)または8つとなる。しかし，図 3-5のようにオクテット則を満たさない分子も存在する。電子数が奇数になる NO や OH のような分子では対をつくらない電子，不対電子が存在する。このように不対電子を持つ分子は**ラジカル**と呼ばれ，他の分子と化学反応を起こしやすいことが知られている。また，BF_3 の B の周囲には電子対が3つしかなく，オクテット則を満たすには電子対が1つ足りない。このような電子不足化合物についても他の分子と反応を起こしやすい傾向がある。

3-1-3 分子の構造と分子ができる機構

≪分子軌道≫　2章で述べた，原子内の電子軌道を**原子軌道**と呼ぶ。同様に，分子内の電子軌道を**分子軌道**と呼ぶ。分子内に存在する電子は，原子の場合と同様に分子軌道を持つと考えられる[14]。2つの原子が化学結合をつくって1つの分子を形成する場合，結合に関与する原子の最外殻の電子は，2つの原子のどちらにも属する。その軌道の電子が2つある場合，電子のスピンは逆向きである。2つの原子が近づいてそれぞれの電子軌道(原子軌道)が重なると，新しく原子軌道とは異なる「分子軌道」が形成される[15]。「原子軌道の重なりが大きく，2つの原子核の中間に電子が存在する確率が大きい(電子雲の重なる部分が大きい)」と強い結合ができるため，分子が形成される。

14 電子は原子核に影響を受ける
当然だが，原子核近くの内側の電子軌道は隣の原子核の影響をほとんど受けないが，最外殻の電子軌道は最も大きな影響を受けて変形する。つまり，分子軌道は，内殻の原子軌道を分子軌道にとりこむ形であり，最外殻付近では，結合に関与する2つの原子核から大きな静電的引力を受けて原子軌道とは大きく異なった軌道をとる。

15 電子軌道の重なりと電子の関与
つまり，原子の電子軌道が重ならなければ，その電子は結合に直接関与はしない。

分子軌道は，最初から存在しているものではなく，原子どうしが近づいたときに，複数の電子や原子核の静電的な相互作用によって，電子がより安定に存在できる場所に形成される。そのため，分子内に存在する原子核の数が増えればどんどん複雑になる。原子核を分子内につなぎとめているのは電子雲であるから，分子の構造と性質は，分子内に存在する原子核の種類と数，分子の最外殻に存在する電子の状態によって決まる。

≪分子軌道と原子軌道≫　原子どうしが接近すると原子軌道の重なり合わせによって分子の軌道，分子軌道が生成する。水素分子の場合，水素原子の1s軌道2つがお互いに接近するが，この際2通りの重なり方が存在し分子軌道も2つできる。図3-6に示すように，水素原子の1s軌道どうしが同じ符号で重なる場合(**結合性分子軌道**)と，異なる符号で重なる場合(**反結合性分子軌道**)がある。結合性分子軌道では，水素原子の間で原子軌道の値が強め合うが，反結合性軌道では原子の間でプラスとマイナスの成分が打ち消し合って分子軌道の値がゼロに近くなる。電子の存在確率密度は軌道(波動関数)の絶対値の2乗であるという関係があるので，結合性軌道では水素原子の間で電子密度が高くなるが，反結合性軌道では原子間で電子の密度が少なくなってしまう(ゼロの場所もある)。したがって，結合性分子軌道では電子が原子核と引き合うことによって安定な結合をつくる(安定でエネルギーが低い)が，反結合性軌道に電子が入る場合は原子核間に電子がないので結合が切れる方向に力が働いてしまう(不安定でエネルギーが高い)。

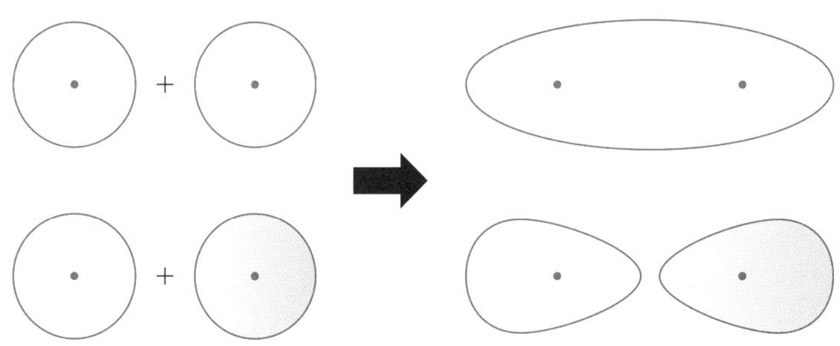

図3-6　水素原子1s原子軌道の重ね合わせによって水素分子の分子軌道ができる
白い部分は波動関数がプラス青色の部分は波動関数がマイナスであることを表す。図3-3，3-9，3-10など他図の表示は「電子密度」であるが，ここでは分子軌道(波動関数)の表示であることに注意。

結合性分子軌道と反結合性分子軌道のできる仕組み　COLUMN

図3-6で水素原子1s軌道の重ね合わせによって水素分子の分子軌道ができることを説明した。ここではよりくわしく分子軌道ができる仕組みについて解説する。

図 3-6 では水素原子 1 s 軌道を円で表現したが，これは実際には波動関数の値が一定の値をとる領域で軌道をわかりやすく示したものである（地図を例にすると，たとえば高さ 100 m の等高線で山自体を表現しているようなもの）。原子核（陽子）を通る直線を考え，その上での波動関数の値を直線に沿ってプロットすると図 3-7 右図のようになる。ちょうど山の断面図を見ているような様子となる。

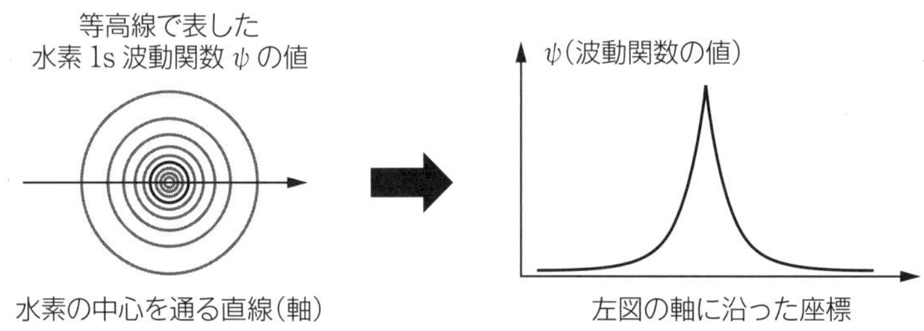

図 3-7　水素原子 1 s 軌道の 2 次元での波動関数（軌道）の値（左図）と，中心を通る直線に沿った波動関数の値

左図では波動関数の値が等高線で表現されていて，中心が最も値が大きく外側が小さい（富士山のような山の等高線をイメージしてもらいたい）。

直線の両端にそれぞれ水素原子を置き，互いに近づけることを考えてみよう。図 3-6 で説明した水素 1 s 軌道の重ね合わせを 1 次元でプロットすると図 3-8 のようになる。図 3-6 で水素原子どうしを結ぶ直線状で波動関数の値をプロットしたものが図 3-8 左図と中央の図になっている。水素 1 s 軌道が同じ符号で重なる場合が図 3-8 上にある結合性分子軌道，異なる符号で重なり合う場合が図 3-8 下の反結合性分子軌道である。水素分子の場合はこの 2 種類の重ね合わせでできる分子軌道しか存在しない。水素原子どうしが十分近くに接近すると，図 3-8 中央の図のように，結合性分子軌道では原子間での軌道の値が強め合う。一方で，反結合性分子軌道ではプラスとマイナスの軌道が

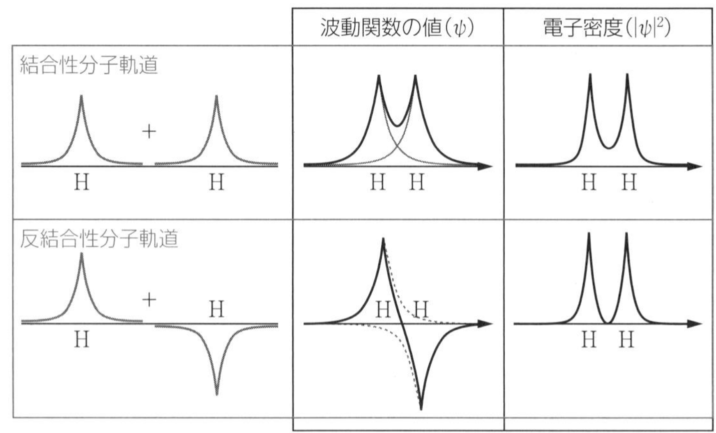

図 3-8　水素原子どうしを近づけた際に軌道の重ね合わせによって結合性分子軌道，反結合性分子軌道ができる様子

足し合わさるために原子間で軌道の値がゼロの場所が生じてしまう。電子の存在確率は波動関数絶対値の２乗で与えられるため，電子密度は図 3-8 右のようになる。結合性分子軌道では原子間に電子が分布しているのに対し，反結合性軌道では電子が減少している。原子間に電子がある場合は電子が原子核どうしを引き付ける「糊」のような役割をはたすが，電子が存在しない場合は原子核どうしの静電反発力によって原子どうしが離れる方向に力が働くのである。

≪分子軌道のエネルギー≫　原子が結合して分子をつくるのは，分子でいる方が安定する(エネルギーが低い)からである。電子の原子軌道におけるエネルギーと分子軌道におけるエネルギーを図 3-9 に示す。また，1つの水素原子が他の水素原子に近づいたときの「水素原子核間距離」と「位置エネルギー」の関係を図 3-10 に示す。

分子を構成する電子に注目すると，原子の電子軌道が重なった電子によって原子どうしの結合力が生まれ，分子が形成される(分子軌道を形成する)。各原子の内殻の原子軌道は分子軌道にとりこまれ，分子の形

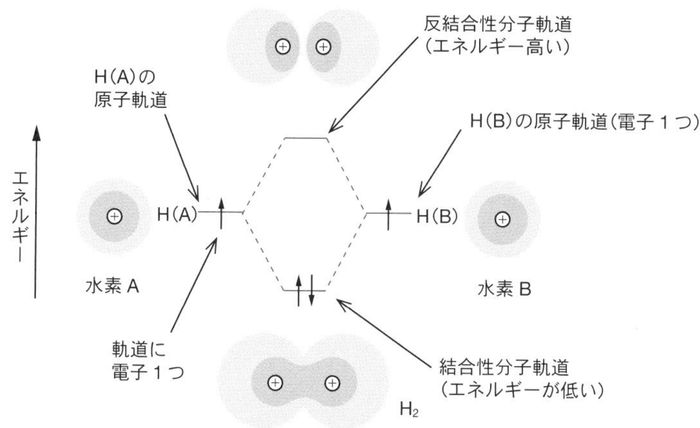

図 3-9　原子軌道のエネルギーと分子軌道のエネルギー
(青色の広がりは電子密度分布を表す)

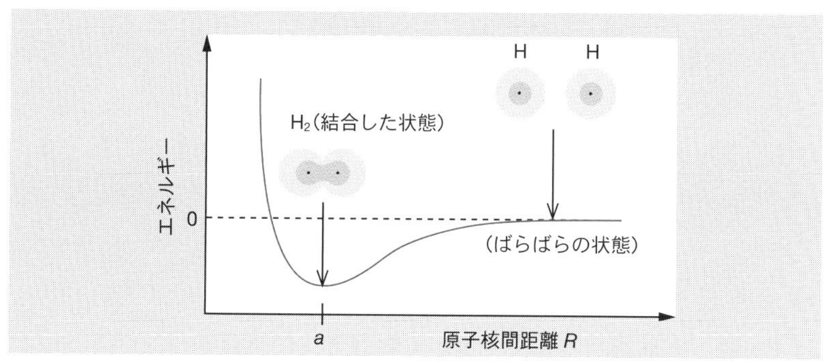

図 3-10　原子核間距離とエネルギー(青色の広がりは電子密度分布を表す)

成(化学結合)には参加しない。一方，分子において分子軌道が満たされていく過程は，2章で述べた原子軌道が満たされていく過程と同じである。電子は，分子軌道のエネルギーが低い順に満たされていく。そして，結合性分子軌道へ2個の電子が入れば1本の結合ができる。

≪分子内の安定な電子軌道≫ ここまでの話で予想できるように，各分子を構成する原子の電子軌道は，周囲の原子の電子軌道によって変形するものである。隣にどのような原子が結合するのかによって変化するし，他の電子軌道との位置関係によっても電子軌道の形が変わる(結合力も変わる)。その結果，分子の電子軌道は，2章で学んだ基本的な原子軌道とは異なる軌道をとる(とくに最外殻電子軌道)。つまり，原子どうしが結合を形成して分子をつくるときには，隣の原子の電子軌道から影響を受けて電子軌道が変形し，新しい安定した軌道を形成することになるのである。

3-1-4 混成軌道と二重結合・三重結合

≪混成軌道≫ 分子が形成されると，元の原子の電子軌道をもとにして，分子の電子軌道ができる。この軌道のことを**混成軌道**という。

混成軌道には，図3-11に示す3種類の代表的な軌道があり，それぞれ **sp**(エスピー)，**sp**^{2}(エスピーツー)，**sp**^{3}(エスピースリー) **混成軌道**と呼ばれている。炭素を例に考えると，2章で学んだように，最外殻電子軌道としては2s軌道と2p軌道が結合に関係している。1s軌道は2個の電子が詰まっており，最も原子核に近くて強く引き寄せられている。そのため，この場合1s軌道は，結合には参加できない。最外殻の電子軌道の中でも，近いエネルギーを持つ電子軌道どうしは簡単に電子をやり取りできるし，軌道が変形する場合も同じような影響を受けやすい(たとえば，2s軌道と2p_x軌道，2p_y軌道，2p_z軌道)。

≪メタン CH_4 の混成軌道≫ 炭素原子は，通常は1s軌道は2個の電子でうまっており2s軌道に電子が2個入り，2つの2p軌道に各1個の電子が入っている。そこに水素原子が結合してメタン CH_4 を形成する場合を考える。2s軌道のエネルギーと2p軌道のエネルギーを比較すると，2s軌道の方が低い。しかし，これらの軌道のエネルギーは近いため，2個の水素原子と結合して1対の電子対を持った上に2pを空けておくより，2s，2p_x，2p_y，2p_zに各1個電子を入れて水素原子4個と結合して閉殻構造を形成する方が低エネルギーになる(すなわち，安定である)。この場合は，それぞれの軌道が変形して見分けがつかない4つの軌道を形成する。これを，**sp**^{3}**混成軌道**と呼んでいる[16]。同様に，2s軌道と2p軌道それぞれ1個，2個でアセチレン C_2H_2 の **sp混成軌道**，エチレン C_2H_4 の **sp**^{2}**混成軌道**が形成される。

[16] **混成軌道と呼ばれる理由**
また，たとえば CH_4 の場合には，4本の共有結合の強さには違いがない。4本の結合が同等であり，見分けがつかないため，これらの軌道はまとめて混成軌道と呼ばれているのである。

(a) s 軌道と p 軌道の混成

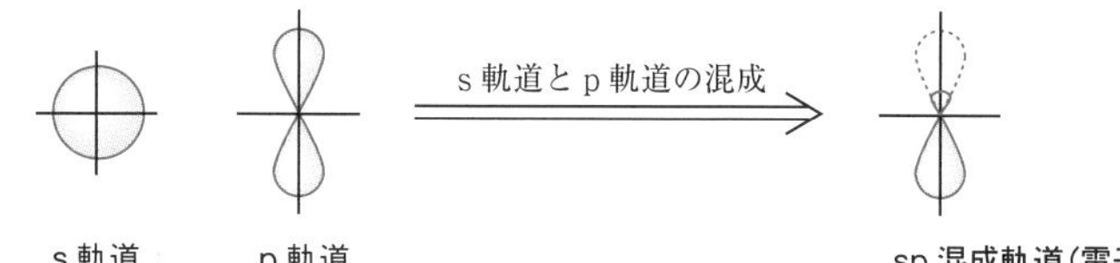

(b) sp^3 混成軌道

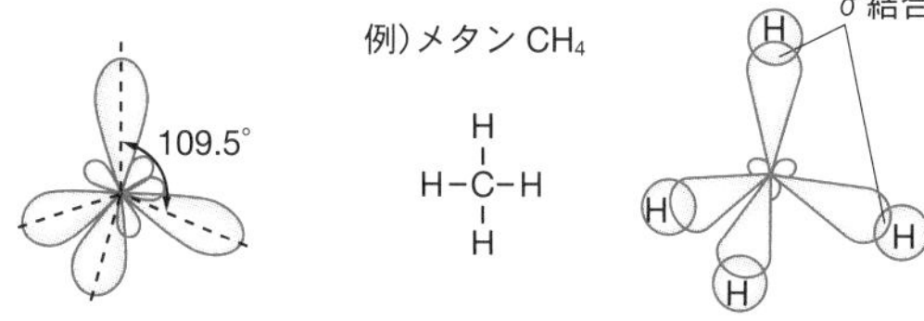

(c) sp^2 混成軌道

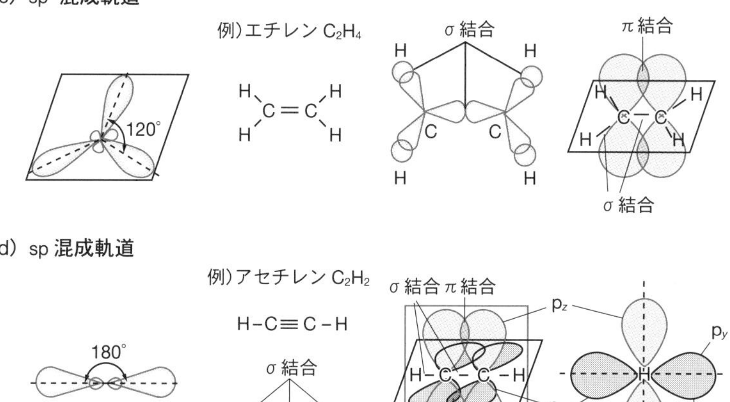

(d) sp 混成軌道

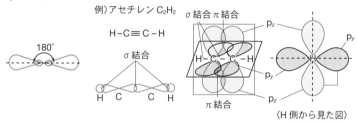

図 3-11　混成軌道(青色の広がりは軌道の値そのものではなく，電子密度分布を表す)

≪電子対反発則≫　電子は負(−)の電荷を持つため，互いに反発する。その結果，限られた原子内に多数の電子が安定して存在するためには，電子の棲み分けが起こる[17]。「分子を構成する原子の原子価殻[18]にある電子対が，互いに反発して，最も遠い距離で，最も高い対称性(電子分布)をとろうとする」と考えると理解しやすい。これを**電子対反発則**と呼ぶ。電子がなるべく等間隔で存在すれば安定であるため，たとえば 4 本の電子軌道が延びている場合，互いの軌道が最も遠く離れている(各軌道の形成する角度が最も大きい)ピラミッド型の配置が，安定性が高いと予想される(図 3-11)。メタン(CH_4)の混成軌道は，その形をしており，大変に安定な分子である。

≪二重結合・三重結合≫　共有結合には，これまで述べてきた一重結合(単結合)だけでなく，エチレンや窒素分子(N_2)のように二重結合や三重結合を考えなければならない分子もある。原子どうしが共有結合を形成する場合，すでに述べたように，電子雲の重なりによって結合ができ

17 電子の棲み分け
たとえて言えば，各電子対の所属する軌道にそれぞれ縄張りがあるようなもの。ただし，電子は，互いに位置を交換しながら，各縄張りを渡り歩くこともできる。

18 価電子と原子価殻
原子どうしの結びつき(結合)の変化を**化学反応**と呼んでいるが，化学反応に関係する電子は，最外殻電子軌道の電子に限られることが多い。そこで，それらの電子を**価電子**，価電子の属する電子殻を**原子価殻**と呼んで，内側の電子殻と区別している。

る。これを**σ 結合**と呼ぶ。σ 結合が形成された後に，σ 結合に垂直な 2 つの電子軌道が重なる場合には，そこにも結合ができる。この結合を**π 結合**と呼ぶ。π 結合は，特殊な条件を満たさなければ形成されないため，π 結合をつくる元素は多くはない[19]。σ 結合 1 つと π 結合 1 つを持つ結合を**二重結合**，σ 結合 1 つと π 結合 2 つを持つ結合を**三重結合**と呼ぶ[20]。

たとえば，エチレン(C_2H_4)分子の場合，図 3-11(c)に示すように炭素原子どうしが sp^2 混成軌道を形成して強い σ 結合をつくると，その結合に垂直な残りの軌道が π 結合を形成する。このように，σ 結合と π 結合の 2 つの結合ができた場合を**二重結合**と呼ぶ。σ 結合と π 結合は，電子雲の重なり方が異なり，軌道は σ 結合の方が安定である。二重結合の形成には条件があり，周辺の σ 結合が平面にある場合にのみ，その面に垂直に π 結合が形成される[21]。また，π 結合は σ 結合より弱く，結合が切れやすいため，二重結合を持つ分子は化学反応を起こしやすい。

窒素分子は**三重結合**を形成しているが，窒素原子どうしが sp 混成軌道を形成し，1 つの σ 結合と 2 つの π 結合をつくっていると考えられる[22]。二重結合や三重結合を持つ分子は，一重結合を持つ分子とはその特性が異なる。特に，有機化学反応では反応性の高い二重結合は重要である(**8-2** 節参照)。

≪共鳴≫　=C−C=C−のように，一重結合と二重結合が隣り合って存在する場合，交互に入れ換わった構造で記述できるので，2 つの電子状態が混じった状態の構造をとる場合がある。この構造を**共鳴構造**と呼ぶ。図 3-12 に示すように，オゾンやベンゼンは 2 つの構造をとる可能性がある。一重結合と二重結合では結合の長さも異なり反応性も違うため，図中のどちらかの構造をとっていると仮定すると，2 種類の結合の違いが測定できるはずである。しかし，これらの例の場合は，それぞれ

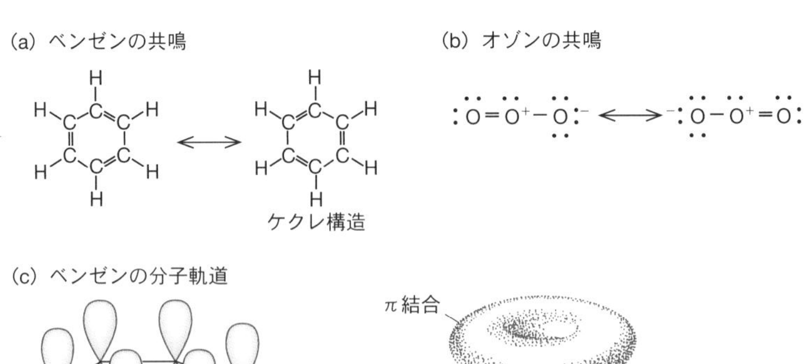

図 3-12　ベンゼンとオゾンの共鳴構造

[19] π 結合をつくる元素
「π 結合をつくる元素は多くはない」とは，単純な「分子の数」のことではなく，π 結合を形成できる「元素の数」のことである。たとえば，炭素 C，ケイ素 Si，窒素 N，リン P，酸素 O，硫黄 S などが代表的な元素である。

[20] 四重結合以上は困難
分子構造を考えると，「四重結合」以上は困難であることがわかる。図 3-11 を見ながら考えてみてほしい。

[21] π 結合の形成
図 3-11 からわかるように，σ 結合と垂直の軌道の電子雲が重なることによって π 結合が発生する(π 結合は，上下 2 カ所の電子雲が重って 1 本の結合を形成する点に注意)。

[22] 三重結合を持つ物質
一般に，三重結合を形成できる物質は多くない。窒素ガス N_2 以外ではアセチレン C_2H_2 が有名である。窒素ガスは大変に安定だが，アセチレンは反応性が高い。そのため，アセチレンは化学工業で重要な物質である(**8-2-4** 項参照)。

の結合の見分けがつかず，実際に測定してみると一重結合と二重結合の中間の結合距離を示す。また，共鳴構造を持つオゾンやベンゼンは，結合の安定性も予想以上に高い。このような状態を**共鳴**と呼ぶ[23]。

3-1-5 共有結合以外の化学結合(イオン結合，金属結合，配位結合)

共有結合は化学結合の代表的な結合であるが，その他の結合についても，基本的には静電的引力で結合していることは変わらない。電子は自分の所属する原子の原子核から引かれており[24]，この力は，原子核に近いほど強い。原子核から離れるにしたがって，原子核(＋)と電子(−)との距離が遠くなるだけでなく，別の電子による電子雲(でんしうん)(−)が間に入るため，引力はさらに弱くなる。最外殻(さいがいかく)近くの電子の場合，所属する原子の原子核よりやや弱いとはいえ，同程度の力で隣の原子核からも引かれることになる。これが，**原子どうしの結合力を生む要因**であるのだが，2つの原子から同程度の力で引かれる電子は，元来どこに所属していると分類できるものではないし，見分けることもできない。

以下に述べる各種の結合も，「原子どうしの結合力を生む要因」で発生していると考えると理解しやすい。

≪イオン結合≫　**2-2-3** 項の「イオン化エネルギー」や「電子親和力」で述べたように，1族，2族の原子は電子を失いやすく，17族，18族の原子は電子を受け取りやすい。原子または分子から電子が失われた場合や電子を受け取った場合，その原子または分子は＋の電荷または−の電荷を帯びる。この場合，「原子または分子は**イオン**になった(**イオン化した**)」といい，正(＋)の電荷または負(−)の電荷を帯びた原子・分子を，それぞれ**陽(よう)イオン**または**陰(いん)イオン**と呼ぶ。＋の電荷を帯びた陽イオンと−の電荷を帯びた陰イオンは，静電的引力によって強く引き合う。そのため，陽イオンと陰イオンが近くに存在すれば強い結合が生まれる。この結合を**イオン結合**と呼び，イオン結合で形成された結晶を，**イオン結晶**と呼ぶ[25]。

イオン結合は，「陽イオンと陰イオンが引き合って電荷が中性になるように結合する」と考えれば，大変わかりやすく感じる。1価のイオン[26]どうしは，結合して電気的に中性になる。たとえば，Na^+とCl^-がイオン結合して NaCl を形成すると考える。2価のイオンであるCa^{2+}と1価のイオンであるCl^-の場合は，$CaCl_2$を形成する。

NaCl の結晶は，常温常圧(25℃，1気圧)下の水中で簡単に溶解する(くわしくは **4-3-1** 項参照)ので，強い結合とは感じられないかもしれない。しかし，水がない状態で温度を上げて融解(ゆうかい)(熱で溶かすこと)させようとすると，非常に高い温度(約800℃)が必要になる。すなわち，イオン結合は大変に強い結合と考えてよい[27]。

[23] 共鳴構造の表し方
この状態を「2つの極限構造の共鳴混成体を形成している」という。共鳴構造を図示する場合，図3-12の2つの極限構造が瞬間的に入れ換わっているように表現されることもある。しかし，実際には共鳴混成体を形成しているため，現在では，たとえばベンゼンは下図のように示すことが多い。

ベンゼン C_6H_6(ただし，図ではHは省略されている)

[24] 電子と原子核の引き合い
電子は，「全体として中性である」ことと「1つの軌道に一対の電子(α, β)が入る」という規則にしたがって配置されており，電子と原子核が電磁気力で引き合っている。

[25] イオン結晶
陽イオンと陰イオンが交互に規則正しく並んでいる状態の固体を**イオン結晶**と呼ぶ。**3-2** 節の注19を参照。

[26] イオンの価数
＋または−の電荷を1個持つものを**1価のイオン**，2個持つものを**2価のイオン**と呼ぶ。

[27] イオン結合は強い！
イオン結合は，後述する共有結合より強い結合である。じつはイオン結合で結合していた分子が簡単に水に溶けて陽イオンと陰イオンに分かれる方が異常な現象である。この原因は，水分子が大変に特別な性質を持っていることにある。水以外の溶媒(液体状の物質のこと)では，このよう

≪金属結合≫　金属原子が規則正しく並んでいる状態の固体を**金属結晶**と呼ぶ。金属原子は，隣に同じ原子が結合しており，金属結晶を形作っている。金属原子の最外殻電子軌道を見ると，電子が数個外れて陽イオンになってしまえば，安定な最外殻軌道(貴ガスの最外殻電子軌道と同じ軌道；閉殻構造)を持っていることが多い。金属原子は最外殻の電子が特にはずれやすく[28]，短時間であればイオンの状態でも比較的安定に存在できる。

金属結晶中では，最外殻の電子は，どの原子にも属していない状態であり，この状態の電子を**自由電子**と呼ぶ[29]。自由電子とは，金属結晶全体を電子雲が覆っている状態と考えてもよい。金属結晶は，電子雲によって，陽イオンである金属イオンが結び付けられていると考えられる。これを**金属結合**と呼ぶ(図 3-13，3-14)。

金属結晶のように同じ原子核が上下左右に等間隔に並んでいる状態では(周囲の原子の電子が足りていれば)，たとえ 1 個の原子に電子不足が生じても，すぐに隣の原子から電子が引き寄せられて不足を埋める。当然，隣の原子は電子不足となるが，また隣から電子を引き寄せる[30]。こうして，全体として，金属は結晶として安定を保つことができる。

≪配位結合≫　**2-2-2** や **3-1-2** 項で述べたように，原子の最外殻の電

な現象は簡単には起こらない。たとえば，料理をしているときに経験したことがあるかもしれないが，食塩(NaCl)は油には溶けない。くわしくは **4-3** 節を参照。

[28] 金属は陽イオンになる
最外殻の電子がはずれやすいため，金属は陽イオンになりやすい。

[29] 金属が電流を流す理由
ここに電位をかけて，電子を一方向に強制的に動かすと，次々と原子が隣の原子へ電子を受け渡して金属結晶内に電流が流れる。そのため，一般的に金属は電気を流しやすい。

[30] 金属のやわらかさ
このように，金属結合は原子核と電子の関係の自由度が高いために，金属はやわらかく，変形してもこわれにくい。一方，イオン結合は硬く，たたくと割れる。

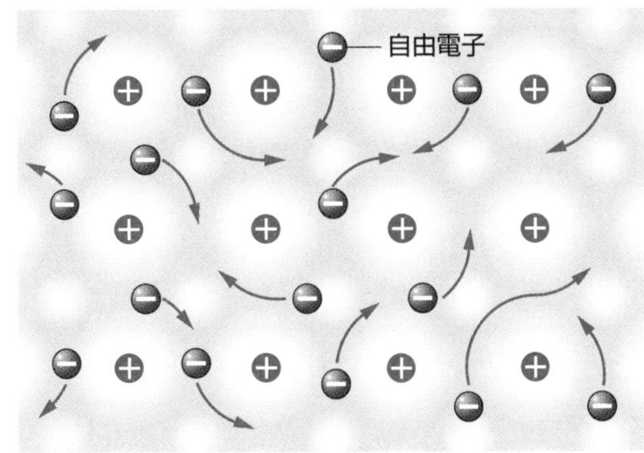

自由電子は，金属全体を移動する。

図 3-13　金属結合

(a) 金属結晶

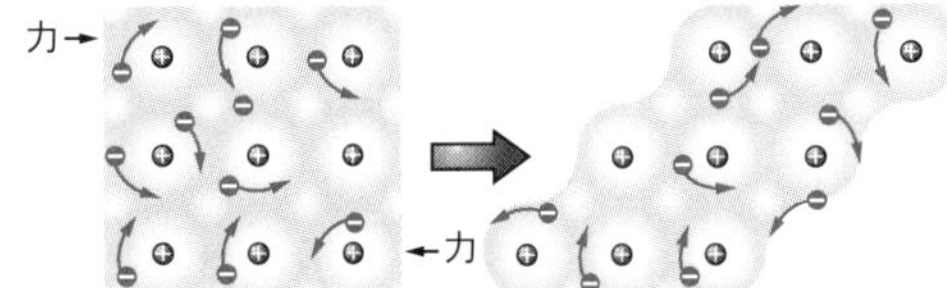

最初から同符号のイオンが並ぶため，変形しても原子間の関係に大きな変化はない。そのため，延性や展性に富む。

(b) イオン結晶

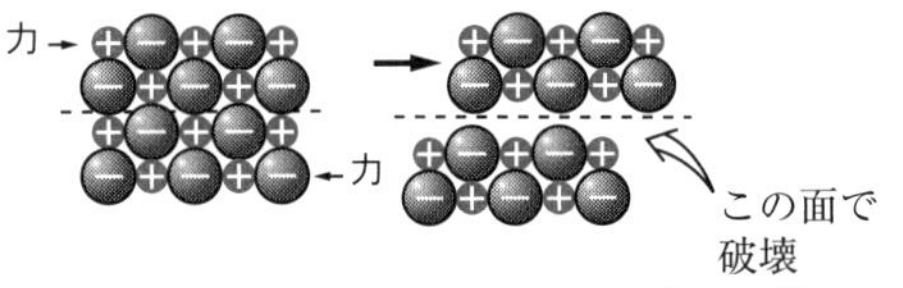

異符号のイオンが並ぶため，変形は困難で，結晶は硬い。
強い力が加わり結晶がずれると，反発力が働いて破壊される。

図 3-14　金属結晶とイオン結晶の比較

物　質 （固体）	塩化ナトリウム	ドライアイス （二酸化炭素）	ダイヤモンド	アルミニウム
	 Na　Cl	 C　O	 C	 Al
化学式	NaCl（組成式）	CO_2（分子式）	C（組成式）	Al（組成式）
構成粒子	陽イオンと陰イオン	分子	原子	原子（自由電子を含む）
おもな結合	イオン結合	共有結合（分子内）	共有結合	金属結合
融点・沸点	高い	低い	極めて高い	高い
電気の 導電性	固体：通さない 液体：通す	通さない	通さない	通す

図 3-15　結合と物質の性質の関係

子軌道は，電子対(でんしつい)をつくる傾向があるだけでなく，最外殻の電子軌道がすべて埋まる方が安定である。金属結合の場合は，最外殻の電子が少ないため，最外殻が埋まることはなく，それらの電子が自由電子として動き回ることとなった。逆に，最外殻電子軌道がほとんど電子対で埋まっている場合は，電子対を共有することにより分子が安定化する場合がある。電子対の余っている原子と足りない原子がある場合，電子対ごと共有する結合を**配位結合**(はいいけつごう)と呼ぶ。ここまで，最外殻電子軌道で電子が電子対を形成すれば安定（それ以上化学反応が起こりにくいということ）にな

さびない鉄　COLUMN

本文では，金属中の電子の動きについて簡単に述べたが，実際には，金属結晶内での電子移動はもっと複雑である。

まれに，結晶中で原子が抜けている部分があり，その部分を**格子欠陥**(こうしけっかん)と呼ぶ。また，結晶にも微量の不純物が混入している。格子欠陥の部分や不純物の原子がある部分は，周囲の原子と性質が異なるため，自由電子の動きが滞(とどこお)ったりする特異点となる。これらの特異点が多いか少ないかで，同じ金属でも性質が大きく変わることがある。

鉄はさびやすいという感覚があるが，「世界の七不思議」と言われている 1500 年前の古代インドで建てられた「さびない鉄柱（鉄塔）」がある。なぜさびないのかはすでに解明されており，不純物としてリンを故意に混入した結果，表面にリン酸鉄ができてさびないことがわかった。また，近年の研究で，鉄の純度が極めて高い（不純物が大変少なく純度 99.9999%以上）超高純度鉄の場合，鉄はやはり大変さびにくいことがわかった。

ると述べてきた。しかし，配位結合の場合は，それがあてはまらない。

共有結合の場合は，電子を1個ずつ出し合って電子対をつくり，その電子対を共有していた。配位結合の場合，見かけ上，本来結合する**手**（原子価）[31]の数を超える結合を形成している。

図3-16のアンモニア NH_3 の例で見てみよう。アンモニアは，最外殻にどの原子とも共有されていない1つの電子対を持っている。それに電子のない水素イオン H^+ が結合すると，アンモニアと水素イオンが電子対を共有し，アンモニウムイオン NH_4^+ を形成する。このように，電子対を共有する結合が**配位結合**なのである。この場合は，「窒素Nの最外殻の非共有電子対[32]の状態」と「結合する相手の H^+ の非共有電子対の状態」を見れば理解できる[33]。

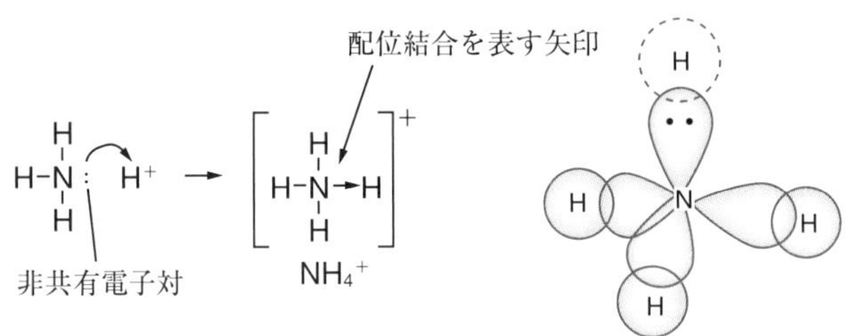

図3-16　アンモニウムイオンの配位結合

また別の例として，たとえば $[Cu(NH_3)_4]^{2+}$ や $[Fe(CN)_6]^{3-}$ のように，金属イオンに非共有電子対を持つ分子（NH_3，H_2O など）や陰イオン（CN^-，Cl^- など）が配位結合して**錯**（さく）**イオン**というイオンを形成する場合もある[34]。

配位結合ができた場合，その結合は実際には他の共有結合と見分けがつかない。配位結合は，電子対を2つの原子が共有しているという点でも共有結合と同じであり，**配位結合は共有結合の一種**と考えられている。

[31] 化学でいう「手」とは
ここで「手」と表現しているのは原子価のこと。ここでは，配位結合は原子価の考え方で説明できないことを述べている。配位結合のケースでわかるように，原子価の考え方は適応できる現象が限られるため，最外殻の電子対を考えるモデルを用いる方が望ましい。

[32] 非共有電子対（孤立電子対）
原子の最外殻の電子軌道に属する電子対の中で，他の原子と共有されていない電子対を**非共有電子対**と呼ぶ。**孤立電子対**とも呼ばれる。

[33] 配位結合の表し方
図3-16のように，配位結合は矢印で表す場合もある。これは，**どの原子がどの原子に電子対を提供したかを示す**ために用いられる表記方法である。しかし，実際には結合ができてしまえば他の共有結合と見分けがつかないため，配位結合がいくつあるかということを示すにはよいが，どの結合が配位結合であるかを示すものではない。

[34] 配位子・配位数
金属イオンに配位結合した分子やイオンを**配位子**と呼び，その配位子の数を**配位数**と呼ぶ。

ドリル問題 3-1

1. 以下に示す分子やイオンの電子の数と，原子核の＋(プラス)電荷の数(原子核内の陽子数)を答えよ。
   (1) H_2O　(2) H_2　(3) CH_4　(4) NH_3　(5) Na^+　(6) Cl^-
2. 非共有電子対とはどのようなものか。具体例をあげ，図を用いて説明せよ。
3. 次の分子のルイス構造式(電子式)を描け。
   (1) H_2O　(2) H_2　(3) Cl_2　(4) HCl
4. 水分子，アンモニア分子，メタン分子を立体的に図示せよ。このとき，図 3-16 右図にならって，非共有電子対も図中に示せ。
5. イオン結合と共有結合についてその違いを簡潔に説明せよ。
6. 金属結合とはどのような結合か。また，自由電子とは何か。図を用いて説明せよ。
7. ある原子が単体で存在し，電気的に中性の場合，電子対をつくっていない電子を持つ具体例を1つ示せ。その原子が，分子をつくることによって電子対が形成される例を示し，ルイス構造式(電子式)を用いて説明せよ。
8. アンモニウムイオンを例に，配位結合について説明せよ。
9. σ 結合と π 結合の違いについて，具体例を示し，図を用いて説明せよ。
10. ベンゼンの共鳴構造について，図を用いて説明せよ。

3-2 分子間に働く力(分子間力)

3-2-1 極性と双極子モーメント

≪分子間の結合≫　ここでは，原子どうしを結び付ける結合ではなく，分子どうしを結び付けている結合について取り上げる。水分子を結び付けるのに大きな役割を果たし，DNA の二本のらせんを結び付けている結合として有名な**水素結合**と，ドライアイス[1]が固体として存在できる原因である**ファンデルワールス力**(ファンデルワールス結合と呼ばれる場合もある)が，分子どうしを結び付ける力として重要である。しかし，これらの結合を理解するためには，まず極性分子と双極子モーメントについて知っておく必要がある。

≪極性分子と双極子モーメント≫　分子内のすべての電子は，分子内のすべての原子核から引力を受けている。たとえば，2 つの原子核から引力を受ける場合，一方からの引力が極端に大きければ電子雲は引力が大きい方に引き寄せられて偏る(図 3-17)。このような電子雲の偏りを**極性**と呼び，極性を持つ分子を**極性分子**と呼ぶ。この場合，分子は「極性を持っている」とか「分極している」と言われる。この分子内極性の程度が化学物質の性質や化学反応の起こしやすさに重要な意味を持つ。

通常，極性が高いと分子は化学反応を起こしやすいと考えてよいため，分子がどれくらい分極しているかを数値で表せると便利である。実際には，分子の極性の尺度として**双極子モーメント**[2]がよく用いられる。$+\delta$ と $-\delta$[C]の電荷が距離 r[m]だけ離れているような分子の双極子モーメントの大きさ μ[Cm][3]は，次の式で表される。

$$\mu = r\delta \tag{3-1}$$

≪双極子モーメントと化学結合≫　極性が大きい原子どうしが化学結合している場合，その結合は**イオン結合**となり，極性が小さい原子どうしが結合している場合は**共有結合**となる[4]。すなわち，共有結合とイオン

[1] ドライアイス
二酸化炭素 CO_2 が低温で固体になったもの。物質としては，二酸化炭素である。

[2] 双極子モーメント
＋と－の電荷が離れて存在している場合に，電荷の偏りを扱うときなどには便利な概念である。ここでは，電子雲の偏りによる「電荷の偏りの程度」を表現するのに双極子の概念を利用している。

[3] 双極子モーメントの単位
ここで，Cm(クーロンメートル)は単位。C は電荷の量，m は一般的に使われている長さの単位で，その 2 つの数値を掛けたことを表している。

[4] イオン結合と共有結合
これまで述べてきたように，各元素の最外殻電子の軌道と電子数は，原子番号とともに周期的に変化する。原子核の陽子数が増えると，「最外殻電子軌道に電子を引き込む性質」や「最外殻電子を離しやすい性質」は周期的に変化している。つまり，「陰イオンになりやすい性質」や「陽イオンになりやすい性質」は周

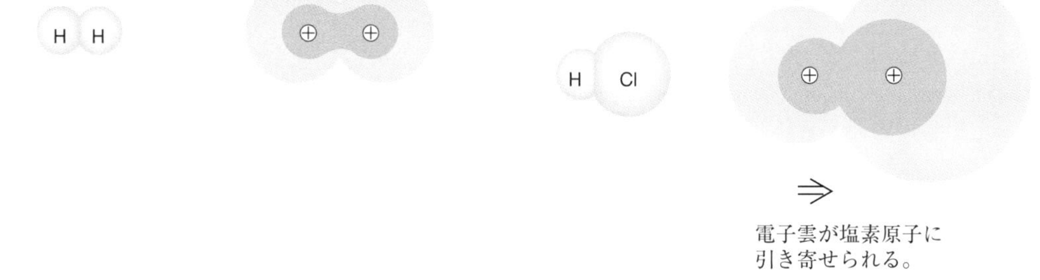

(a) 水素分子の電子部分　(b) 塩素水素分子の電子分布

電子雲が塩素原子に引き寄せられる。

図 3-17　極性分子と双極子モーメント

表 3-1　分子の双極子モーメント

物　質		双極子モーメント（×10^{-30} Cm）
ヨウ化カリウム	KI	36.9
一酸化炭素	CO	0.367
塩化水素	HCl	3.74
臭化水素	HBr	2.76
シアン化水素	HCN	9.96
水	H_2O	6.47
アンモニア	NH_3	4.90
ニトロベンゼン	$C_6H_5NO_2$	14.0
クロロベンゼン	C_6H_5Cl	5.94
エタノール	C_2H_5OH	5.64
メタノール	CH_3OH	5.54
アセトン	CH_3COCH_3	9.67

結合は，「電気的な中性」と「最外殻電子軌道の電子対の充足」という基本原理に基づいて結合を形成している点では変わらない[5]。しかし，分極の程度が原子によって大きく異なるために，分子の性質や化学反応の特性も大きく異なっている。

表 3-1 にいくつかの単純な分子の双極子モーメントを示す。双極子モーメントが大きいと，分子自体の極性も大きい。化学構造式では似たような物質に見えても，双極子モーメントが大きいものと小さいものがあるのがわかる。この違いは，原子によって共有電子対を引き付ける傾向が異なるために起こる。共有電子対を引き付ける傾向を示す尺度として次項で説明する**電気陰性度**が利用されている。

3-2-2 極性と電気陰性度

≪分子の極性と電気陰性度≫　**3-2-1** 項で述べたように，分子内の電子雲の偏（かたよ）りが原因で生じる分子の極性は，前述の水素結合やファンデルワールス結合，分子どうしの化学反応の起こりやすさ，分子の安定性などで重要な意味を持つため，化学構造式から分子の極性を読み取ることができれば大変に便利である[6]。このとき，ある原子が，どの程度「電子を引きつけやすい」性質を持つか，または「電子を離しやすい」性質を持つかを知っていると，分子の極性を読み取りやすい。そこで，この性質を**電気陰性度**で表す。原子の電気陰性度は，原子が結合してできた分子の極性を予測する上で大変に便利である。

≪電気陰性度と分子の分極≫　ある原子のイオン化エネルギーを I[kJ/mol]，電子親和力を EA[kJ/mol]とすると，電気陰性度 χ（カイ）は次の式で表される[7]。

$$\chi = \frac{(I + EA)}{2} \tag{3-2}$$

これは，原子から電子を 1 個引き離すときに必要なエネルギー（イオ

期的に現れる。
周期表を見ると，イオン結合性と共有結合性の原子が分かれて配置されているように見えるのは，そのためである。

[5] イオン結合と共有結合は似ている⁉
結合のイオン性という概念がある。たとえば，気体状の塩化カリウム（KCl）分子の共有結合性は約 20%，イオン結合性は約 80% である。つまり，大ざっぱに言えば，塩化カリウムは「少し共有結合的なイオン結合をしている」というイメージを持ってもらえればよい。この例からもわかるように，単純に分子を形成している結合を共有結合やイオン結合に分類するのは，実際には困難である。

[6] 極性の表し方
表現が複雑になるため，極性を化学構造式中で直接表すことは多くはない。しかし，極性が重要な有機化学などの場合は下のように表現する場合もある。

$H^{\delta+}-O^{\delta-}-H^{\delta+}$

[7] 電気陰性度の定義
式 3-2 は，アメリカのマリケン（R. S. Mulliken）によって提唱された電気陰性度の定義である。この式は，単純に原子が電子を引き付ける強さを示すものである。
一方，ポーリングは，分子の種類によって各原子の電気陰性度が変わることに着眼した。ポーリングの式は，一部分に実験で決める項があったりして複雑なので，ここでは書かない。マリケンの値 χ_M（カイ）[eV] とポーリングの値 χ_P [eV] には次の関係がある。

$\chi_M \fallingdotseq 2.8\chi_P$

ン化エネルギー）と電子を1個受け取るのに必要なエネルギー（電子親和力）を足して2で割った値である。Iが小さければ電子を離しやすく，EAが大きければ電子を引き付けやすいため，電気陰性度が大きければ，電子（雲）を引き付ける力が大きくなると考えられる。

[8] ポーリング
ポーリング（L. C. Pauling）は，アメリカの物理化学者。1954年にノーベル化学賞，1962年にノーベル平和賞を受賞。

ポーリング[8]は，いろいろな原子の電気陰性度を，別の式を用いて計算している。図3-18にポーリングの計算した結果を示す。この表を利用すれば，どの元素がどの程度，電子を引き付けやすいかが定量的にわかるため，分子の分極の程度を予想するのにも便利である。たとえばHとClで構成された塩化水素HCl分子では，Hが2.2，Clが3.2で，ClがHより電子を引き付けやすい（電気陰性度が大きい）ため，電子雲はCl側に偏り，極性を持つ分子であることが容易に推測できる。

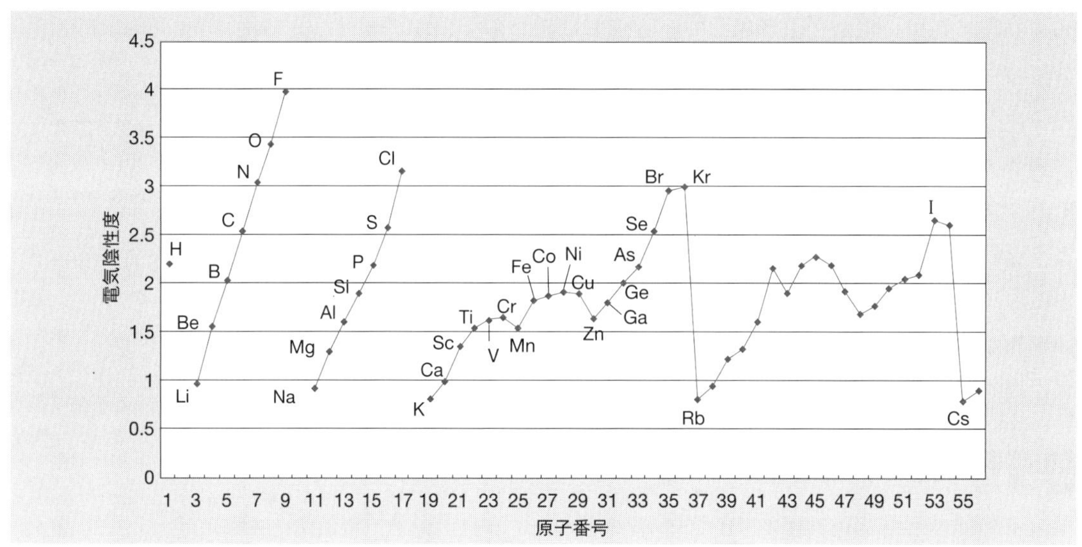

図3-18　電気陰性度

≪分子の極性と分子の形≫　分子の形と分子の極性は密接に関係している。図3-19に代表的な例を示す。個々の結合の極性は青い矢印（電子が偏ってる方向への矢印）で示してあるが，分子全体の電荷の偏りはこれらの矢印をベクトルとして足し合わせたものとなる。二酸化炭素（直線型）やメタン（正四面体型）のような分子では青い矢印が互いに打ち消し合ってしまい，分子全体としては極性を持たない。一方で，水分子（折れ線型）やアンモニア（三角錐型）では青い矢印は互いに打ち消し合わず，分子全体としては図の下側から上側に向かう極性を持つことになる。

≪分子内の極性と分子の性質≫　分子内の極性は，ほぼ分子の最外殻の電子雲の偏りを示している。そこで，「電子雲が偏っているほど分子の安定性が低く反応性が高い」と考えれば，化学反応の起こりやすさ（分子が安定かどうかなど），イオン化の起こりやすさ，分子の集合しやす

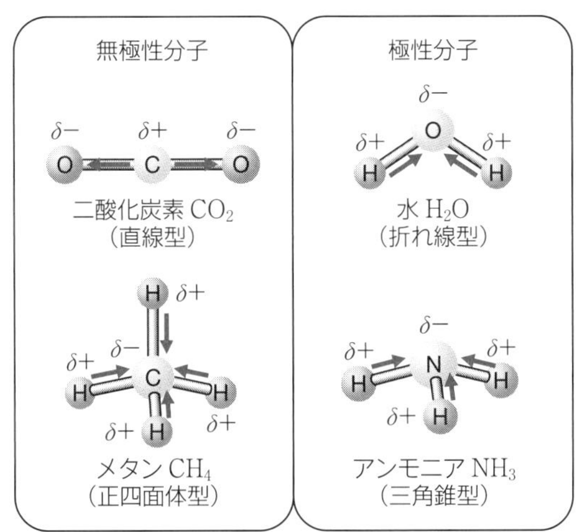

図 3-19　分子の形と極性

青矢印は個々の結合における極性(電荷の偏り)を表す。それぞれの結合で電子が移動する方向をわかりやすくするため，正電荷を起点として負電荷へ向かう方向に矢印を引いている[9]。

さ(水に溶けやすいか油に溶けやすいかや，沸騰(ふっとう)や気化しやすいかどうかなども含む)などを理解する上で大変に便利である[10]。大きな分子になるほど，「どの原子の周辺に電子雲が集まりやすく，どの原子の周辺の電子雲が薄いのか」という分子内の電子分布(分子内の分極)を知ることが，有機分子の化学的な性質を理解する上では重要であり，有機化学の基本の1つとなっている。

無機化学の場合は，考慮する原子の種類が多く，分子を構成している各種の原子の性質を知ることが，分子内の分極やその分子の化学的な性質を知る上で重要になる。

さらに，有機分子であっても無機分子であっても共通することだが，対象としている分子だけでなく，その周辺の分子の極性が分子内の分極特性や分子の安定性にかかわっている。たとえばNaClは，大気中では結晶として安定に存在するが，水中では極性の極めて高い水分子に囲まれるため，結晶ではなく，イオンの形(Na^+，Cl^-)となって水中に溶解した方が安定する。

3-2-3　水素結合とファンデルワールス力

≪水素結合≫　水素結合とは，H_2O などの極性の大きな特定の分子どうしが，静電的な相互作用によって形成する結合で，水分子どうしが引き合う結合として有名である。イオン結合や共有結合と比較すると，$\frac{1}{10}$〜$\frac{1}{100}$ 程度の弱い結合である。図 3-20(a)に示すように，水の場合は分子内の−OH[11]部分がつながって，水素結合を形成していく。

水は分子式 H_2O と表されるが，これは H−O−H のことである。水

[9] 電子の偏りと双極子モーメントの方向

式 3-1 の双極子モーメントは実際には方向を持つ量，ベクトルである。双極子モーメントの向きは「負電荷」から「正電荷」に向かう方向である，と定義されているが，これは「電子が偏る方向(正電荷から負電荷へ向かう矢印)」とは逆の向きになっている。化学では電子の偏りを表現するために，しばしば双極子モーメントとは逆方向の矢印を用いることがあり，図 3-19 にある青い矢印も同様であることに注意してもらいたい。同じ矢印の表現だとどちらかわからないので，正電荷から負電荷へ向かう矢印(双極子モーメントの逆方向)については，起点に「＋」記号を付けて区別することもある。

[10] 部分による反応性

分子のどの部分が別の分子と反応しやすいかは，分子内の電子分布以外に，結合の種類と隣の原子の性質(電子を引き寄せやすいか離しやすいか)などで決まり，分子の三次元構造がかかわってくる場合も多い。そのため，大きい分子ほど，単純な化学構造式で示すことができる情報だけではその化学的な性質は表しきれない。

[11] ヒドロキシ基(−OH)

分子内で特定の性質を示す複数の原子のグループを**官能基**と呼ぶ。この場合の−OH は，**ヒドロキシ基**と呼ばれており，アルコールや糖分子などの性質を特徴づける重要な官能基の1つである。

⑫ **電子を受け取りやすい性質**
前述の **3-2-2** 項を参照。

⑬ **記号 δ**
ここで，δ^+は少しだけ正に，δ^-は少しだけ負に帯電していることを表す記号である(式 3-1 の δ とは異なるので混同しないように)。この記号は定性的なものであり，定量的な性質を表しているわけではない。たとえば，水の場合，2 個の水素原子が持つ電荷は，それぞれ δ^+で表される。酸素原子の電荷は δ^-で表されるが，定量的に考えれば $2\delta^-$でなくてはおかしい。つまり，$\delta^+ + \delta^+ + 2\delta^- = 0$ となるはずであるが，実際には δ^-で表現されている。この場合は，δ^+(ほんの少し＋)＋δ^+(ほんの少し＋)＝δ^+(ほんの少し＋)であり，δ^+と δ^-は定性的な記号なのである。

素は電子を離しやすい性質があり，酸素は電気陰性度が大きく，電子を受け取りやすい性質がある[12]。H−O−H の分子では，O(酸素原子)の部分に電子雲が集中しやすくなり，H(水素原子)の部分は陽子がむき出しに近い状態になることが予想される。実際に，水分子は大変に極性が高く，水分子の水素は両方とも慢性の電子(雲)不足の状態(電気的には正電荷。図中ではδ^+(デルタ)で表す[13])と言ってよい。そのため，図 3-20 のように隣の分子の酸素原子(電子雲を多めに抱え込んでいるため，負電荷 δ^-を帯びている)に引き寄せられる。その結果，たとえば水中では，どの水素がどの酸素と結合しているのかはっきりしない状態となる。このようにして，複数の水分子が水素原子を介在して結合している状態を**「水素結合を形成している状態」**と呼んでいる。

水素結合は，水分子どうしに限らない。たとえば，フッ化水素 HF やアンモニア NH_3 は水素結合を形成できる。水素結合ができるかどうかは，水素原子と結合している原子の性質によって決まる。

図 3-21 に示すが，水素結合を形成する分子は，その結合を切るために，より多くのエネルギーを必要とするため沸点が高くなる。また，極性が大きいため，水はイオンをよく溶解する。

≪ファンデルワールス力≫　イオンのように電子を受け取ったり失ったりした状態や，分子内の極性のように電子雲が偏(かたよ)っている場合は，電荷の＋/−によって引力や斥力(せきりょく)が生まれることは比較的理解しやすい。し

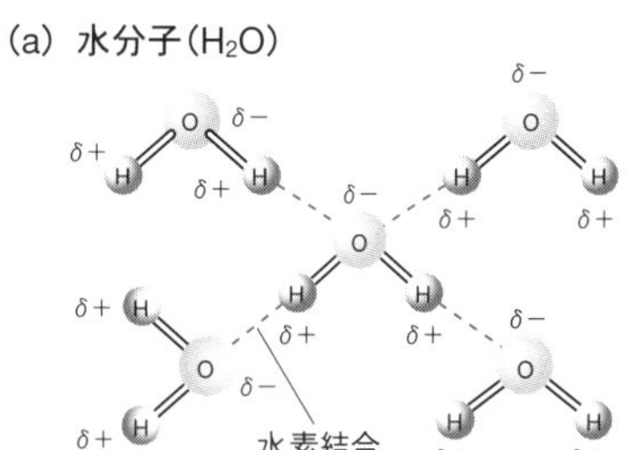

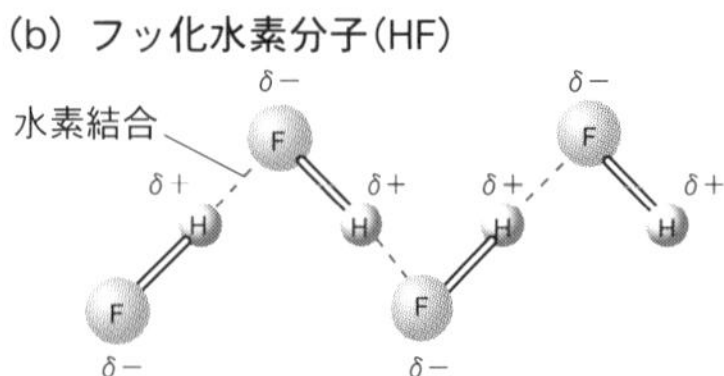

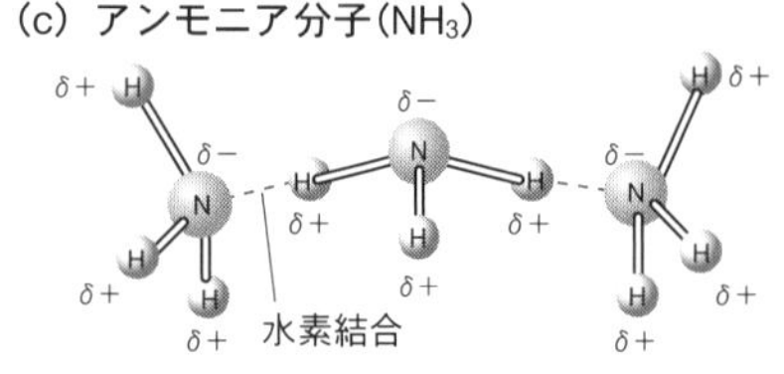

図 3-20　水素結合

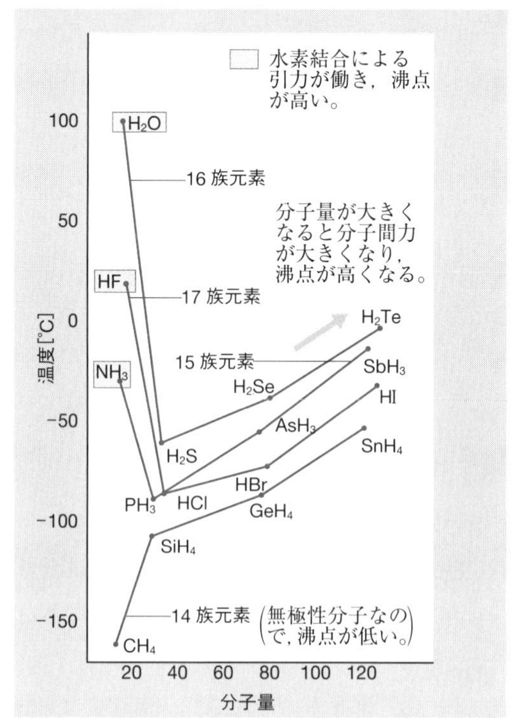

図 3-21　水素化合物の沸点

かし，ファンデルワールス力の場合は，一見すると，どちらにもあてはまらない。この原理を理解するためには，原子核と電子雲との関係によって生まれる分子内の極性のほかに，時間による電子雲のゆらぎを考える必要が出てくる。

電子は大変に小さく，非常な高速で原子核のまわりを動いているため，現在どこにいるのか特定できない。そこで，どこに存在している可能性が高いのかを電子雲として表現するわけだが，その電子雲でさえ時間とともに変形する。隣の原子との位置関係も変化するため，複数の原子核から影響を受けやすい最外殻近くの電子雲や電子軌道は，分子を構成する原子の振動などの影響を受ける。そのため，分子の極性は絶えず変化することになる。

ある一定の時間で極性の様子の平均をとったとき，ほとんど極性のない分子であっても，上記の理由から，瞬間的には大きな極性を持つこともある。そのため，どんな分子どうしであっても弱く引き合う力が発生する[14]。これを**ファンデルワールス力**と呼ぶ。ファンデルワールス力は，水素結合と比較してもはるかに弱い結合である。

≪ファンデルワールス力の作用機構≫　ファンデルワールス力は，どんな原子や分子間にも働く。そして，性質や構造の似た物質の間では，分子量が大きくなるほど分子間のファンデルワールス力は大きくなる。実際には，ファンデルワールス力は**「双極子—双極子相互作用」「双極子—誘起双極子相互作用」「分散力」**の3種類が考えられる。

図3-22を見ると，2本の棒磁石のように双極子どうしが引き合う「双極子—双極子相互作用」は理解しやすいだろう。「双極子—誘起双極子相互作用」は，双極子の性質を持つ分子が極性のない中性の分子に近づくと，中性分子の電子雲が引っ張られて(押されて)誘起双極子が生じ，分子間に引力が生じる。また，極性のない中性の分子どうしには「分散

[14] 同じ符号の電荷で反発している部分はあるか？
当然反発する力も発生する。このとき分子どうしは離れる方向に動くが，引き合う方向に回転もする。平均するとやや引き合う力が残ることになるとされている。

(a) 双極子－双極子相互作用

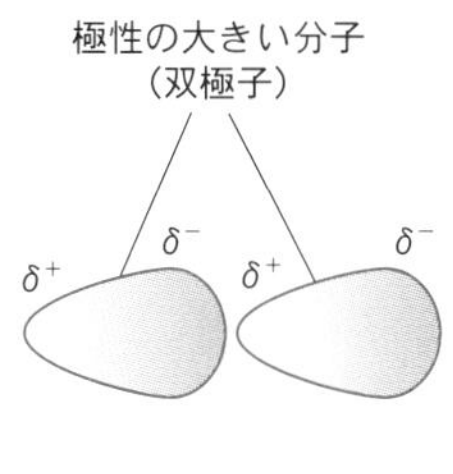

(b) 双極子－誘起双極子相互作用

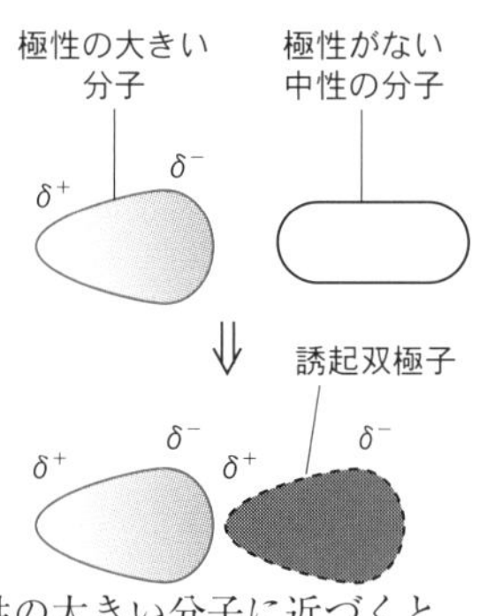

(c) 分散力

瞬間的に生じた電子分布の偏りで引力が発生

δ^+ δ^- δ^+ δ^-

中性の分子

図3-22　3種のファンデルワールス力

力」が生じる。それは中性の分子でも，瞬間的にはゆらぎによる電子分布の偏りができる。そのため，瞬間的な双極子として弱い引力が発生する。これら3種類の分子間に働く力を総称して，ファンデルワールス力と呼んでいるのである[15]。

15 ファンデルワールス力は常にある
ファンデルワールス力は常に働いているため，特別な場合を除いてファンデルワールス結合とは呼ばない。

3-2-4 化学結合と原子の大きさ

≪原子半径≫　本章の最後に，各種化学結合から予想される原子半径について述べる。原子の大きさは，原子核ではなく，そのまわりを運動している電子が，どれくらいまで張り出しているかという実質的な広がりの範囲である。当然，化学結合の種類によって原子の大きさは異なることになる。電子軌道の構造は大きく違わなくても，原子核が異なれば電子が引かれる力も違う。

原子半径は，それぞれの原子がどのような状態にあるのかでも異なってくる。同じような状態にある原子について固体の原子間距離からそれぞれの原子の大きさを求めることができる。このようにして求めた原子半径の種類には，**共有結合半径**，**イオン半径**，**ファンデルワールス半径**，**金属結合半径**などがある。各種の結合における原子半径を図3-23に示す。

≪共有結合半径≫　基本的には,「共有結合している同じ種類の原子どうしの原子間距離の半分」の値であるが，多くの分子の共有結合距離から矛盾しないように算出した値を使っている。たとえば，辞典などを調べると，水素分子の原子間距離は0.74×10^{-10} m，フッ素分子では1.42×10^{-10} mであるから,共有結合半径はそれぞれ2で割って0.37×10^{-10} m，0.71×10^{-10} mとなるが，ポーリングによれば，メタンなど他の分子の結合距離を考慮して，0.32×10^{-10} m，0.72×10^{-10} mとなっている[16]。

16 半径の数値について
ここで示した半径の数値は，図3-23とは異なっている。これは，「どんな結合を考慮に入れるか」ということや測定者による違いである。こういった物質の状態に関係するデータは，文献によって異なる場合が多い。物質というものは，半径やエネルギーなど，まわりの状態によってすぐ変化するということである。

同じ族の元素では，周期が増すほど半径が大きくなる。これは，周期が増すほど原子核からの電子の平均距離が大きくなるからである。同じ周期では，右へ行くほど原子核の正電荷が増え，電子を強く引きつけるため共有結合半径は小さくなる。いろいろな原子に固有の一定半径を与えることにより，加成性（かせいせい）[17]が成り立つものとして，共有結合距離や分子の形を近似的に表すことができる。表には単結合の値をあげた。二重，三重結合の結合半径は，単結合より小さくなるので別にしてあげている[18]。

17 加成性が成り立つ
足し算が成り立つこと。たとえば，CH_4でCとHの結合距離は，「炭素の共有結合半径＋水素の共有結合半径」になるということ。

18 二重結合・三重結合の半径の例
NO_2(N−O)…1.193×10^{-10} m
NO(N=O)…1.151×10^{-10} m
C_2H_6(C−C)…1.5351×10^{-10} m
C_2H_4(C=C)…1.339×10^{-10} m
C_2H_2(C≡C)…1.203×10^{-10} m
（参考：理科年表）

≪イオン半径≫　イオン結晶で，単原子の陽イオンと単原子の陰イオンの距離を，それらの球の半径の和として表されるように割り当てた値である。イオンのまわりを取り囲む，他のイオンの数(**配位数**)によってやや値が異なる。また，陽イオンと陰イオンの半径の比によって配位数がおおよそ決められる。

一般に，NaやKなどの陽イオン(Na^+やK^+)の半径は，原子状態より

(a) 共有結合半径[10^{-10}m](ポーリングの値)　　(「J. Mason, *J. Chem. Educ.*, 65, 17(1988)」による)

周期＼族	1	2	3	4	5	6	7	8	9	10	11	12	13	14	15	16	17	18
1	H 0.32																	He
2	Li 1.34	Be 0.91											B 0.82	C 0.77	N 0.74	O 0.70	F 0.72	Ne
3	Na 1.54	Mg 1.38											Al 1.26	Si 1.17	P 1.10	S 1.04	Cl 0.99	Ar
4	K 1.96	Ca 1.74	Sc	Ti	V	Cr	Mn	Fe	Co	Ni	Cu	Zn	Ga 1.26	Ge 1.22	As 1.19	Se 1.16	Br 1.14	Kr
5	Rb 2.16	Sr 1.91	Y	Zr	Nb	Mo	Tc	Ru	Rh	Pd	Ag	Cd	In 1.43	Sn 1.40	Sb 1.38	Te 1.35	I 1.33	Xe
6	Cs 2.35	Ba 1.98	La	Hf	Ta	W	Re	Os	Ir	Pt	Au	Hg	Tl 1.48	Pd 1.47	Bi 1.46	Po 1.46	At 1.45	Rn
7	Fr	Ra	Ac															

(b) イオン半径[10^{-10}m](シャノンとプリウィットの値)　　(「化学便覧改訂5版」による)

周期＼族	1	2	3	4	5	6	7	8	9	10	11	12	13	14	15	16	17	18
1	H^{+}																	He
2	Li^{+} 0.73	Be^{2+} 0.41											B^{3+} 0.25	C^{4+} 0.29	N^{3-} 1.32	O^{2-} 1.26	F^{-} 1.19	Ne
3	Na^{+} 1.13	Mg^{2+} 0.71											Al^{3+} 0.53	Si^{4+} 0.40	P^{3+} 0.58	S^{2-} 1.70	Cl^{-} 1.67	Ar
4	K^{+} 1.52	Ca^{2+} 1.14	Sc^{3+} 0.88	Ti^{4+} 0.75	V^{5+} 0.50	Cr^{6+} 0.40	Mn^{7+} 0.39	Fe^{3+} 0.69	Co^{3+} 0.69	Ni^{3+} 0.70	Cu^{+} 0.91	Zn^{2+} 0.74	Ga^{3+} 0.61	Ge^{4+} 0.53	As^{3+} 0.72	Se^{2-} 1.84	Br^{-} 1.82	Kr
5	Rb^{+} 1.56	Sr^{2+} 1.32	Y^{3+} 1.04	Zr^{4+} 0.86	Nb^{5+} 0.62	Mo^{6+} 0.55	Tc^{4+} 0.79	Ru^{4+} 0.76	Rh^{4+} 0.74	Pd^{4+} 0.76	Ag^{+} 1.29	Cd^{2+} 0.92	In^{3+} 0.94	Sn^{4+} 0.83	Sb^{3+} 0.90	Te^{2-} 2.07	I^{-} 2.06	Xe
6	Cs^{+} 1.81	Ba^{2+} 1.49	ランタノイド *	Hf^{4+} 0.85	Ta^{5+} 0.78	W^{6+} 0.56	Re^{7+} 0.52	Os^{4+} 0.77	Ir^{4+} 0.77	Pt^{4+} 0.77	Au^{+} 1.51	Hg^{2+} 1.10	Tl^{3+} 1.03	Pd^{4+} 0.92	Bi^{3+} 1.17	Po	At	Rn
7	Fr	Ra^{2+} 1.62	アクチノイド **															

*ランタノイド	La^{3+} 1.17 *	Ce^{3+} 1.15	Nd^{3+} 1.12	Eu^{3+} 1.09	Gd^{3+} 1.08	Dy^{3+} 1.05	Lu^{3+} 1.00
**アクチノイド	Ac^{3+} 1.26	Th 1.80	Pa 1.61	U 1.38	Np 1.30	Pu 1.6	Am 1.81

(c) 金属結合半径[10^{-10}m](12配位の半径値)　　(「化学便覧改訂5版」による)

周期＼族	1	2	3	4	5	6	7	8	9	10	11	12	13	14	15	16	17	18
1	H																	He
2	Li 1.52	Be 1.11											B	C	N	O	F	Ne
3	Na 1.86	Mg 1.60											Al 1.43	Si	P	S	Cl	Ar
4	K 2.31	Ca 1.97	Sc 1.63	Ti 1.45	V 1.31	Cr 1.25	Mn 1.12	Fe 1.24	Co 1.25	Ni 1.25	Cu 1.28	Zn 1.33	Ga 1.22	Ge	As	Se	Br	Kr
5	Rb 2.47	Sr 2.15	Y 1.78	Zr 1.59	Nb 1.43	Mo 1.36	Tc 1.35	Ru 1.33	Rh 1.35	Pd 1.38	Ag 1.44	Cd 1.49	In 1.63	Sn 1.41	Sb 1.45	Te	I	Xe
6	Cs 2.66	Ba 2.17	ランタノイド *	Hf 1.56	Ta 1.43	W 1.37	Re 1.37	Os 1.34	Ir 1.36	Pt 1.39	Au 1.44	Hg 1.50	Tl 1.70	Pd 1.75	Bi 1.56	Po	At	Rn
7	Fr	Ra	アクチノイド **															

*ランタノイド	La 1.87 *	Ce 1.83	Pr 1.82	Nd 1.81	Pm 1.80	Sm 1.79	Eu 1.98	Gd 1.79	Tb 1.76	Dy 1.75	Ho 1.74	Er 1.73	Tm 1.72	Yb 1.94	Lu 1.72
**アクチノイド	Ac 1.88 **	Th 1.80	Pa 1.61	U 1.38	Np 1.30	Pu 1.6	Am 1.81	Cm	Bk	Cf	Es	Fm	Md	No	Lr

(d) ファンデルワールス半径[10^{-10}m](ボンディの値)　　(「化学便覧改訂5版」による)

周期＼族	1	2	3	4	5	6	7	8	9	10	11	12	13	14	15	16	17	18
1	H 1.20																	He 1.40
2	Li 1.82	Be											B	C 1.70	N 1.55	O 1.52	F 1.47	Ne 1.54
3	Na 2.27	Mg 1.73											Al	Si 2.10	P 1.80	S 1.80	Cl 1.75	Ar 1.88
4	K 2.75	Ca	Sc	Ti	V	Cr	Mn	Fe	Co	Ni 1.63	Cu 1.4	Zn 1.39	Ga 1.87	Ge 2.10	As 1.85	Se 1.90	Br 1.85	Kr 2.02
5	Rb	Sr	Y	Zr	Nb	Mo	Tc	Ru	Rh	Pd 1.63	Ag 1.72	Cd 1.58	In 1.93	Sn 2.17	Sb	Te 2.06	I 1.98	Xe 2.16
6	Cs	Ba	La	Hf	Ta	W	Re	Os	Ir	Pt 1.75	Au 1.66	Hg 1.55	Tl 1.96	Pb 2.02	Bi	Po	At	Rn
7	Fr	Ra	Ac															

図3-23　原子・イオンの半径

小さくなる。たとえば，Na と Na^+ の半径を比較すれば，Na>Na^+ となる（当然 Cl<Cl^-）。それは最外殻にある1つの電子がはずれて，「量子数 n が1だけ小さい電子殻」が1番外側になるためである。また，Li<Na<K<Rb の順にイオン半径が大きくなっている。これは，共有結合半径の場合と同様に，最外殻の量子数 n が大きくなっていくためである。

陰イオンでも同様に，イオン半径は，F<Cl<Br<I の順に大きくなる。F や Cl のイオン半径が原子に比べて大きくなっているのは，量子数が同じ電子殻に電子が入り，原子核の電荷より電子の数の方が多くなるためである。

Ar と同じ電子配置を持つイオンのイオン半径を比べると，表 3-2 のようになっている。各イオンの電子数は同じであるが，原子番号が増加すると原子核の電荷も増えるので，電子を引きつける力が増大するため，イオン半径は減少する。

表 3-2　イオン半径（「化学便覧第5版」による）

イオン	S^{2-}	Cl^-	K^+	Ca^{2+}	Sc^{3+}	Ti^{4+}	V^{5+}
半径（pm：10^{-12} m）	170	167	152	114	88	75	68

≪ファンデルワールス半径・金属結合半径≫　ファンデルワールス半径は，化学結合していない原子の半径を表すものである。たとえば，極低温の条件でアルゴン Ar は固体となるが，ファンデルワールス半径はこのような固体の原子間距離から求めることができる。ファンデルワールス力で結合している原子は，ファンデルワールス半径の2倍（つまり直径）の距離で等間隔に並んで固体を形成する。この距離は，遠距離でも働くファンデルワールス力による引力と，近距離で働く原子間の反発力がつり合ったときの距離と考えられている。

金属結合半径は，「単体の金属結晶における金属原子間の距離の半分」でこれを表す。金属結晶を構成している原子は，3次元的に規則正しく配列されている。これを**結晶格子**（けっしょうこうし）と呼ぶ[19]。結晶の最小単位は**単位格**（たんいこう）

[19] **結晶格子**
結晶には，金属結晶，イオン結晶，共有結合結晶などがある。隙間なく周期性をもって粒子が配列されるためには，単位格子の種類は14種類に限られる。

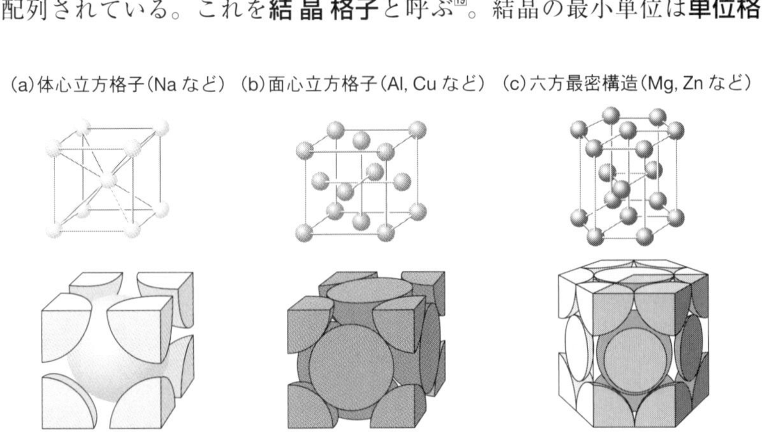

(a)体心立方格子（Na など）　(b)面心立方格子（Al, Cu など）　(c)六方最密構造（Mg, Zn など）

図 3-24　代表的な単位格子

子(し)と呼ばれる(図 3-24)。たとえば，銅の結晶の単位格子は面心立方格子(めんしんりっぽうこうし)である。銅原子の半径を r とすると，単位格子の一辺の長さは $2\sqrt{2}r$ であり，単位格子には 4 個の原子が含まれている。このことから，銅の原子量を M とすると，密度を計算することができる。

逆に銅の原子量と密度，単位格子の形がわかれば，金属結合半径を求めることができる。

ドリル問題 3-2

1. 水素分子と塩化水素分子を比較し，その極性の違いについて説明せよ。
2. アンモニア分子(NH_3)の窒素の 2 s 軌道と 2 p 軌道の電子対を例にならって図示せよ。次に，アンモニウムイオンも同様に図示せよ。

   例；水(H_2O) $\longrightarrow$ $\mathrm{H}:\ddot{\underset{\cdot\cdot}{\mathrm{O}}}:\mathrm{H}$

3. 水素，酸素，ナトリウム，塩素について，イオンになった状態を化学式で表せ。また，元素とイオンの状態を比較すると，その半径はどちらが大きいか。
4. 電気陰性度の意味について，式を用いて説明せよ。
5. 分子の極性に注目して，次に示す分子を水に溶けやすい物質と水に溶けにくい物質に分類せよ。

   (1) N_2　(2) H_2　(3) HCl　(4) CH_4　(5) NaCl　(6) NH_3

6. H_2O と CH_4 を比較すると，どちらの双極子モーメントが大きいか。その理由とともに答えよ。
7. 原子半径とイオン半径を比較し，「原子半径＞イオン半径」と「原子半径＜イオン半径」の物質を各 1 例ずつあげ，その理由を説明せよ。

3章 演習問題

1. 水分子を，その非共有電子対とともに立体的に図示せよ。その図を用いて，水分子がなぜ折れ線構造をしているのか説明せよ。
2. 電気陰性度は周期性を持つ。周期と族について，どのような傾向があるか説明せよ。
3. 電子対反発則によって予想される分子の形は，直線，三方平面，折れ線，四面体である。例にならって，それぞれの分子の立体構造の予想図を描け。

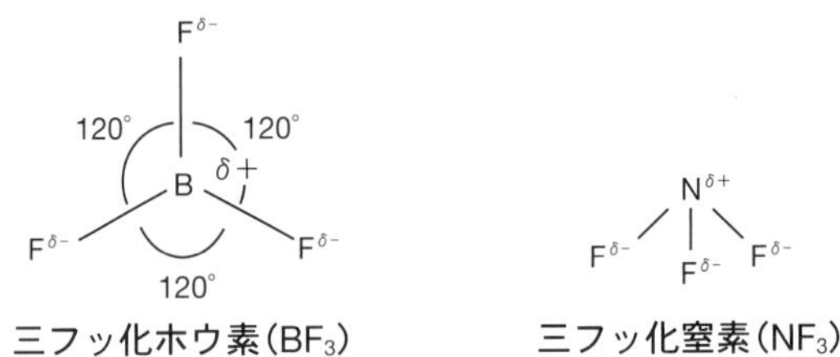

(1)　$BeCl_2$；直線　(2)　BCl_3；三方平面　(3)　H_2O；折れ線　(4)　四面体；CH_4

4. NF_3 と BF_3 では極性はどちらが大きいか。これらの分子を比較して，なぜその違いが出てくるのかを双極子モーメントと電気陰性度を用いて説明せよ。
5. 水の沸点(100℃)がメタンの沸点(−164℃)よりはるかに高いおもな原因を説明せよ。また，水，メタン，アンモニアを沸点の高い順に並べよ。その理由についても述べよ。
6. ファンデルワールス力について，(a)双極子—双極子相互作用，(b)双極子—誘起双極子相互作用，(c)分散力の3種類に分けて，図を用いて説明せよ。
7. イオン結合と共有結合の違いを，以下のキーワードをすべて用いて説明せよ。(キーワード；陽イオン，陰イオン，最外殻電子軌道，電子対，分子の極性，電気陰性度，双極子モーメント）なお，できる限り多くの図を用いて説明すること。
8. 炭素原子に水素原子が共有結合した場合を例にして，sp，sp^2，sp^3 の各混成軌道を図示せよ。その図を用いて，各混成軌道について説明せよ。

4 気体および溶液の性質

4-1 物質の三態

4-1-1 物質の三態と状態変化

氷(固体)，水(液体)，水蒸気(気体)，これらは「水」がとり得る状態であり，われわれは日常これらの状態にある「水」に接している。水に限らずすべての物質には，**固体**，**液体**，**気体**の3つの状態があり，これらを**物質の三態**という。氷は水に，水は水蒸気に変化するし，逆の変化も起こることも，われわれは日常経験している。また，あまりなじみはないかもしれないが，氷から水蒸気への直接の変化も起こるのである。物質の三態間での変化の様子をまとめると，図4-1のようになる。また，固体，液体，気体の特徴は表4-1のようにまとめられる。固体，液体については，氷，水を，気体については水蒸気も含む空気(水蒸気のみに接するということは，普通はない)を考えてみれば，簡単に理解できるであろう。図4-1にもあるように，固体，液体，気体の違いは，物質を構成している分子の集合状態が違っていることによる。

では，この違いはなぜ生じるのだろうか。一般に物質を構成している粒子は，たえず運動していて，互いにばらばらになろうとする傾向がある。一方，粒子間には引力(ファンデルワールス力など)が働いて，互いに集合しようとする傾向もある。集合状態の違いは，この2つの傾向の大小関係によって決まる。この大小関係は，物質の置かれている条件(温度，気圧(圧力))によって変わるし，もちろん，条件が同じであって

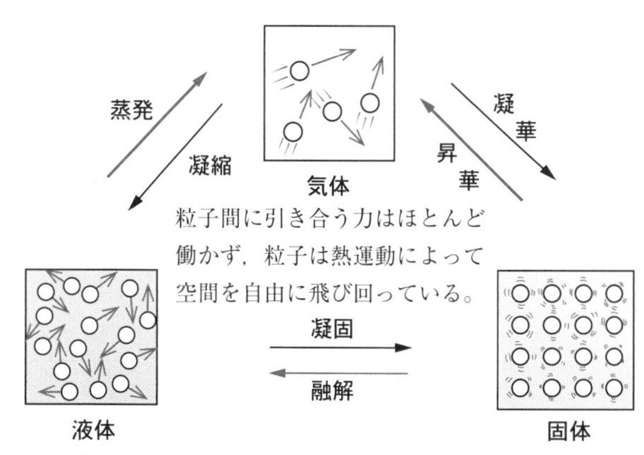

図4-1　物質の三態と状態変化

表 4-1　気体，液体，固体の性質

	気体	液体	固体
性質	決まった体積，形を持たない。体積を容易に変化させることができる。	一定の体積を持つが，決まった形を持たない。 体積を変化させることは容易ではない。	一定の体積を持ち，決まった形を持つ。 ほとんど体積を変化させることはできない。

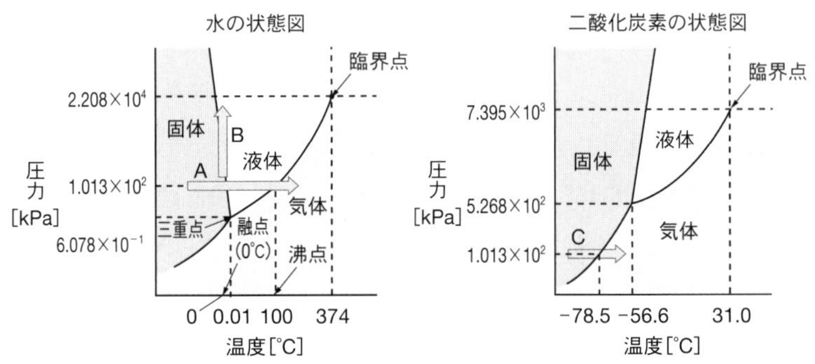

三重点：固体，液体，気体が平衡状態で共存する点

臨界点：温度，圧力がこの点の値以上になると，気体，液体の境はなくなり，液体と気体の区別がなくなる。この状態を超臨界流体という。

1.013×10^2 kPa（大気圧）で，物質の温度を上げていくと，水は固体（氷）→液体（水）→気体（水蒸気）と変化する（矢印 A）。一方二酸化炭素は固体（ドライアイス）→気体と変化する（矢印C）。また，水の場合，0 ℃で圧力を高くすると，固体→液体という変化を示すのに対し（矢印 B），二酸化炭素では，温度を一定として圧力を高くしても固体は液体とはならない。

図 4-2　状態図

も物質が異なれば違ってくる。

ところで，物質には3つの状態があるといっても，われわれの身のまわりでは，通常は鉄やアルミニウムのように固体としてしか，または酸素ガスや窒素ガスのように気体としてしか接することのない物質もある。それは，われわれが通常生活している条件（温度，気圧（圧力））では，それら物質が3つのうちのある1つの状態しかとれないためである。温度と圧力によって，物質がどのような状態にあるかを示した図を**状態図**という。その例を図 4-2 に示すが，圧力や温度を変えたとき，物質がどのような状態変化をするかがわかる。

一定の圧力で固体が融（と）ける（**融解**する）温度を**融点**（ゆうてん），逆に液体が固体になる（**凝固**（ぎょうこ）する）温度を**凝固点**といい，凝固点は融点に等しい。また，一定の圧力で液体が**沸騰**（ふっとう）する温度を**沸点**[1]という。状態変化が起こるときには，それに伴って熱（エネルギー）の出入りがある。融点で固体が融解して液体になるときに吸収する熱を**融解熱**，沸点で液体が蒸発して気体になるときに吸収する熱を**蒸発熱**という。また，逆の変化が起こるときには等しい量の熱の放出が起こる。

この章では，物質の量を考える上で最も基本的な**気体**，および液体の

[1] **沸点について**
沸点については，**4-1-2** 項を参照。

中でも生活にかかわりの深い**溶液**の性質について学ぼう[2]。

[2] **固体について**
化学の基本的な反応は，気体や液体の状態で起こることが多い。また，固体の化学は発展的な内容を含むので，固体の性質については本書では触れないことにした。

4-1-2 気液平衡と蒸気圧

密閉した容器に液体を入れてある状況を考えてみよう。液体表面では，まわりの分子との引力に打ち勝つだけのエネルギーを得た分子が液面から飛び出し(**蒸発**)，また逆に気体(蒸気)になった分子が液体表面に飛び込んできて液体に戻ること(**凝縮**(ぎょうしゅく))も起こっている。

液体を密閉容器に入れてからしばらくは，液体は減っていくように見えるが，さらに時間が経過すると，見かけ上は何の変化も見られないようになる。これは，蒸発する分子の数と凝縮する分子の数が同じになっている，つまり単位時間あたり蒸発する分子数と凝縮する分子数がほぼ等しくなっていると考えれば理解できる。このような状態を**平衡**(へいこう)**状態**，特に気体と液体間の変化では**気液平衡**(きえきへいこう)という。このとき，容器内空間の単位体積あたりの気体分子数は，もう増えることも減ることもない(この状態を**飽和状態**という)。

図 4-3 のような装置に大気圧下で液体を入れて，しばらく放置すると，U 字管部に入った水銀面の高さに差が生じる。液体が蒸発すると，容器内空間の単位体積あたりの気体分子の数は，蒸発前に比べ増える。したがって，空間にある気体(空気＋液体の蒸気)の圧力は，液体蒸気の分だけ高くなる。すなわち，気液平衡にあるときの圧力と大気圧との差，言い換えれば飽和した蒸気が示す圧力を**飽和蒸気圧**または単に**蒸気圧**という。

液体の蒸気圧は一定の温度で一定の値であり，温度が高くなると高くなる。温度が高くなれば，液体の分子の熱運動が激しくなり，蒸発する分子の数が多くなるからである。

容器に水を入れ徐々に加熱していくと，容器の底や壁から気泡が発生する。このときに観測される気泡は水の中に溶けていた空気である。さらに温度を上げると，液体の水から気体の水蒸気への変化が液体の内部からも激しく起きる。この現象を**沸騰**(ふっとう)という。水蒸気は目に見えないが，空気中で冷やされてゆげとなる。ゆげは小さな水のつぶである。

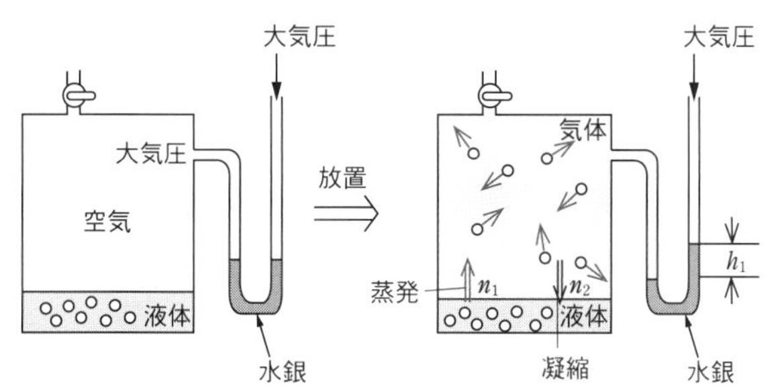

n_1：単位時間に蒸発する分子数
n_2：単位時間に凝集する分子数
$n_1 = n_2$：平衡状態
水銀柱 h に相当する圧力＝蒸気圧

図 4-3　気液平衡と蒸気圧

4-2 気体

4-2-1 圧力とは

注射器の針を付ける部分をふさいでピストンを押し込んでいくと，注射器内の空間はだんだん狭くなる[1]。また，同時にピストンを押し込んでいくには，より大きな力が必要になる。これは見方を変えれば，注射器内の空間が狭くなるにつれ，空間内にある空気が押し込まれるのとは逆の方向に，ピストンを押す力が大きくなっていることを意味している。気体では，分子が自由に動き回っている。この気体分子が容器の壁にぶつかれば，壁には力が加わることになる。いま述べた注射器中の空気の話は，気体の体積が小さくなるにつれ，この力が大きくなることを示している。

では，なぜ気体の体積が小さくなるにつれ，壁に及ぼされる力は大きくなるのだろうか。体積が小さくなるということは，気体分子が動き回れる空間が狭くなることである。このことは，単純に考えれば，向かい合った壁と壁との距離が短くなることにあたる。気体分子がこの壁の間を行ったり来たりすることを思い浮かべれば，距離が短くなった分，1往復するのにかかる時間が短くなることは簡単にわかるであろう。そうなれば，気体分子が一定時間内に壁に衝突する回数は増えることになる。このことが，壁に及ぼされる力の大きくなる理由である。力を単位面積あたりの値で表せば，壁の広さに関係なく大きさの比較ができる。この単位面積あたりにかかる力を**圧力**[2]という。

[1] **気体の圧縮**
本文の注射器の圧縮のイメージは下の図の通り。普通は気体を圧縮すると，温度が上がるが，ここでは温度が一定でも圧力が大きくなることをイメージしてほしい。

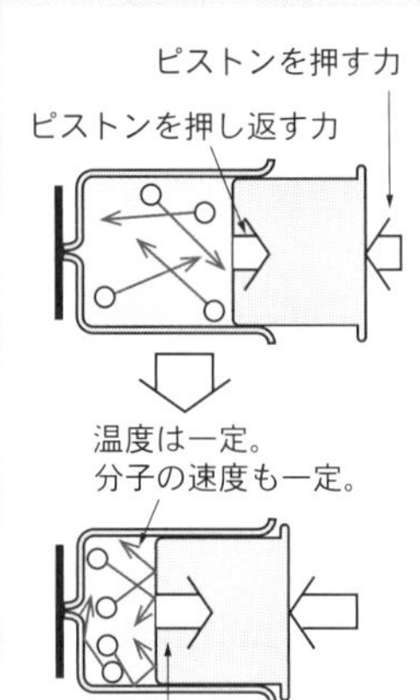
ピストンを押す力
ピストンを押し返す力
温度は一定。
分子の速度も一定。
押し込むと押し返す力が
大きくなる。

図 4-4　気体の圧縮

[2] **圧力の単位**
1 m^{2}あたり 1 N(ニュートン：1 kgf=9.8 N：本シリーズの「基礎物理 1」を参照)の力が働いたときの圧力を 1 Pa(**パスカル**)といい，圧力の単位とする。1 Pa=1 N/m^2 ということになる。
1 atm(気　圧)=101325 Pa=101.325 kPa=1013.25 hPa(ヘクトパスカル)
ヘクトパスカルは天気予報でおなじみであろう。化学ではh(ヘクト 10^2)ではなく，k(キロ 10^3)，M(メガ 10^6)がよく用いられる。

水銀柱と大気圧　COLUMN

イタリアのトリチェリ(E. Torricelli；1608～1647)は，長さ約 1 m のガラス管の一方の端を閉じ，これに水銀(液体)を満たし，次に逆さにして水銀の入った容器に入れた。すると水銀は一部容器内に流れ出たが，図 4-5 のように管の中に残った。この事実は，地球の表面を覆(おお)っている空気(大気)が水銀面に力を及ぼしていることを示している。図中の点線部分にあたる管内の面で，管内の水銀を上へ押し上げようとする大気による力と，管内にあるこの面より上の部分の水銀(水銀柱)に働く重力がつり合っているからである。言い換えれば，この面(図中の点線部分)で大気の圧力と水銀柱に働く重力による圧力がつり合っているということになる。この大気の圧力を**大気圧**といい，その大きさは容器の水銀面からの水銀柱の高さがわかれば知ることができる。地上での平均的大気圧として **1 気圧**(記号で **1 atm**)という言い方をすることもあるが，これは水銀柱の高さ 760 mm に相当する。水銀柱の高さ

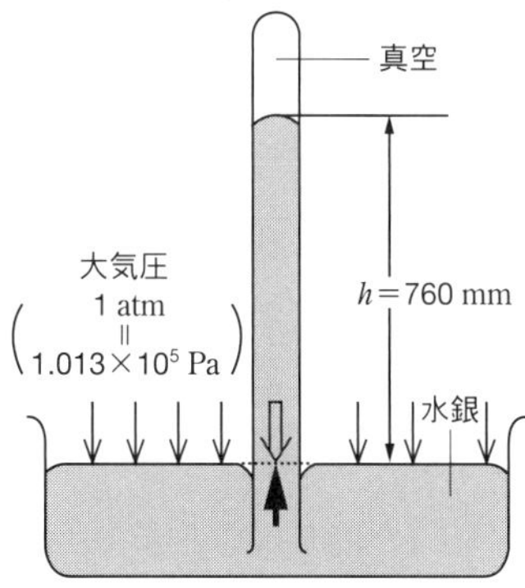

図 4-5　水銀柱と大気圧

は水銀面に加わる圧力に比例して変化するので，この高さをミリメートルで表し，かつては圧力の単位として 760 mmHg（ミリメートルエッチジー）（=1 atm=1013 hPa）というように使用したが，今ではあまり使用されない。

4-2-2 ボイルの法則

気体の体積が変化すると気体の圧力は変化する。これらの間にはどのような関係があるのだろうか。1662 年にイギリスのボイル（R. Boyle）は，温度一定という条件における気体の体積 V[m³]と圧力 p[Pa]の関係を明らかにした（図 4-6，式 4-1，4-2）。これを**ボイルの法則**と呼ぶ。温度一定のとき，次の関係が成り立つ。

$$pV = a_1 \quad (a_1 \text{ は一定}) \tag{4-1}$$

体積 V_1 で圧力 p_1 の気体が，体積 V_2 で圧力 p_2 になったとすると，

$$p_1V_1 = p_2V_2 (= a_1) \tag{4-2}$$

という関係が成り立つ。

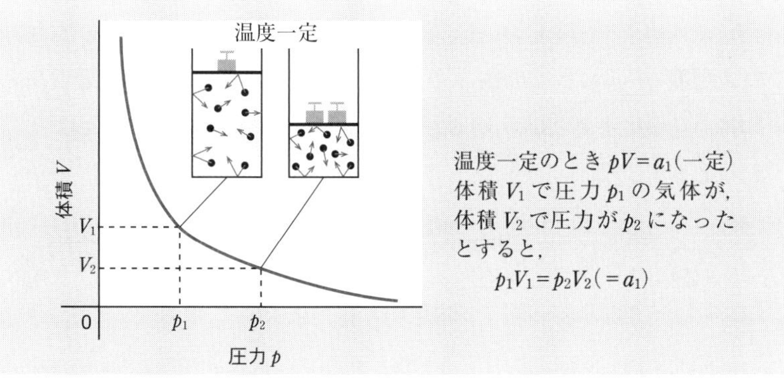

図 4-6　ボイルの法則

4-2-3 熱運動

ここまで温度の変化については考えてこなかった。温度が変化した場合には，注射器中の空気はどうなるだろうか。

物質は原子や分子などの粒子からできている。これら粒子は，物質の状態によって様子は違うが，たえず不規則な運動をしている。この運動は**熱運動**と呼ばれ，温度が高くなるほど活発になる。

注射器中の空気に話を戻そう。温度が高くなると気体分子の熱運動が活発になる。言い方を変えれば，気体分子が動き回る速度が速くなる[3]。こうなると分子が一定時間内に壁に衝突する回数は増え，圧力は高くなる。したがって，ピストンを押さえておかなければ，圧力がピストンを押さえている外の圧力(外圧)と同じになるまで，注射器内の気体はピストンを押し，注射器内の空間は広くなる。つまり気体の体積は増えることになる。

4-2-4 シャルルの法則

気体の体積は温度が変化すると変わる。フランスのシャルル(J. A. C. Charles)は，この関係を調べ，1787 年に次の法則を発見した。

「圧力が一定のとき，一定量の気体の体積 V[L][4]は，温度 t[℃]が 1℃上がるごとに，0℃のときの体積 V_0[L]の $\frac{1}{273}$ ずつ増加する」

これを**シャルルの法則**という。式で表すと，次のようになる。

$$V = V_0 + V_0 \times \frac{t}{273} = V_0\left(1 + \frac{t}{273}\right) = V_0 \times \frac{273 + t}{273} \qquad (4\text{-}3)$$

≪絶対温度≫　式 4-3 からは，−273℃での気体の体積は 0 になることがわかる。体積 V を縦軸に，温度 t を横軸にとって V と t の関係を書くと，図 4-8 のようになり，−273℃は図の直線が横軸と交わる温度ということになる。気体の体積が 0 になること自体考えにくいが，どう考えても負になることはあり得ない[5]。したがって，式 4-3 からは温度は −273℃以下にはならないことがわかる。1848 年にイギリスのケルビン(Kelvin)は，−273℃(厳密には−273.15℃)を基準とした，℃(**セルシウス温度**)と同じ目盛り刻みの温度を提案した。これは**絶対温度**あるいは熱力学温度と呼ばれ，絶対温度 T とセルシウス温度 t[℃]とは，

$$T = t + 273 \qquad (4\text{-}4)$$

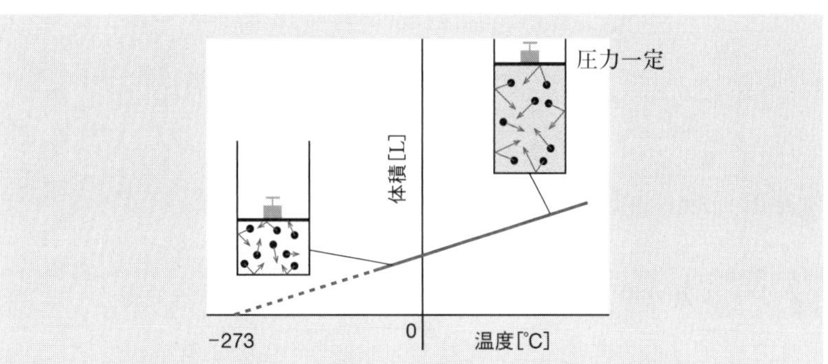

図 4-8　シャルルの法則

[3] 気体の温度上昇
本文の注射器内の気体のイメージは下の図の通り。普通は気体の温度上昇に伴い，膨張するものだが，ここでは体積を一定にしたために圧力が大きくなることをイメージしてほしい。

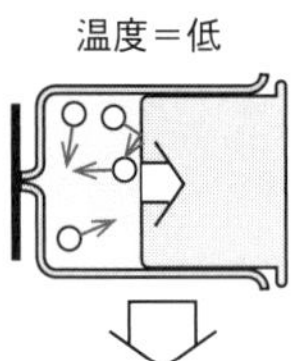

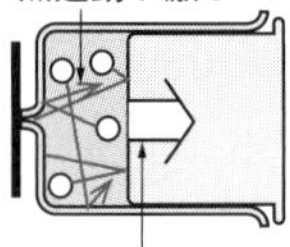

図 4-7　気体の温度上昇

[4] 体積の単位
1 dm(デシメートル)＝10 cm である。したがって，
dm^3(立方デシメートル)
＝$(0.1\,m)^3$＝0.001 m^3
＝1000 cm^3＝1 L(リットル)
＝1000 mL(ミリリットル)

[5] 気体の凝集
気体は，−273℃まで気体の状態でいるわけではなく，温度を下げていくと凝集が起こり，液体になってしまう。たとえば，圧力 101.3 kPa で，酸素は−183℃，窒素は−196℃より低い温度では液体である。
したがって，実際には温度を下げながら気体としての体積を測り続けることはできない。

という関係にある[6]。絶対温度 T の単位は**K(ケルビン)**である。

この絶対温度を使うと，式 4-3 は次のように表すことができる。

$$\frac{V}{T} = a_2 \quad (a_2 \text{は定数}) \quad \text{または} \quad V = a_2 T \tag{4-5}$$

ある圧力で，温度が T_1[K]で体積が V_1[L]であった気体が，温度が T_2[K]で体積が V_2[L]になったとすると，これらの間には次の関係が成立する。

$$\frac{V_1}{T_1} = \frac{V_2}{T_2} (= a_2) \tag{4-6}$$

[6] **式 4-4 の補足**
より正確には，
$T = t + 273.15$
という関係にある。

4-2-5 ボイル・シャルルの法則

ボイルの法則(式 4-1)は，一定温度での気体の体積と圧力の関係を表し，シャルルの法則(式 4-3)は，一定圧力での気体の体積と温度の関係を表している。実はこの 2 つの式は，1 つにまとめることができる。一定量の気体の圧力 p[Pa]，体積 V[L]，絶対温度 T[K]について，

$$\frac{pV}{T} = k \qquad (k \text{は定数}) \tag{4-7}$$

となるとする。いま，温度 T が一定であるとすれば，$pV=kT=$一定 となり，これはボイルの法則を表すことになる。圧力 p が一定であるとすると，$\frac{V}{T}=\frac{k}{p}=$一定　となり，これはシャルルの法則を表すことになる。したがって，式 4-7 は，ボイルの法則とシャルルの法則を同時に表していることになる。これを**ボイル・シャルルの法則**という。絶対温度 T_1[K]，圧力 p_1[Pa]，体積 V_1[L]の気体が，絶対温度 T_2[K]，圧力 p_2[Pa]，体積 V_2[L]になったとすると，ボイル・シャルルの法則は，次の式で表すことができる。

$$\frac{p_1 V_1}{T_1} = \frac{p_2 V_2}{T_2} \tag{4-8}$$

例題　0℃，101.3 kPa で 2.24 L の気体がある。この気体の温度を 20℃にしたとき，および 50℃にしたとき，圧力×体積(式 4-1 の定数 a_1)の値はそれぞれいくつになるか。また，温度を変化させないで圧力を 2 倍，3 倍にしたとき，体積÷温度(式 4-5 の定数 a_2)の値はそれぞれいくつになるか。

(略解)　前半は，式 4-8 で，$T_1=273$ K，$p_1=101.3$ kPa，体積 $V_1=2.24$ L とし，$T_2=293$ K あるいは 323 K として p_2V_2 を計算すれば(計算に際しては絶対温度を使うことに注意しよう)

$$p_2 V_2 = \frac{p_1 V_1 T_2}{T_1}$$

である。20℃のとき，

$$\text{圧力} \times \text{体積} = \frac{101.3\,\text{kPa} \times 2.24\,\text{L} \times 293\,\text{K}}{273\,\text{K}}$$

$$= 244\,\text{kPa}\cdot\text{L} = 244\,\text{J}$$

である。単位は $\text{kPa}\cdot\text{L} = 1000\,\text{Pa}\cdot 0.001\,\text{m}^3 = \text{m}^3\cdot\text{Pa} = \text{m}^3\cdot\text{N/m}^2 = \text{N}\cdot\text{m} = \text{J}$ である。同様にして50℃のときは267 J となる。0℃のときの値は式4-1より227 J であるから，温度が高くなると式4-1の定数 a_1 は大きくなることがわかる。

圧力を2倍，3倍にする場合は，式4-8を使い，$T_1 = 273\,\text{K}$，$p_1 = 101.3\,\text{kPa}$，体積 $V_1 = 2.24\,\text{L}$，として，$p_2 = 202.3\,\text{kPa}$，あるいは $p_2 = 303.9\,\text{kPa}$ を代入して $\frac{V_2}{T_2}$ を計算すればよい。$\frac{V_2}{T_2} = \frac{p_1 V_1}{T_1 p_2}$ であるから，202.6 kPa のとき，

$$\frac{\text{体積}}{\text{温度}} = \frac{101.3\,\text{kPa} \times 2.24\,\text{L}}{273\,\text{K} \times 202.6\,\text{kPa}} = 0.00410\,\text{L/K}$$

となる。同様にして，303.9 kPa のときは0.00274 L/K となる。101.3 kPa のときの値は式4-5より0.00821 L/K であるから，式4-5の定数 a_2 は，圧力が高くなると小さくなることがわかる。図4-8の直線の傾きは，圧力が高くなると小さくなる。

4-2-6 アボガドロの法則

これまで，気体の体積と圧力と温度の関係について見てきたが，「一定量の気体」というだけで，具体的な量(気体分子の数)については触れてこなかった。ここで，この点について見てみよう。

気体の体積と分子数との関係については，**アボガドロの法則**[7]が知られている。この法則は，「**同温・同圧・同体積の気体**には，その種類によらず，**同数の分子が含まれる**」というものであり，同じ温度，同じ圧力で気体の体積は，気体の種類によらず，その分子数(物質量[8])に比例することを意味している。気体分子1 mol の体積を V_m[L]，物質量を n [mol]とすると，体積 V[L]は，

$$V = nV_m \tag{4-9}$$

と表すことができる。気体1 mol の体積 V_m は，気体の種類では違いが出ないが，温度，圧力によって違ってくる。0℃，101.325 kPa(1 atm)で，V_m は22.414 L(リットル)(=22.414 dm³(立方デシメートル))となることが知られている。V_m の単位は，気体1 mol あたりということで，L/mol となることに注意しておこう。

[7] **アボガドロの法則**
1811年にイタリアのアボガドロ(A. Avogadro)は，仮説を提出した。その後，この仮説は証明され，**アボガドロの法則**と呼ばれている。

[8] **物質量について**
くわしくは**1-1-4**項を参照。

4-2-7 理想気体の状態方程式

前項では，気体の体積，圧力，温度の関係，さらに気体の物質量と体

積の関係について学んだ。これらの関係についてもう少しくわしく見てみよう。

≪気体定数≫ 式 4-7 右辺の k は定数である。しかし，気体の量に関係なく一定ということではない。温度，圧力が一定であっても，式 4-9 からわかるように，気体の物質量によって体積は違ってくるからである。つまり，k は気体の物質量を決めれば決まる数値である。

いま，基準として物質量 1 mol を考えてみよう。先に述べたように，0 ℃，101.325 kPa での体積は 22.414 L である。これらの値から式 4-7 の定数 k を計算してみると，次のようになる。

$$k = \frac{pV_{\mathrm{m}}}{T} = \frac{101.325\ \mathrm{kPa} \times 22.414\ \mathrm{L/mol}}{273.15\ \mathrm{K}} = 8.3145\ \frac{\mathrm{kPa \cdot L}}{\mathrm{K \cdot mol}}$$

ここで，kPa・L は例題（**4-2-5** 項の例題）で見たように J（ジュール）となるので，k の単位は J/(K・mol) となる。この 8.3145 J/(K・mol) という値は，気体の種類，温度，圧力，体積に関係なく，1 mol であれば一定である。そこで，これを**気体定数**と呼び，記号 R で表す[9]。

≪理想気体の状態方程式≫ 1 mol の気体について，温度，圧力，体積の関係は

$$\frac{pV_{\mathrm{m}}}{T} = R \quad \text{または} \quad pV_{\mathrm{m}} = RT \qquad (4\text{-}10)$$

と表すことができる。これをもとに，n モルの気体の場合の温度，圧力，体積の関係がどうなるか考えてみよう。

気体 n モルの体積 V は，1 mol の体積の n 倍になる（式 4-9）。この場合，式 4-7 の定数 k は，式 4-10 を使って，

$$k = \frac{pV}{T} = \frac{pnV_{\mathrm{m}}}{T} = n \times \frac{pV_{\mathrm{m}}}{T} = nR \qquad (4\text{-}11)$$

と表すことができ，1 mol のときの値の n 倍となる。式 4-11 からすぐわかるように，気体の物質量 n，温度 T，圧力 p，体積 V の間に，

$$pV = nRT \qquad (4\text{-}12)$$

という関係が成立する。物質量，温度，圧力，体積のうち 3 つを決めてしまうと，この式から残り 1 つを求めることができる。式 4-12 を**理想気体の状態方程式**という。 また，式 4-12 に完全にあてはまる仮想的な気体を**理想気体**という。実際の気体（**実在気体**）は式 4-12 には厳密にあてはまらない。実在気体でも高温・低圧の状態では式 4-12 によく従う。

例題 温度 20 ℃である気体 0.44 g を容積[10]1.00 L の容器に入れたところ，圧力が 24.4 kPa であった。この気体の分子量はいくつか。

[9] 気体定数 R の単位

R の単位は kPa・L/(K・mol) のままでもしばしば使用される。

これまで圧力の単位として atm，体積の単位として L（リットル）が広く使われてきた。単位が違えば定数といえども，当然値は違ってくる。単位として atm，L を使用した場合，気体定数 R は次のようになる。

$$R = \frac{pV_{\mathrm{m}}}{T} = \frac{1\ \mathrm{atm} \times 22.414\ \mathrm{L/mol}}{273.15\ \mathrm{K}} = 0.082057\mathrm{atm \cdot L/(K \cdot mol)}$$

[10] 体積と容積

体積とは，三次元空間において物体が占める大きさを意味し，容積とは，ある容器にはいる量の大きさを意味している。化学においては固体，気体の大きさは体積，液体の大きさは容積で示すことが多い。物理量としては体積と容積は同一であり，同じ単位を用いる。

（略解）　この気体の分子量をMとすると，気体のモル質量(1 molあたりの質量)は，M[g/mol]である。気体0.44 gの物質量をn[mol]とすると，

$$n = \frac{0.44\ \mathrm{g}}{M[\mathrm{g/mol}]} = \frac{0.44}{M}[\mathrm{mol}]$$

p，V，Tがわかっているので，式4-12を使ってMが求められる。$pV=\dfrac{0.44}{M}RT$となるから，

$$M = \frac{0.44\ \mathrm{g} \times R \times T}{pV}$$

$$= \frac{0.44\ \mathrm{g} \times 8.3145\ \mathrm{J/(K \cdot mol)} \times 293\ \mathrm{K}}{24.4\ \mathrm{kPa} \times 1.00\ \mathrm{L}} = 44\ \mathrm{g/mol}$$

したがって，この気体の分子量は44である。

4-2-8 混合気体

これまで，気体について述べてきたが，ただ1種類の気体についてなのか，何種類かの気体の混合物(**混合気体**)についてなのか，必ずしもはっきりさせていなかった。もちろん，どちらであっても，これまで学んできた気体の法則は当てはまる。実際，ボイルは空気を使って実験を行っているし，シャルルは空気以外に酸素，窒素，水素，二酸化炭素を使っている。ここでは，混合気体の性質について見てみよう。

混合気体については，1801年にイギリスのドルトン(J. Dalton)が，**分圧の法則**と呼ばれている関係を発見している。

いま，AとBの2種類の気体の混合物が，ある温度で体積V[L]の容器に入っているとする。このとき圧力はP[Pa]であったとする。さらに，容器に入っている混合気体中に含まれる量の気体Aだけが，または気体Bだけが，同じ温度で容積Vを占めたとしたときの圧力を，p_A[Pa]，p_B[Pa]とする。このとき，

$$P = p_A + p_B \qquad (4\text{-}13)$$

という関係があり，これを**分圧の法則**と呼ぶ。このp_A，p_Bは，気体A，Bの**分圧**と呼ばれる。これに対しPを**全圧**という。

ここでは，2種類の気体の混合物を例にしたが，3種類以上の場合には，式4-13の右辺の分圧の数が3個以上になるだけで，本質的に同じことである。すなわち，気体A, B, C, D, E, ……の混合物であれば，各成分気体の分圧をp_A, p_B, p_C, p_D, p_E……と表して，全圧Pは

$$P = p_A + p_B + p_C + p_D + p_E + \cdots\cdots$$

となる。分圧の法則は「**混合気体の圧力(全圧)は各成分気体の分圧の和に等しい**」ということができる。

ここで，アボガドロの法則を思い出してみよう。式 4-13 の関係が成立するということは，温度，体積が一定であれば，気体の種類に関係なく，気体の圧力は分子数で決まることを意味していることがわかるであろう。このことは，理想気体の状態方程式を使うとはっきりする。式 4-12 から，圧力は

$$p = \frac{nRT}{V} \tag{4-14}$$

となる。T，V は一定であるから(R は気体定数だから一定)，結局圧力 p は物質量，すなわち分子数に比例することになる。

4-2-9 実在気体

これまで，気体の体積 V[m^3]，圧力 p[Pa]，温度 T[K]および物質量 n[mol]の間には，$pV=nRT$(式 4-12)の関係があることを学んだ。この関係が成立しているとすれば，

$$Z = \frac{pV}{nRT} \tag{4-15}$$

と表した Z の値は，常に 1 になるはずである[11]。ところが，圧力や温度

[11] **式 4-15 の Z**
圧縮率因子または**圧縮係数**と呼ばれる。

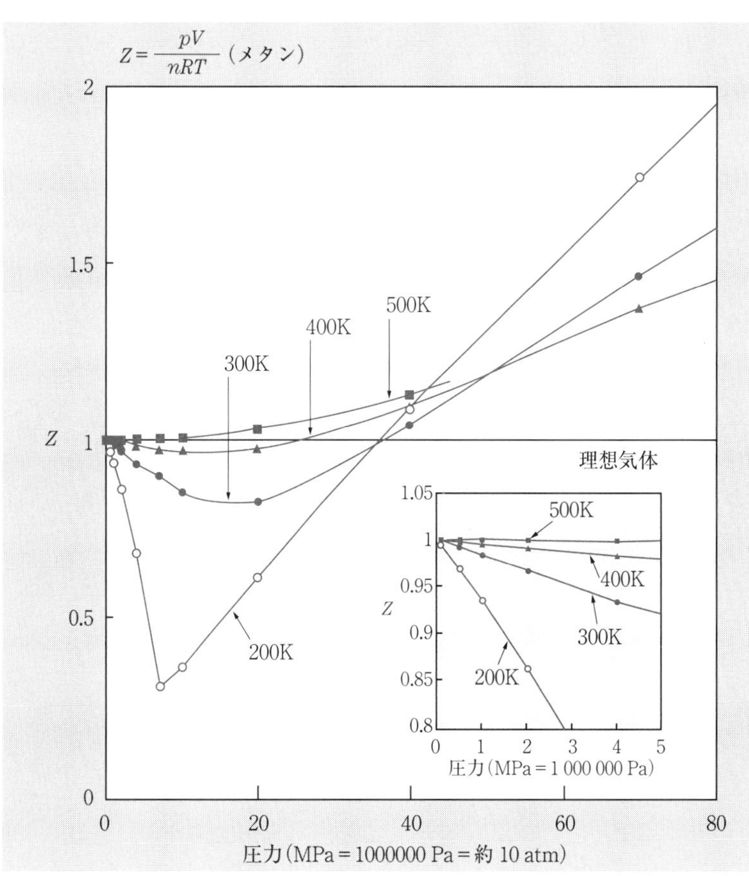

図 4-9 実在気体と理想気体

⑫ **図 4-9 の物質**
図 4-9 には，例としてメタン(CH_4)を取りあげた。物質が異なれば，曲線の形も変わるが，Z の値が常に 1 ではないことは共通している。

⑬ **圧力が低いということ**
大気圧(101.325 kPa=1 atm)は，図 4-9 の横軸の圧力目盛りでは「0.1 あたり」であり，「圧力がかなり低い場合」に相当する。

⑭ **分子間の力が無視できる気体とは**
理想気体とは，気体分子自身の体積や気体分子間の相互作用を無視できる気体のことをいう。「引き付け合う力は無視できると考えてもよい」ということは，理想気体にかなり近いということである。

を大きく変えてこの値を求めると，図 4-9[12]のメタンの例のように常に 1 ではないことがわかった。これはどういうことだろうか。

≪理想気体と実在気体≫　図 4-9 をよく見るとわかるように，「圧力がかなり低い」[13]場合や「圧力が比較的低く温度が高い」場合には Z の値はほぼ 1 になっている。このような場合には，理想気体の状態方程式(式 4-12)が成立することになる。ボイルやシャルルの時代には，グラフに示すような高い圧力や温度での実験はできなかったし，精密な測定もできなかった。実際にはどのような場合にも，式 4-12 で気体の体積 V，圧力 p，温度 T，物質量 n の関係が表せるわけではない。また，実在の気体(実在気体)はどのような温度，圧力であっても，常に気体のままでいるわけではない。

つまり，Z は理想気体と実在気体のずれを表す指標であり，Z を調べることで実在気体の分子論的な情報を得たり，性質を調べることができる。

≪$Z \neq 1$ の理由≫　では，なぜ式 4-12 は，常に成立しないのだろうか。これまで，気体の入っている容器の容積 V を気体の体積としてきたが，気体分子自身の大きさは考えていなかった。気体分子自身の大きさを考えれば，気体分子自身が動き回れる空間は V より小さくなるはずである。また，気体は冷やしたり，圧力をかけたりすると液体になる。液体では，分子が互いに近づいていて，互いを引き付け合う力が働いているが，気体でもこの力が働いている。

図 4-9 で，温度によらず Z がほぼ 1 になっている「圧力がかなり低い場合」を考えてみよう。容器の体積を一定とすれば，圧力が低いということは，容器内にある気体の分子数が少ない(単位体積あたりの分子数が少ない)ということである。そうであれば，容器の容積に比べ，気体分子自身の体積(大きさ)は小さいと考えられる。したがって，実質的に気体分子が動き回れる空間は，容器の容積そのものとみなすことができる。また，圧力が高い(単位体積あたりの分子数が多い)場合に比べ，分子の間の平均的な距離も大きいと考えられるので，互いを引き付け合う力は無視できると考えてもよい[14]。

圧力が高くなってくると，Z は 1 より大きくなってくる。温度一定にして，圧力を高めるということは，体積を小さくしていることにあたる。つまりこれは単位体積あたりの分子数が多くなった結果として，気体分子自身の大きさが無視できなくなったことを意味している。

また，圧力が比較的低くて温度も低い場合には，Z は 1 より小さくなっている。これは，熱運動が活発でないために，分子間に働く引力が無視できないことが原因と考えられる。温度が高くなると Z はほぼ 1 になっている。温度が高いということは，気体分子は活発に運動してい

表 4-2　ファンデルワールス定数

	a(L^2 Pa mol^{-2})	b(L mol^{-1})		a(L^2 Pa mol^{-2})	b(L mol^{-1})
H_2	0.24646×10^5	2.6665×10^{-2}	H_2O	5.46×10^5	3.1×10^{-2}
N_2	1.3661×10^5	3.8577×10^{-2}	He	0.034×10^5	2.39×10^{-2}
O_2	1.3820×10^5	3.1860×10^{-2}	Ar	1.36×10^5	3.2×10^{-2}
CH_4	2.3026×10^5	4.3067×10^{-2}	Xe	4.23×10^5	5.1×10^{-2}
CO_2	3.6551×10^5	4.2816×10^{-2}	Hg	8.09×10^5	1.7×10^{-2}

表 4-3　二酸化炭素 1 mol の 350 K における体積(V_m)の比較

圧力	0.05 MPa (0.5 atm)	0.1 MPa (1 atm)	1.0 MPa (10 atm)	10 MPa (100 atm)	20 MPa (200 atm)
V_m(実測値)/L	58.12	29.02	2.824	0.1923	0.07154
V_m(計算値：ファンデルワールス*)/L	58.12	29.02	2.825	0.1777	0.08184
V_m(計算値：理想気体**)/L	58.20	29.10	2.910	0.2910	0.1455

＊ファンデルワールスの状態方程式での計算値

＊＊理想気体の状態方程式での計算値

るということである。気体分子間に互いを引き付け合う力が少しぐらい働いても，その影響はないとみなすことができる。

≪ファンデルワールスの状態方程式≫　理想気体の状態方程式が成立するのは，圧力が低い場合や圧力が比較的低く温度が高い場合に限られることから，実在気体の体積 V[L]，圧力 p[Pa]，温度 T[K]，物質量 n [mol]の関係を表そうとする式が数多く提案されている。その中で最も有名なのは，ファン・デル・ワールス(J. D. van der Waals；1873 年)の式である。理想気体の状態方程式では気体の体積および分子間引力を無視しており，ファンデルワールスの式はこの点を補正したもので，次式のようになる。ここで a，b は定数である。

$$\left(p + \frac{an^2}{V^2}\right)(V - nb) = nRT \qquad (4\text{-}16)$$

式 4-16 は**ファンデルワールスの状態方程式**と呼ばれる。a，b は**ファンデルワールス定数**といい，実験結果に基づいて気体ごとに決められた値である。いくつかの気体について表 4-2 に示す。二酸化炭素を例として，式 4-16 で計算した体積を実測値および理想気体の状態方程式(式 4-12)による計算値と比較した(表 4-3)。式 4-16 は，理想気体の状態方程式に比べ，広い圧力範囲で適用できることがわかる。しかし，圧力が高くなると実測値からのずれが大きくなる。

ドリル問題 4-1，4-2

1. 10.56 atm は何 kPa か。また，この圧力が 2.000 m^2 の板にかかっているとすると，板に加わる力は何 N か。
2. 0.0234 m^3 は何 dm^3，cm^3，L，mL か。
3. 圧力 101.3 kPa，体積 11.2 L，温度 20.0 ℃の気体がある。このとき，次の問に答えよ。ただし，気体は理想気体であるものとする。
   (1) 同じ温度で体積を 8.96 L にすると圧力は何 kPa になるか。
   (2) 同じ温度で体積を半分にするには圧力は何 kPa にしなければならないか。
   (3) 同じ温度で圧力を 86.0 kPa にすると体積は何 L になるか。
   (4) 同じ温度で圧力を倍にするには体積を何 L にしなければならないか。
   (5) 圧力一定のまま温度を 40.0 ℃にしたら，体積は何 L になるか。
   (6) 圧力一定のまま温度を変えたところ体積は 10.4 L になった。温度は何 ℃になったか。
   (7) 圧力一定のまま体積を倍にするには温度を何 ℃にしなければならないか。
   (8) 温度を 0.00 ℃，体積を 5.60 L にしたら圧力は何 Pa になるか。
   (9) 温度を 10.0 ℃，圧力を 152.0 kPa にしたら体積は何 L になるか。
   (10) この気体の物質量は何 mol か。
   (11) この気体が 2 種類の気体 A，B の物質量 $A:B=4:1$ の混合物であるものとすると，気体 A の分圧は何 kPa か。

4-3 溶液

4-3-1 溶解とは

≪溶けるということ≫ 水に砂糖や食塩を入れてしばらく放置するか，かき混ぜると(もちろん量関係にもよるが)固体である砂糖や食塩は見えなくなる。また，砂糖や食塩の代わりに液体であるエタノールを入れても，入れる前と同じように見た目に変化はなくなる。われわれはこれを砂糖や食塩やエタノールが**水に溶けた**という。砂糖や食塩やエタノールの**水溶液ができた**ともいう。

液体にしても固体にしても，それを構成している分子などが集合している。砂糖を水に入れておくと溶けて見えなくなるということは，固体を構成していた砂糖の分子がばらばらに散らばって，水分子と均一に混ざり合ったためと考えられる。このように，液体の中に他の物質が溶けて，均一に混じり合って透明になる現象を**溶解**といい，その混じり合った液体を**溶液**という[1]。ただ，溶けるという現象自体は同じであっても，溶ける物質によってその様子は違ってくる。また，水に油は溶けないように，溶かす液体と物質の組み合わせによっては溶解という現象が見られないこともある。

≪電解質の溶解≫ 塩化ナトリウム NaCl が水に溶ける場合を考えてみよう。イオン結晶なので，溶けると水中で Na^+ と Cl^- に分かれることになる[2]。では，Na^+ と Cl^- は，水分子が集まった中にどのように存在しているのであろうか。

水分子の O−H 結合について見てみると，酸素の方が水素より電気陰性度が高いため，酸素原子はわずかに負の電荷(デルタ δ^-)[3] を帯び，水素原子は逆に正の電荷(δ^+)を帯びている。また，水分子は2つの O−H 結合のなす角度は 104.5°[4] となっているため，分子全体として電荷の偏り(かたよ)を持つ(**極性**があるという。**3-2-1** 項参照)。したがって，水分子とイオンの間に静電的引力[5] が働き，水中で Na^+ は水分子の酸素を，Cl^- は水分子の水素を引き付けていることになる。その結果，Na^+ と Cl^- は水

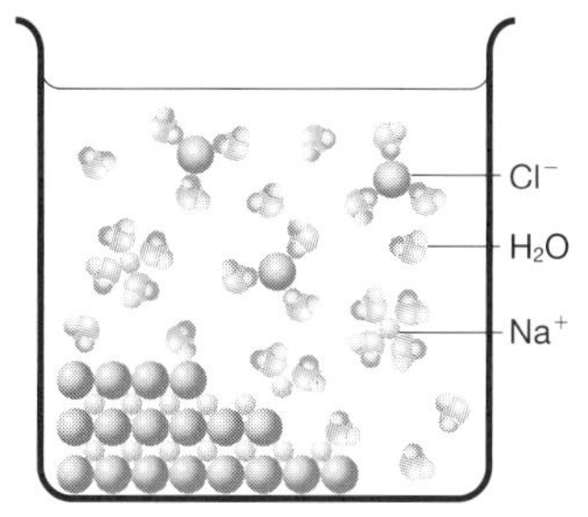

図 4-10 塩化ナトリウムの溶解

[1] 溶媒と溶質
他の物質を溶かしている液体を**溶媒**，溶けている物質を**溶質**という。溶質としては，固体や液体ばかりでなく気体も考えられる。水中には普通空気が溶け込んでいるし，炭酸水やアンモニア水は，気体である二酸化炭素やアンモニアを水に溶かしたものである。

[2] 電解質と非電解質
溶解するときに溶質がイオンに分かれる現象を**電離**という。水に溶けるときに電離する物質を**電解質**，電離しない物質を**非電解質**という。
電解質の中には，食塩 NaCl のように溶けるときに原子がほぼ完全に電離する(Na^+ と Cl^-)物質と，酢酸 CH_3COOH のように一部が電離し(CH_3COO^- と H^+)，残りは電離しないで CH_3COOH のまま溶けている物質がある。前者を**強電解質**，後者を**弱電解質**という。非電解質の例としてはエタノール，スクロース(ショ糖)，グルコース(ブドウ糖)，エチレングリコールなどがあげられる。

[3] デルタ
δ(デルタ)は「わずかな」という意味を表す記号として使っている。

[4] 水分子の構造
下図を見れば，分子全体として電荷の偏りを持つことを理解してもらえるだろう。

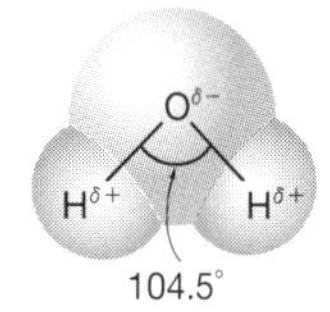

5 **静電的引力**
電気の＋と－の間での引き合う力のこと。

6 **極性分子と無極性分子**
水分子のように極性のある分子を**極性分子**，ベンゼンやヘキサンの分子などのように極性のない分子を**無極性分子**という。**3-2-1** 項を参照。

分子に囲まれている。このように，溶質粒子が溶媒によって取り囲まれる現象を**溶媒和**といい，溶媒が水である場合を特に**水和**という。Na^+ と Cl^- は水分子に囲まれた状態で，水中でばらばらに存在している。もちろん，塩化ナトリウムを水に入れたとたんにそうなるわけではない。固体表面のイオンと水分子が静電的引力により引き合い，結晶中におけるイオン結合が切れ，順次水和されて水中に取り込まれていくのである。この水中に取り込まれていく過程が**溶解**ということになる(図 4-10)。

分子全体として電荷の偏りを持たない(極性がない)無極性分子[6] からなる溶媒(ベンゼンやヘキサンなど)に，電解質を入れるとどうなるだろうか。これまで見てきたことから，イオンと溶媒分子との間で静電的な引力は働きにくい。したがって，極性分子からなる溶媒(**極性溶媒**)である水の場合とは異なり，放置しておいても，かき混ぜても，電解質が溶けることはない。電解質は無極性分子からなる溶媒(**無極性溶媒**)には溶

なぜイオン結合は水の中で切れるのか　COLUMN

電解質が水中で溶けるには，とにかく結晶中のイオン結合が切れなければならない。イオン結合は，陽イオンと陰イオン間に働く静電的引力に基づくものである。ところで，電解質を構成しているイオンが，イオンではない水分子と引き合うことぐらいで，結晶中のイオン結合は切れてしまうのだろうか。

じつはイオン結合といっても，「結晶の置かれた環境」によって，結合の強さが変わるのである。もっと具体的に言えば，結晶が空気中にあるときより，水中にあるときの方が結合は弱くなるのである。結合の強さは，陰イオン・陽イオン間に働く静電的引力の大きさに相当する。この陰陽イオン間の静電的引力の大きさは，極性溶媒である水の中においては空気中の $\frac{1}{80}$ 程度になる。結晶表面にあるイオンは，水分子に接している部分が多いはずであるから，水分子との間で働く静電的引力がイオン間の静電的引力に打ち勝つ結果，イオンは表面から引き離されると考えられる。これに対して，無極性溶媒のベンゼン中では，空気中の約 $\frac{1}{2}$ 程度になるだけである。電解質がベンゼン中で溶けないのは，イオンと溶媒分子との間では静電的な引力は働きにくいことに加え，このことが原因と考えられる。陽イオン，陰イオン間の静電的引力の低下の程度は，大ざっぱに言って溶媒の極性が大きくなるほど大きくなる。

イオン結晶でも，陽イオンおよび陰イオンの価数が大きくてイオン結合が強い硫酸バリウム $BaSO_4$，炭酸カルシウム $CaCO_3$，リン酸カルシウム $Ca_3(PO_4)_2$ などの場合は，結晶表面のイオンと水分子との間に静電的引力が働いても，これらイオンは水中に取り込まれにくく，水に溶けにくい。

けにくいのである[7]。

≪非電解質の溶解≫　水に溶けるときに電離しない非電解質の場合，どのように水分子と(均一に)混ざり合うのだろうか。エタノール C_2H_5OH について見てみよう。エタノールは，水分子の水素1つが C_2H_5 に置き換わった形になっている。ヒドロキシ基(－OH)は，水分子の場合と同じように，酸素原子はわずかに負の電荷(δ^-(デルタ))を帯び，水素原子は逆に正の電荷(δ^+)を帯びている(極性を持っている)。この部分で水分子と水素結合を形成することになり，水和した状態となることができる。すなわち，溶けることになる[8]。

このように，分子中の水和されやすい部分は**親水基**(しんすいき)と呼ばれる。反対に，エタノールの C_2H_5 は極性がないために水和されにくく，このような部分は**疎水基**(そすいき)と呼ばれている。エタノールの疎水基の部分は水分子に比べてそう大きくないので，エタノール分子の水和への影響は小さい。

エタノールは液体なので，これを溶媒(極性溶媒)にして，水を溶かすことも考えられる。水分子がエタノールに取り囲まれることになるが，考え方は同じである。エタノールと水は任意の割合で溶け合う。

水にベンゼンを入れた場合はどうだろうか。もちろん，ベンゼンは水に溶けない。基本的には電解質を無極性溶媒に入れた場合と同様に考えることができる。ベンゼン分子と水分子との間には，イオンと水の間のような静電的引力は働きにくい。もちろん，ファンデルワールス力(**3-2-3** 項参照)は働くが，その大きさは水分子間の水素結合に比べればかなり小さい。このため，ベンゼン分子は水分子間に割り込むことはできない。

無極性分子(ヨウ素 I_2，ナフタレン $C_{10}H_8$ など)は，電離するわけではなく，親水基もないことから，水には溶けにくい(図 4-12)。しかし，ベンゼンやヘキサンなどの無極性溶媒には溶ける。溶媒，溶質とも分子間に働く引力は，同じ程度に弱いことから，分子の熱運動によって互いに混ざり合う。ヨウ素，ナフタレンはともに固体であるが，このことは

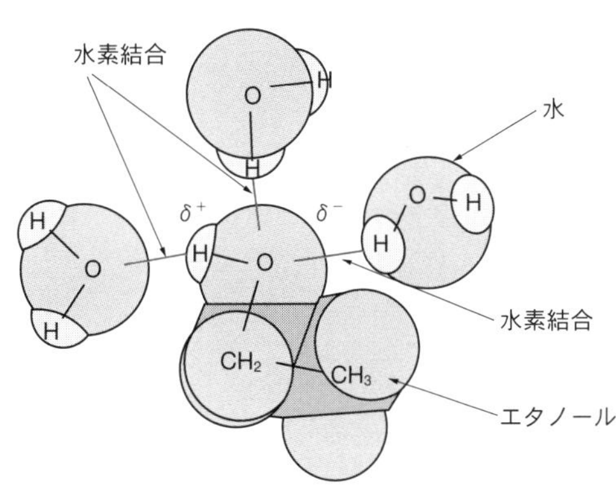

図 4-11　エタノールの水和

[7] 分子，イオン間に働く力と溶解

溶解が起こるには，溶質粒子(分子やイオン)どうし，溶媒分子どうしが互いに引き合う力より，溶質粒子(分子やイオン)と溶媒分子が引き合う力の方が大きいか，これらがほぼ等しいことが必要である。電解質が無極性溶媒に溶けないのは，無極性分子と結晶表面のイオンの間の引き合う力より，電解質中のイオン間の引力の方が大きいからである。一方，水に電解質が溶けるのは，水中ではイオン間の引力の大きさと結晶表面のイオンと水分子との引力の大きさが，同程度になっていることによると考えられる。

[8] エタノール以外の例(砂糖の溶解)

一口に砂糖といっても，上白糖，グラニュー糖，三温糖などいろいろな名前の砂糖があり含まれる成分が少し違うが，砂糖の主要成分はスクロース(ショ糖)である。スクロースもエタノールと同じようにヒドロキシ基を持っており(1つの分子に8個)，エタノールと同じように水によく溶ける。

グルコース　フルクトース
スクロース(ショ糖)

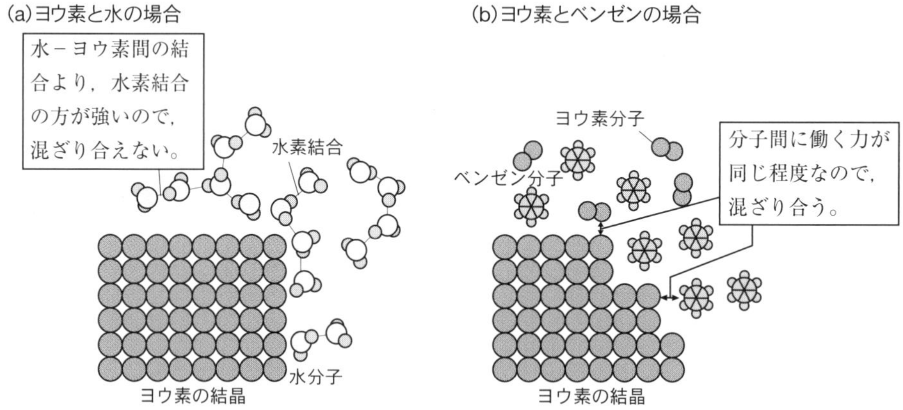

図 4-12　無極性分子の溶解

固体だけではなく，溶質が液体の場合でも同様である[9]。

4-3-2 溶解度

前項では，溶解ということについて，原子，分子のレベルで考えてきた。溶けるといっても，多くの場合，溶媒に溶質が無制限に溶け込むわけではなく，一定の限界がある。また，この限界も条件(温度や圧力)によって変わってくる。

≪固体の溶解度≫　溶媒に固体(溶質)を入れると，固体が溶け出して溶液中の濃度が高くなっていく。気液平衡の場合と同じようであるが，やがて単位時間あたりに固体から溶液に溶け出す粒子数と溶液から析出[10]する粒子数とが等しくなる。見かけ上は溶解も析出も起こらない状態，つまり平衡状態となる。これを**溶解平衡**といい，このときの溶液を**飽和溶液**という。飽和溶液にはもうこの固体を溶かすことはできない[11]。まさに，この飽和溶液中に溶けている溶質の量が溶ける限界ということになる。

この溶ける限界の量を示したものが**溶解度**である。溶解度の表し方にはいくつかあるが，普通よく用いられるのは，**溶媒 100 g に溶かすことができる溶質の質量(g 単位)**である。いくつかの物質の水に対する溶解度を表 4-4 に示す。一般に温度が高くなるほど，固体の溶解度は大きく

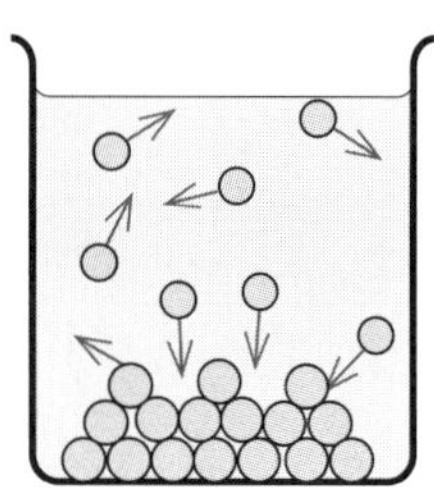

単位時間で解け出す粒子数＝析出する粒子数

図 4-13　溶解平衡

9 溶けやすさの一般的傾向
物質が溶媒に，溶けるか，溶けないか，溶けやすいか，溶けにくいかは，溶媒と物質粒子(分子)間に働く引力が強いか，弱いかということに大きく影響される。一般的には，極性が大きい物質どうし，極性が小さい物質どうしは溶解しやすく，極性の大きい物質と極性の小さい物質は溶解しにくいといえる。

10 析出
溶液ないし液体状態から結晶が分離して出てくることを**析出**という。

11 溶質が 2 種類の場合
この場合，別の溶質(固体)なら溶かすことはできるが，その溶質だけを溶かす場合と溶解度が違ってくる。
一般に 1 つの溶質の溶解度は他の溶質の影響を受けるため，溶質が 2 種類以上存在するときは，温度などが指定されていても飽和濃度は異なる。

表 4-4　固体の水に対する溶解度（水 100 g に溶ける g 数）

温度 (℃)	塩化ナトリウム NaCl	硝酸ナトリウム $NaNO_3$	塩化マグネシウム $MgCl_2$	水酸化カルシウム $Ca(OH)_2$	塩化銀 AgCl*	カフェイン $C_8H_{10}N_4O_2$	スクロース $C_{12}H_{22}O_{11}$
0	37.6	73.0	52.9	0.171	0.000070	0.60	—
20	37.8	88.0	54.6	0.156	0.000155	1.4	198
40	38.3	105	57.5	0.134	0.00036	4.64	235
60	39.0	124	61.0	0.112	—	9.70	287
80	40.0	148	66.1	0.091	—	19.2	363
100	41.1	175	73.3	0.073	0.0021	—	—

＊溶液の密度を 1.00 g/cm^3 とみなした。（1 L＝1000 cm^3）

なる。同じ物質であっても，溶媒が異なれば溶解度は異なる。

例題　硫酸銅(II) $CuSO_4$ の水に対する溶解度は 25 ℃ で 22.2 g である。25 ℃ の水 100 g に対して五水和物 $CuSO_4 \cdot 5H_2O$ は何 g まで溶けるか。

（略解）　$CuSO_4$ の式量は 159.6，$CuSO_4 \cdot 5H_2O$ は 249.7 である。したがって，五水和物中の $CuSO_4$ と H_2O の割合はそれぞれ $\frac{159.6}{249.7}$，$\frac{90.1}{249.7}$ である。求めるのは $CuSO_4 \cdot 5H_2O$ の溶ける限界の量であるが，これを x[g] とすると，この中の $CuSO_4$ と H_2O の量は $CuSO_4$ が $\frac{159.6}{249.7}x$[g]，H_2O が $\frac{90.1}{249.7}x$[g] と表される。したがって，$CuSO_4 \cdot 5H_2O$ が x[g] 溶けた後の水の量は $\left(100+\frac{90.1}{249.7}x\right)$[g] となる。$CuSO_4$ は 25 ℃ で 100 g の水に対し 22.2 g 溶けるのであるから，比例式

$$100:22.2=\left(100+\frac{90.1}{249.7}x\right):\frac{159.6}{249.7}x$$

が成立する。したがって，

$$22.2\times\left(100+\frac{90.1}{249.7}x\right)=100\times\frac{159.6}{249.7}x$$

これを解くと x=39.8 g となる。よって，25 ℃ で水 100 g に対して五水和物 $CuSO_4 \cdot 5H_2O$ は 39.8 g まで溶ける。

≪気体の溶解度≫　固体や液体の溶解度は，多くの場合，温度が高くなると大きくなる。しかし，気体の溶解度は，圧力一定のもとでは，温度が高くなると減少する。これは，温度が高くなると，溶液中の溶媒分子および溶質分子の熱運動が活発となり，溶質の気体分子が溶液から飛び出しやすくなるためである。水を加熱したとき，沸騰（ふっとう）が始まる前から容器壁などに気泡が発生することがあるが，これは温度が高くなり，気体の溶解度が小さくなった結果，水に溶けていた空気が器壁にある小孔中の空気の気泡中に飛び出し，気泡が大きくなり目に見えるようになったものである。

再結晶　COLUMN

温度によって溶解度が大きく変化する物質の場合，高い温度で飽和溶液になる程度まで濃度の高い溶液をつくり，その溶液を冷やすと溶解度の差に応じた量の結晶が析出(せきしゅつ)する。いま，不純物として別の物質を含むある物質の濃い溶液を，高い温度でつくったとしよう。不純物の量が多くなければ，溶液の温度を下げても不純物は溶液中に溶けて残る。その結果として，より不純物の量の少ない(純度の高い)結晶を得ることができる。このような，物質の純度を上げる操作(**精製**という)は**再結晶**と呼ばれ，固体物質の精製にしばしば使用される。1回の再結晶では，十分な純度にならないこともある。そのようなときには，再結晶を繰り返し行うことが必要となる。

気体の溶解度は，普通，溶媒に接している気体の圧力が 101.3 kPa のとき，溶媒 1 cm^3 に溶ける気体の体積(cm^3)を標準状態(0 ℃, 101.3 kPa)の体積に換算して表す(**ブンゼン吸収係数**)[12]。固体の場合と同様，同じ気体であっても，溶媒の種類によって溶解度は異なる。

日常よく経験することであるが，炭酸飲料のふたを開けると，「プシュッ」という音がして泡が発生する。炭酸飲料には，高圧で二酸化炭素が溶かし込んである。このため，ふたを開けることで液体に接している気体の圧力が下がる結果，溶けていた二酸化炭素が気体として発生するのである。このことは，温度が一定であっても，気体の圧力が高くなると溶解度は大きくなり，圧力が低くなると溶解度が小さくなることを示している。1803 年にイギリスのヘンリー(W. Henry)は，次の法則を見いだした。「**一定温度において，一定量の溶媒に溶ける気体の質量 w は，その気体の圧力(混合気体の場合には分圧) p に比例する**。」これを**ヘンリーの法則**という。比例係数を k とすると，

$$w = kp \qquad (4\text{-}17)$$

となる。ここで，k は温度によって決まる定数である。この法則は，窒素(ちっそ)，酸素など溶解度の小さく，かつ溶媒との間で化学反応を起こさない気体について，圧力があまり高くない範囲で成立することがわかっている。

[12] **ブンゼン吸収係数の単位**　体積の単位としてLや dm^3 が使われるようになっているが，溶媒 1 dm^3 に溶ける気体の体積という表し方をして，気体の体積の単位を dm^3 とすれば数値自体は cm^3 のときと同じとなる。

表 4-5　気体の溶解度(ブンゼン吸収係数)

温度 (℃)	水素 H_2	酸素 O_2	窒素 N_2	メタン CH_4	二酸化炭素 CO_2	塩化水素 HCl	アンモニア NH_3
0	0.0214	0.0489	0.0231	0.0556	1.72	517	477
20	0.0182	0.0310	0.0152	0.0331	0.873	442	319
40	0.0161	0.0231	0.0116	0.0237	0.528	386	206
60	0.0160	0.0195	0.0102	0.0195	0.366	339	130
80	0.0160	0.0183	0.0096	0.0177	0.283	—	81.6
100	0.0160	0.0170	0.0095	0.0170	—	—	50.6

コロイド　COLUMN

普通，溶液というと，その中の溶質の大きさは分子やイオン程度のかなり小さい場合をさす。これに対し，溶媒中に直径が 10^{-9}〜10^{-7} m程度の粒子が混じって(分散して)いる場合，これを**コロイド溶液**という。分散している粒子を**コロイド粒子**，コロイド粒子が分散している物質を**分散媒**(ぶんさんばい)という。**分散質**(ぶんさんしつ)(コロイド粒子)は，固体，液体，気体の場合もあり，これらをまとめて**コロイド**という。われわれの身のまわりにはいろいろなコロイドが見られる。

分散媒	分散質		
	気体	液体	固体
気体(エアロゾル(煙霧質))	――	霧，もや，雲	煙，粉塵
液体(液体コロイド)⑬	セッケンの泡	牛乳，マヨネーズ，血液	泥水，墨汁，絵の具
固体(固体コロイド)	スポンジ，マシュマロ	ゼリー，ゼラチン	色ガラス，ほうろう，ルビー

⑬ 液体コロイドの名称
分散媒が液体である場合，分散質の違いにより次のような呼び名がある。
①泡沫(セッケンの泡など)
②エマルジョン(乳濁液：牛乳，マヨネーズ，血液など)
③サスペンション(懸濁液：泥水，墨汁，絵の具など)

例題　空気を酸素と窒素の体積比1：4の混合物と見なすとき，0℃，101.3 kPaの空気と接している水1 L中に溶ける酸素と窒素の質量を求めなさい。

(略解)　表4-5から0℃，101.3 kPaで1 Lの水に溶ける酸素，窒素の体積は，0.0489 L，0.0231 Lである。0℃，101.3 kPaで1 molの気体の体積は22.41 L/molであるから，酸素0.0489 Lの物質量 n_{O_2} および窒素0.0231 Lの物質量 n_{N_2} は

$$n_{O_2} = \frac{0.0489\ \mathrm{L}}{22.41\ \mathrm{L/mol}} = 2.182 \times 10^{-3}\ \mathrm{mol}$$

$$n_{N_2} = \frac{0.0231\ \mathrm{L}}{22.41\ \mathrm{L/mol}} = 1.031 \times 10^{-3}\ \mathrm{mol}$$

酸素，窒素のモル質量はそれぞれ32.0 g/mol，28.0 g/molであるから，酸素 2.182×10^{-3} mol，窒素 1.031×10^{-3} molの質量は

酸素：$2.182 \times 10^{-3}\ \mathrm{mol} \times 32.0\ \mathrm{g/mol} = 0.06982\ \mathrm{g}$

窒素：$1.031 \times 10^{-3}\ \mathrm{mol} \times 28.0\ \mathrm{g/mol} = 0.02887\ \mathrm{g}$

一方，酸素と窒素の分圧は20.26 kPa，81.04 kPaとなる。ヘンリーの法則より，溶ける気体の量はその分圧に比例するから，溶ける気体の質量は

$$酸素：0.06982\ \mathrm{g} \times \frac{20.26\ \mathrm{kPa}}{101.3\ \mathrm{kPa}} = 0.0140\ \mathrm{g}$$

$$窒素：0.02887\,\mathrm{g} \times \frac{81.0\,\mathrm{kPa}}{101.3\,\mathrm{kPa}} = 0.0231\,\mathrm{g}$$

4-3-3 溶液の濃度

溶液の濃さ，つまり溶液中に存在する溶質の割合を**濃度**という。**質量パーセント濃度**，**モル濃度**，**質量モル濃度**などがあり，目的に応じて使い分けられる[14]。

≪質量パーセント濃度≫ 溶液（溶媒＋溶質）の質量に対する溶質の質量の割合を百分率で表した濃度を**質量パーセント濃度**という。記号**%**で表す。溶媒 A[kg]に溶質 B[kg]を溶かしたときの質量パーセント濃度は，次の式で表される[15]。

$$\frac{B}{A+B} \times 100[\%] \tag{4-18}$$

≪モル濃度≫ 溶液 1 L（リットル）（＝1 dm^3（立方デシメートル））中に溶けている溶質の物質量（mol）で表した濃度を**モル濃度**といい，単位記号は **mol/L**（あるいは **mol/dm³**）が用いられる。体積 V[L]の溶液中に，物質量 n[mol]の溶質が溶けているときのモル濃度は，

$$\frac{n}{V}[\mathrm{mol/L}] \tag{4-19}$$

で表される[16]。

≪質量モル濃度≫ 溶媒 1 kg に溶けている溶質の物質量（mol）で表した濃度を**質量モル濃度**といい，単位記号として **mol/kg** を用いる。質量 W[kg]の溶媒に物質量 n[mol]の溶質が溶けているときの質量モル濃度は，

$$\frac{n}{W}[\mathrm{mol/kg}] \tag{4-20}$$

で表される。溶液の体積は温度によって変化するが，この濃度は質量を用いて表すため，質量パーセント濃度と同様，溶液の体積を使っているモル濃度のように温度によって変化しない。

4-3-4 溶液の性質

自動車のエンジンを冷却するラジエータには，循環水として単なる水ではなく，不凍液と呼ばれるエチレングリコールが溶けている水溶液が使われる。これは冬などに冷却水が凍ることにより，ラジエータ内の水が通る細い管が破裂することを防ぐためである。水にエチレングリコールが溶けることによって，水の凝固する（凍る）温度が 0℃から下がる（凍りにくくなる）のである。また，冬などに道路上の水が凍ってしまう

---

[14] 化学ではよく使われる「モル濃度」
日常で濃度を表すのには質量パーセント濃度が使われるが，化学ではモル濃度が最もよく使われる。化学でも特定の分野では質量モル濃度が利用される。

[15] 他のパーセント濃度
液体混合物の場合，混合前の溶媒と溶質の体積の合計に対する溶質の体積の割合を百分率で表したものを使うことがある。**体積%**または **vol%**と表示する。

[16] モル濃度の記号
体積モル濃度ともいわれる。単位記号は，mol/L の代わりに M が使われることもある。

のを防ぐため，塩化カルシウムをまくことがある。これも水に塩化カルシウムが溶けることにより，水の凝固する温度が下がることを利用しているのである。

このように，溶液は，溶媒だけの場合とは少し違った性質を持つ。この違いの原因が，「溶質が溶媒に溶けている」ためであれば，違いの程度は溶質の濃度によって異なることが予想される。

≪蒸気圧降下≫　食塩や砂糖など揮発(きはつ)(蒸発)しにくい物質(**不揮発性物質**)が溶けている溶液を考えよう。溶液では溶媒だけの場合とは違い，不揮発性の溶質分子が溶液表面の一部を占領しているため，結果的に単位時間あたり蒸発する溶媒分子数は，純粋な溶媒に比べ少なくなる。したがって，温度が同じとすれば，平衡状態において蒸発している溶媒分子数も，溶液では溶媒だけのときに比べ少なくなるはずである。分子数が溶媒だけの場合より少なくなれば，その分，蒸気圧は低くなる。すなわち，同じ温度の純粋な溶媒の蒸気圧に比べて，溶液の蒸気圧は低くなる。これを**蒸気圧降下**という。

濃度が低い溶液(**希薄溶液**)の場合，溶液の蒸気圧 p と溶媒の蒸気圧 p_0 との間に次のような関係が成立することが知られている。

$$p = \chi_0 p_0 = (1 - \chi_1) p_0 \quad \text{または} \quad \frac{p_0 - p}{p_0} = 1 - \chi_0 = \chi_1 \qquad (4\text{-}21)$$

χ_0(カイ)，χ_1 は，それぞれ溶媒，溶質の**モル分率**[17]である。これを**ラウールの法則**という[18]。

≪沸点(ふってん)上昇≫　溶液の沸点について考えてみよう。たとえば，水は 100 ℃で沸騰する。すなわち，100 ℃の水の蒸気圧は 101.3 kPa ということである。すでに述べたように，溶質が溶けている水溶液の蒸気圧は純粋な溶媒の蒸気圧に比べて低くなる。したがって，水溶液の温度を 100 ℃にしても，その蒸気圧は 101.3 kPa より低い。蒸気圧を 101.3 kPa にするには，温度を 100 ℃以上にして気化する分子数を増やさなければならない。つまり，水溶液の沸点は，水の沸点より高くなる。このように，溶液の沸点が溶媒の沸点より高くなる現象を，**沸点上昇**という。

溶液の沸点 T[K] と純粋な溶媒の沸点 T_b[K] の差 Δt_b(デルタ)$(= T - T_b$：単

表 4-6　沸点上昇定数および凝固点降下定数

	沸点 (℃)	K_b (Kmol^{-1} kg)	凝固点 (℃)	K_f (Kmol^{-1} kg)
水	100	0.515	0	1.853
酢酸	117.90	2.530	16.66	3.90
四塩化炭素	76.65	4.48	22.95	29.8
ショウノウ	207.42	5.611	178.75	37.7
ベンゼン	80.100	2.53	5.533	5.12

17 モル分率
溶液(溶媒＋溶質)の物質量に対する溶媒，溶質の物質量の割合を**モル分率**という。溶液中の溶媒および溶質の物質量を，それぞれ n_0, n_1 とすると，溶媒のモル分率 χ_0，溶質のモル分率 χ_1 は

$$\chi_0 = \frac{n_0}{n_0 + n_1}$$

$$\chi_1 = \frac{n_1}{n_0 + n_1}$$

と表される。割合なので単位はない。100 をかけて百分率で表さないものの，質量パーセント濃度の「質量」を「物質量」に置き換えたものと考えてよい。

18 ラウールの法則
液体混合物の蒸気圧測定結果から，1886 年にフランスのラウール(F. M. Raoult)は，式 4-21 のような関係が成立することを見いだした。式 4-21 は不揮発性物質の溶液に限って成立するわけではない。

位はK)を**沸点上昇度**という。濃度の低い溶液の場合，沸点上昇度は溶液の質量モル濃度 m[mol/kg]に比例する。

$$\Delta t_b = K_b m \qquad (K_b \text{ は定数}) \qquad (4\text{-}22)$$

定数 K_b は**沸点上昇定数**または**モル沸点上昇**と呼ばれ，溶質の種類に関係なく，溶媒の種類によって決まる(表4-6)。

ラウールの法則と沸点上昇 COLUMN

ラウールの法則によると，溶液の蒸気圧 p は純粋な溶媒の蒸気圧 p_0，溶媒および不揮発性溶質のモル分率をそれぞれ χ_0（カイ），χ_1 とすると

$$\frac{p_0 - p}{p_0} = 1 - \chi_0 = \chi_1$$

となる。ここで，$\Delta p = p_0 - p$ は蒸気圧降下である。溶媒および不揮発性溶質の物質量をそれぞれ n_0，n_1 とすると，希薄溶液では $n_0 \gg n_1$[19]と見なしてよいから，

$$\chi_1 = \frac{n_1}{n_0 + n_1} \approx \frac{n_1}{n_0}$$[20]

となる。溶媒の質量を W_0[kg]，モル質量を M_0[g/mol]とおくと

$$\chi_1 = \frac{n_1}{n_0} = \frac{n_1}{\dfrac{1000\,W_0}{M_0}} = \frac{n_1 M_0}{1000\,W_0}$$

となる。したがって，$\Delta p = \dfrac{n_1 M_0}{1000\,W_0} p_0$ となる。

上式で，$\dfrac{n_1}{W_0}$[mol/kg]を質量モル濃度 m，$\dfrac{M_0 p_0}{1000}$ を溶媒固有の定数として k とおくと，$\Delta p = km$ となり，蒸気圧降下は質量モル濃度に比例することになる。

ここで，水溶液について考えてみよう。図4-14は，水と水溶液の蒸気圧の温度変化を示したものである。気圧101.3 kPaのとき，水は100℃で沸騰（ふっとう）するが，溶液は蒸気圧が101.3 kPaより低くなるため沸騰しない。溶液の温度を Δt 上げることで蒸気圧が101.3 kPaとなり，沸騰することになる。いま，希薄溶液で沸点近くの狭い温度範囲を考えれば，水と溶液の蒸気圧曲線は，近似的に曲線の傾きは等しいか，

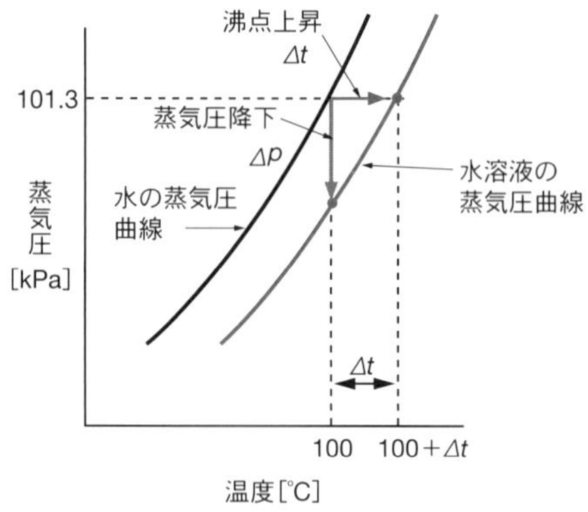

図4-14　蒸気圧降下と沸点上昇

[19] **記号「≫」**
記号「≫」は，n_0 に比べ n_1 が非常に小さいということを意味する。

[20] **記号「≈」**
記号「≈」は，「ほとんど等しい」ということを意味する。

または2つの蒸気圧曲線は平行な直線と見なすことができる。そうであれば，Δp と Δt(沸点上昇)は比例することになる。$\Delta p \propto \Delta t$[21]，つまり $\Delta t \propto km$ となり，沸点上昇 Δt は質量モル濃度に比例することになる。

≪凝固点降下≫ また，水溶液を取りあげて，今度は，溶液が凝固する場合を考えてみよう[22]。いま，温度0℃，101.3 kPaで水の中に氷が浮いているとしよう。このとき，単位時間に水から氷になる(凝固する)分子の数と，氷から水になる(融解する)分子数は等しくなっている。見かけ上何の変化もない状態で，いわゆる平衡状態である。まさに，この状態の水と氷が共存する温度が融点(凝固点)である。

このときに溶質を溶かしたらどうなるだろうか。水の部分には溶質分子(イオン)が加わる結果，水だけの場合に比べ，単位時間に凝固する水分子の数は少なくなる[23]。一方，単位時間に融解する分子数は変わらないから，結果的に氷が溶けていくことになる。氷が溶けていくと，融解熱が吸収される結果，溶液の温度は下がる。溶液の温度は下がれば凝固する分子は増え，融解する分子の数は減る。このようにして，新たに平衡状態になるまで氷が溶ける。もちろん，新たな平衡状態では温度は0℃より低い。この温度が溶液中に浮かんでいる氷の凝固点(融点)ということになる。すなわち，溶液の凝固点は純粋な溶媒の凝固点より低くなる。この現象を**凝固点降下**という。

溶液の凝固点 T[K]と純粋な溶媒の凝固点 T_f[K]の差 Δt_f($= T - T_f$：単位はK)を**凝固点降下度**という。沸点上昇の場合と同様，濃度が低い溶液の場合，凝固点降下度は溶液の質量モル濃度 m[mol/kg]に比例する。

$$\Delta t_f = K_f m \quad (K_f \text{は定数}) \qquad (4\text{-}23)$$

定数 K_f は**凝固点降下定数**(表4-6)または**モル凝固点降下**と呼ばれ，溶質の種類に関係なく，溶媒の種類によって決まる。

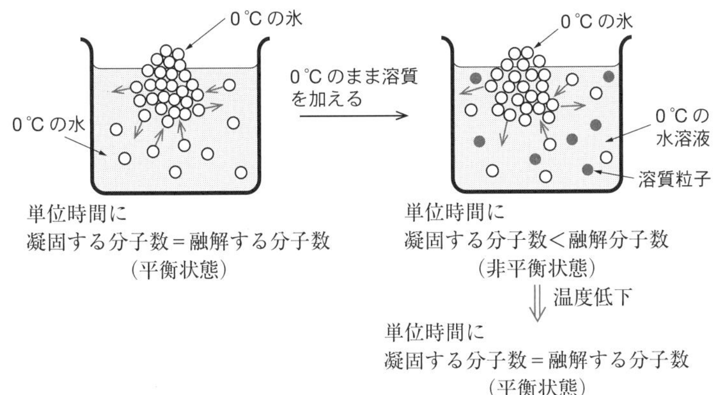

図4-15　凝固点降下が起こる仕組み

[21] **記号「∝」**
記号「∝」は，「比例する」ことを意味する。

[22] **溶液の凝固の仕方**
溶液が凝固するといっても，溶媒は溶液のときと同じ状態のまま，溶質を取り込んで固まるわけではない。溶媒分子どうしが集まるのである。海水が凍ってできる氷は塩分を含んでいない。

[23] **溶質があるときの凝固**
水中に溶質が混ざって溶液となると，液体部分の水の比率が下がる。ちょうど，蒸気圧降下の所で述べように，溶媒に不揮発性物質を溶かしたとき，蒸発する溶媒分子数が減るのと同じように考えればよい。

例題 ベンゼン50.0 gに，非電解質のある化合物を0.700 g溶かした溶液の凝固点は，純粋なベンゼンの凝固点より0.604 K低かった。この化合物の分子量を求めよ。

(略解) ベンゼンの凝固点降下定数は5.12 $\mathrm{Kmol^{-1}\,kg}$なので，式4-23より，この溶液の質量モル濃度m[mol/kg]は

$$m = \frac{\Delta t_\mathrm{f}}{K_\mathrm{f}} = \frac{0.604\ \mathrm{K}}{5.12\ \mathrm{Kmol^{-1}\,kg}} = 0.118\ \mathrm{mol/kg}$$

となる。ベンゼン50.0 gに化合物が0.700 g溶けているのであるから，ベンゼン1 kgには化合物が14.0 g溶けることになる。質量モル濃度が0.118 mol/kgであることから，この化合物のモル質量は

$$\frac{14.0\ \mathrm{g}}{0.118\ \mathrm{mol}} = 119\ \mathrm{g/mol}$$

となる。したがって，この化合物の分子量は119である。

(別解) この化合物の分子量をMとすると，モル質量はM[g/mol]，したがって，化合物が0.700 gは$\frac{0.700\ \mathrm{g}}{M}$[g/mol]$=\frac{0.700}{M}$ molとなる。これが溶媒50.0 gに溶けているのであるから，質量モル濃度mは次のようになる。

$$m = \frac{0.700}{M}\ \mathrm{mol} \times \frac{1000\ \mathrm{g/kg}}{50.0\ \mathrm{g}} = \frac{14.0}{M}[\mathrm{mol/kg}]$$

式4-23より$\Delta t_\mathrm{f}=K_\mathrm{f}m=\frac{K_\mathrm{f}\times 14.0}{M}$となるから

$$M = \frac{K_\mathrm{f}\times 14.0}{\Delta t_\mathrm{f}} = \frac{5.12\ \mathrm{Kmol^{-1}\,kg}\times 14.0\ \mathrm{mol/kg}}{0.604\ \mathrm{K}}$$
$$= 119\ \mathrm{g/mol}$$

≪浸透圧≫ 植物の根はどのようにして土の中の水分を吸い上げるのだろうか。また，キュウリに塩をつけてもむと水が出てくるが，どうしてだろうか。じつは，溶液の示す浸透という現象と植物の細胞膜とに秘密がある。

濃度が異なる2つの溶液(もちろん一方は溶媒だけでもかまわない)を，溶媒分子は通すが溶質分子は通さない性質を持つ膜(**半透膜**(はんとうまく)[24]という)を境に接触させると，濃度の高い溶液を薄めるように溶媒がこの膜を通って，濃度の低い方から高い方へ移動する。この現象を**浸透**(しんとう)という。

植物の根が土の中の水を吸うのも，キュウリの塩もみでキュウリから水が出るのも，この浸透という現象が起こっていることによる。この場合，細胞膜が半透膜であり，根の細胞内部の水の方が土の中の水より溶液として濃度が高く，キュウリを覆(おお)っている塩水の方がキュウリの細胞

[24] **半透膜**
溶媒は通すが溶質は通さない性質を持つ膜のことを**半透膜**という。たとえば，セロファン膜，動物のぼうこう膜，生物の細胞膜などがある。ただ，溶媒が何か，溶質が何かによって，半透膜になったりならなかったりする。
たとえば，セロファン膜は，およそ直径3 nm(=30 Å：オングストローム)の小さい孔があり，水分子は直径およそ0.14 nm(=1.4 Å)の球とみなせるので，水分子はよく通すがデンプンのような大きな分子は通さない。したがって，デンプン水溶液に対しては半透膜となる。しかし，Na^+やCl^-は通してしまうので，塩化ナトリウム水溶液に対しては半透膜の働きはない。

内の水より，溶液として濃度が高いのである。

図 4-16 に示すように，U 字管に溶媒と溶液を半透膜でへだてて同じ高さで入れても，浸透が起こる結果，溶媒側の液面は下がり，溶液側の液面は上がり，ある所で変化がなくなる。初めは，溶媒側の水分子の浸透しようとする力が大きいが，水分子が溶媒側から溶液側に入った結果，溶液の高さ h に相当する圧力(溶液と溶媒の液面の高さの差)の分，溶液中の水分子が溶媒側へ浸透しようとする力が大きくなる。その力が溶媒側の水分子の浸透力とつり合う結果，溶媒側の水の浸透が押さえられ，液面の上下が止まるのである。浸透が始まる前の溶媒側の水と溶液側の水の浸透しようとする力の差，すなわち圧力差[25]が**浸透圧**である。浸透によって溶液の液面が上昇しないようにするには，溶液側に圧力を加えなければならない。この圧力がいま述べた圧力差，すなわち浸透圧に相当する圧力である。

25 圧力差について
単に力というと，気体の所で述べたように，それが加わる部分の面積によって大きさが変わってしまう。したがって，単位面積あたりに加わる力ということで圧力を用いる。もちろん，この圧力差は半透膜に加わる圧力の差である。

1885 年にオランダのファント・ホッフ(J. H. van't Hoff)は，希薄溶液の浸透圧 Π(パイ)[Pa]と溶液のモル濃度 c[mol/L]の間に

$$\Pi = cRT \tag{4-24}$$

の関係があることを指摘した。ここで，R[J/(K･mol)，kPa･L/(K･mol)]は気体定数，T[K]は絶対温度である。溶液の体積を V[L]，溶質の物質量を n[mol]とすると，$c=\dfrac{n}{V}$ であるから，式 4-24 は理想気体の状態方程式 4-12 と同じ形式になる。

$$\Pi V = nRT \tag{4-25}$$

この式を**ファントホッフの式**という。

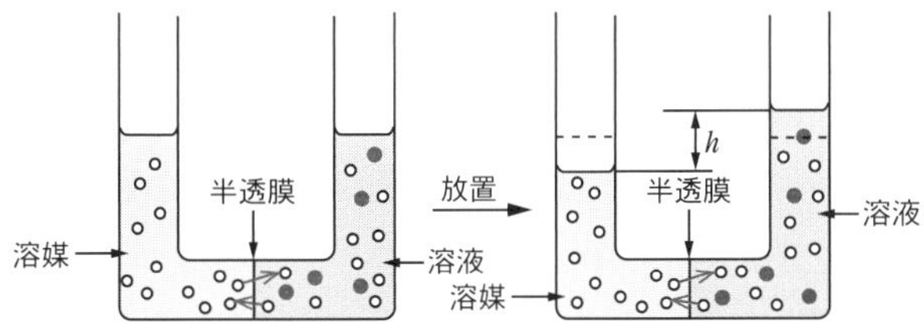

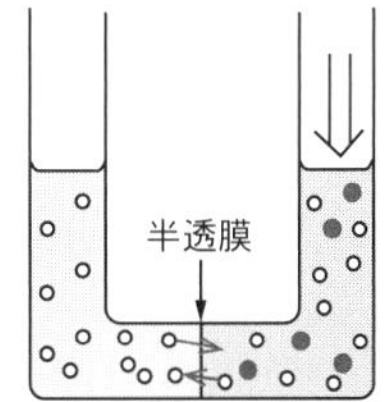

溶媒と溶液を入れて液面の高さを同じにする。

溶媒分子が溶液中に浸透し，溶液の液面は上っていき，溶媒の液面は下っていく。高さの差が h になった所で浸透は止まる。

放置しても液面の高さが変化しないようにするには，溶液の液面に圧力をかけなければならない。
加えた圧力＝浸透圧

図 4-16　浸透圧

束一的性質と電解質溶液　COLUMN

溶液の性質としては，**蒸気圧降下**，**沸点上昇**，**凝固点降下**，**浸透圧**を取りあげた。これらは浸透圧を除き，溶媒に依存するが(表 4-6 参照)，溶質の性質には無関係で，単に溶質の粒子数に依存している。このような性質を**束一的性質**（そくいつてきせいしつ）という。ただし，この束一的性質は溶液の濃度が高くなると成り立たなくなる。

溶質の粒子数という点に注目して，電解質溶液について考えてみよう。電解質は電離するため，陽イオンと陰イオンをそれぞれ粒子だとすると，溶けている粒子の総数は電離により生成する陽イオンと陰イオンおよび電離していない電解質粒子の数の合計となる。したがって，実際の粒子数は溶液のモル濃度から求められるものより大きくなる。実際，同じ濃度の電解質と非電解質の溶液の蒸気圧降下，沸点上昇，凝固点降下，浸透圧を比べると，電解質溶液の方が非電解質溶液より各現象が大きく現れる。電解質溶液について束一的性質は，

蒸気圧降下　$\Delta p = \dfrac{in_1M_0}{1000\ W_0}p_0$

沸点上昇　$\Delta t_b = iK_bm$

凝固点降下　$\Delta t_f = iK_fm$

浸透圧　$\Pi = icRT$（Π：パイ）

のようにファントホッフ係数と呼ばれる係数 i を掛けて補正される。ファントホッフ係数は電解質や溶媒の種類および濃度によって変化する[26]。

[26] ファントホッフ係数の変化について
たとえば，強電解質である塩化ナトリウム NaCl 水溶液では，電離によって Na^+ と Cl^- のイオンが生成するので，粒子数はモル濃度から求められる値の倍，すなわち i=2 となる。濃度が高くなると，電離によって生成する陽イオンと陰イオンの数が多くなる。そうすると，イオン間の距離が近くなるため，陰陽イオン間に働く静電的引力が無視できなくなる結果，陽イオンと陰イオンはそれぞれ独立した粒子として振る舞いにくくなる。このような場合，i は 2 より小さくなる。

例題　ヒトの血液の浸透圧は 37 ℃ で約 7.5×10^5 Pa である。これと等しい浸透圧の食塩水溶液を 1.0 L つくるには，食塩が何 g 必要か。ただし，食塩は完全に電離しているものとする。

(略解)　電解質の溶液なので，式 4-25 はそのまま使えない。コラムで述べたように，$\Pi=icRT$ で $i=2$ とする。必要な食塩の物質量を n[mol]，溶液の体積を V[L] とすれば，$c=\dfrac{n}{V}$ となるので

$$n = \frac{\Pi V}{iRT} = \frac{7.5\times10^5\ \mathrm{Pa}\times1.0\ \mathrm{L}}{2\times8.3145\ \mathrm{JK^{-1}mol^{-1}}\times310\ \mathrm{K}}$$

$$= \frac{7.5\times10^5\ \mathrm{Pa}\times1.0\times10^{-3}\ \mathrm{m^3}}{2\times8.3145\ \mathrm{m^3PaK^{-1}mol^{-1}}\times310\ \mathrm{K}} = 0.15\ \mathrm{mol}$$

食塩のモル質量は 58.4 g/mol だから，質量に換算すると

$$0.15\ \mathrm{mol}\times58.4\ \mathrm{g/mol}=8.7\ \mathrm{g}$$

となる。食塩溶液は薄いので，その質量は水と同じ 1000 g とみなせる。したがって，この食塩水溶液の質量パーセント濃度は約 0.9% となる。

ドリル問題 4-3

1. グルコース(ブドウ糖)10.0 g を水 300 g に溶かした溶液の質量パーセント濃度を求めよ。
2. スクロース(ショ糖)0.0520 mol を水に溶かして溶液の体積を 500 mL とした。この溶液のモル濃度を求めよ。
3. 塩化カリウム 0.250 mol を 200 g の水に溶かした。この溶液の質量モル濃度を求めよ。
4. 濃度 12.0% 食塩水が 250 g ある。この食塩水に溶けている食塩は何 g か。
5. 濃度 0.125 mol/L のグルコース水溶液が 2.50 L ある。この中に溶けているグルコースの物質量を求めよ。
6. エチレングリコールが 1.20 mol ある。これを用いて濃度 2.45 mol/kg の溶液をつくるのに必要な水の量を求めよ。
7. ある物質の 80 ℃ における水に対する溶解度は 148(g/水 100 g)である。この温度における飽和溶液 75.0 g 中にはこの物質が何 g 溶けているか。
8. 濃度 0.500 mol/kg のグルコース水溶液の沸点は何 ℃ か。
9. 濃度 0.500 mol/kg のエチレングリコール水溶液の凝固点は何 ℃ か。
10. 濃度 0.125 mol/L のグルコース水溶液の 25 ℃ における浸透圧を求めよ。

4章 演習問題

（特にことわりのない限り，気体は理想気体とする。）

1. 酸素(O_2)4.80 g は 20℃，152.0 kPa でどれだけの体積となるか。

2. ある気体 25℃，101.3 kPa における密度は 1.23 g/L であった。この気体が純粋な物質であるとすると，この気体の分子量はいくつになるか。

3. 容積一定の容器内に気体分子 A が m_A 個入っており，圧力は P_1 であった。温度を一定にして，この容器にさらに別の気体 B を入れたところ，圧力は P_2 となった。このとき，次の問に答えよ。

(1)　加えられた気体分子 B の数 m_B を，m_A，P_1，P_2 を用いて表せ。

(2)　同じ容器に後から加えた分に相当する気体分子 B のみが入っているとしたとき，圧力は P_1，P_2 を用いてどのように表せるか。

4. 容積一定の容器に 25℃ で窒素 15.0 g をつめたところ，圧力は 50.7 kPa であった。同じ容器に 35℃ で二酸化炭素を同じ圧力になるまでつめた。このとき容器に入った二酸化炭素は何 g か。

5. 30℃，101.3 kPa で水素 35 mL を水上捕集した。この水素の分子数はいくつか。ただし，30℃ における水の飽和水蒸気圧は 4.243 kPa，アボガドロ定数は 6.022×10^{23}/mol とする。

6. 2.00 mol のメタン(CH_4)の体積が 300 K で 50.0 L であるときの圧力を，理想気体の状態方程式とファンデルワールスの状態方程式から計算せよ。ただし，メタンのファンデルワールス定数は $a=2.30\times10^5$ L^2 Pa/mol^2，$b=4.31\times10^{-2}$ L/mol とする。

7. 尿素 $CO(NH_2)_2$ 4.5 g を水 200 g に溶かした溶液の質量パーセント濃度，モル濃度，質量モル濃度を求めよ。ただし，溶液の密度は 1.03 g/cm^3 とする。

8. 濃塩酸は濃度 36.5%，密度 1.18 g/cm^3 である。濃度 1.00 mol/L の希塩酸を 50 mL つくるには，濃塩酸が何 mL 必要か。

9. 次の(ア)～(カ)の不揮発性物質 1.50 g を水 100 g に溶かした水溶液を，凝固点の低い順に並べよ。

(ア)　スクロース $C_{12}H_{22}O_{11}$　　(イ)　グルコース $C_6H_{12}O_6$　　(ウ)　尿素 $CO(NH_2)_2$

(エ)　グリセリン $C_3H_5(OH)_3$　　(オ)　エチレングリコール $C_2H_4(OH)_2$

(カ)　デンプン $(C_6H_{10}O_5)_n$

10. 80℃ の硝酸ナトリウム飽和水溶液 100 g を 20℃ まで冷却したとき，何 g の硝酸ナトリウムが析出するか。

11. 20℃ の水 2 L に 202.6 kPa で窒素を接触させるとき，溶ける窒素は何 g か。

12. 20℃ における飽和アンモニア水の質量パーセント濃度，モル濃度を求めよ。ただし，20℃ における飽和アンモニア水の密度は 0.90 g/cm^3，水の密度は 1.00 g/cm^3 とする。

13. 酸素と窒素の混合気体 11.6 g があり，25℃，101.3 kPa で体積は 9.78 L である。このとき，この混合気体中の酸素および窒素の物質量はそれぞれ何 mol か。

14. 同じ温度で，容積 2.00 L の容器に圧力 120 kPa で窒素が，容積 5.00 L の容器に圧力 195 kPa でアルゴンが入っている。これらの容器を連結し，温度を変えないで気体が均一になるまで静置した。このときの混合気体の全圧および窒素とアルゴンの分圧を計算せよ。ただし，連結部の体積は無視できるものとする。

15. 容積 V の容器に A，B，C 3 種類の気体の混合物が入っている。それぞれの気体の物質量は n_A，n_B，n_C で，圧力が P[Pa]であったとするとき，それぞれの気体の分圧 p_A，p_B，p_C は n_A，n_B，n_C，P を用いてどのように表せるか。

16. ベンゼン 50.0 g に不揮発性の化合物を 2.12 g 溶かしたところ，25℃でベンゼンの蒸気圧が 12.69 kPa から 12.37 kPa に下がった。このとき，この化合物の分子量を求めよ。

17. ある化合物 1.03 g を水に溶かして体積 1.00 L の溶液をつくり，20℃で浸透圧を測定したところ 7.33 kPa であった。次に，20℃でこの化合物の飽和水溶液をつくり，この飽和水溶液 5.00 g を水で薄めて体積を 1.00 L とした。さらに，この溶液の浸透圧を 20℃で測定したところ 23.7 kPa となった。このとき，この化合物の 20℃における水に対する溶解度を求めよ。ただし，この化合物は非電解質であるものとする。

18. 一定温度において一定量の溶媒に溶ける気体の質量を w，その気体の圧力(混合気体の場合には分圧)を p とすると，ヘンリーの法則は $w=kp$(式 4-17)と表される。気体を理想気体とみなすとき，この式から，一定温度において一定量の溶媒に溶ける気体の体積は圧力に無関係に一定となることを示せ。

5 化学熱力学

5-1 気体分子の運動とエネルギーの保存

5-1-1 エネルギーと温度

エネルギーとは何であろうか。エネルギーは「仕事[1]をする能力」の意味を持ち，下記のようなさまざまな形態が知られている。

a） 位置エネルギーや運動エネルギーなどの力学的エネルギー

地表面から高さ h[m]にある質量 m[kg]の物体は，$m \times g \times h$（g は重力加速度：9.8 m/s^2）の**位置エネルギー**（単位：kg･m^2/s^2＝J（ジュール））を持つ。重力に引かれて落下すると，位置エネルギーが減少し，運動エネルギーに変わる。**運動エネルギー**（単位：J）は $\frac{1}{2}mv^2$（速さ v[m/s]，質量 m）で示される。

b） 原子や分子の振動や運動による熱エネルギー

分子は加熱することにより，激しく並進運動し，分子の回転が激しくなり，分子を構成している原子間での振動も激しくなり，温度が高くなる。

c） 電磁場による電気エネルギー

距離 r[m]離れている電荷 q[C]と電荷 q'[C]の**ポテンシャルエネルギー（電気エネルギー）**F[J]は $F=\frac{qq'}{4\pi\varepsilon_0 r^2}$ で表される（ε_0 は真空の誘電率：8.85×10^{-12} C^2 N^{-1} m^{-2}）。

d） 化学結合による化学エネルギー

たとえば，水素分子は，2 つの水素原子が結合しており，その結合エネルギーは 432 kJ/mol である。

e） 原子の核分裂や核融合による核エネルギー

核分裂や核融合により全質量が減少し，エネルギーに変換される。アインシュタインにより，質量 m とエネルギー E の関係が，$E=mc^2$ と明らかにされた。ここで，c（$=3.00\times10^8$ m/s）は光速である。

身近なところでは「活発な人はエネルギーにあふれている」と言ったり，「熱い物質はエネルギーが高い」など，エネルギーという言葉がよく使われている。エネルギーの大きさを感覚的に表す「熱い」とは温度の高いことを示しているが，温度[2]とは一体何であろうか。自然界においては表 5-1 からわかるように，4.2 K（**絶対温度：ケルビン**）のように超低温から 100 億 K のような超高温まで幅広く存在していて，高い温度には上限がないようであるが，低い温度では，絶対温度でなぜ「マイ

[1] **仕事**
「仕事」=「力」×「動かした距離」で定義される量。単位は Nm＝J（ジュール）で，エネルギーの単位と同じである。

[2] **温度**
科学の分野では熱力学温度目盛を用いる。すべての粒子の運動が停止した完全結晶の温度を 0 ケルビン（K）とし，水の三重点（固体の氷，液体の水と気体の水蒸気が平衡状態で共存する条件）の温度は 273.16 K（0.01 ℃）と定義する。このため絶対温度 T（単位：ケルビン）とセルシウス温度 t（単位：℃）の関係は，T[K]$=t$[℃]$+273.15$ である。

表 5-1　いろいろな温度

温　度	事　象
100 億 K	超新星(重い星の最後で，鉄の中心核の分解時の温度)
1500 万 K	太陽の内部
6000 K	太陽の表面
3000 K	白熱電球のフィラメント
1200 K	溶岩
383 K(110 ℃)前後	ドライヤーの温風
343 K(70 ℃)	多くのバクテリアは死滅
333 K(60 ℃)	緑茶の飲み頃
315 K(42 ℃)	風呂のお湯
289 K(16.0 ℃)	東京の年平均気温(2003 年)
273 K(0 ℃)	水の凝固点
194 K(−79 ℃)	ドライアイスの昇華点
160 K	高温超伝導
77 K	窒素の沸点
23 K	ニオブ・ゲルマニウム化合物の超伝導(1980 年代以前)
4.2 K	ヘリウムの沸点

ナス」になる温度がないのであろうか。

これは，**4-2-4** 項で学んだ**シャルルの法則**(圧力一定のとき，体積 V と温度 T は比例する。$\dfrac{V}{T}$＝一定)から考えると理解が可能である。

絶対温度 $T_0=273$ K(0 ℃)のときの体積を V_0，温度 $T=t+273$ のときの体積を V，t をセルシウス温度とすると，

$$\frac{V_0}{T_0}=\frac{V}{T}\ \text{より}$$

$$V=V_0\times\frac{T}{T_0}=V_0\times\frac{273+t}{273}=V_0+\frac{t}{273}\times V_0 \qquad (5\text{-}1)$$

となる。この式より，0 ℃(t=0 ℃)のときの気体の体積が，マイナス 1 ℃ごとに $\dfrac{1}{273}$ ずつ小さくなるので，−273 ℃では体積が 0，さらに−273 ℃よりも低い温度になると体積がマイナスとなり，実際にはありえないこととなる。このことからも，−273 ℃(厳密には，−273.15 ℃で 0 K(絶対温度))よりも低い温度はないことがわかるであろう[3]。

では，高い温度はどこまで高くなるのであろうか。宇宙の始まりのビッグバンでは，1 兆度ともいわれており，理論的に限界はない。また，私たちの生活している地表での気温は，−80 ℃(南極)から 50 ℃くらいまで観測されている。地表より 100 m 高く上がると約 0.6 ℃気温が下がることが知られていて，高い山の上は非常に寒い[4]。

さらに，対流圏では高度が上がると−60 ℃くらいまで大気温度が下がり，地上から高度 30 km くらいのオゾン層で 60 ℃くらいまで大気の温度が上昇したあと，また高度が上がると大気温度は低下する。高度

3 最低温度
熱力学の第三法則は，絶対 0 度を実現することはできないことを表しており，人工的に実現された最低温度は 0.008 K である。

4 気温の変化
これは大気の断熱膨張(だんねつぼうちょう)によるものであり，熱力学の第一法則「エネルギーは保存される」(**5-1-4** 項)から計算することができる。興味のある方は試みてほしい。

80 km から高度 500 km の間の熱圏では，ほぼ真空に近いのではあるが，大気温度は 100 ℃を超えるほど高くなる。では，宇宙に行くと，火傷するほど熱いのだろうか。宇宙では，太陽の光が当たる面の温度は 100〜200 ℃になり，光の当たらない面の温度は－100 ℃にもなるといわれている。化学では，温度というものの持つ意味を考えなおし，エネルギーとどのように関連するかをきちんと整理しておくことが必要となる。

5-1-2 気体分子の運動

ここでは気体に焦点を当て，気体分子の運動とエネルギー，温度などとの関係を考えることにしよう。ボイル・シャルルの法則は経験則であるが，気体は原子・分子から構成されているとの理解から，気体を分子の集合として考えてみる。この考え方は**気体分子運動論**と呼ばれ，理想気体の状態方程式，気体粒子の平均速度とその速度分布や運動エネルギーと温度との関係までが導かれる。

気体の分子運動を考える前提として，

(1) 気体は数多くの小さな粒子からなっており，粒子の大きさは粒子間の距離や容器の体積に比べて極めて小さく，その大きさは無視できる。

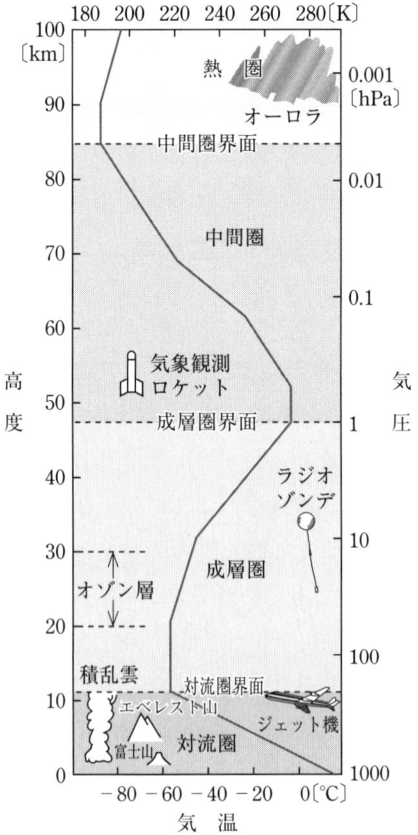

図 5-1 大気の温度の高度分布

(2) 気体粒子は自由にいろいろな方向に，いろいろな速度で動き回っている。

(3) 気体粒子と気体粒子の衝突や，粒子と器壁(きへき)との衝突は，完全弾性衝突であり，また何らかの相互作用も化学反応も生じない。

これらの前提を踏まえて，まず圧力について考えてみよう。

≪気体分子運動論≫ 気体粒子の運動成分として x 軸の方向を考えてみよう(図 5-2)。質量 m[kg]の気体粒子が，速度 v_x[m/s]で壁に衝突すると，運動量[5]成分は mv_x[kg･m/s]から $-mv_x$ に変化する[6]。気体粒子と器壁の衝突 1 回につき運動量が $2m|v_x|(=mv_x-(-mv_x))$ 変化する。また，ある一定時間 Δt[s]の間に速度成分 v_x を持つ粒子が器壁に衝突する気体粒子の数は，Δt の間に $|v_x|\Delta t$ だけ動くことができるので，器壁から $|v_x|\Delta t$ の距離に存在していて，左に動く粒子が壁に衝突する。器壁の面積を A[m^2]とすると，体積 $A|v_x|\Delta t$[m^3]の中の粒子(左に動いている)はすべて器壁に衝突することとなる。単位体積あたりの粒子数を $N\left(=\dfrac{nN_A}{V}\right)$ 個[7] とすると，気体粒子は無秩序に動いているので粒子の半分が右に動き，半分が左向きに動いているから，時間 Δt の間に器壁と衝突する気体粒子の数は $NA|v_x|\dfrac{\Delta t}{2}$ である。Δt の時間での全気体粒子の運動量変化は，この衝突数に運動量の変化量 $2m|v_x|$ を掛けたものであり，

$$\textbf{全気体粒子の運動量変化} = \frac{1}{2}NA|v_x|\Delta t \times 2m|v_x|$$

$$= NAmv_x^2\Delta t \qquad (5\text{-}2)$$

運動量の変化率(力と同じ。ニュートンの運動の第二法則)[8] はこの運動量を時間 Δt で割ったもので，

$$\textbf{運動量変化率} = \textbf{力} = \frac{NAmv_x^2\Delta t}{\Delta t} = NAmv_x^2 \qquad (5\text{-}3)$$

この力は気体粒子が器壁全体(面積 A)におよぼしているものであるから，気体粒子が器壁にかけている圧力 p (単位面積あたりの力：単位 N/m^2=Pa)は

$$\textbf{圧力}\, p = \frac{NAmv_x^2}{A} = Nmv_x^2 = \frac{nN_A}{V} \times mv_x^2 = \frac{nMv_x^2}{V} \qquad (5\text{-}4)$$

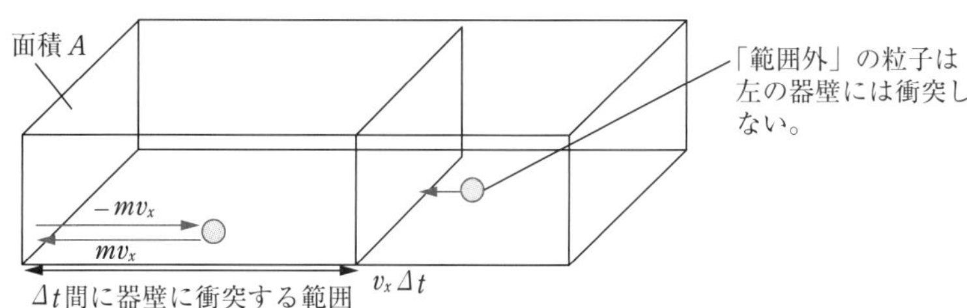

図 5-2 気体粒子の器壁への衝突

[5] **運動量**
運動量とは，運動の勢いを表す量のこと。「質量」×「速度」で定義され，単位は kg･m/s である。

[6] **運動量の変化**
ここでは，器壁は動かず，完全弾性衝突として考えるので，気体粒子の速度の向きは変わっても，大きさは変わらない。衝突前の運動量が $+mv_x$ ならば，衝突後の運動量は $-mv_x$ となる。

[7] ***n*，*N*A，*V***
n はモル数，N_A はアボガドロ数，V は体積を表す。
$n \times N_A$ は全粒子数になる。

[8] **運動の第二法則について**
$F=ma$ という関係。くわしくは，本シリーズ「基礎物理 1」を参照。

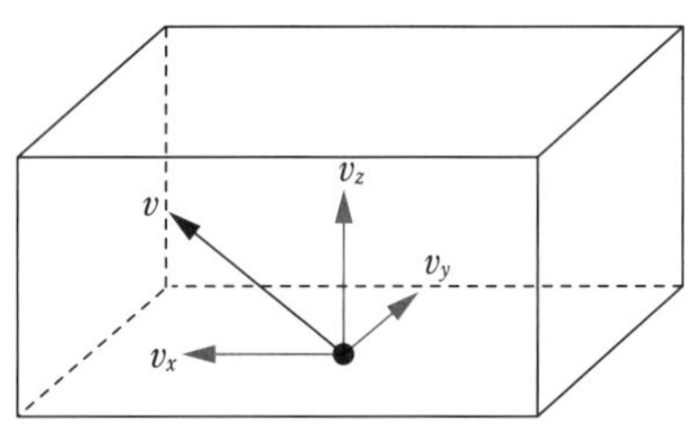

粒子の速度 v を x 軸方向(v_x)，y 軸方向(v_y)，z 軸方向(v_z)の成分に分けると考えやすい。

図 5-3　気体粒子の運動成分

9 分子量になる理由
m は気体粒子1つの質量なので，これがアボガドロ数個だけ集まると，その質量の総和は「分子量」になるのである。

である。ここで M は気体の分子量[9]，V は気体の体積である。

次に x 軸方向だけではなく，y 軸，z 軸方向の運動も考えてみよう(図 5-3)。

気体粒子の運動速度 v(根(こん)平均二乗速度)は $v^2=v_x{}^2+v_y{}^2+v_z{}^2$ で表される。しかし，分子運動は等方的であるから，

$$v_x{}^2 = v_y{}^2 = v_z{}^2 = \frac{v^2}{3} \qquad (5\text{-}5)$$

である。式 5-4 と式 5-5 より，

$$p = \frac{nMv_x{}^2}{V} = \frac{nMv^2}{3V} \qquad (5\text{-}6)$$

がえられる。**理想気体の状態方程式** $p=\dfrac{nRT}{V}$ と式 5-6 より，**根平均二乗速度**は，

$$v = \left(\frac{3RT}{M}\right)^{\frac{1}{2}} \qquad (5\text{-}7)$$

10 運動エネルギー
運動エネルギーは $\frac{1}{2}mv^2$ で定義される。

となる。このことから，**理想気体粒子 1 mol(モル) あたりの運動エネルギー**[10]**は，$E=\frac{1}{2}Mv^2=\frac{3}{2}RT$ となり，運動エネルギーは温度にのみ依存する。つまり，理想気体の温度とは，気体分子の運動エネルギーの指標のことと考えられる。たとえば，300 K(27 ℃)では，その値は $\frac{3}{2}\times 8.3\times 300=3.7$ kJ/mol となる。**

根平均二乗速度 v は，

$v_1, v_2, \cdots, v_N$ は個々の粒子の速度の絶対値

$$v = \left(\frac{v_1{}^2 + v_2{}^2 + \cdots + v_N{}^2}{N}\right)^{\frac{1}{2}} = \left(\frac{3RT}{M}\right)^{\frac{1}{2}} \qquad (5\text{-}8)$$

であるが，単純な平均速度 $\bar{v}$ は，

$$\bar{v} = \frac{v_1 + v_2 + \cdots + v_N}{N} \qquad (5\text{-}9)$$

を計算すると，

$$\bar{v} = \left(\frac{8RT}{\pi M}\right)^{\frac{1}{2}} \qquad (5\text{-}10)$$

となることが知られている。このように，平均速度といっても平均の仕

方によりいろいろな種類がある。

≪マクスウェルの速度分布≫　実際の気体粒子はいろいろな速度で運動しており，ある速度分布を持っている(図 5-4)。ある速度の気体粒子の割合を示した式を**マクスウェルの速度分布**といい，

$$F(v) = 4\pi\left(\frac{M}{2\pi RT}\right)^{\frac{1}{2}} v^2 e^{-Mv^2/2RT} \tag{5-11}$$

で表される。これは，速度 v と $v+dv$ の間にある分子数の割合が，$F(v)dv$ で与えられるということを意味している。$F(v)$は，ある速度を持つ分子数の相対比(存在確率)を表している。

式 5-11 から計算される窒素ガスのいろいろな温度でのマクスウェルの速度分布 $F(v)$を図 5-4 に示す。$F(v)$には最大になる速度があることがわかる。これを**最大確率速度** v_p という。各速度の関係は，

$$v : \bar{v} : v_p = \left(\frac{3RT}{M}\right)^{\frac{1}{2}} : \left(\frac{8RT}{\pi M}\right)^{\frac{1}{2}} : \left(\frac{2RT}{M}\right)^{\frac{1}{2}}$$

$$= 1.00 : 0.921 : 0.816 \tag{5-12}$$

である[11]。

[11] 298 K での窒素分子の各速度
根平均二乗速度 v，平均速度 $\bar{v}$ と最大確率速度 v_p は，
v=515 m/s
$\bar{v}$=475 m/s
v_p=421 m/s

これらの式より気体粒子の速度は，温度の平方根に比例し，その分子量の平方根に反比例することがわかる。気体粒子はいろいろな速度の粒子が空間を乱雑に飛びまわっているが，その速度の数値はどれくらいであろうか。私たちの会話は空気中を伝わって相手に届くが，その速度(音速)は約 340 m/s(約 1224 km/h)とジェット旅客機よりも速い。音は空気の疎密波(そみつは)の振動で伝わるが，振動の伝播(でんぱ)は気体粒子の運動によって生じるのであるから，空気を構成する気体粒子もその程度で運動していることが理解されよう。式 5-7 に実際の数値を入れて計算すると，298 K での酸素分子の根平均二乗速度 v は，480 m/s(=1700 km/h)，水素分子は 1920 m/s(=6900 km/h)である。

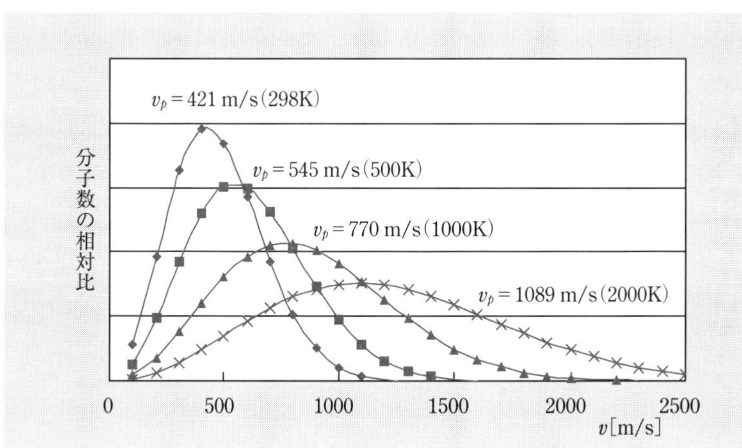

図 5-4　窒素分子のいろいろな温度でのマクスウェルの速度分布

例題 298 K における二酸化炭素の根平均二乗速度 v を求めよ。

（略解） $T=298\ \mathrm{K}$，$R=8.31\ \mathrm{JK^{-1}\,mol^{-1}}$，$M=N_\mathrm{A}m=4.40\times 10^{-2}\ \mathrm{kg\,mol^{-1}}$

$$v=\left(\frac{3RT}{M}\right)^{\frac{1}{2}}=\left(\frac{3\times 8.31\ \mathrm{JK^{-1}\,mol^{-1}}\times 298\ \mathrm{K}}{4.40\times 10^{-2}\ \mathrm{kg\,mol^{-1}}}\right)^{\frac{1}{2}}$$

$$=4.11\times 10^{2}\ \mathrm{ms^{-1}}$$

5-1-3 化学反応と衝突

≪気体粒子の衝突≫ 気体の化学反応は，気体粒子が衝突することから始まる。気体粒子は非常に小さいので，粒子間の衝突はなかなか起きないのでは，とも予想されるが，粒子の数が非常に多ければ衝突は頻繁(ひんぱん)に起こる。では，単位時間にどれくらいの頻度(ひんど)(**衝突頻度** z[回/s])で気体粒子間で衝突が起きているのであろうか。あるいは，衝突してから次の衝突までの時間(飛行時間 $\frac{1}{z}$)はどれくらいであろうか。また，衝突するまでにどれくらい自由に移動(平均自由行程 λ(ラムダ))するのだろうか。たとえば，1 気圧，室温では，空気中の気体粒子の衝突頻度 z は約 7×10^{9} 回 $\mathrm{s^{-1}}$，飛行時間 $\frac{1}{z}$ は 0.1 ns(ナノびょう) 程度，平均自由行程 λ は約 70 nm(ナノメートル) である。ふつうの気体では，分子は 70 nm くらいを 0.1 ns くらいで動いて他の分子と衝突し，化学反応を生じるのである。

さて，**5-1-2** 項まででは，「粒子の大きさは無視できるほど小さい」としていたが，粒子間の衝突を考える場合にはある大きさを考慮しなければならない。直径 d[m]の粒子が，ある方向に速度 v[m/s]で直進する場合を考える。このとき，この粒子に衝突する他の粒子は，図 5-5 からわかるように，進行方向を中心軸とする半径 d の円筒内に中心を持つ粒子である。この円筒の底面の面積 σ(シグマ)$[\mathrm{m^2}]=\pi d^2$ を粒子の**衝突断面積**という。この測定値の例を表 5-2 に示す。

体積 $V[\mathrm{m^3}]$のある気体 B の 1 個の粒子は，円筒内に中心を持つすべての分子と衝突する。粒子が速度 v で Δt[s]の時間，直進したときの円筒の体積 $\pi d^2\bar{v}_\mathrm{rel}\Delta t[\mathrm{m^3}]$ と粒子の体積密度[12] $\frac{nN_\mathrm{A}}{V}$ [個/$\mathrm{m^3}$]より，1 個の粒子の総衝突回数は $\pi d^2\bar{v}_\mathrm{rel}\Delta t\frac{nN_\mathrm{A}}{V}$ [回]となる。ここで $\bar{v}_\mathrm{rel}$ は，運動中の

[12] **体積密度 $\frac{nN_\mathrm{A}}{V}$**
体積 V の中に n モル($n\times N_\mathrm{A}$ 個)の粒子がある場合に，体積密度(単位体積あたりの粒子の個数)は，$\frac{nN_\mathrm{A}}{V}$ で表される。ここで，N_A はアボガドロ数 6.02×10^{23}/mol である。

表 5-2 原子・分子の衝突断面積 σ

化学種	$\sigma/\mathrm{nm^2}$	化学種	$\sigma/\mathrm{nm^2}$
Ar	0.36	CO_2	0.52
C_2H_4	0.64	H_2	0.27
C_6H_6	0.88	He	0.21
CH_4	0.46	N_2	0.43
Cl_2	0.93	O_2	0.40

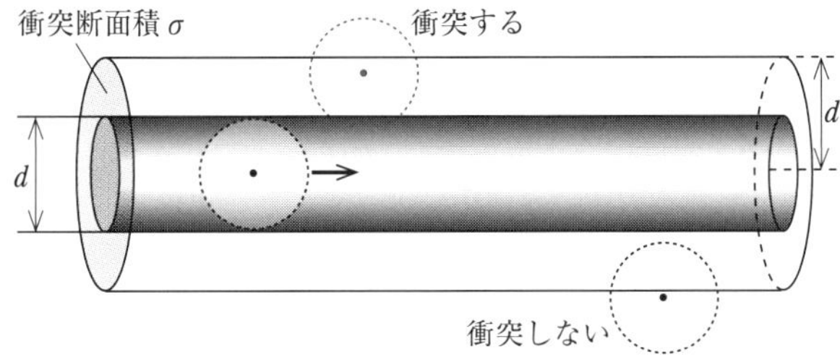

図 5-5　気体粒子の衝突

ある気体から見たときの，他の気体粒子の相対的な平均速度を表している。衝突頻度 z は単位時間あたりの衝突回数であるので[13]

$$z=\frac{\text{総衝突回数}}{\text{時　間}}=\frac{\pi d^2\bar{v}_{\mathrm{rel}}\Delta t\,\dfrac{nN_{\mathrm{A}}}{V}}{\Delta t}=\pi d^2\bar{v}_{\mathrm{rel}}\,\frac{nN_{\mathrm{A}}}{V}$$

$$=\sigma\times\sqrt{2}\,\bar{v}\,\frac{nN_{\mathrm{A}}}{V}=\frac{\sqrt{2}\,\sigma\bar{v}N_{\mathrm{A}}p}{RT}$$

$$\left(\text{理想気体の状態方程式 } pV=nRT \text{ より，} \frac{nN_{\mathrm{A}}}{V}=nN_{\mathrm{A}}\frac{p}{nRT}=\frac{N_{\mathrm{A}}p}{RT}\right) \tag{5-13}$$

となる。したがって，気体粒子の衝突頻度 z は圧力 p[Pa]に比例し，絶対温度 T[K]に反比例する。

また，この衝突頻度 z は，粒子 1 個の単位時間での衝突回数であるが，単位体積あたりでの気体粒子どうしの全衝突数 Z は，

$$Z=\frac{1}{2}z\frac{nN_{\mathrm{A}}}{V}=\frac{1}{2}\left(\sqrt{2}\,\sigma\bar{v}\,\frac{nN_{\mathrm{A}}}{V}\right)\frac{nN_{\mathrm{A}}}{V}=\frac{\sigma\bar{v}}{\sqrt{2}}\left(\frac{nN_{\mathrm{A}}}{V}\right)^2$$

$$=\frac{\sigma\bar{v}}{\sqrt{2}}N_{\mathrm{A}}{}^2\left(\frac{n}{V}\right)^2=\sigma\left(\frac{4RT}{\pi M}\right)^{\frac{1}{2}}N_{\mathrm{A}}{}^2\left(\frac{n}{V}\right)^2$$

$$\left(\text{式 5-10 より，} \bar{v}=\left(\frac{8RT}{\pi M}\right)^{\frac{1}{2}}\right) \tag{5-14}$$

となる。ここで「$\frac{1}{2}$」は，2 つの粒子が 1 つの衝突にかかわるので，衝突を 2 重に数えないために現れる係数である。

≪平均自由行程を求める≫　このように衝突頻度がわかったので，衝突と衝突の間に気体粒子が動く距離(**平均自由行程**)λ（ラムダ）を計算すると，

$$\lambda=\frac{\bar{v}}{z}=\frac{\bar{v}}{\sqrt{2}\,\sigma\bar{v}p\,\dfrac{N_{\mathrm{A}}}{RT}}=\frac{RT}{\sqrt{2}N_{\mathrm{A}}\sigma p}=\frac{RT}{\sqrt{2}N_{\mathrm{A}}\sigma\,\dfrac{nRT}{V}}$$

$$=\frac{V}{\sqrt{2}\,\sigma nN_{\mathrm{A}}}=\frac{1}{\sqrt{2}\,\sigma N_{\mathrm{A}}(n/V)} \tag{5-15}$$

これから，平均自由行程 λ は，温度や粒子の速度に依存せず，ある体積中に存在する気体粒子の数$\left(\text{濃度 } \frac{n}{V}\right)$に反比例することがわかる。

≪単位時間当たりの衝突回数≫　ここまで，気体粒子の衝突について計算してきたが，空気中の気体粒子が壁面に対する衝突数も計算すること

13 平均相対速度 $\bar{v}_{\mathrm{rel}}$ と換算質量

$R=N_{\mathrm{A}}k$ で与えられる k をボルツマン定数と呼ぶ。$k=1.38\times10^{-23}$ J/K は，1 つの原子・分子のエネルギーを扱うときに現れる極めて重要な物理定理である。

気体粒子は，すべて自由に動き回っているので，衝突するときの速度には相対速度を用いる。平均相対速度 $\bar{v}_{\mathrm{rel}}$ は，

$$\bar{v}_{\mathrm{rel}}=\left(\frac{8kT}{\pi\mu}\right)^{\frac{1}{2}}$$

$$=\sqrt{2}\left(\frac{8kT}{\pi m}\right)^{\frac{1}{2}}$$

$$=\sqrt{2}\,\bar{v}$$

平均速度 $\bar{v}=\left(\frac{8kT}{\pi m}\right)^{\frac{1}{2}}$ は，1 分子で考えた場合から得られ，1 mol あたりで考えると，

$$\bar{v}=\left(\frac{8kT}{\pi m}\right)^{\frac{1}{2}}$$

$$=\left(\frac{8kT\times N_{\mathrm{A}}}{\pi m\times N_{\mathrm{A}}}\right)^{\frac{1}{2}}$$

$$=\left(\frac{8RT}{\pi M}\right)^{\frac{1}{2}}$$

となる。

換算質量 μ は

$$\frac{1}{\mu}=\frac{1}{m_1}+\frac{1}{m_2}$$

$$=\frac{m_1+m_2}{m_1m_2}$$

で表される。ここで，粒子をすべて同じ気体粒子と考えると，$m_1=m_2$ であり，

$$\frac{1}{\mu}=\frac{m_1+m_2}{m_1m_2}=\frac{2}{m}$$

となる。

14 壁や表面との衝突

複雑な計算になるので，結果のみを示す。壁との衝突回数 Z_w は，

$$Z_w=\frac{1}{4}\bar{v}\left(\frac{N}{V}\right)$$

である。

$p=1$ atm，$T=300$ K では，容器への衝突は 1 cm^2 あたり毎秒 3×10^{23} 回となる。

ができる(式 5-16)。

$$Z_w=\left(\frac{RT}{2\pi M}\right)^{\frac{1}{2}}\frac{nN_A}{V}=\frac{\bar{v}}{4}\frac{nN_A}{V}=\frac{p\bar{v}}{4kT}=\frac{p}{(2\pi mkT)^{\frac{1}{2}}}$$

$$\left(\frac{nN_A}{V}=N_A\frac{p}{RT}=N_A\frac{p}{N_AkT}=\frac{p}{kT}\right) \qquad (5\text{-}16)$$ [14]

例題 私たちは大気中で生活しているが,そこではつねに皮膚(ひふ)と大気中の粒子の衝突が起きている。1.0 気圧,25 ℃での窒素の平均速度,衝突頻度,平均自由行程と皮膚との衝突総数を求めよ。

(略解) アボガドロ数 $N_A=6.02214\times10^{23}\ \mathrm{mol^{-1}}$, 温度 $T=298$ K, 圧力 $p=1.01325\times10^5$ Pa(パスカル), 気体定数 $R=N_Ak=8.3145\ \mathrm{JK^{-1}\,mol^{-1}}$, 窒素の分子量 $M=2.801\times10^{-2}\ \mathrm{kgmol^{-1}}$, ボルツマン定数 $k=1.38065\times10^{-23}\ \mathrm{JK^{-1}}$, 窒素1分子の質量 $m=4.651\times10^{-26}$ kg

(1) 平均速度は,式 5-10 より

$$\bar{v}=\left(\frac{8RT}{\pi M}\right)^{\frac{1}{2}}=\left(\frac{8\times8.3145\ \mathrm{JK^{-1}\,mol^{-1}}\times298\ \mathrm{K}}{3.1416\times2.801\times10^{-2}\ \mathrm{kg\,mol^{-1}}}\right)^{\frac{1}{2}}$$

$$=\left(2.25\times10^5\ \frac{\mathrm{kgm^2s^{-2}\,K^{-1}\times K}}{\mathrm{kg}}\right)^{\frac{1}{2}}=4.75\times10^2\ \mathrm{ms^{-1}}$$

(2) 衝突頻度は,式 5-13 より

$$z=\frac{\sqrt{2}N_A\sigma\bar{v}p}{RT}$$

$$=\frac{\sqrt{2}\times(6.022\times10^{23}\ \mathrm{mol^{-1}})\times(0.43\times10^{-18}\ \mathrm{m^2})\times(4.75\times10^2\ \mathrm{ms^{-1}})\times(1.01325\times10^5\ \mathrm{Pa})}{(8.3145\ \mathrm{Pa\,m^3\,K^{-1}\,mol^{-1}})\times(298\ \mathrm{K})}$$

$$=7.11\times10^9\ \mathrm{s^{-1}}$$

(3) 平均自由行程は,式 5-15 より,

$$\lambda=\frac{\bar{v}}{z}=\frac{4.75\times10^2\ \mathrm{ms^{-1}}}{7.11\times10^9\ \mathrm{s^{-1}}}=6.7\times10^{-8}\ \mathrm{m}=67\ \mathrm{nm}$$

(4) 皮膚との衝突総数は,

$$Z_w=\frac{p\bar{v}}{4kT}=\frac{(1.01325\times10^5\ \mathrm{Pa})\times(4.75\times10^5\ \mathrm{ms^{-1}})}{4\times(1.38065\times10^{-23}\ \mathrm{JK^{-1}})\times(298\ \mathrm{K})}$$

$$=2.92\times10^{27}\ \mathrm{m^{-2}\,s^{-1}}=2.92\times10^{23}\ \mathrm{cm^{-2}\,s^{-1}}$$

5-1-4 化学反応と状態変化にともなうエネルギー

ここでは,**熱力学の第一法則=エネルギー保存の法則**を基礎にしてエネルギーの保存を考えていこう。熱力学の第一法則は,人類の長い歴史の間のさまざまな観測において矛盾が見いだされていない最も基本的な法則である。エネルギーには,**5-1-1** 項で述べたように力学エネルギー・電気エネルギー・熱エネルギー・光エネルギー・化学エネルギー・核(原子力)エネルギーなどいろいろの形があるが,エネルギーの

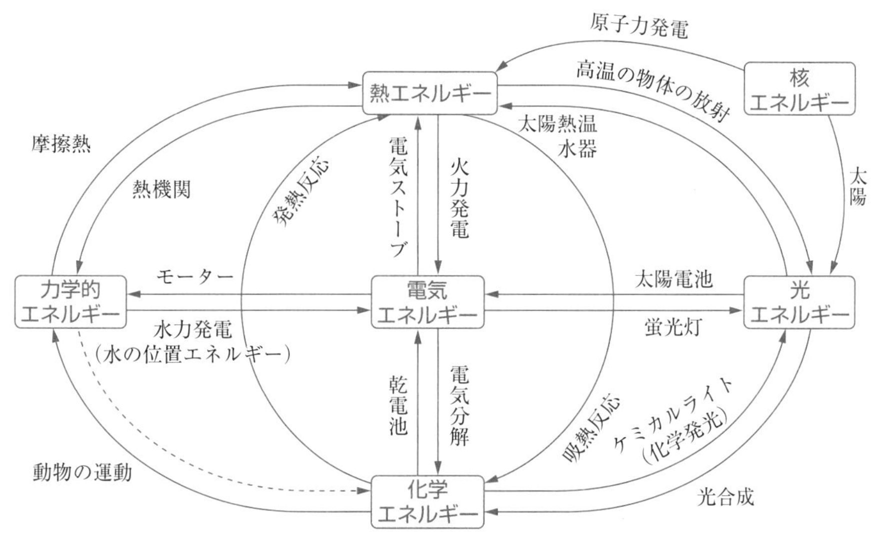

図 5-6　さまざまなエネルギーの変換

保存の法則を保ちながら相互に変換することができる。たとえば料理や暖房のために都市ガスや石油を燃焼させているが，これは化学エネルギーを熱エネルギーに変換して利用している例である。自動車においてもガソリンの燃焼により，ガソリン(炭化水素化合物)の化学エネルギーを力学的(機械的)エネルギーに変換して利用しているのである。このような変換はどのような対応関係にあるのだろうか。蒸気機関を思い浮かべればわかるように，熱エネルギーは力学的エネルギーに，力学的エネルギーは熱エネルギーに変換できるが，それぞれのエネルギーの単位(cal と J)は，別々に定義されてきている。その関係として，熱エネルギー q[cal]と力学的エネルギー w[J]は[15]，

$$w = J \times q \quad (J = 4.184\ \mathrm{J/cal}：熱の仕事当量) \tag{5-17}$$

の関係があることがイギリスのジュール(J. Joule)によって明らかにされた。

これらさまざまなエネルギーを利用して私たちの社会が支えられているが，最近はエネルギーの大規模な利用により，地球環境にまで影響を与えるような問題が生じてきている。私たちの社会生活のレベルを下げることは困難なので，有効な問題解決の手段はエネルギーの効率的な利用である。エネルギーとは「仕事を取り出せる能力」である。機械を動かすなどの仕事を考えると，電気エネルギーや力学エネルギーは，そのエネルギーをすべて仕事に変換することが原理的には可能であるが，熱エネルギーの仕事への変換効率は一般に低い。たとえば，熱エネルギーの電気エネルギーへの変換(発電)において，変換効率は1956年には25%であった。それでも技術者たちの努力によって，2001年には40%を超えるようになった。

[15] 熱と運動の関係
1849年にジュールは，実験により，1 cal=4.154 J の値を得た。現在使われている値 1 cal=4.184 J に極めて近いことがわかる。下の図はジュールが実験に用いた装置のモデル図である。

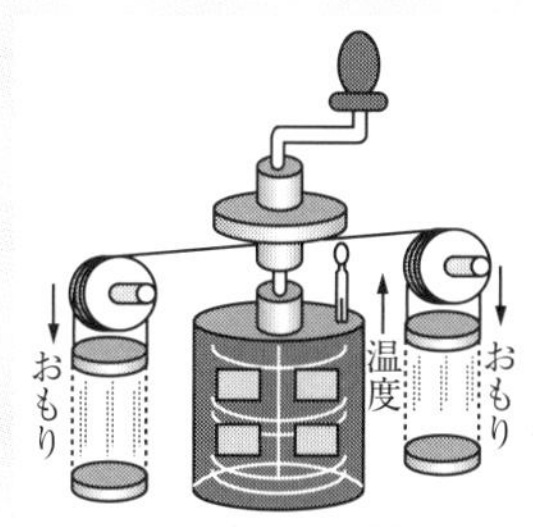

5-1-5 熱力学第一法則

≪熱力学第一法則≫　現代生活は，石油・石炭など化石燃料の持つ化学エネルギーを燃焼により熱エネルギーに変え，それを変換して得られる電気エネルギーによって支えられている。これは，化石燃料の持つ化学エネルギーが熱エネルギーを経て電気エネルギーに変換されたことを示している。このようにエネルギーの変換を扱う学問体系を**熱力学**，その中で物質の状態変化や化学変化に応用したものを**化学熱力学**という。化学熱力学では，注目している部分とその周囲との間でのエネルギーのやりとりを扱う。注目している部分を**系**，その周囲を**外界**と呼ぶ。たとえば恒温水槽の中のビーカー中で化学反応を行う場合，ビーカー中の化学物質が系で，恒温水槽が外界である。

系の全エネルギー(たとえば，分子の運動エネルギーや結合エネルギー)を**内部エネルギー**と呼び，関数 U で表す。内部エネルギーの絶対値は測定できないが，その変化は測定することができる。系と外界の間を移動するエネルギーは熱 q と仕事 w に分けて考えられるので，系の**内部エネルギー変化** $\boldsymbol{\Delta U}$ は

$$\Delta U = w + q \qquad (5\text{-}18)$$

となる。この式は**熱力学第一法則**の数学的表現であり，エネルギーの総和は一定に保たれることを示している。

化学反応では内部エネルギーの増減に注目する。エネルギーの正負の符号は系を中心に考えるので，系に外界からエネルギーが移動した場合を**正**($\boldsymbol{\Delta U > 0}$)，系から外界にエネルギーが移動した場合は**負**($\boldsymbol{\Delta U < 0}$)となるように書く。熱や仕事の符号も系を中心に考えるので，系のエネルギーを増やす方向に働くものを正にとる。

≪エンタルピー≫　これまで述べてきたように，分子どうしが衝突すると化学反応が起こる。化学反応が起こると熱が放出または吸収される。この熱を**反応熱** $\boldsymbol{Q}$ という。これは，次の式のように，化学反応により物質が変化すると，反応物と生成物の持つ化学エネルギーに差が生じるためである。この差が熱エネルギーとして放出または吸収される。化学反応は，熱エネルギーの放出，吸収により図5-7に示すような2つの反応に分類される。

発熱反応：反応物 ＝ 生成物 ＋ $\boldsymbol{Q}$　　(5-19)

吸熱反応：反応物 ＝ 生成物 － $\boldsymbol{Q}$　　(5-20)

発熱反応では，エネルギーが「高→低」のように進むので，余分なエネルギーが熱の形で放出(発熱)される。反対に，吸熱反応では，エネルギーが「低→高」のように進むので，熱の形でエネルギーを吸収(吸熱)する必要がある。

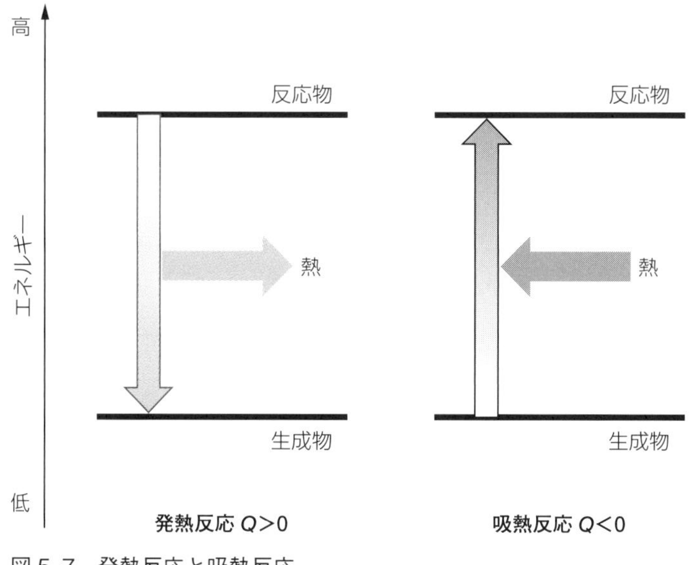

図 5-7　発熱反応と吸熱反応

圧力が一定の状態で起こる変化（定圧変化）で生じる出入りする熱を**エンタルピー H**[16]といい，次のように定義する。

$$H = U + PV \tag{5-21}$$

もし気体が発生する化学反応や物理変化であれば，発生するエネルギーの一部が膨張の仕事（$w = P\Delta V$）に使われる。一般的な実験は大気圧下で行われることが多く，反応熱を扱う際に膨張による仕事を考慮する必要がある。エンタルピーを用いることで，膨張の仕事を考慮するわずらわしさを避けることができる。

≪熱力学方程式とエンタルピー変化≫　一定の圧力下で起こる化学反応に伴う熱エネルギーの放出や吸収は，エンタルピー変化（ΔH）として表される。化学反応式とその反応で起きるエンタルピー変化を同時に付記したものを**熱化学方程式**（または化学方程式）と呼ぶ。熱化学方程式の ΔH は重要な性質として加成性を持つ。

1 mol の水が水素ガスと酸素ガスから生成するとき 286 kJ の熱が出る。これをエンタルピー変化を用いた熱化学方程式で示す。

$$H_2(g) + \frac{1}{2} O_2(g) \longrightarrow H_2O(l) \quad \Delta H = -286\ \text{kJ} \tag{5-22}$$

この式は通常の化学反応式と異なり，反応物あるいは生成物の状態を明記しなければならない。(g) は気体，(l) は液体，(s) は固体を表す。かつて高校化学の教科書では反応物と生成物を等号（＝）で結んでいたが，通常の化学反応式と同様に矢印（→）で反応の方向を示す。また，エンタルピー変化を式の右端に示し，発熱反応のエンタルピー変化は負の値（$\Delta H < 0$），吸熱反応のエンタルピー変化は正の値（$\Delta H > 0$）になる。反応熱とエンタルピー変化では正負の符号が逆になることに注意しなけ

[16] エンタルピー
熱力学で使われる用語で，一定圧力下の反応や状態変化におけるエネルギーのこと。化学反応や状態変化は，一定の圧力のもとで生じることが多いので，そのときのエネルギー変化を考慮するのに重要な量である。一定圧力下（p [Pa]）の反応では，1 mol あたりの体積 V[m^3/mol] が変化する場合があり，熱の発生・吸収などとともに膨張・収縮などで物質のエネルギー pV[J/mol] が使われる。そのため，内部エネルギーだけを考えるのではなく，pV も足し合わせたエネルギーとして，エンタルピー H を考える。
エンタルピーは，内部エネルギーを U[J/mol] とすると，
$H = U + pV$
と定義される。エンタルピーの単位は J/mol である。

ればならない。化学反応を理解する上で重要ないくつかのエンタルピー(変化)を分類する。

燃焼エンタルピー　1 mol の物質を酸素で完全に燃焼したときのエンタルピー変化 $\Delta_c H$[17]

$$CH_3OH(l) + O_2(g) \longrightarrow CO_2(g) + 2\,H_2O(l) \quad \Delta_c H = -286\ \mathrm{kJ} \tag{5-23}$$

生成エンタルピー　単体から 1 mol の物質を生成するときのエンタルピー変化 $\Delta_f H$[18]

$$Na(s) + Cl_2(g) \longrightarrow NaCl(s) \quad \Delta_f H = -411\ \mathrm{kJ} \tag{5-24}$$

溶解エンタルピー(希釈エンタルピー)　物質が多量の溶媒に溶解するときのエンタルピー変化 $\Delta_{sol}H$[19]，濃厚溶液を溶媒で希釈するときのエンタルピー変化 $\Delta_{dil}H$[20]((aq)は希釈水溶液を表す)

$$H_2SO_4(l) + aq \longrightarrow H_2SO_4(aq)\,\Delta_{sol}H = +95\ \mathrm{kJ} \tag{5-25}$$

次に，状態変化にともなうエンタルピー(変化)を分類する。

融解エンタルピー(状態変化)　1 mol の固体が融解して液体になるときのエンタルピー変化 $\Delta_{fus}H$[21]

$$H_2O(s) \longrightarrow H_2O(l) \quad \Delta_{fus}H = +6\ \mathrm{kJ} \tag{5-26}$$

蒸発エンタルピー(状態変化)　1 mol の液体が蒸発して気体になるときのエンタルピー変化 $\Delta_{vap}H$[22]

$$H_2O(l) \longrightarrow H_2O(g) \quad \Delta_{vap}H = +44\ \mathrm{kJ} \tag{5-27}$$

昇華エンタルピー(状態変化)　1 mol の固体が昇華して気体になるときのエンタルピー変化 $\Delta_{sub}H$[23]

$$H_2O(s) \longrightarrow H_2O(g) \quad \Delta_{sub}H = +50\ \mathrm{kJ} \tag{5-28}$$

≪ヘスの法則≫　このようなさまざまな反応や状態変化の観察によって，物質が変化する際に，それにともなう反応熱の大きさは，反応物と生成物の種類と状態だけで決まり，その反応経路には無関係であるという「**ヘスの法則**」が導き出される(図 5-8)。

たとえば，式 5-26，5-27，5-28 から，水が「固体状態から気体状態に変化する際に吸収する熱量(50 kJ)」は，「固体から液体への変化(融解(ゆうかい)：6 kJ)を経て，液体から気体に変化(蒸発：44 kJ)するために必要な合計の熱量(6 kJ＋44 kJ＝50 kJ)」は等しい。このように，反応の経路が異なっても，始めと終わりの物質と状態が決まっていれば，その変化を生じるのに必要な全部の熱エネルギーは等しい(図 5-8)。

ヘスの法則を応用することにより，直接，測定することが困難な反応の反応熱や生成熱，燃焼熱などを容易に求めることができる。

具体的に炭素の燃焼で二酸化炭素が生成される場合を検討してみよう。炭素が燃焼(酸素と結合)すると，最終的に二酸化炭素が生成(式 5-29)する。そのときの反応熱(394 kJ)は測定されている。その際に一酸

[17] **燃焼エンタルピー**
$\Delta_c H$；下付の c は燃焼(combustion)を表す。

[18] **生成エンタルピー**
$\Delta_f H$；下付の f は生成(formation)を表す。

[19] **溶解エンタルピー**
$\Delta_{sol}H$；下付の sol は溶解(solution)を表す。

[20] **希釈エンタルピー**
$\Delta_{dil}H$；下付の dil は希釈(dilution)を表す。

[21] **融解エンタルピー**
$\Delta_{fus}H$；下付の fus は融解(fusion)を表す。

[22] **蒸発エンタルピー**
$\Delta_{vap}H$；下付の vap は蒸発(evaporation)を表す。

[23] **昇華エンタルピー**
$\Delta_{sub}H$；下付の sub は昇華(sublimation)を表す。

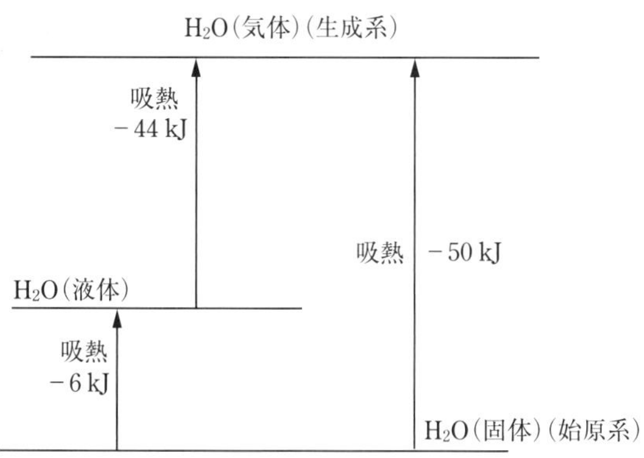

図 5-8　水の状態変化とそれにともなう熱量

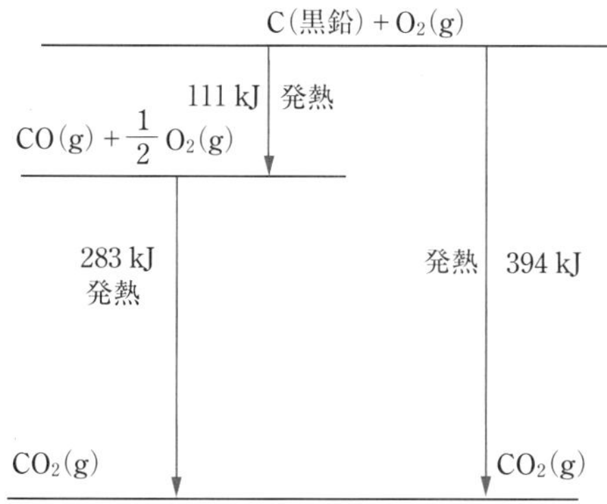

図 5-9　炭素の燃焼による一酸化炭素の生成熱

化炭素も生成(式 5-30)するが，その生成熱は明らかではない。一酸化炭素が燃焼して二酸化炭素になるときの反応熱(283 kJ)は与えられている。そのときは，間接的に「一酸化炭素の生成熱」を以下のように計算することができる(図 5-9 参照)。

一酸化炭素の生成熱 ＝ (式 5-29) − (式 5-30) ＝ (式 5-31)

$$\text{C(黒鉛)} + O_2(g) \longrightarrow CO_2(g) \quad \Delta H = \overset{\text{発熱}}{-394\ \text{kJ}} \tag{5-29}$$

$$\text{CO(g)} + \frac{1}{2}O_2(g) \longrightarrow CO_2(g) \quad \Delta H = \overset{\text{発熱}}{-283\ \text{kJ}} \tag{5-30}$$

$$\text{C(黒鉛)} + \frac{1}{2}O_2(g) \longrightarrow \text{CO(g)} \quad \Delta H = \underset{(394-283)\,\text{kJ}}{\overset{\text{発熱}}{-111\ \text{kJ}}} \tag{5-31}$$

≪標準生成エンタルピーと反応エンタルピー≫　標準状態(298 K，1 bar)にある元素から，標準状態にある化合物 1 mol を生成するときの標準エンタルピー変化 ΔH°[24]を**標準生成エンタルピー**といい $\Delta_f H^\circ$ で表す。化学反応によるエンタルピー変化 $\Delta_r H$[25]を**反応エンタルピー**といい，生成物と反応物の生成エンタルピーの差で表すことができる。つまり，生成エンタルピーを組み合わせれば，どんな反応のエンタルピー変化も

[24] 標準状態の記号
標準状態を示す場合は「°」という記号をつける。

[25] 反応エンタルピー $\Delta_r H$
下付の $_r$ は反応(reaction)を表す。

たちまち計算できるので便利である。

たとえば，一酸化炭素の生成熱を求める場合には生成物である一酸化炭素 CO_2 の標準生成エンタルピーから，黒鉛と $\frac{1}{2}$ 分子の酸素の標準生成エンタルピーの総和を引き算して求めればよい。

$$\mathrm{C(黒鉛)} + \frac{1}{2}\mathrm{O_2(g)} \longrightarrow \mathrm{CO(g)}$$

$\Delta_f H^\circ$ C(黒鉛)；0 kJ mol^{-1}，$\Delta_f H^\circ$ O(g)；0 kJ mol^{-1}，$\Delta_f H^\circ$ CO(g)；−111 kJ mol^{-1}

$\Delta_r H^\circ = (-110) - (0 + \frac{1}{2} \times 0) = -110\ \mathrm{kJ\ mol^{-1}}$ [26]

[26] 標準反応エンタルピー $\Delta_r H^\circ$
すべての反応物と生成物が標準状態にあるとし，指定した物質 1 mol が反応に関与するときのエンタルピー変化。

ヘスの法則では間接的に反応熱を求めたが，この方法では化合物の標準生成エンタルピーのデータがあれば目的の反応熱を直接計算できることが理解できるであろう。

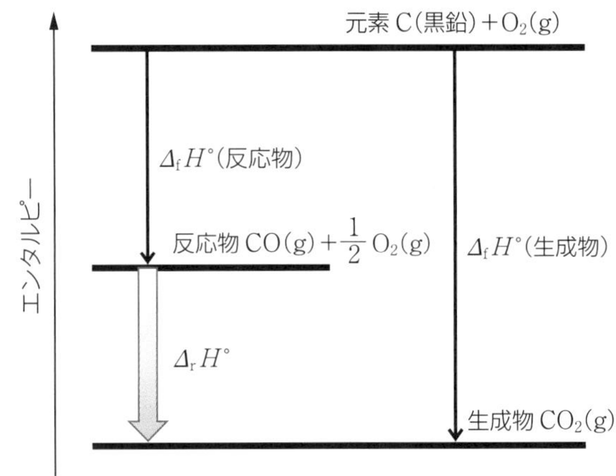

図 5-10　標準生成エンタルピーと標準反応エンタルピー

ドリル問題 5-1

1. 1.0 気圧，100 ℃ での水蒸気中の水分子の平均速度を求めよ。
2. メタノールの燃焼熱は，726 kJ の発熱反応である。一酸化炭素と水素からのメタノール生成反応は，発熱反応か，吸熱反応か。
3. プロパンの燃焼熱は，2220 kJ の発熱反応である。プロパンの生成熱を求めよ。
4. 1.0 気圧，30 ℃ での酸素の平均速度，根平均二乗速度，衝突頻度，平均自由行程，壁面との衝突総数を求めよ。
5. メタン CH_4 の標準燃焼エンタルピーを求めよ。メタン，酸素，二酸化炭素，水の標準生成エンタルピーはそれぞれ −74 kJmol^{-1}，0 kJmol^{-1}，−394 kJmol^{-1}，−286 kJmol^{-1} である。

5-2 熱力学第二法則

5-2-1 自然現象の変化の方向

自然現象の中で次のことはどのように考えたらよいだろうか。

コップの中に入っている水の左半分から熱エネルギーが右半分に移動し，右半分の温度が上がって沸騰し，左半分は温度が下がって氷になる(図 5-11)というようなことは，エネルギー保存則(熱力学の第一法則)に矛盾しないが，自然現象の中で生じることは決してない。つまり自然界はエネルギー保存則以外に現象の進行方向を決める別の法則がある。それは**熱力学の第二法則**である。熱力学の第二法則は定性的表現をすると，「エネルギーや物質粒子の配置は平均化する傾向にある」ことで，エネルギーや粒子配置の分配数を示す指標として**エントロピー**[1]という量を導入すると，第二法則は「**宇宙のエントロピーは自然に増加(平均化)する傾向にある**」ということもできる。化学反応も含めあらゆる自然現象，変化について，エントロピーを考える必要がある。自然現象

[1] **エントロピー**
エントロピーの値(絶対値)を求めることもあるが，一般にはエントロピーの変化量が「正か負か」を問題にすることが多い。

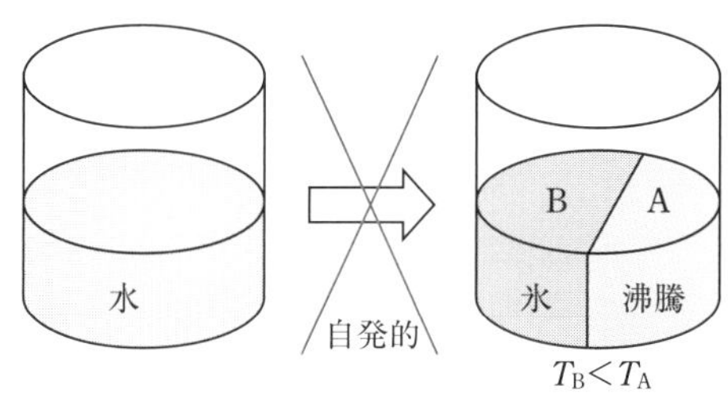

図 5-11　自然に放っていたら，水が「氷と熱湯」になる？

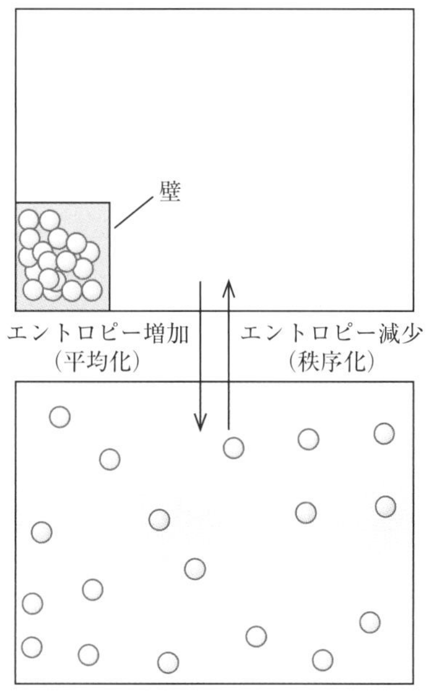

図 5-12　秩序と平均化

は，なるべく平均化の方向に進むということは，見方によれば「均質化」といってもよい。また，「乱雑になる」，「無秩序になる」，「でたらめになる」などという言い方をすることもある。

また，私たちのまわりを見渡しても，図 5-12 のように壁により 1 か所に集められていた気体分子(上)は，壁を取り去ると，空間全体に拡散する(下)ことはあっても，何らかの仕事をしないでその逆の現象が起こることはない。これも自然界では平均化・均質化の方向に現象が進行する 1 つの表れである。ここでは，エントロピーのくわしい解説はしないが，「ある物体は，置かれた状態に応じて決まったエントロピーを持っている」としておこう。大まかな概念として，ある温度 T[K]の物体の熱エネルギーが Δq[J/mol]だけ変化した場合に，その物体のエントロピーは，

$$\Delta S = \frac{\Delta q}{T} \tag{5-32}$$

だけ変化したという。単位は $\mathrm{JK^{-1}\,mol^{-1}}$ である。

温度 T_A の物体 A と温度 T_B の物体 B を接触させたとすると，A と B をまとめて 1 つの物体と考えられる。$T_A > T_B$ ならば，ある熱量 Δq が A から B に移動すると

$$\Delta S = \frac{\Delta q}{T_B} - \frac{\Delta q}{T_A} > 0 \tag{5-33}$$

となり，エントロピーが増加することになるから，この現象が進行することになる(図 5-11)。

たとえば，温度一定の変化の場合，「エントロピー増加」ということは，「Δq が増加」ということで，「より状態が変化した(平均化した)」という意味になる。

5-2-2 化学反応の変化の方向

たとえば，2 種類の物質の化学変化を考えるとき，単にエネルギーを考えただけでは，合成が起こるか分解が起こるか，変化の方向まではわからない。

どのような自然現象に対しても，変化はエネルギーが小さく，エントロピーが大きくなる方向に起こるということはいえる。それでは，ある反応が起こるとして，エネルギーが増えてしまうがエントロピーも増えるというとき，その変化は起こるのかどうかということは，どのように考えればよいだろうか。

このような場合，**エンタルピー** H と **5-2-1** 項で触れた**エントロピー** S を同時に考えると，変化の方向を決めることが可能となる。

具体的には，**ギブスの自由エネルギー**

$$G = H - TS \tag{5-34}$$

を導入することにより，反応の方向性を決めることができる。

ある反応によって，ある物質Aが別の物質Bに変化したとする。物質A，Bのギブスの自由エネルギーをG_A，G_Bとすると，反応における自由エネルギーの変化ΔGは，

$$\Delta G = G_B - G_A \tag{5-35}$$

で与えられる[2]。

$$\Delta G = \Delta H - T\Delta S \tag{5-36}$$

($\Delta H = H_B - H_A$，$\Delta S = S_B - S_A$，添字A，Bは各物質を表す)

このとき，

$\Delta G < 0$　自発変化(AからBへの反応が起こる。Bの方が安定)

$\Delta G = 0$　平衡(AとBが平衡状態にある)

$\Delta G > 0$　AからBへの自発変化が起こらない。(Aの方が安定)

とまとめることができる[3]。

≪水の状態変化≫　具体的に，まず，水の状態について考えてみよう。

水は1気圧下においては，100℃で沸騰する。これは，100℃において，水H_2O(l(リキッド)，1気圧：A)と水蒸気H_2O(g(ガス)，1気圧：B)が平衡状態にあることを意味する。このときの水Aから水蒸気Bへの自由エネルギー変化は$\Delta G=0$である。

$$H_2O(\text{l, 1 気圧}) \longrightarrow H_2O(\text{g, 1 気圧}) \tag{5-37}$$

100℃付近における水Aと水蒸気Bの自由エネルギーの差$\Delta G(=G_{水蒸気}-G_{水})$は，

$T<100$℃のときに，$\Delta G(=G_{水蒸気}-G_{水})>0$となり，水Aが安定で，B→Aの変化(凝縮)が起こる。

$T=100$℃のときに，$\Delta G(=G_{水蒸気}-G_{水})=0$となり，水Aと水蒸気Bが平衡状態。

$T>100$℃のときに，$\Delta G(=G_{水蒸気}-G_{水})<0$となり，水蒸気Bが安定で，A→Bの変化(蒸発)が進行する。

となる。

≪アルミニウムの酸化≫　次は，アルミニウムの酸化反応について考えてみよう。酸化反応は，

$$4\,Al(s) + 3\,O_2(g) \longrightarrow 2\,Al_2O_3(s) \tag{5-38}$$

(s：ソリッド，g：ガス)

と書くことができる。Al，O_2，Al_2O_3のエンタルピー，エントロピーは，化学便覧などに載せられている値を見てほしい。

$\Delta G=\Delta H-T\Delta S$を計算するために，式5-38の左から右への変化におけるΔHとΔSを求める。

$$\Delta H = 2\times H_{Al_2O_3} - (4\times H_{Al} + 3\times H_{O_2})$$
$$= 2\times(-1675.7\ \text{kJ mol}^{-1}) - (4\times 0 + 3\times 0) = -3351.4\ \text{kJ mol}^{-1}$$

[2] **G_A，G_Bの値について**

これらの計算に用いる物質(およびその状態)のギブスの自由エネルギーG_A，G_B(およびエンタルピーとエントロピー)は，化学便覧などの成書にまとめられているので，参考にされたい。

一応，Gについて簡略な定義をしてあるが，だいたいのイメージをつかんでもらえればよく，ここではあまり深く考えない方がよい。

実際に利用する際には，成書から各物質のGを調べて，その差からΔGを求めて結果を使えばよいだけである。

[3] **ギブスの自由エネルギーの利点**

ここが，この5-2節の最大のポイントである。成書で物質のGを調べて，ΔGを求め，3通りのどれにあてはまるか考えられればよい。

ΔGを求めることで，「反応の方向が推定できる」あるいは「反応させてみた後にその方向に理由付けができる」といった使い方ができる。

ようするに，「反応」と「エネルギー」には密接な関係があるので，エネルギーの変化を見ることが大切であることがわかってもらえればよい。

$$\Delta S = 2 \times S_{Al_2O_3} - (4 \times S_{Al} + 3 \times S_{O_2})$$

$$= 2 \times (50.92\ \mathrm{JK^{-1}\ mol^{-1}}) - (4 \times (28.33\ \mathrm{JK^{-1}\ mol^{-1}}) + 3 \times (205.14\ \mathrm{JK^{-1}\ mol^{-1}}))$$

$$= -626.90\ \mathrm{JK^{-1}\ mol^{-1}} = -0.62690\ \mathrm{kJK^{-1}\ mol^{-1}}$$

これらの ΔH と ΔS の値から計算すると，$T = 298$ K のときに

$$\Delta G = \Delta H - T\Delta S = -3351.4\ \mathrm{kJ\ mol^{-1}} - 298\ \mathrm{K} \times (-0.62690\ \mathrm{kJ\ K^{-1}\ mol^{-1}})$$

$$= -3351.4\ \mathrm{kJ\ mol^{-1}} - (-298 \times 0.62690\ \mathrm{kJ\ mol^{-1}})$$

$$= -3351.4\ \mathrm{kJ\ mol^{-1}} + 186.8\ \mathrm{kJ\ mol^{-1}} = -3164.6\ \mathrm{kJ\ mol^{-1}}$$

となり，$\Delta G < 0$ である。この結果より，アルミニウムの酸化反応(温度298 K)では，反応が自発的に起こることがわかる。また，$\Delta H < 0$ は，定圧下では酸化反応で内部エネルギーが過剰にあって放出されているということ，すなわち，発熱反応であることを示している。

しかし，実際の現象としてアルミ箔について考えてみると，298 K(25℃)においてもアルミニウムすべてが酸化アルミニウム(Al_2O_3)になっているわけではない。これは，アルミ箔の表面に酸化アルミニウム(Al_2O_3)の膜が生成し，内部のアルミニウムを保護して，それ以上，アルミニウムと酸素との反応(酸化反応)を進行させないからである。このように，いろいろな要因により実際の反応の説明にはなりにくい場合もあるが，自由エネルギー変化を考えることにより，その反応の進行の可能性を考えることが可能となる。

5章 演習問題

1. 過酸化水素の分解反応は発熱反応か，吸熱反応か。

2. 実験室用として最高の真空ポンプは，約1 nTorr(ナノトール)をつくりだす(760 Torr＝1.01325×10^5 Pa)。25℃，1.0 nTorr(ナノトール)で，(a)ヘリウム原子の平均速度，(b)平均自由行程，(c)衝突頻度を計算せよ。なお，ヘリウムの衝突断面積 δ(シグマ)$= 0.21\ \mathrm{nm^2} = 2.1 \times 10^{-19}\ \mathrm{m^2}$ で，
$1.0\ \mathrm{nTorr} = 1.0 \times 10^{-9}\ \mathrm{Torr} = 1.0 \times 10^{-9} \times 1.01325 \times 10^5/760\ \mathrm{Pa} = 1.33 \times 10^{-7}\ \mathrm{Pa}$ とする。

3. エタノール C_2H_5OH の標準燃焼エンタルピーを求めよ。
メタノール，酸素，二酸化炭素，水の標準生成エンタルピーはそれぞれ$-277\ \mathrm{kJmol^{-1}}$，$0\ \mathrm{kJmol^{-1}}$，$-394\ \mathrm{kJmol^{-1}}$，$-286\ \mathrm{kJmol^{-1}}$ である。

4. プロパンの生成熱を調べ，それをもとにプロパンの燃焼熱を計算せよ。

5. エタノールの凝固点を求めよ。エタノールの標準融解エントロピー $\Delta_{fus}S^\circ$ は $29.0\ \mathrm{JK^{-1}mol^{-1}}$，標準融解エンタルピー $\Delta_{fus}H^\circ$ は $4.60\ \mathrm{kJmol^{-1}}$ である。

6. 次の反応の298 Kでのギブスエネルギー変化 ΔG を計算せよ。さらに，反応が進行するかどうか判定せよ。

$$N_2(g) + 3\,H_2(g) \longrightarrow 2\,NH_3(g)$$

$$\Delta_r H^\circ = -46.11\ \mathrm{kJ\ mol^{-1}},\ \Delta_r S^\circ = -99.38\ \mathrm{JK^{-1}\ mol^{-1}}$$

6 反応の速さと平衡・酸と塩基・酸化還元

6-1 反応速度

6-1-1 化学反応の速さ

≪化学反応の速さ≫ ほんのつかの間夜空を彩(いろど)る打ち上げ花火，一瞬にして起こるガスの爆発，鉄くぎ表面に次第に現れてくる茶色のさび，セメントの固化など，われわれが日常見たり経験したりする現象であるが，これらには共通して**化学反応**が起こっている。花火，ガス爆発では，それぞれ火薬と酸素，ガスと酸素との急激な反応が起こっているし，さびは鉄と酸素との極めてゆっくりとした反応により生成する。セメントはその成分と水とのあまり速くない反応によって固まっていく。水は酸素と水素が反応するとできることはよく知られているが，水素と酸素の気体を混ぜてそのままにしておいても，おそらくほとんど水はできない。このように一口に「化学反応」といっても，一瞬にして起こるものから長い時間をかけて起こるもの，さらには時間をかけても起こりにくいものまでさまざまである。

われわれは多くの化学製品，すなわち化学反応を利用して工業的につくられた物質を使っている。化学反応を利用して有用な物質をつくる場合，より効率よく(温度や圧力を高くせずにより速く，より大量に)目的物質ができることが望ましい。この意味で，化学反応がその速さも含め，どのように起こるのかを知ることは，極めて重要である。この節では，この化学反応の速さについて，その基礎的なことを学ぼう。

≪化学反応の速さの表し方≫ 化学反応の速さはさまざまであるが，反応の速さをどのように考え，表したらよいのであろうか。

まず，身近な自動車の速さについて考えてみよう。たとえば，時速80 km(80 km/h)という言い方をするが，これはいうまでもなく，1時間に自動車が80 km動くということで，80 kmは単位時間(この場合は1時間)に移動する距離を表している。では，化学反応の場合にはどのように考えたらよいだろうか。

化学反応とは，一口でいえば，ある物質が別の物質に変化することである。最も単純化して，次式のように物質Aが物質Bに変化する場合を考えてみよう。

$$\underset{\text{反応物}}{\mathrm{A}} \longrightarrow \underset{\text{生成物}}{\mathrm{B}} \qquad (6\text{-}1)$$

時間が経過し，反応が進むにつれ，A(**反応物**)は減り，B(**生成物**)が

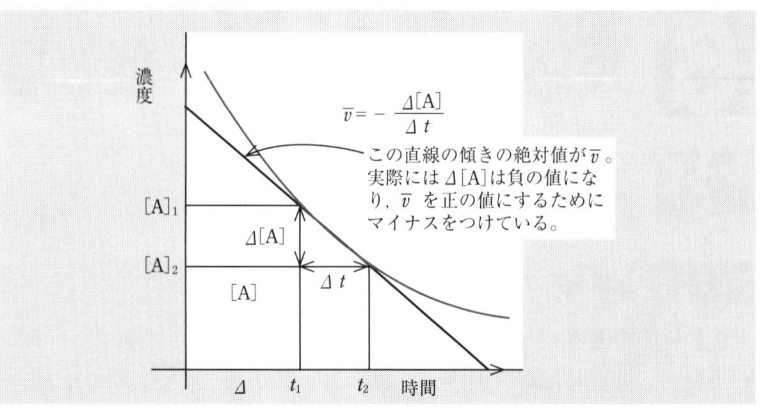

図 6-1　濃度と反応速度

増えていくことになる。したがって，時間の経過にともなう物質量の変化に注目すれば，自動車の速さと同じように，化学反応の速さが表せそうである。つまり，単位時間に変化する物質量（A の減少量，B の増加量）が化学反応の速さに相当すると考えられる。実際には，物質量の変化ではなく，濃度変化が使用され，単位時間における濃度変化で化学反応の速さを表す[1]。これまで「速さ」といってきたが，A から B の方向への変化（**反応速度**）という意味で，これからは「**速度**」という言い方を使うことにする[2]。

反応速度について式 6-1 をもとにして，もう少し具体的に考えてみよう。物質の濃度は[A]，[B]のように表す[3]。まず，A に注目してみよう。図 6-1 に示すように，反応開始後の時刻 t_1 における反応物 A の濃度を $[A]_1$ とし，時刻 t_2 になったとき，濃度が $[A]_2$ まで低下したとしよう。このとき時刻 t_1 から時刻 t_2 における単位時間あたりの A の**平均濃度変化**（**平均反応速度**）$\bar{v}$ [$\mathrm{molL^{-1}\,s^{-1}}$]は，次のようになる[4]。

$$\bar{v} = -\frac{[A]_2 - [A]_1}{t_2 - t_1} = -\frac{\Delta[A]}{\Delta t} \tag{6-2}$$

ただし，$\Delta[A] = [A]_2 - [A]_1$，$\Delta t = t_2 - t_1$ である。平均反応速度 $\bar{v}$ の値は，一般には時間間隔 Δt のとり方によって変わる[5]。Δt を十分に小さくとれば，時刻 t_1 における速度というように，瞬間的な反応速度 v を表すことになる。微分（**1-2-6** 項参照）の表現を用いると，このことは次のように表される。

$$v = -\frac{d[A]}{dt} \tag{6-3}$$

（分子：微小時間での濃度変化，分母：微小時間）

式 6-3 は，図 6-1 の曲線の任意の時刻 t における接線の傾きに，－（マイナス）の符号をつけたものである。

---

[1] 濃度の時間変化
反応速度の単位は「濃度÷時間」となる。濃度としてはモル濃度が使用されることが多いので，溶液の場合は mol/(L・s（秒））や mol/(L・min（分））などが使われることが多い。一方，注目する物質が気体の場合は $\mathrm{mol/(dm^3\cdot s)}$ や $\mathrm{mol/(dm^3\cdot min)}$ などのように，体積を表す単位として $\mathrm{dm^3}$ が用いられることが多いが，溶液でも気体でも SI 単位である $\mathrm{dm^3}$ を使うことが望ましい。

[2] 速さと速度
物体が単位時間に進む距離をその物体の「**速さ**」という。「1 時間に 80 km の速さで南に進む」というように，速さに動く方向ないし向きも合わせて示すとき，これを「**速度**」という。したがって，「速さ」と「速度」は厳密には同じではない。しかし，実際にはどちらを用いても混乱することはほとんどないので，われわれはこの違いをあまり意識せずに，「速さ」といったり「速度」といったりしていることが多い。

[3] 濃度を表す記号
$[H_2]$，$[CO_2]$，$[OH^-]$のように化学式を括弧（かっこ）[ ]で囲んで，その物質の**モル濃度**（単位 mol/L，**4-3-3** 項参照）を表す。

[4] 濃度の時間変化の符号
A の濃度は低くなるので，濃度変化は負の値になってしまう。負の速度というのはおかしいので正にするために，－（マイナス）の符号を付ける。生成物 B に注目すると濃度変化は正の値になり，かつ $\Delta[A] = -\Delta[B]$ であるから，平均速度 $\bar{v}$ は B の濃度を用

化学反応式の係数と反応速度 COLUMN

次のような反応を考えてみよう。

A＋2B ⟶ 3C

Aの減少，Bの減少およびCの増加に注目すると，反応速度はそれぞれ$-\dfrac{d[A]}{dt}$，$-\dfrac{d[B]}{dt}$，$\dfrac{d[C]}{dt}$と表せる。A分子が1個減るごとに，B分子は2個減り，C分子は3個増える。したがって，濃度の変化は同じではなく，3つの速度は同じにならない。反応速度といっても，このようにどの物質に注目するかで，値は違ってくる。1つの反応でありながら注目する物質によって速度が違ってしまうのも変である。化学反応式の係数を考慮して，次のように表せば，注目する物質によらず速度vは等しくなる。

$$v = -\frac{d[A]}{dt} = -\frac{1}{2} \times \frac{d[B]}{dt} = \frac{1}{3} \times \frac{d[C]}{dt}$$

実際にはこのようにして反応速度を決めている。

6-1-2 反応速度と濃度[6]

反応速度は，物質の濃度変化に注目して，式6-2や式6-3のように表せることがわかった。しかし，いわば速度の記号のようなものがわかっただけで，具体的にどうなっているのかはわからない。ここでは，具体的にこの中身について見てみよう。

図6-1からは，反応速度(曲線の接線の傾き)は濃度によって変わることがわかる。具体例について式6-2を使って反応速度を計算し，濃度との関係を調べてみよう。表6-1は，五酸化二窒素N_2O_5の分解反応である式6-4を例として，次の測定時間までの平均濃度($\bar{c}$)と平均反応速度($\bar{v}$)を計算した結果である。

$$2\,N_2O_5 \longrightarrow 4\,NO_2 + O_2 \qquad (6\text{-}4)$$

平均濃度と平均反応速度の関係を見ると，図6-2に示すように，これらは比例関係にある。すなわち，

$$\bar{v} = k\bar{c} = k\overline{[N_2O_5]} \qquad (6\text{-}5)$$

表6-1　N_2O_5の四塩化炭素(CCl_4)中での分解反応(318 K)

時間t(s)	$[N_2O_5]$ (mol/L)	平均濃度 (mol/L)	平均反応速度 (10^{-3} molL^{-1} s^{-1})	log$[N_2O_5]$
0	2.33			0.846
184	2.08	2.21	1.36	0.732
319	1.91	2.00	1.26	0.647
526	1.67	1.79	1.16	0.513
867	1.35	1.51	0.94	0.300
1198	1.11	1.23	0.73	0.104
1877	0.72	0.915	0.57	−0.329

いて，次のように表すこともできる。

$$\bar{v} = \frac{[B]_2 - [B]_1}{t_2 - t_1} = \frac{\Delta[B]}{\Delta t}$$

しかし，反応物に注目して式6-2のように表すのが普通である。

5 平均反応速度と時間間隔
時間の経過とともに，Aの濃度が直線的に低下しているならば，時間間隔Δtをどうとっても，反応速度は変わらない。実際，濃度の時間変化を示す曲線には，部分的には直線とみなせるところはあっても，濃度の時間変化が反応の全時間にわたって直線ということはない。普通は図6-1に示すような形になることが多い。図6-1において，時刻t_1からの時間間隔Δtを大きくとれば，平均反応速度は小さくなるし，時間間隔Δtを小さくとれば，平均反応速度は大きくなる。

6 濃度と分圧
ボイルの法則から明らかなように，温度が一定であれば，気体の圧力は体積に反比例する。すなわち，体積が半分になれば圧力は倍になる。これを単位体積あたりの気体分子数，すなわち濃度という点から見れば，濃度は圧力に比例するということになる。このことは混合気体における，各成分気体の分圧についても当てはまる。したがって，気体反応については，濃度ではなく分圧を考えてもよい。

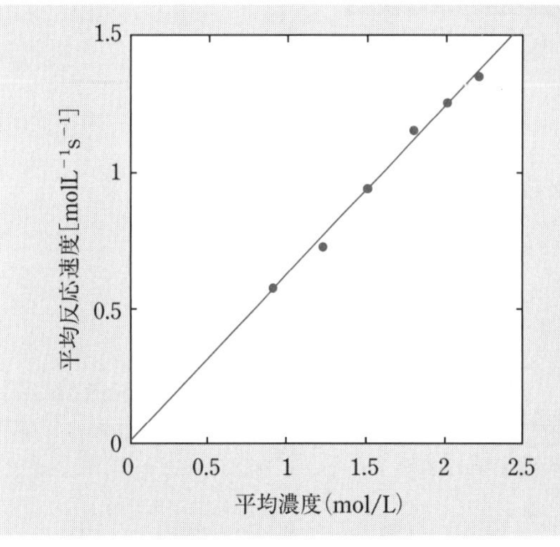

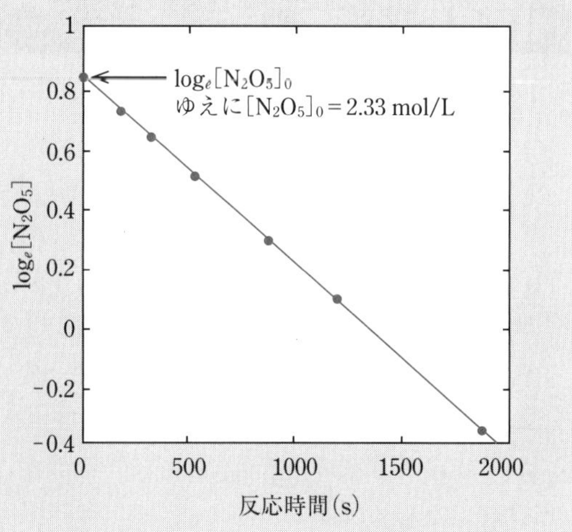

図 6-2　平均反応速度と平均濃度

図 6-3　一次プロット

という関係が成立することがわかる。ここで，k は定数($k>0$)である。濃度が高いほど反応速度は大きくなる。図 6-2 の傾きから，k は $0.63\ \mathrm{s}^{-1}$ となる。式 6-2 を式 6-3 のように微分を用いて表したのと同様に，式 6-5 を微分表現で表すと次のようになる。

$$v = -\frac{d[N_2O_5]}{dt} = k[N_2O_5] \tag{6-6}$$

反応速度が式 6-6 のように，反応物の濃度の 1 乗に比例すると表される反応を**一次反応**という。この場合には，瞬間的な反応速度 v は瞬間的な N_2O_5 の濃度に比例するということになる。式 6-6 からは，表 6-1 にあるように，$t=0$ s のとき $[N_2O_5]_0=2.33$ mol/L とすると，$[N_2O_5]$ と t の関係は次のように表される[7](ここで使用する対数は自然対数《底が e》である)。

$$\log_e[N_2O_5] = \log_e 2.33 - kt \tag{6-7}$$

または，指数関数で表して

$$[N_2O_5] = 2.33e^{-kt} \tag{6-8}$$

式 6-7 は，$\log_e[N_2O_5]$ と t との間に直線関係が成立することを示している。実際に，表 6-1 にある $\log_e[N_2O_5]$ と t の値の関係をグラフに描くと(**一次プロット**という)，$\log_e[N_2O_5]$ と t は，図 6-3 のように直線関係となる。直線の傾きから k は $0.62\ \mathrm{s}^{-1}$ となり，図 6-2 から求められた値に一致する。定数 k を**反応速度定数**(**一次反応速度定数**)という。

上の例は一次反応であるが，一次反応に限らず，一般に反応速度は反応物の濃度の関数として表すことができる[8]。$k>0$ であるので，反応物の濃度が高いほど反応は速いことになる。

7 式 6-6 の積分

$$-\frac{d[N_2O_5]}{dt} = k[N_2O_5]$$

を次のように書き直して積分する。

$$-\frac{d[N_2O_5]}{[N_2O_5]} = k\,dt$$

N_2O_5 の濃度が時刻 0 のとき，$[N_2O_5]_0$，時刻 t のとき，$[N_2O_5]$ とすると，

$$-\int_{[N_2O_5]_0}^{[N_2O_5]} \frac{d[N_2O_5]}{[N_2O_5]} = k\int_0^t dt$$

となる。両辺を積分して

$$\log_e[N_2O_5]_0 - \log_e[N_2O_5] = kt$$

ここで，

$$[N_2O_5]_0 = 2.33\ \mathrm{mol/L}$$

とすると，

$$\log_e[N_2O_5] = \log_e 2.33 - kt$$

となる。これを指数関数型にすると，式 6-8 となる。

6-1-3 反応速度と活性化エネルギー

≪反応速度と温度≫　これまで述べたように，反応物の濃度が高いほど

単分子反応

COLUMN

次のような反応がある。

$CH_3CH_2Cl \longrightarrow HCl + H_2C{=}CH_2$

CH_3CH_2Cl という分子 1 個が HCl と $H_2C{=}CH_2$ とに分解するという反応式となるので，このような反応を**単分子反応**という。反応式から反応速度を予測すると

$$-\frac{d[CH_3CH_2Cl]}{dt} = k[CH_3CH_2Cl] \quad (1)$$

となるが，実際 CH_3CH_2Cl の濃度が高い場合には，実験から式(1)のように速度式が表せることがわかった。この場合，衝突は起こっていないのだろうか。衝突が起こっているとしたら，反応速度は CH_3CH_2Cl の濃度の 2 乗に比例するのではないのだろうか。

この問題については次のような CH_3CH_2Cl 分子の衝突を含む多段階反応を考えることによって説明ができることがわかっている。くわしい説明のためには，式(2)～(4)に基づいて反応速度式を導く必要があるが，それには少しややこしい式を使わなければならない。それを避け，ここでは概要について述べてみよう。

まず，CH_3CH_2Cl どうしの衝突によって活性化された $CH_3CH_2Cl^*$（＊は活性化されている状態を表す）が生成する。$CH_3CH_2Cl^*$ は CH_3CH_2Cl と反応して元の CH_3CH_2Cl にも戻るが，分解して HCl および $H_2C{=}CH_2$ になると考えるのである。

$$CH_3CH_2Cl + CH_3CH_2Cl \longrightarrow CH_3CH_2Cl^* + CH_3CH_2Cl \quad (2)$$

$$CH_3CH_2Cl^* + CH_3CH_2Cl \longrightarrow CH_3CH_2Cl + CH_3CH_2Cl \quad (3)$$

$$CH_3CH_2Cl^* \longrightarrow HCl + H_2C{=}CH_2 \quad (4)$$

$CH_3CH_2Cl^*$ は反応しやすいため反応の間における濃度は非常に低く，濃度の時間変化も極めて小さいと考え，かつ，式(3)の反応が式(4)の反応に比べてかなり速度が大きいとみなすと，反応速度は CH_3CH_2Cl の濃度の 1 乗に比例することになるのである。CH_3CH_2Cl の濃度が高い場合には式(2)の反応も起こりやすいが，式(3)の反応も起こりやすいので，式(3)の反応が式(4)の反応に比べてかなり速度が大きいと考えることができる。

一方，実験によって CH_3CH_2Cl の濃度が低い場合には速度式が

$$-\frac{d[CH_3CH_2Cl]}{dt} = k[CH_3CH_2Cl]^2 \quad (5)$$

と表せることがわかっている。この結果も式(2)～(4)に基づき，次のように考えて反応速度が CH_3CH_2Cl の濃度の 2 乗に比例するという速度式を導くことができることから妥当と考えられる。CH_3CH_2Cl の濃度が低い場合には，式(2)の反応も起こりにくいけれど，式(3)の反応も起こりにくくなる。その結果として，相対的に式(3)の反応が式(4)の反応に比べてかなり速度が大きいとみなすことができなくなる。

8 反応速度式(p. 138)

式 6-6 のように簡単な場合もあれば，次に示す例のうち，初めの 2 つの例のようになる場合（反応物の濃度の 2 乗ないし 2 つの反応物の濃度の積で表される反応を**二次反応**という）や，さらに複雑になる場合もある。

$H_2 + I_2 \longrightarrow 2HI$

という反応では，速度は

$$-\frac{d[H_2]}{dt} = -\frac{d[I_2]}{dt} = k[H_2][I_2]$$

と表される。

$2HI \longrightarrow H_2 + I_2$

では，速度は

$$-\frac{d[HI]}{dt} = k'[HI]^2$$

と表される。さらに，

$CO + Cl_2 \longrightarrow COCl_2$

という反応では，速度は

$$-\frac{d[Cl_2]}{dt} = k''[CO][Cl_2]^{\frac{3}{2}}$$

となり，

$COCl_2 \longrightarrow CO + Cl_2$

では

$$\frac{d[Cl_2]}{dt} = k'''[COCl_2][Cl_2]^{\frac{1}{2}}$$

と表される。どの場合でも，物質濃度の反応時間による変化を測定することにより決められるものである。反応式から速度式を予測することはできても，正しいかどうかは測定によって確かめなければならない。

反応は速くなる。しかし，式 6-6 や p. 138 の注 7 に示した速度式からわかるように，反応物の濃度が同じでも，反応速度定数 k が違う場合には，反応速度も違う。したがって，反応物の濃度が同じであれば，k が大きくなるほど速度は大きくなる。表 6-2 には N_2O_5 気体の分解反応の速度定数の温度変化を示したが，温度が高くなるにつれ速度定数は大きくなっている。それでは，温度変化と反応速度定数との間には何か一定の関係があるのだろうか。

≪活性化エネルギー≫ 1889 年スウェーデンのアレニウス(S. A. Arrhenius)は，反応速度定数 k と温度 T[K]が，指数関数を用いた次の関係にあることを見いだした。この式は，**アレニウス式**と呼ばれている。

$$k = Ae^{-E_a/RT} \tag{6-9}$$

ここで，R は**気体定数**($8.3145\ \mathrm{JK^{-1}\,mol^{-1}}$)である。また，$e^{-E_a/RT}$ の前の A は頻度因子(ひんどいんし)(反応速度定数と同じ単位)，E_a[J/mol]は**活性化エネルギー**と呼ばれ，A，E_a はどちらも反応に固有の値となる。式 6-9 の両辺の対数をとると[9]，

[9] 対数の公式
1-2-5 項を参照。

$\log_a 1 = 0$，$\log_a a = 1$

$\log_a a^{-x} = -x$

$\log_a(M \times N) = \log_a M + \log_a N$

$\log_a(M \div N) = \log_a M - \log_a N$

$\log_a M^r = r \log_a M$

$$\log_e k = \log_e A - \frac{E_a}{RT} \tag{6-10}$$

となる。A および E_a が温度によらず一定であれば，$\log_e k$ と $\frac{1}{T}$ とは直線関係になるはずである。実際に，表 6-2 に示す値について調べてみると，図 6-4 に示すように，$\log_e k$ と $\frac{1}{T}$ との間には直線関係が成立している。多くの反応について，図 6-4 のような関係が成立することがわかっている。図 6-4 の直線の傾きから $\frac{E_a}{R} = 1.24 \times 10^4$ K となる。$R=$

表 6-2　いろいろな温度における N_2O_5 気体の分解の速度定数

温度 T(K)	$1/T$	$k(10^{-5}\,\mathrm{s^{-1}})$	$\log_e k$
273	0.00366	0.0787	−14.06
298	0.00336	3.46	−10.27
308	0.00325	13.5	−8.91
318	0.00314	49.8	−7.60
328	0.00305	150	−6.50
338	0.00296	487	−5.32

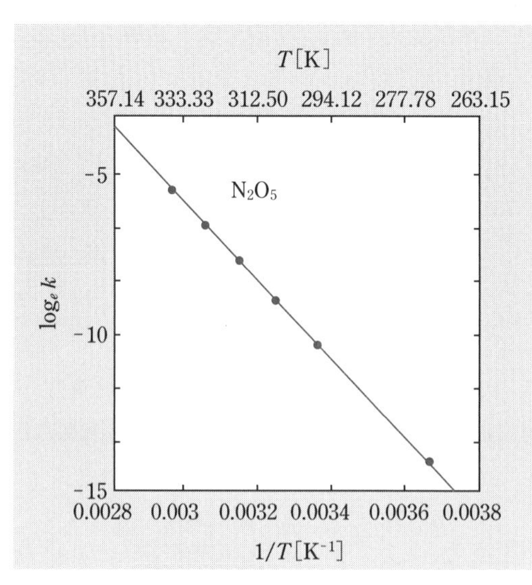

図 6-4　N_2O_5 の分解反応における速度定数の温度依存性(表 6-2 より)

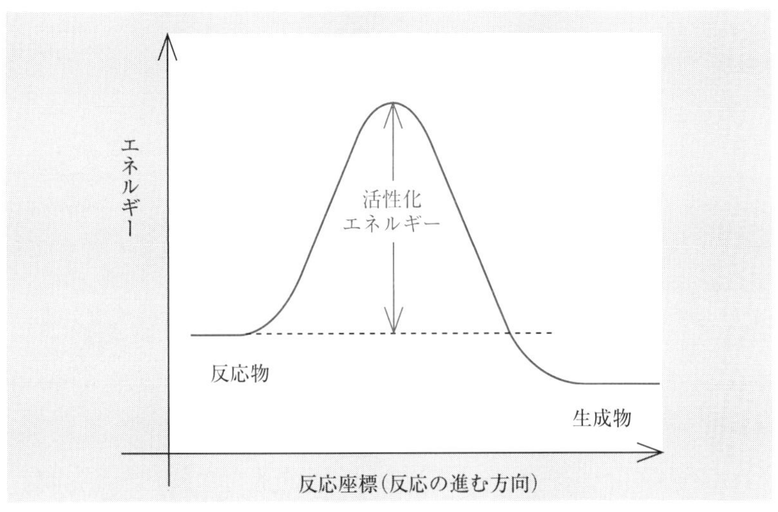

図 6-5　反応の進行とエネルギー変化

8.3145 $\mathrm{Jmol^{-1}\,K^{-1}}$ であるから，E_a=103 kJ/mol となる。式 6-9 からわかるように，温度 T が同じであっても，E_a が小さいほど速度定数は大きくなる。すなわち反応速度は速くなる。ところで，活性化エネルギー E_a はいったい何を表しているのだろうか。

≪活性化エネルギーの意味≫　一般に，化学反応は物質粒子を構成する原子の組み合わせが変化すること，すなわち化学結合の組み換えが起こることといえる。反応の過程には，結合が切れかかったり，新しい結合ができかかったりしているエネルギーの高い状態が存在する。このような状態は**活性化状態**と呼ばれている。反応はこの状態を経由して進行していくことになる。そのようなエネルギーの高い状態になるには，当然エネルギーの供給が必要となる。反応物からみて，活性化状態になるのに最低限必要なエネルギー(1 mol あたり)が，**活性化エネルギー** E_a[kJ/mol]である。化学反応の進行とエネルギーの変化の様子は，図 6-5 のように表すことができる[10]。反応の進行にともない反応物の持つエネルギーは高くなり，ちょうど活性化エネルギーの山を越えるようにして生成物の方に向かっていくことで，化学反応は起こると表現できる。一定時間内に山を超える反応物が多ければ多いほど，反応速度は速くなる。

ところで，活性化状態になるのに必要なエネルギーは，どのように供給されるのであろうか。化学反応が起こるためには，反応する粒子(分子やイオン)は衝突することが必要になるが，このときに供給されるのである。反応が起こるためには，衝突のときに活性化エネルギー以上のエネルギーが供給されなければならない。しかし，衝突の際に活性化状態になるのに必要なエネルギーが供給されたからといって，必ずしも反応が起こるとは限らない。反応に都合のよい衝突の仕方(衝突する分子の向きなど)をする必要がある。したがって，起こる衝突の中で反応が

[10] **反応座標**
化学反応が起こる際には，原子の結合距離や結合角度の変化が，反応物間や分子内で起こり，この変化の仕方でエネルギーが決まる。
したがって，“座標”といっても特定の原子間の距離を指しているわけではない。あくまでも，反応物から生成物への変化が起こる際の原子の結合距離や結合角度の変化を総合的に示したもので，定量的な数値を持つものではない。

起こるのに都合のよいものの割合も反応速度を支配する要素になる。これがアレニウス式の頻度因子（ひんどいんし）A に含まれる。

活性化エネルギーについて具体的に見てみよう。

$$H_2 + I_2 \longrightarrow 2\,HI \qquad (6\text{-}11)$$

という反応を取りあげる。式 6-11 の反応が起こるに際して，水素分子 H_2 とヨウ素分子 I_2 の結合が全部切れて全部原子となってから新たにヨウ化水素 HI が 2 分子できるのだろうか。

H_2 と I_2 1 mol を原子の状態にするために必要なエネルギーは，それぞれ 432 kJ/mol，149 kJ/mol，合計で 581 kJ/mol であることがわかっている。一方，測定によれば，HI を形成するのに必要な活性化エネルギーは 174 kJ/mol である。174 kJ/mol のエネルギーが供給されれば，I_2 はバラバラの I 原子になるかもしれないが，H_2 はそうはならない。また，反応は 700 K ほどの温度で起こるが，H_2 にしても I_2 にしても，この程度の温度では全部の分子がバラバラの原子になっているわけではない。ただし，**6-1-2** 項(および式 5-11，図 5-4)で述べたように，気体分子の速度は大きな分布を持っており，したがってエネルギーは広い分布を持っている。そこで温度を上げると，高いエネルギーを持つ分子の割合が増え，分子が原子に分解する割合も増えて反応が起こりやすくなり，反応速度も速くなる[11]。したがって，反応はすべての H_2 や I_2 が水素原子やヨウ素原子の状態になるということがなくても進行すると考えられる。そうかといって，H_2 と I_2 とが離れていたのでは，結合が組み換わって HI が生成するとは考えにくい。H_2 と I_2 とが衝突し，そのときの H_2 と I_2 の持つエネルギーの合計が，活性化エネルギーより大きければ，反応は起こり得るのである。反応の速度 v[$\mathrm{molL^{-1}\,s^{-1}}$]は，注 8 に示したように，

$$v = k[H_2][I_2] \qquad (6\text{-}12)$$

と表せることがわかっている。反応物の濃度が高いほど(単位体積あたりの分子数が多いほど)，衝突の確率は高くなると考えられるから，式 6-12 は反応物の衝突によって，活性化エネルギーが供給されるという考え方を示している。なお，エネルギーの供給源は熱エネルギーである。

このように，反応が分子どうしの衝突で生じると考えると，「反応式が A+B⟶C という反応では，反応速度は A と B の濃度の積，[A][B]に比例(二次反応)する。同じように，反応式が 2 A⟶B という反応では，反応速度が $[A]^2$ に比例(二次反応)する」と思いがちである。しかし，**6-1-5** 項で再び述べるが，N_2O_5 の分解反応(式 6-4)の速度は N_2O_5 の濃度に比例している(一次反応)。分子の衝突によって活性化エネルギーが供給されることを考えると，式 6-11 の反応のように，反応式か

[11] 混ぜただけで起こる反応
活性化エネルギーが小さい反応の場合には，反応物を混ぜただけで反応が起こる。これはとくに加熱しなくても，反応物の衝突で十分に活性化状態になることができるためである。食塩(NaCl)水溶液に硝酸銀（しょうさんぎん）($AgNO_3$)水溶液を加えると，塩化銀(AgCl)の白い沈殿が生成するが，この場合には，Ag^+ と Cl^- が出会うとただちに塩化銀が生成する(反応自体の活性化エネルギーは 0 と考えてよい)。反応は実質これらイオンが水中に散らばり広がって(拡散（かくさん）して)いって，互いに出会うまでの時間で速度が決まる。気体や液体中では，この拡散の速度はかなり速いことが多い。

ら反応速度と濃度の関係(反応速度式)が決められそうに思うが，p. 139注8にも述べたように，実際には反応式から推測される速度式が必ずしも正しいというわけではない。

例題 ある一次反応の速度定数は，0℃で$1.06 \times 10^{-5}\ \mathrm{s}^{-1}$，45℃で$2.92 \times 10^{-3}\ \mathrm{s}^{-1}$である。この反応の活性化エネルギーを求めよ。

(略解) 式6-10において，2つの温度T_1，T_2における速度定数を，それぞれk_1，k_2とすると，

$$\log k_1 = \log A - \frac{E_a}{RT_1}, \quad \log k_2 = \log A - \frac{E_a}{RT_2}$$

となる。この2つの式の差をとると，

$$\log k_2 - \log k_1 = -\frac{E_a}{RT_2} + \frac{E_a}{RT_1}$$

$$\log \frac{k_2}{k_1} = -\frac{E_a}{R}\left(\frac{1}{T_2} - \frac{1}{T_1}\right)$$

となる。上式に$T_1 = 273\ \mathrm{K}$(0℃)，$T_2 = 318\ \mathrm{K}$(45℃)，$k_1 = 1.06 \times 10^{-5}\ \mathrm{s}^{-1}$，$k_2 = 2.92 \times 10^{-3}\ \mathrm{s}^{-1}$，$R = 8.3145\ \mathrm{JK^{-1}\,mol^{-1}}$を代入して

$$\log \frac{2.92 \times 10^{-3}}{1.06 \times 10^{-5}} = -\frac{E_a}{8.3145\ \mathrm{JK^{-1}\,mol^{-1}}}\left(\frac{1}{318\ \mathrm{K}} - \frac{1}{273\ \mathrm{K}}\right)$$

$$5.618 = \frac{E_a}{8.3145\ \mathrm{JK^{-1}\,mol^{-1}}} \times 5.184 \times 10^{-4}\ \mathrm{K^{-1}}$$

となる。したがって　$E_a = 9.01 \times 10^4\ \mathrm{Jmol^{-1}} = 90.1\ \mathrm{kJmol^{-1}}$

6-1-4 化学反応と触媒

化学工業においては，化学反応を利用して有用な物質がつくられているが，反応速度を大きくするために**触媒**(しょくばい)と呼ばれる物質がしばしば用いられる。反応の前後でそれ自身は変化せず，反応の速度を変える物質が触媒である。触媒を用いることにより，反応の道筋が変化する結果，反応速度が大きくなる。すなわち，触媒は活性化エネルギーを小さくする役割を持っている。図6-5に示したような峠を越える経路が触媒を用いない反応であるとすれば，触媒の働きは，いわば山を削って高さを変えるようなものである。

6-1-5 素反応と多段階反応

再び式6-4の反応を取りあげよう。N_2O_5の分解反応の速度は，式6-6に示したように，N_2O_5の濃度の1乗に比例して増加する。反応が分子の衝突によって引き起こされるのであれば，反応の速度はN_2O_5の濃

12 反応式から予測できない反応速度式(p. 144)
分子の衝突によって反応が引き起こされるとすると，p. 139注8に示した塩素と一酸化炭素の反応の速度式

$$-\frac{d[\mathrm{Cl_2}]}{dt} = k''[\mathrm{CO}][\mathrm{Cl_2}]^{\frac{3}{2}}$$

もこの考え方に合わないことになる。なぜなら，反応式ではCl_2 1分子とCOとの1分子とが反応しているからである。この反応の場合も，Cl_2とCOとの単純な1段階反応ではない。

13 N_2O_5の分解反応の速度式(p. 144)
N_2O_5の分解反応の速度は，実験から式6-6のようにN_2O_5濃度に比例すると表されるが，式6-11から式6-14を見るとそうなることは想像もつかないであろう。実際に式の誘導は行わないが，反応の中間段階で生成するNO_3やNO(これらは**反応中間体**と呼ばれる)は，とても反応しやすいため反応の間におけるこれらの濃度は非常に低く，濃度の時間変化もきわめて小さいと考えると，N_2O_5の分解反応の速度は式6-6のように表すことができる。

度の2乗に比例してよいはずである。そうなっていないということは，じつは N_2O_5 の分解反応の経路が式 6-4 の反応式で表されるような，簡単なものでないことを示している[12]。くわしく調べてみると，N_2O_5 の分解反応は次に示すようないくつもの段階を経て起こることが明らかとなった[13]。

$$N_2O_5 \longrightarrow NO_2 + NO_3 \quad (6\text{-}13)$$

$$NO_2 + NO_3 \longrightarrow N_2O_5 \quad (6\text{-}14)$$

$$NO_2 + NO_3 \longrightarrow NO_2 + O_2 + NO \quad (6\text{-}15)$$

$$NO + NO_3 \longrightarrow 2\,NO_2 \quad (6\text{-}16)$$

このようにいくつかの反応段階を経て進む反応を**多段階反応**という。また，式 6-13 から式 6-16 までのそれぞれの反応を**素反応**(そはんのう)という[14]。式 6-13 の反応以外は2つの粒子の衝突で反応が起こっていると考えられる。多種類の反応物粒子間で反応が起こる場合，その反応が1段階で起こるとすると，それらが同時に衝突しなければならないことになるが[15]，そのようなことは確率的に見て実際には起こり得ない。一般に化学反応は多段階反応で進行することが多い。H_2 と I_2 の反応のように，1段階で起こる反応(素反応)では，反応が起こるのに最低限必要な活性化エネルギーは，反応に関与する物質の衝突によって供給される。しかし，N_2O_5 の分解反応は多段階反応であるから，活性化エネルギーといってもそう単純には考えられない。しかし，活性化エネルギーは，あくまでも反応速度定数の温度変化から求められるものであり，1段階の反応でも多段階反応でも，反応速度の温度変化を支配する数値であることには変わりはない。その意味で，1段階反応の活性化エネルギーに対して，多段階反応について求められる活性化エネルギーは，**見かけの活性化エネルギー**ということができる。

[14] 式 6-13〜6-16 について
式 6-13〜6-16 の素反応について辺どうしを足し合わせて整理すると，正味の反応は

$$2\,NO_3 \longrightarrow 2\,NO_2 + O_2$$

となり，2つの NO_3 が分解することになってしまう。しかし，NO_3 は反応が起こっているときだけに存在しているものであり，あくまでも分解するのは N_2O_5 である。
式 6-13 を

$$3\,N_2O_5 \longrightarrow 3\,NO_2 + 3\,NO_3$$

とすれば，正味の反応の式は

$$2\,N_2O_5 \longrightarrow 4\,NO_2 + O_2$$

となり，式 6-4 に一致する。N_2O_5 が NO_2 と NO_3 に分解することだけに注目するのであれば，係数の「3」は，あってもなくても同じことになる。

[15] 多種の反応物から起こる反応
次に示すような，酸性水溶液中で赤紫色の過マンガン酸イオン MnO_4^- が過酸化水素 H_2O_2 と反応して，淡赤色のマンガンイオン Mn^{2+} になる反応を考えてみよう。

$$2\,MnO_4^- + 5\,H_2O_2 + 6\,H^+ \longrightarrow 2\,Mn^{2+} + 5\,O_2 + 8\,H_2O$$

2個の MnO_4^-，5個の H_2O_2 と6個の H^+ とから1段階で，2個の Mn^{2+}，5個の O_2 と8個の H_2O が生成するとは考えにくい。いくつかの反応過程を経て進行すると考えられる。1段階で起こるとすると，8個のイオンと5個の分子，あわせて13個の粒子が同時に衝突しなければならないことになる。このようなことは実際には起こり得ない。

ドリル問題 6-1

1. 次の反応において，ある時刻に，窒素が 1 秒間に 0.010 mol/L ずつ減少していた。このとき，同じ時刻に水素は毎秒何 mol/L ずつ減少していくか。また，同じ時刻にアンモニアは毎秒何 mol/L ずつ増加していくか。

   $N_2 + 3\,H_2 \longrightarrow 2\,NH_3$

2. 次の反応の速度はどのように表されるか。

   $CH_3OH + CH_3COOH \longrightarrow CH_3COOCH_3 + H_2O$

3. 5 秒間に反応物の濃度が，2.0 mol/L から 1.9 mol/L になった。この反応の平均の速度を求めよ。

4. $H_2 + Br_2 \longrightarrow 2\,HBr$ の反応で，水素 H_2 の濃度が毎秒 0.005 mol/L ずつ低下しているとき，臭化水素 HBr の生成速度はいくらか。

5. ある温度で，体積 5.0 L の容器に入っているヨウ化水素 HI が 15 秒間で 0.30 mol 減少した。このとき，次の反応が起こっているものとすると，ヨウ化水素 HI の平均分解速度および水素 H_2 の平均生成速度はいくらか。

   $2\,HI \longrightarrow H_2 + I_2$

6. A⟶B の反応で，A の濃度を 3 倍にしたら反応速度は 9 倍になった。速度定数を k とすると，この反応の速度式はどのように表せるか。

7. C⟶D の反応において，C の濃度変化が次のように表せるとき，問(1)～(3)に答えなさい。ただし，$[C]_0$ は $t=0$ のときの C の濃度であり，$[C]_0=1.00$ mol/L とする。また，k は定数で，$k=7.00\times10^{-3}\,s^{-1}$ であるとする。

   $[C] = [C]_0 e^{-kt}$

   (1) $t=60$ s，120 s，150 s，240 s，300 s のときの C の濃度を計算せよ。

   (2) (1)の結果をもとに，$t=0$ s と $t=120$ s の間，$t=0$ s と $t=240$ s の間，$t=0$ s と $t=300$ s の間の平均反応速度を計算せよ。

   (3) 反応速度 $v\,[\mathrm{molL^{-1}\,s^{-1}}]$ は $v=k[C]$ と表される。(1)の結果をもとに，$t=60$ s，120 s，150 s のときの反応速度を計算せよ。

8. 活性化エネルギーが，42 kJ/mol の反応がある。反応温度が 50 ℃のときの反応速度定数は，25 ℃のときの何倍になるか。

9. 8. の反応で，触媒を用いることにより，活性化エネルギーを 32 kJ/mol にすることができたとすると，25 ℃における反応速度定数は触媒を用いないときの何倍になるか。ただし，頻度因子（ひんどいんし）は変化しないものとする。

6-2 化学平衡

6-2-1 可逆反応と化学平衡

≪可逆反応≫ 化学反応で反応物から生成物が生じても，生成物が反応して元の反応物に戻ることができる場合がある。このような反応を**可逆**(かぎゃく)**反応**[1]といい，記号 $\rightleftarrows$ を用いて，次のように表す。

$$aA + bB \rightleftarrows cC + dD \qquad (6\text{-}17)$$

通常，$aA + bB \longrightarrow cC + dD$ の反応は**正反応**，$cC + dD \longrightarrow aA + bB$ の反応は**逆反応**と呼ばれる。可逆反応では，生成物がもとに戻ることからわかるように，時間がたつと正反応と逆反応の速度は等しくなる。正反応により生成する生成物の量と逆反応により減少する生成物の量(正反応により減少する反応物の量と逆反応により増加する反応物の量)は等しくなる。すなわち，反応は見かけ上停止した状態になる。

≪化学平衡と平衡定数≫ 可逆反応において，正反応と逆反応の速度は等しくなり，反応が見かけ上停止した状態にあるとき，このような状態を**平衡状態**(へいこうじょうたい)という。このとき，反応物および生成物の濃度に変化は起こらない。時間経過にともなう，可逆反応の速度および濃度変化のおよその様子を

$$H_2 + I_2 \rightleftarrows 2\,HI \qquad (6\text{-}18)$$

の反応について示すと，図 6-6 のようになる。時間の経過につれて，正反応の速度は小さくなり，逆に逆反応の速度は大きくなる。両反応の速度が等しくなったことで平衡状態となる。また，平衡状態になるまで反応物の濃度は低下，生成物の濃度は上昇し，平衡状態になった時点で濃度は変化しなくなる。

式 6-17 の可逆反応についてみると，この反応が平衡状態になったとき，

$$\frac{[C]^c[D]^d}{[A]^a[B]^b} = K_c(一定) \qquad (6\text{-}19)$$

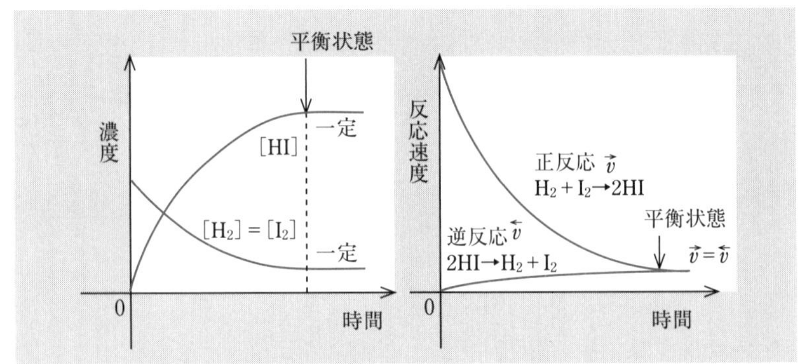

図 6-6 平衡状態と濃度・速度

[1] **不可逆反応**
可逆反応に対して，一方向だけ進行する反応を**不可逆反応**という。不可逆反応では，反応物がなくなると反応は停止する。
基本的に反応は可逆である。正反応が見かけ上完全に進行する場合でも，生成物中にごく微量ではあるが，反応物が存在していることが多い。一般的に可逆反応と不可逆反応の違いは，反応時間を十分にとったあと反応物がかなりの程度残っているか(可逆反応)，極めて少ないか(不可逆反応)にあるといえる。

[2] **反応速度式と質量作用の法則**
平衡状態では，正反応と逆反応の速度が等しい。式 6-17 の正反応の速度($\vec{v}$)，逆反応の速度($\overleftarrow{v}$)が，

$\vec{v} = \vec{k}[A]^a[B]^b$,

$\overleftarrow{v} = \overleftarrow{k}[C]^c[D]^d$

と表せるものとすれば，$\vec{v} = \overleftarrow{v}$として，式 6-19 が得られる。水素とヨウ素の反応がこの例である。しかし式 6-19 が成立するからといって，必ず正反応と逆反応の速度が上式のように表せるわけではない。**6-1** 節の注 8 に示した一酸化炭素と塩素の反応において，質量作用の法則は

$$\frac{[COCl_2]}{[CO][Cl_2]} = K_c$$

と表される。しかし，**6-1** 節の注 8 に示したように，正反応の速度は一酸化炭素と塩素の濃度の積に比例するわけではないし，逆反応の速度は生成物($COCl_2$：ホスゲン)濃度に比例するわけではない。

表 6-3　$H_2 + I_2 \rightleftarrows 2HI$ の平衡状態における物質濃度と平衡定数（698 K）

$[H_2]$ ($\times 10^{-3}$ mol/L)		$[I_2]$ ($\times 10^{-3}$ mol/L)		$[HI]$ ($\times 10^{-3}$ mol/L)		$K_c = [HI]^2/[H_2][I_2]$
初濃度	平衡時濃度	初濃度	平衡時濃度	初濃度	平衡時濃度	
10.67	1.83	11.96	3.13	0	17.67	54.5
10.67	2.25	10.76	2.34	0	16.85	53.9
11.35	3.56	9.04	1.25	0	15.58	54.5
8.67	4.57	4.84	0.738	5.32	13.55	54.4
0	1.14	0	1.14	10.69	8.41	54.4
0	0.479	0	0.479	4.64	3.53	54.3

という関係が成立することが知られている[2]。この関係を**質量作用の法則**という。K_c は**平衡定数**[3]と呼ばれ，表 6-3 の例に示すように，反応物や生成物の初めの濃度に関係なく**一定**となるが，K_c は温度により変化する。

例題　一定容積の容器に水素 H_2 とヨウ素 I_2 を 2.00 mol ずつ取り，温度を一定に保った。化学平衡の状態でヨウ化水素 HI が 3.16 mol 生成した。

(1)　この温度における可逆反応

$$H_2 + I_2 \rightleftarrows 2HI$$

の平衡定数を求めよ。

(2)　この容器に水素 5.00 mol とヨウ素 3.50 mol を入れて，同じ温度に保つと，平衡状態では何 mol のヨウ化水素が生成しているか。

(略解)　(1)　水素分子 1 個とヨウ素分子 1 個が反応して，ヨウ化水素分子が 2 個生成することになる。したがって，ヨウ化水素が 3.16 mol 生成しているということは，水素とヨウ素が 1.58 mol ずつ反応していることになる。つまり，反応せずに残っている水素とヨウ素は 0.42 mol ずつである。容器の容積を V[L]とすると，水素，ヨウ素およびヨウ化水素の濃度は

$$[H_2] = [I_2] = \frac{0.42}{V}\ \mathrm{mol/L}, \quad [HI] = \frac{3.16}{V}\ \mathrm{mol/L}$$

となる。したがって，平衡定数 K_c は

$$K_c = \frac{[HI]^2}{[H_2][I_2]} = \frac{\left(\dfrac{3.16}{V}\right)^2}{\left(\dfrac{0.42}{V}\right)\left(\dfrac{0.42}{V}\right)} = \frac{3.16^2}{0.42^2} = 56.6$$

(2)　平衡状態で水素とヨウ素が x[mol]反応してヨウ化水素になったとすると，平衡状態における各物質の物質量は

水素：$(5.00-x)$[mol]，ヨウ素：$(3.50-x)$[mol]，

ヨウ化水素：$2x$[mol]

となる。各物質の濃度はそれぞれ

[3] **濃度平衡定数と圧平衡定数**

K_c の c は濃度を意味し，K_c は**濃度平衡定数**と呼ばれる。気体の反応では，濃度変化より圧力変化の方が測定が容易であるため，濃度のかわりに分圧で平衡定数を表すことが多い（濃度は分圧に比例する）。式 6-17 の反応が気体反応であるとし，平衡状態における A，B，C，D の分圧をそれぞれ p_A，p_B，p_C，p_D とすると，分圧を用いた平衡定数 K_p は次のように表される。

$$K_p = \frac{p_C{}^c \cdot p_D{}^d}{p_A{}^a \cdot p_B{}^b}$$

K_p は**圧平衡定数**と呼ばれ，濃度平衡定数 K_c とは区別する。もちろん，質量作用の法則は圧平衡定数についても成立する。反応の前後で物質量に変化がなければ，濃度平衡定数と圧平衡定数は等しい。

$$\frac{5.00 - x}{V}\ \mathrm{mol/L},\quad \frac{3.50 - x}{V}\ \mathrm{mol/L},\quad \frac{2x}{V}\ \mathrm{mol/L}$$

となり，平衡定数は(1)より 56.6 であるから

$$K = \frac{[\mathrm{HI}]^2}{[\mathrm{H_2}][\mathrm{I_2}]} = \frac{\left(\frac{2x}{V}\right)^2}{\left(\frac{5.0 - x}{V}\right)\left(\frac{3.5 - x}{V}\right)} = 56.6$$

$$52.6x^2 - 481.1x + 990.5 = 0$$

$$x = 3.13,\ 6.02$$ [4]

$x < 3.50$ であるから，$x = 3.13$ mol

したがって，ヨウ化水素の生成量は $2x = 6.26$ mol

[4] **2次方程式の解**
ここでは，「2次方程式の解の公式」を使って答えを求めている。
$ax^2 + bx + c = 0$ のとき，

$$x = \frac{-b \pm \sqrt{b^2 - 4ac}}{2a}$$

6-2-2 化学平衡の移動

≪化学平衡の移動≫ 化学反応が平衡状態にあるとき，濃度・温度・圧力などを変化させると，どういう現象が起こるのだろうか。すぐにわかるように，変化が起こった瞬間は平衡状態ではなくなる。しかし，変化に応じて正または逆の反応が進行し，新しい平衡状態になるという現象が起こる。この現象を**化学平衡の移動**，または単に**平衡の移動**という。以下，この平衡の移動について考えてみよう。

≪濃度変化と平衡の移動≫ これまでしばしば出てきた，下記の反応を例として取りあげる。

$$\mathrm{H_2} + \mathrm{I_2} \rightleftarrows 2\,\mathrm{HI} \tag{6-20}$$

平衡状態では，次の関係が成立する。

$$\frac{[\mathrm{HI}]^2}{[\mathrm{H_2}][\mathrm{I_2}]} = K_c \quad (温度一定のとき，K_c は一定) \tag{6-21}$$

このとき，温度・体積(上記の反応は気体反応であり，反応容器の容積を考えればよい)を一定に保った状態で，H_2 を加えたとしよう。加えた瞬間は$[H_2]$が高くなり，平衡状態ではなくなる。しかし$[H_2]$が高くなった結果，正反応の速度が逆反応の速度より大きくなり，反応は$[H_2]$, $[I_2]$が減少し，$[HI]$が増加する方向に進む。反応が進行すると，逆反応の速度も大きくなり，また正反応の速度も小さくなるので，再び正逆反応の速度が等しくなって，新しい平衡状態になる。温度が変化しない限り K_c は一定である。$[H_2]$が高くなると分母が大きくなり，そのままでは K_c は小さくなってしまう。K_c が変わらないように，$[H_2]$, $[I_2]$が減少し$[HI]$が増加することになる。このような変化が，上で述べた化学平衡の移動(または単に平衡の移動)である。平衡状態にある反応混合物(反応物と生成物の混合物)に，外から混合物中の成分を加えたとき，追加された成分の濃度が減少する方向に平衡移動が起こる。

≪圧力変化と平衡の移動≫ 気体反応の場合，反応容器の容積を変化さ

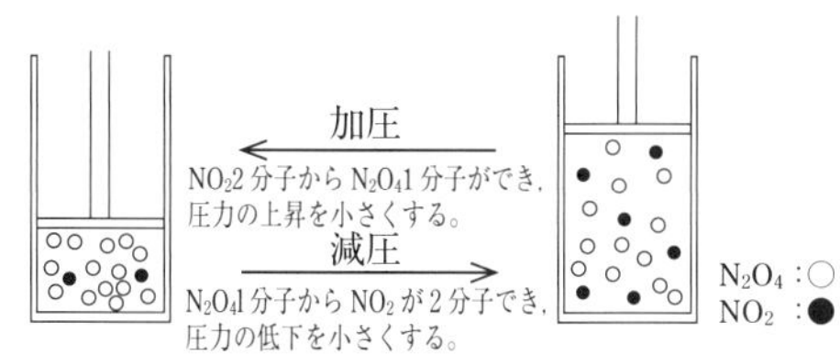

図 6-7　化学平衡における圧力の影響

せると，圧力が変化することになる。平衡状態にある気体反応の場合，圧力を変化させるとどのようなことが起こるのであろうか。ここでは，次の反応を取りあげる。

$$2\,NO_2 \rightleftarrows N_2O_4 \qquad (6\text{-}22)$$

平衡状態では，次の関係が成立する。

$$\frac{[N_2O_4]}{[NO_2]^2} = K_c \quad (\text{温度一定のとき，一定}) \qquad (6\text{-}23)$$

温度を一定に保って，容器の容積を $\frac{1}{2}$ にしたとしよう。ボイルの法則[5]から，混合気体の圧力は2倍となる。このとき，反応物と生成物の混合物(反応混合物)中の成分 NO_2 と N_2O_4 の圧力(分圧)も2倍となる。また，容積が $\frac{1}{2}$ になったということは，単位体積あたりの物質量，すなわち濃度が2倍になったということでもある。圧力を2倍にした瞬間は，式6-23の左辺は分母が4倍，分子が2倍となり，結果的に右辺の K_c は圧力変化前の値の $\frac{1}{2}$ となってしまう。そこで **6-2-1** 項で考えたように，K_c が小さくならないよう $[NO_2]$ が減少し，$[N_2O_4]$ が増加して，新しい平衡状態になる。すなわち平衡が移動することになる。見方を変えれば，容器の容積が減った結果，反応混合物の単位体積あたりの分子数(濃度)が大きくなってしまったので，NO_2 分子2個から N_2O_4 分子1個ができて，単位体積あたりの分子数(濃度)を減らす方向に平衡が移動したといえる[6]。逆に平衡状態にあるときに圧力を下げる(容器の容積を大きくすると)と，逆の変化が起こって新しい平衡状態になる。

≪温度変化と平衡の移動≫　反応の温度が変化すれば，たとえ反応物(生成物)濃度に変化がなくても反応速度も変化する。したがって，温度が変わればその温度で新たな平衡状態になるが，そのときの反応物および生成物の濃度は，温度変化前とは異なる。すなわち平衡定数そのものが変化する。次式に示す気体の可逆反応

$$H_2 + I_2 \rightleftarrows 2\,HI \qquad (6\text{-}24)$$

$$CO_2 + H_2 \rightleftarrows CO + H_2O \qquad (6\text{-}25)$$

の平衡定数の温度変化を表6-4に示す。平衡定数は，H_2 と I_2 の反応では，温度上昇にともなって小さくなっているが，CO_2 と H_2 の反応では大きくなっている。

正反応が発熱反応である H_2 と I_2 の反応を見てみよう。温度上昇にと

5 ボイルの法則
一定温度の気体において，その体積 V[m^3] と圧力 p[Pa] は反比例する。

$$pV = p'V'$$

6 圧力を変化させても平衡移動が起こらない反応

$$H_2 + I_2 \rightleftarrows 2\,HI$$

のように，正反応も逆反応も2個の分子が反応して，2個の分子が生成する。この例のように反応の前後で気体分子の数に変化がない反応では，平衡の移動は起こらない。反応容器の容積が $\frac{1}{2}$ になって，反応混合物の各成分の濃度が2倍になっても，平衡定数(式6-21)の分母，分子とも濃度の2乗となっているため，実質的に平衡定数は圧力が上がる前と変わらない。

表 6-4　平衡定数の温度変化

温度(K)	K_c	
	$H_2+I_2 \rightleftarrows 2\,HI$	$CO_2+H_2 \rightleftarrows CO+H_2O$
298	567	1.01×10^{-5}
400	197	6.76×10^{-4}
600	69.4	3.69×10^{-2}
800	37.2	2.48×10^{-1}
1000	26.6	7.29×10^{-1}
1200	20.5	1.44

もない平衡定数は小さくなっているということは，式 6-21 から明らかなように，[HI]が低下して[H_2]と[I_2]が上昇することを意味している。すなわち，吸熱反応となる逆反応が起こることになる。このことは，温度が高くなったため，吸熱反応である逆反応が起こって，温度の上昇を抑(おさ)える方向に平衡が移動したことを示している。正反応が吸熱反応である CO_2 と H_2 の反応の場合には，これとはまったく逆の現象が起こることになる。つまり，温度が高くなると平衡定数は大きくなるが，これは[CO_2]と[H_2]が低下して[CO]と[H_2O]が上昇することを意味している。すなわち，吸熱反応である正反応が起こることで，温度の上昇を抑える方向に平衡が移動したことを示している。

≪ルシャトリエの原理≫　これまで見てきたように化学反応が平衡状態にあるとき，濃度，圧力，温度を変化させると，いったん平衡状態ではなくなり，濃度，圧力，温度の変化に対応した新しい平衡状態になる。つまり，化学平衡の移動が起こることになる。1888 年フランスのル・シャトリエ(H. L. Le Chatelier)は，化学平衡の移動に関して，**ルシャトリエの原理**(**平衡移動の原理**)を発表した。それは「化学反応が平衡状態にあるとき，反応混合物の濃度，圧力，温度などの条件を変化させると，その変化を和(やわ)らげる方向に反応が進み，新しい平衡状態になる」というものである。これまで濃度の影響，圧力の影響，温度の影響と分けて見てきた化学平衡の移動(表 6-5 参照)も，この原理に照らして考えれば，統一的に理解できる。

表 6-5　濃度・圧力・温度の変化と平衡の移動方向

	濃　度		圧　力		温　度	
変　化	ある物質の濃度上昇	ある物質の濃度低下	加　圧	減　圧	加　熱	冷　却
平衡の移動方向	その物質の濃度が低下する方向	その物質の濃度が上昇する方向	気体全体の物質量が減少する方向	気体全体の物質量が増加する方向	熱を吸収する方向	熱を放出する方向

ドリル問題 6-2

1. 次の可逆反応が平衡状態にあるとき，平衡定数 K を濃度を用いた式で表しなさい。

(1)　$2\,SO_2 + O_2 \rightleftarrows 2\,SO_3$　　(2)　$N_2O_4 \rightleftarrows 2\,NO_2$

(3)　$2\,HI \rightleftarrows H_2 + I_2$　　(4)　$N_2 + 3\,H_2 \rightleftarrows 2\,NH_3$

2. (1)　$[HI] = 2.4$ mol/L, $[H_2] = [I_2] = 0.30$ mol/L であるとするとき，1. (3)の濃度平衡定数を求めよ。

(2)　このとき H_2 の分圧が 2.17 kPa であるとすると，HI の分圧はいくらか。また，圧平衡定数はいくらか。

3. 次の可逆反応が平衡状態にあるとき，(　)内のように条件を変化させたら，化学平衡はどちらに移動するか。

(1)　$N_2 + 3\,H_2 \rightleftarrows 2\,NH_3$　(窒素を加える。)

(2)　$N_2 + 3\,H_2 \rightleftarrows 2\,NH_3$　(冷却する。ただし，アンモニア生成反応は，発熱反応である。)

(3)　$2\,CO + O_2 \rightleftarrows 2\,CO_2$　(二酸化炭素を加える。)

(4)　$N_2 + O_2 \rightleftarrows 2\,NO$　(加圧する。)

4. 薄いアンモニア水溶液では，次のような電離平衡が成立している。この水溶液に次の物質を少量加えたとき，平衡はどちらに移動するか，または，影響がないか。

$NH_3 + H_2O \rightleftarrows NH_4^+ + OH^-$

(1)　NH_4Cl　　(2)　H_2O　　(3)　NaCl　　(4)　NaOH　　(5)　HCl

5. $H_2 + I_2 \rightleftarrows 2\,HI$ の反応(反応物および生成物は気体)について，正しいものは次のうちどれか。

(1)　H_2，I_2，HI の分子数の比が $H_2 : I_2 : HI = 1 : 1 : 2$ になったときが平衡状態である。

(2)　HI の生成速度は，単位体積あたり，単位時間内に H_2 と I_2 が衝突する回数に等しい。

(3)　一定温度で平衡状態にあるときの反応混合物(反応物と生成物)の組成が一定であるのは，反応が停止したためである。

(4)　触媒を用いると HI の生成速度が速くなるのは，反応経路が変わり活性化エネルギーが低くなったためである。

(5)　反応式の左辺と右辺の分子数が等しくなったときが平衡状態である。

6-3 酸と塩基・中和反応と塩

6-3-1 酸と塩基

レモンがすっぱい，酢がすっぱいと感じるのは，レモンにはおもにクエン酸が，食酢には主成分として酢酸が含まれているからである。塩酸HCl，硫酸H_2SO_4，酢酸CH_3COOHなどの**酸**と呼ばれる物質の水溶液には，酸味を示す，青色リトマス紙を赤く変える，亜鉛などの金属と反応して水素を発生するなど共通の性質がある。この性質を**酸性**という。これに対し，酸と反応してその性質を打ち消す物質を**塩基**という。

塩基の水溶液は，しぶい味がする，手につけるとぬるぬるする，赤色リトマス紙を青く変えるなどの共通の性質を示す。この性質を**塩基性**[1]という。水酸化ナトリウムNaOH，アンモニアNH_3，水酸化カルシウム$Ca(OH)_2$などが塩基である。酸性・塩基性に対して，そのどちらでもない場合を**中性**というが，酸性・塩基性も含めこれについては，**6-3-5**項でくわしく述べる。

6-3-2 アレニウスの酸塩基の定義

酸や塩基の水溶液が電流を通すことから，1887年，アレニウス(**6-1-3**項に記述した化学者)は，酸の水溶液や塩基の水溶液に存在する共通のイオンに着目し，酸・塩基は次のような物質であるとした。

①酸とは，水に溶けて水素イオンH^+を生じる物質

$$酸 \longrightarrow H^+ + 陰イオン \quad (6\text{-}26)$$

②塩基とは，水に溶けて水酸化物イオンOH^-を生じる物質

$$塩基 \longrightarrow 陽イオン + OH^- \quad (6\text{-}27)$$

電解質が陽イオンと陰イオンに分かれる現象を**電離**という。塩酸であれば[2]，水溶液中で次のように電離して水素イオンが生成する。

$$HCl \longrightarrow H^+ + Cl^- \quad (6\text{-}28)$$

水素イオンH^+は，実際には，水溶液中では水H_2Oと結合して，**オキソニウムイオンH_3O^+**として存在している。したがって，上式は，厳密には次のように表される。

$$HCl + H_2O \longrightarrow H_3O^+ + Cl^- \quad (6\text{-}29)$$

しかし，$H_3O^+ = H^+ + H_2O$と考えて，普通はH_3O^+をH^+と表すことが多い。

水酸化ナトリウムであれば，水溶液中で次のように電離して水酸化物イオンが生成する。

$$NaOH \longrightarrow Na^+ + OH^- \quad (6\text{-}30)$$

アンモニアの場合には，ごく一部の分子が次のように水分子と反応し

---

[1] **アルカリ**
塩基のうち，水に溶けやすいものを**アルカリ**ともいう。また，その水溶液の示す性質を**アルカリ性**ともいう。

[2] **硝酸HNO_3，硫酸H_2SO_4の電離**
硝酸(HNO_3)は次のように電離する。

$HNO_3 \longrightarrow H^+ + NO_3^-$

硫酸(H_2SO_4)は，次に示すように2段階で電離する。

$H_2SO_4 \longrightarrow H^+ + HSO_4^-$

$HSO_4^- \longrightarrow H^+ + SO_4^{2-}$

これを

$H_2SO_4 \longrightarrow 2H^+ + SO_4^{2-}$

とまとめて書くことが多い。

[3] **ブレンステッド・ローリーの酸・塩基の定義****(p. 153)**
デンマークのブレンステッド(J. N. Brønsted)とイギリスのローリー(T. M. Lowry)は，アレニウスの酸・塩基の定義を次のように拡張した。
「酸とは，水素イオンH^+を与える物質であり，塩基とは，水素イオンH^+を受け取る物質である」
この定義によると，次の反応において，水はHClに対しては塩基として反応していることになるし，NH_3に対しては酸として反応していることになる。

$HCl + H_2O \longrightarrow H_3O^+ + Cl^-$

$NH_3 + H_2O \longrightarrow NH_4^+ + OH^-$

また，この定義を使えば，水以外の溶媒に溶けている物質に対しても，酸・塩基の反応を拡張することができる。

て水酸化物イオンが生成する(NH_3 と H_2O の反応は可逆反応)。

$$NH_3 + H_2O \rightleftarrows NH_4^+ + OH^- \qquad (6\text{-}31)$$

アレニウスの酸・塩基の定義を拡張し，酸・塩基の概念をより一般的にした定義も知られている[3]。

6-3-3 酸と塩基の強さ

≪弱酸水溶液の電離平衡≫ 濃度の低い水溶液では，HCl は完全に電離している($HCl+H_2O \longrightarrow H_3O^+ + Cl^-$)。このような酸を**強酸**(きょうさん)という。これに対して，酢酸 CH_3COOH は水溶液中では，大部分は分子のままであり，ごく一部が電離しているだけである。このような酸を**弱酸**(じゃくさん)[4]という。すなわち，水中では次のような可逆反応が平衡状態にある。これを**電離平衡**(でんりへいこう)という。

$$CH_3COOH + H_2O \rightleftarrows CH_3COO^- + H_3O^+ \qquad (6\text{-}32)$$

温度が一定であれば，次のような関係が成立する。

$$\frac{[CH_3COO^-][H_3O^+]}{[CH_3COOH][H_2O]} = K \quad (\text{一定}) \qquad (6\text{-}33)$$

濃度の低い溶液(希薄(きはく)溶液)では，溶質に比べて溶媒(ようばい)である水が多量にある。また，式 6-32 の正反応が起こっても，減少する水の量はごくわずかである[5]。したがって，実質的に水の濃度$[H_2O]$は一定とみなせる。そこで，$K[H_2O]$ を K_a(添え字 a は酸(＝acid(アシッド))を意味する)と，また，$[H_3O^+]$を$[H^+]$と書いて，式 6-33 を次のように表す。

$$\frac{[CH_3COO^-][H^+]}{[CH_3COOH]} = K_a \qquad (6\text{-}34)$$

K_a[6]は酸の**電離定数**と呼ばれ，温度が一定ならば一定の値である。もちろん，温度が一定であっても，酸が違えば値は異なる。

弱酸を一般的に HA と表すものとすれば，

$$HA \rightleftarrows A^- + H^+ \qquad (6\text{-}35)$$

という電離平衡に対して，

$$\frac{[A^-][H^+]}{[HA]} = K_a \qquad (6\text{-}36)$$

と表すことができる。式 6-36 からわかるように，K_a が大きいほど，分母の値に対する分子の値の割合が大きいことになる。弱い酸ではあるが，K_a が大きいものほど，弱酸の中では酸としては強いということになる。

≪弱塩基水溶液の電離平衡≫ HCl 同様，濃度の低い水溶液では，NaOH は完全に電離している。このような塩基を**強塩基**という。これに対して，**弱塩基**といわれるアンモニアの場合には，前にふれたように，ごく一部の分子が次のように水分子と反応して水酸化物イオンが生

[4] 強酸と弱酸
HCl のように，水溶液中で完全に電離していると考えられる場合，水溶液中の H^+ の物質量は，溶かした HCl の物質量と同じになる。一方，CH_3COOH の水溶液中では，CH_3COOH はごく一部しか電離しないため，H^+ の物質量は溶かした CH_3COOH の物質量に比べ少なくなる。したがって，濃度が同じ HCl と CH_3COOH の水溶液で比べると，HCl 水溶液の方が相当 H^+ の濃度が高い。H^+ の濃度が高いほど酸としての性質が強いことになる。そこで，HCl のように完全に電離する酸を**強酸**，CH_3COOH のようにごく一部しか電離しない酸を**弱酸**と呼ぶのである。

[5] 水自身の濃度
水が 1 L あるとすると，25 ℃ でその質量はほぼ 997 g となる。物質量にすれば，55.4 mol である。したがって，水自身の濃度は 55.4 mol/L ということになる。水 1 L に CH_3COOH を 0.1 mol 溶かしたとして，仮に溶かした CH_3COOH が完全に電離したとしても，それによって減少する水は，たかだか初めにあった量の $\frac{0.1}{55.4} \times 100 = 0.18\%$ でしかない。また，水の電離のところで述べるように，水自身も電離してはいるが，ごくわずかで問題にならない。

6 強酸と酸の電離定数
強酸でも弱酸でも水溶液中で電離するわけであるから，強酸にだって電離定数があってもよさそうに思える。しかし，強酸は完全に電離してしまうと考えてよいので，正反応である電離とその逆反応が平衡状態にあるということにはならない。電離していない酸の濃度はゼロということになるので，式6-33のような平衡定数は有限な値として存在し得ない。したがって，電離定数は弱酸に対してしか考えられない。同じことが塩基の電離定数についてもいえる。

表6-6　弱酸，弱塩基の電離定数（25℃）

酸	電離平衡	K_a[mol/L]
フッ化水素	$HF \rightleftarrows H^+ + F^-$	6.76×10^{-4}
ギ酸	$HCOOH \rightleftarrows H^+ + HCOO^-$	2.82×10^{-4}
酢酸	$CH_3COOH \rightleftarrows H^+ + CH_3COO^-$	2.75×10^{-5}
フェノール	$C_6H_5OH \rightleftarrows H^+ + C_6H_5O^-$	1.51×10^{-10}
塩基	**電離平衡**	**K_b[mol/L]**
メチルアミン	$CH_3NH_2 + H_2O \rightleftarrows CH_3NH_3^+ + OH^-$	4.37×10^{-4}
アンモニア	$NH_3 + H_2O \rightleftarrows NH_4^+ + OH^-$	1.74×10^{-5}
アニリン	$C_6H_5NH_2 + H_2O \rightleftarrows C_6H_5NH_3^+ + OH^-$	4.47×10^{-10}

成する。

$$NH_3 + H_2O \rightleftarrows NH_4^+ + OH^- \qquad (6\text{-}37)$$

電離平衡状態では

$$\frac{[NH_4^+][OH^-]}{[NH_3][H_2O]} = K \quad (一定) \qquad (6\text{-}38)$$

が成立する。酢酸の場合と同様に$[H_2O]$を一定とみなして，$K[H_2O]$をK_b（添え字bは塩基（＝base（ベース））を意味する）と書くと，式6-38は次のようになる。

$$\frac{[NH_4^+][OH^-]}{[NH_3]} = K_b \qquad (6\text{-}39)$$

K_bを塩基の**電離定数**という。酸の電離定数同様，弱塩基ではあるが，K_bが大きいほど塩基としては強いということになる。弱酸，弱塩基の電離定数の例を表6-6に示した。

6-3-4 濃度と電離度

溶かした電解質のうち，電離したものの割合を**電離度**という。

$$電離度\ \alpha = \frac{電離した電解質の物質量}{溶かした電解質の物質量} \qquad (6\text{-}40)$$

強酸，強塩基では濃度が薄ければ$\alpha=1$と考えてよい。

弱酸について考えよう。水に溶けてもごく一部しか電離しない酸を弱酸というが，一体どのくらい電離するのだろうか。また，温度が一定であればK_aは一定であることから，水に溶かす酸の濃度によって，電離の程度は変わるのではないかと考えられるが，どうだろうか。

弱酸の濃度をc[mol/L]，電離度をα（アルファ）とすると，式6-35の反応の平衡状態における各物質の濃度は，下のようになる。

	HA	$\rightleftarrows$	A^-	$+$	H^+
電離前	c [mol/L]		0 mol/L		0 mol/L
電離平衡状態	$c(1-\alpha)$ [mol/L]		$c\alpha$[mol/L]		$c\alpha$[mol/L]

これらを式6-36に代入すると

$$\frac{[A^-][H^+]}{[AH]} = \frac{c\alpha \times c\alpha}{c(1-\alpha)} = \frac{c\alpha^2}{1-\alpha} = K_a \tag{6-41}$$

となる。電離度 α は非常に小さいので，$1-\alpha=1$ と近似できるものとすると[7]，式 6-41 は $c\alpha^2=K_a$ となり，電離度 α は

$$\alpha = \sqrt{\frac{K_a}{c}} \tag{6-42}$$

と表される。1つの酸では，温度が一定であれば K_a は一定であるから，酸の濃度を大きくすると，電離度が小さくなることになる。すなわち，電離しにくくなる。式 6-42 からわかるように，濃度が同じであれば，電離度 α も電離定数 K_a と同様に，弱酸の中での酸の強さの目安となり得る。しかし，温度が一定でありさえすれば，K_a は一定であるのに対し，α は温度が一定であっても，酸の濃度によって変わってしまう。

このようなことから，表 6-6 に示したように K_a が測定され，弱酸の酸としての強さの尺度として使用される。塩基の濃度と電離度についても，酸の場合と同様に考えて濃度と電離度の関係を導くことができる。

[7] 酢酸の電離度

$1-\alpha=1$ と近似できない場合には，α（アルファ）についての2次方程式となる式6-41を解くことになる。

$$\alpha = \frac{-K_a + \sqrt{K_a^2 + 4cK_a}}{2c} \tag{1}$$

25℃における酢酸の電離度を，式 6-42 および上式で計算した結果を比較した。濃度が 0.01 mol/L 以下になると，両者の差が目立ってくる。

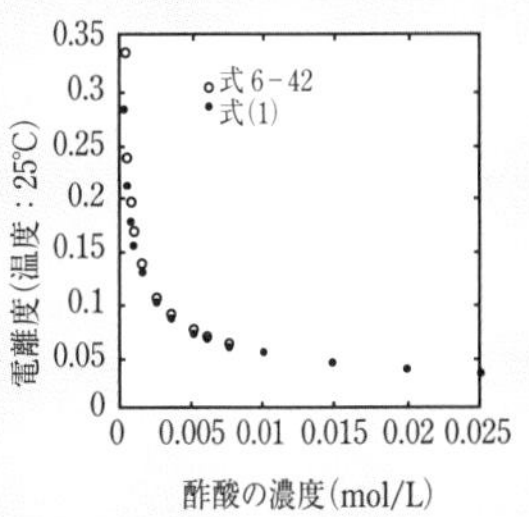

6-3-5 水のイオン積と pH

≪水のイオン積≫　純粋な水はごくわずかではあるが電気電導性を示す。このことは，水自身が電離していることを意味している。

$$H_2O \rightleftharpoons H^+ + OH^- \tag{6-43}$$

酸も塩基も溶けていない，酸性でも塩基性でもない水の中にも，H^+ や OH^- が存在するのである。電離平衡状態では，質量作用の法則（**6-2-1** 項）から，次の関係が成立する。

$$\frac{[H^+][OH^-]}{[H_2O]} = K \tag{6-44}$$

水の濃度は一定とみなせるから，$K[H_2O]$ を K_w と書くと次のようになる。

$$[H^+][OH^-] = K_w \tag{6-45}$$

K_w は**水のイオン積**と呼ばれ，**温度が一定であれば一定の値**となる。

[8] 水素イオン濃度と対数 (p. 156)

水素イオン濃度 $[H^+]$ は，通常小さい値をとることが多く，酸性から塩基性まで値は大きく変化する。濃度 0.1 mol/L の塩酸の $[H^+]$ が 0.1 mol/L である。25℃で純粋な水の中の $[H^+]$ が 1.00×10^{-7} mol/L であるから，塩基性の水溶液中の $[H^+]$ は 1.00×10^{-7} mol/L より小さくなる。このようなことから，値の大きな変化に対応し，かつ数値が正となるように，$[H^+]$ の逆数の常用対数が用いられる。

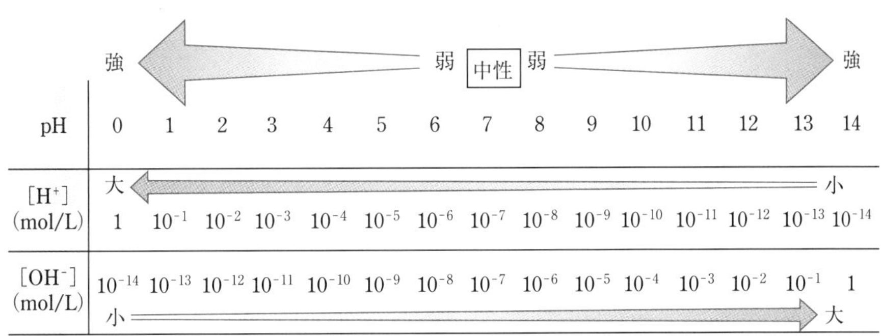

図 6-8　pH と $[H^+]$，$[OH^-]$ の関係

たとえば，25℃で K_w は $1.01\times10^{-14}\ mol^2/L^2$ である。純粋な水では $[H^+]=[OH^-]$ であるから，$[H^+]=1.00\times10^{-7}$ mol/L となる。

≪水素イオン濃度と pH≫ 式 6-43 の関係は純粋な水だけでなく，薄い酸や塩基の薄い水溶液中でも成立する。したがって，塩基を溶かした塩基性の水溶液中にも H^+ があるはずである(もちろん，酸を溶かした酸性の水溶液中にも OH^- がある)。水溶液中の OH^- の濃度が高ければ，式 6-43 の可逆反応の逆反応が進行する結果，水溶液中の H^+ 濃度は低くなる。

酸性の強さは水溶液中の H^+ 濃度 $[H^+]$ が，塩基性の強さは水溶液中の OH^- 濃度 $[OH^-]$ が，尺度になるであろうことは容易に想像がつく。そこで，酸性の水溶液中にも，塩基性の水溶液中にも存在する H^+ の濃度が，酸性，塩基性の強さを表す尺度として使用される。

水溶液中の $[H^+]$ の値は広い範囲で変化するため，そのままでは実用上不便である。そこで，$[H^+]$ の逆数の常用対数を用いる[8]。この値を**水素イオン指数**または**pH**(ピーエッチ)(記号としても用いる)[9]という。

$$pH = \log_{10}\frac{1}{[H^+]} = -\log_{10}[H^+] \qquad (6\text{-}46)$$

純粋な水の 25℃における pH は 7[10] となる。酸も塩基も溶けていないのだから，酸性でも塩基性でもない中性である。水中に物質が溶けていたとしても，pH が 7 であれば中性である。この値より pH が**小さいときが酸性**であり，**大きいときが塩基性**ということになる。

例題 濃度 0.0100 mol/L の塩酸中の水酸化物イオンの濃度を求めよ。ただし，水のイオン積 K_w は $1.01\times10^{-14}\ mol^2/L^2$ とする。

(略解) 濃度 0.0100 mol/L の塩酸中の水素イオン濃度は 0.0100 mol/L となる。$K_w=[H^+][OH^-]$ より

$$[OH^-] = \frac{K_w}{[H^+]} = \frac{1.01\times10^{-14}\ mol^2/L^2}{0.0100\ mol/L}$$
$$= 1.01\times10^{-12}\ mol/L$$

6-3-6 中和と塩の加水分解

酸と塩基が反応して，それぞれの性質を打ち消し合うことを**中和**という。たとえば，強酸である塩酸と強塩基である水酸化ナトリウムの水溶液を混ぜると，塩化ナトリウムと水が生成する。もとの塩酸と水酸化ナトリウムの性質は，打ち消される。

$$HCl + NaOH \longrightarrow NaCl + H_2O \qquad (6\text{-}47)$$

中和反応における水以外の生成物を**塩**(えん)という。塩酸と水酸化ナトリウムの反応では，塩として塩化ナトリウムが生成する。

---

9 pH
pH はラテン語の poudus Hydrogenii(水素指数)の頭文字である。現在では，おもに**ピーエッチ**という言い方が使われるようになったが，**ペーハー**という言い方もする。

10 純粋な水の pH
25℃における純粋な水の中の水素イオン濃度 $[H^+]$ は，1.00×10^{-7} mol/L となるから，式 6-46 より pH は 7 となる。

11 強酸と弱塩基の中和反応によって生じる塩の加水分解
強酸の塩酸と弱塩基のアンモニアとの反応によって生成する塩，塩化アンモニウム NH_4Cl の水溶液では，

$NH_4Cl \longrightarrow NH_4^+ + Cl^-$

と NH_4Cl は完全に電離するが，アンモニアが弱塩基であるため NH_4^+ は H^+ を離して NH_3 になろうとする。H^+ を受け取るのが OH^- であり，減少する OH^- は水の電離平衡が右に移動することにより補われる。このとき，あらたに H^+ が生成する結果，溶液は酸性になる。

$H_2O \rightleftarrows H^+ + OH^-$
$NH_4^+ + OH^- \rightleftarrows H_2O + NH_3$

すなわち，次のような平衡が右にかたよっているといえる。

$NH_4^+ \rightleftarrows NH_3 + H^+$
$(NH_4^+ + H_2O \rightleftarrows NH_3 + H_3O^+)$

一般に，弱酸と強塩基から生じた塩の水溶液は塩基性に，強酸と弱塩基から生じた塩の水溶液は酸性になる。では，弱酸と弱塩基から生じた塩の水溶液はどうかというと，酸，塩基の組み合わせによって，酸性になることもあれば，塩基性になることもある。

ところで，酸がその量に見合うだけの塩基と反応した後の水溶液は，どんな場合でも中性となるのだろうか。酸の H^+ と塩基の OH^- が反応して水が生成するのであるから，中性のように思える。しかし，水以外の生成物である塩が問題となる。塩化ナトリウムのように強酸と強塩基の中和でできる塩の場合には，その水溶液は中性となる。しかし，この組み合わせ以外では，塩の水溶液は多くの場合，中性とはならない。

例として，弱酸である酢酸(さくさん) CH_3COOH と強塩基である水酸化ナトリウム NaOH の反応で生成する塩，酢酸ナトリウム CH_3COONa の水溶液について見てみよう。濃度が高くなければ，酢酸ナトリウムは水に溶けると次のように完全に電離する。

$$CH_3COONa \longrightarrow CH_3COO^- + Na^+ \quad (6\text{-}48)$$

ここで，CH_3COO^- に注目しよう。このイオンは，弱酸である酢酸が電離したときにも生成するものである。CH_3COONa が溶けた瞬間に生成するこのイオンが，ずっとそのままで存在することはない。CH_3COO^- は水から H^+ をもらって，CH_3COOH となるのである。CH_3COO^- と H^+ が反応して CH_3COOH となるが，減少した H^+ は水の電離平衡（式 6-43）が右に移動することにより補われることになる。このとき，あらたに OH^- が生成する結果，溶液は塩基性になる。

$$H_2O \rightleftharpoons H^+ + OH^- \quad (6\text{-}49)$$

$$H^+ + CH_3COO^- \rightleftharpoons CH_3COOH \quad (6\text{-}50)$$

加水分解定数　COLUMN

酢酸ナトリウムの水溶液についての話を一般化して考えてみよう。弱酸（HA）と強塩基（YOH）から生成する塩，YA を水に溶かしたとしよう。このとき，次のような電離平衡が成り立つ。

$$A^- + H_2O \rightleftharpoons HA + OH^-$$

水の濃度を一定とすると，質量作用の法則から

$$\frac{[HA][OH^-]}{[A^-]} = K[H_2O] = K_h$$

となる。この K_h を**加水分解定数**といい，**温度が一定であれば一定**である。上式は次のように変形することができる。

$$\frac{[HA][OH^-][H^+]}{[A^-][H^+]} = \frac{[HA]K_w}{[A^-][H^+]} = \frac{1}{K_a} \times K_w = \frac{K_w}{K_a} = K_h$$

つまり，$K_h = \dfrac{K_w}{K_a}$ となる。

ここで，K_w は水のイオン積，K_a は酸の電離定数である。K_h が大きいということは，上に示した電離平衡が右にかたよっていることを意味している。温度が一定であれば，K_w は一定であるから，K_a が小さい酸，すなわち弱い酸の場合ほど加水分解を受けやすいことになる。

12 緩衝液(かんしょうえき)の pH 変化

酢酸と酢酸ナトリウムからできる緩衝液について見てみよう。酢酸の電離平衡について次の式はつねに成立する。

$$\frac{[CH_3COO^-][H^+]}{[CH_3COOH]} = K_a$$

したがって，

$$[H^+] = K_a \frac{[CH_3COOH]}{[CH_3COO^-]}$$

上式両辺の常用対数をとると，

$$\log_{10}[H^+] = \log_{10} K_a + \log_{10}\frac{[CH_3COOH]}{[CH_3COO^-]}$$

となるから，

$$pH = pK_a - \log_{10}\frac{[CH_3COOH]}{[CH_3COO^-]}$$

ただし，$pK_a = -\log_{10} K_a$ である。pK_a は温度が一定であれば，一定の値となるから，pH は $\dfrac{[CH_3COOH]}{[CH_3COO^-]}$ の値で決まることになる。この値は，溶かす酢酸，酢酸ナトリウムの濃度や加えた酸，塩基の濃度量によって変化することになる。仮に，$\dfrac{[CH_3COOH]}{[CH_3COO^-]}$ の値が $\dfrac{1}{10}$ から 10 まで大きく変化したとしても，このことによる pH の変化は 2 であり，大きなものではない。

すなわち，次のような電離平衡が右の方にかたよっているということができる。

$$CH_3COO^- + H_2O \rightleftarrows CH_3COOH + OH^- \quad (6\text{-}51)$$

この例のように，塩を水に溶かしたとき，電離によって生成したイオンが水と反応する結果，水溶液が酸性または塩基性を示すことを，**塩の加水分解**という[11]。

6-3-7 緩衝液（かんしょうえき）

酸や塩基を加えてもpH（ピーエッチ）の変化が起こりにくいことを**緩衝（かんしょう）作用**という。またこのような性質を持った溶液を**緩衝液**という。緩衝作用といってもあまりなじみがないかもしれないが，じつは重要な働きをしているのである。たとえば，唾液（だえき）である。口の中は歯のエナメル質が溶けないように，pHが6.8から7.0程度に保たれているが，これは唾液に緩衝作用を持つ成分が含まれているからである。また，血液はpHが7.3から7.5に保たれている。この範囲からはずれると病的な状態になってしまう。血液中にも緩衝作用を持つ成分が含まれているのである。

一般に，**弱酸とその塩**，または**弱塩基とその塩の混合溶液には緩衝作用がある**。じつは緩衝作用は，これまで学んできた電離平衡，平衡の移動と密接に関係している。例として，これまでになじみのある物質，酢酸と酢酸ナトリウムを取りあげて考えてみよう。

酢酸と酢酸ナトリウムの水溶液中でも，酢酸について次のような電離平衡が成り立っている。

$$CH_3COOH \rightleftarrows CH_3COO^- + H^+ \quad (6\text{-}52)$$

一方，CH_3COONaはほぼ完全に電離しているので，

$$CH_3COONa \rightleftarrows CH_3COO^- + Na^+ \quad (6\text{-}53)$$

となる。CH_3COO^-の濃度は，CH_3COOHが単独で溶けている場合よりも高くなる。したがって，式6-52の平衡は左へ移動してH^+が減り，溶液のpHはCH_3COOHが単独で溶けている場合よりも大きい。この混合溶液に酸を加える（H^+が増える）と，次の反応

$$CH_3COO^- + H^+ \longrightarrow CH_3COOH \quad (6\text{-}54)$$

が起こる。すなわち，H^+の増加分が除かれる。また，塩基を加える（OH^-が増加する）と，次の反応が起こって，OH^-の増加分が除かれる。

$$CH_3COOH + OH^- \longrightarrow CH_3COO^- + H_2O \quad (6\text{-}55)$$

したがって，少量の酸や塩基が加えられても，溶液のpHはほとんど変わらない[12]。このような作用を持つ水溶液が**緩衝液**である。

生体反応をはじめとして，いろいろな化学反応は，pHの影響を受けることが多く，緩衝液はpHを一定の大きさに保つために利用される。一定にしたいpHの値に応じてさまざまな緩衝液がつくられる[13]。

[13] いろいろな緩衝液
緩衝液のpHは，用いられる弱酸や弱塩基のK_aやK_bの値のみならず，その組成によっても値が異なる。以下に緩衝液の成分と有効なpHのおよその範囲を示す。
p-トルエンスルホン酸とp-トルエンスルホン酸ナトリウム　pH1.2〜2.0
フタル酸カリウムと塩酸　pH2.2〜4.0
クエン酸とクエン酸ナトリウム　pH3.0〜6.2
酢酸と酢酸ナトリウム　pH3.6〜5.6
リン酸一ナトリウムとリン酸二ナトリウム　pH5.8〜8.0
ホウ酸と水酸化ナトリウム　pH8.0〜10.2
アンモニアと塩化アンモニウム　pH8.3〜8.9
炭酸水素ナトリウムと水酸化ナトリウム　pH9.6〜11.0
リン酸一水素ナトリウムと水酸化ナトリウム　pH11.0〜12.0

[14] 飽和溶液(p. 159)
飽和溶液とは，もうそれ以上溶質が溶けることができない限界量まで溶媒に溶けている溶液である。したがって，その中に溶けきれずに残っている固体があっても（その量が多くても少なくても），なくても，溶媒の量さえ一定であれば，溶けている溶質の量にはまったく関係ない。したがって，実質上，固体の濃度は一定とみなせる。

6-3-8 塩の溶解平衡

塩化ナトリウムの飽和溶液を考えよう。溶けきれずに残っているNaCl固体と溶液中のイオンNa^+, Cl^-との間で次の平衡が成り立っている。これを**溶解平衡**という。

$$NaCl(固体) \rightleftarrows Na^+ + Cl^- \quad (6\text{-}56)$$

質量作用の法則より，平衡定数は次のように表される。

$$K = \frac{[Na^+][Cl^-]}{[NaCl(固体)]} \quad (6\text{-}57)$$

飽和溶液では固体の濃度は一定とみなしてよいので[14]，式6-57は次のように表せる。

$$[Na^+][Cl^-] = K[NaCl(固体)] = K' \quad (温度一定のもとで一定値) \quad (6\text{-}58)$$

飽和溶液に塩化水素を導入すると，溶液中の$[Cl^-]$が大きくなり[15]，ルシャトリエの原理にしたがって，$[Cl^-]$が小さくなる方向に式6-56の平衡が移動する。すなわち，NaCl固体が析出(せきしゅつ)する。

水溶液中に含まれるイオンと同じイオンを生じる物質を外から加えたとき，ルシャトリエの原理によって，そのイオンの濃度を低下させる方向に平衡が移動することを，**共通イオン効果**という。共通イオン効果は，これから述べる難溶性塩の沈殿生成によるイオンの分離などに応用されている。

塩化銀AgClは，水に極めて溶けにくい塩であるが，わずかに水に溶け，その溶液は飽和溶液となっている。溶解した微量のAgClは，完全に電離していて，溶けていない固体との間で式6-56と同様な平衡が成立している。

$$AgCl(固体) \rightleftarrows Ag^+ + Cl^- \quad (6\text{-}59)$$

したがって，平衡定数をKとすれば，次のような関係が成立する。

$$[Ag^+][Cl^-] = K[AgCl(固体)] = K_{sp} \quad (温度一定のもとで一定値) \quad (6\text{-}60)$$

この定数K_{sp}は**溶解度積**(ようかいどせき)と呼ばれる。K_{sp}は難溶性塩の溶解度の目安となる[16]。塩化ナトリウムの場合と同様，Ag^+, Cl^-のどちらかの濃度が高くなり，濃度の積が溶解度積より大きくなると，増加したイオンの濃度を下げる方向に平衡が移動する結果，濃度の積がAgClの溶解度積($K_{sp}=1.7\times10^{-10}(mol/L)^2$, 25℃)に等しくなるまで，塩の固体が析出する[17]。

[15] 塩酸と塩化水素

普通，塩酸としてHClと書くが，塩酸は塩化水素(気体で化学式HCl)を水に溶かしたものである。塩化水素HClを水溶液に導入すると，水に溶けて電離し，H^+とCl^-が生成する。

$$HCl(気体) \longrightarrow H^+(水中) + Cl^-(水中)$$

[16] 塩

これまで，塩とは塩化ナトリウム(NaCl)や酢酸ナトリウム(CH_3COONa)のように，中和反応における水以外の生成物と言ってきた。しかし，より広い意味では，陽イオンと陰イオンが互いに電荷を打ち消す形で結びついた化合物のことをさす場合にも使われる。

[17] 硫化物の析出

難溶性の塩の中で，Ag_2S($K_{sp}=6\times10^{-51}(mol/L)^2$, 25℃)，CuS($K_{sp}=6\times10^{-37}(mol/L)^2$, 25℃)，ZnS($K_{sp}=3\times10^{-23}(mol/L)^2$, 25℃)など硫化物は溶解度積がかなり小さく，溶液中にS^{2-}イオンを導入することで，金属イオンを低い濃度であっても硫化物として析出(せきしゅつ)させることができる。水中にS^{2-}を発生させるには，硫化水素を吹き込む。硫化水素H_2Sは弱酸で，水溶液中で次のように2段階で電離している。

$$H_2S \rightleftarrows H^+ + HS^-$$
$$HS^- \rightleftarrows H^+ + S^{2-}$$

したがって，水溶液中のS^{2-}の濃度は水溶液中のH^+濃度によって変化する。水溶液中のH^+濃度を変化させることにより，溶解度積の大きさの違いを利用して，特定のイオンだけを硫化物として沈殿(ちんでん)させることも可能である。

ドリル問題 6-3

※　水のイオン積 K_w は $1.0\times10^{-14}\ \mathrm{mol^2/L^2}$ であるものとする。

1.　濃度 0.03 mol/L の酢酸水溶液中における酢酸の電離度はいくらか。ただし，酢酸の電離定数は 2.75×10^{-5} mol/L とする。

2.　1. の酢酸水溶液を 5 倍に薄めたとき，酢酸の電離度はいくらか。

3.　1. および 2. の酢酸水溶液の pH を求めよ。

4.　濃度 0.02 mol/L の塩酸の pH を求めよ。

5.　pH8.0 の水溶液の水素イオン濃度を求めよ。

6.　pH4.0 の水溶液の水素イオン濃度は，pH12.0 の水溶液の水素イオン濃度の何倍か。

7.　濃度 0.02 mol/L の水酸化ナトリウム水溶液の pH を求めよ。

8.　濃度 0.03 mol/L のアンモニア水溶液中におけるアンモニアの電離度はいくらか。ただし，アンモニアの電離定数は 1.74×10^{-5} mol/L とする。

9.　8. のアンモニア水溶液を 5 倍に薄めたとき，アンモニアの電離度はいくらか。

10.　8. および 9. のアンモニア水溶液の pH を求めよ。

11.　次の (1)～(5) の溶液について pH の大きさの順番はどのようになるか。小さい順に並べなさい。

(1)　濃度 0.01 mol/L の塩酸水溶液

(2)　濃度 0.01 mol/L の水酸化ナトリウム水溶液

(3)　濃度 0.1 mol/L の塩酸水溶液 1 mL を水 1 L に入れた溶液

(4)　濃度 0.1 mol/L の水酸化ナトリウム水溶液 1 mL を水 1 L に入れた溶液

(5)　濃度 0.01 mol/L の塩酸水溶液 8 mL と同じ濃度の水酸化ナトリウム水溶液 10 mL を混合した溶液

12.　次のような pH を示す水溶液を，酸性であるものとアルカリ性であるものに分けなさい。また，酸性が最も強いもの，およびアルカリ性が最も強いものはどれか。

(1)　1.1　　(2)　2.5　　(3)　4.9　　(4)　6.7　　(5)　7.5　　(6)　8.3　　(7)　10.5

6-4 酸化還元反応

6-4-1 酸化と還元

日常経験することであるが，鉄は屋外に置いておくとさびる。これは鉄が酸素と化合(反応)したことが原因である。物質が酸素と化合することを**酸化**(さんか)という。鉄は**酸化された**という。また鉄は，岩石中に存在する酸素との化合物(赤鉄鉱《主成分 Fe_2O_3》，磁鉄鉱《主成分 Fe_3O_4》)から酸素を化学反応によって取り除くことで得られる。このように，化合物から酸素が取られる反応を**還元**(かんげん)という。Fe は，Fe_2O_3 や Fe_3O_4 が**還元されて**得られるのである。われわれは，プロパンガスなどを燃やし，そのとき発生する熱を利用して，料理をしたり，風呂を沸(わ)かしたり，暖房したりするが，プロパンは炭素と水素からなる化合物であり，**燃える**ということは，プロパンが空気中の酸素と反応し，それが発熱反応であることを意味する。つまり，プロパンの燃焼もプロパンの酸化である。われわれの身のまわりでは，さまざまな化学反応が起こっており，また，われわれはさまざまな化学反応を利用しているが，その中には酸化・還元も多い。ここでは，この酸化・還元についての考え方およびその重要な利用例である電池について学ぼう。

6-4-2 酸化・還元の反応式

≪酸素の授受をともなう酸化還元反応≫　次式は，酸化鉄(III)[1] Fe_2O_3 が炭素によって還元されるときの反応式で，実際，溶鉱炉内で起こっている反応である[2]。

$$2\,Fe_2O_3 + 3\,C \longrightarrow 4\,Fe + 3\,CO_2 \qquad (6\text{-}61)$$

酸化された（$C \rightarrow CO_2$）
還元された（$Fe_2O_3 \rightarrow Fe$）

すでに述べたことだが，Fe_2O_3 に注目すると，この物質は酸素がなくなって Fe となっているから，Fe_2O_3 は還元されている。一方，炭素 C は，酸素と化合して二酸化炭素 CO_2 となっており，炭素は酸化されたことになる。この例からわかるように，ある物質が還元されたとすると，必ず何か他に酸化された物質があることになる(ある物質が酸化されたとすると，必ず何か他に還元された物質がある)。このように，酸化だけ，還元だけが単独で起こることはなく，必ず酸化・還元は同時に対(つい)になって起こる。したがって，このような反応を**酸化還元反応**という。

≪水素の授受をともなう酸化還元反応≫　次にプロパンの燃焼についてみてみよう。

$$C_3H_8 + 5\,O_2 \longrightarrow 3\,CO_2 + 4\,H_2O \qquad (6\text{-}62)$$

[1] **「Ⅲ」の意味**
「III」は，鉄の酸化数が「+3」という意味。酸化数については **6-4-3** 項を参照。
なお，鉄には他に+2の酸化数もあり，そのときは「II」と書く。

[2] **製鉄**
還元用の炭素源としてコークスを使用するほか，溶鉱炉内で発生する一酸化炭素 CO も酸化鉄を還元する。

プロパンは，水素が取れて酸素と結合してCO_2となっており，酸化されたことになる。酸化が起こっていれば，同時に還元も起こっているはずである。還元されるのは酸素以外に考えられないが，還元を化合物から酸素が取られる反応と考えたのでは，どうにも説明がつかない。ここでは，水素に注目してみよう。プロパンから取れた水素は，CO_2以外の生成物H_2Oの方へ行っている。そこで，この場合には，**水素を失う反応を酸化，水素を受け取る反応を還元**と考えてみよう。こう考えれば，プロパンが酸化されて，酸素が還元されたことになる。式6-61の反応と同様，酸化・還元は同時に対（つい）になって起こっていることになる。

≪電子の授受をともなう酸化還元反応≫　もう1つ別の反応を見てみよう。

$$2\,Mg + O_2 \longrightarrow 2\,MgO \qquad (6\text{-}63)$$

マグネシウムMgは，空気中で加熱すると，まばゆい光を出して激しく燃え，酸化マグネシウムMgOとなる。Mgは，酸素と化合したから，酸化されたといえる。では，還元についてはどう考えたらよいのだろうか。マグネシウムが酸化されたのであれば，酸素が還元されるはずと考えられるが，この反応では水素も関係していない。ところで，MgOはイオン結合で形成されている化合物で，マグネシウム原子は2価の陽イオンMg^{2+}となり，酸素原子は2価の陰イオンO^{2-}となっている。反応前はどちらもイオンにはなっていないから，マグネシウム原子から2個電子が取り去られ，その電子を酸素原子が受け取ったことになる。このように見てくると，化学変化で**電子を失えば酸化された**ことになり，**電子を得れば還元された**ことになるということができる。電子の受け渡しに注目すれば，式6-63の反応は酸化還元反応である。

6-4-3 酸化数

これまで見てきたように，酸素受け取ったり失ったり，水素を受け取ったり失ったり，また電子を受け取ったり失ったり，これらの反応はすべて**酸化還元反応**ということになる。個々の反応に応じてこれら3通りの定義を使い分けることはできる。しかし，いろいろな化学反応を整理し理解していく上では，できれば1つの共通の考え方ができたほうがよい。そこで，すべての酸化還元反応に適用できる**酸化数**およびその変化という考え方が導入されている。

酸化数は次のように決める。

① 単体[3]の中の原子の酸化数は0とする。

H_2(H：0)，Mg(Mg：0)

② 化合物中の酸素原子の酸化数[4]を−2，水素原子の酸化数を+1とする[5]。

[3] **単体**
1種類の元素で構成される物質を**単体**という。

[4] **過酸化物中の酸素原子の酸化数**
過酸化水素H_2O_2，過酸化ナトリウムNa_2O_2などの過酸化物では，酸素原子の酸化数は−1とする。

[5] **金属水素化物中の水素原子の酸化数**
水素化ナトリウムNaH，水素化カルシウムCaH_2などの金属水素化物では，水素原子の酸化数は−1とする。

[6] **Fe_2O_3の構成(p. 163)**
Fe_2O_3は，陽イオンFe^{3+}(酸化数：+3)と陰イオンO^{2-}がFeとOの数の比が，2：3になるように集まってできている化合物である。すでに出てきたMgOも，Mg^{2+}とO^{2-}が数の比が1：1になるように集まってできている化合物である。

H_2O（O：−2，H：+1）

③　単原子イオンの酸化数は，そのイオンの価数に等しい。

Mg^{2+}（Mg：+2），Cl^-（Cl：−1）

④　電気的に中性な化合物中の成分原子の酸化数の総和は0とする。

MgOの酸化数の総和は0：+2+（−2）=0

Fe_2O_3[6]の酸化数の総和は0：+3×2+（−2）×3=0

⑤　多原子イオンでは，成分原子の酸化数の総和は，そのイオンの価数に等しい。

MnO_4^-の総和は−1：+7+（−2）×4=−1

以上のことをもとにして，式6-64〜6-66の反応における，各原子の反応前後の酸化数の変化を見てみよう。

$$2\,\underset{+3\ -2}{Fe_2O_3} + 3\,\underset{0}{C} \longrightarrow 4\,\underset{0}{Fe} + 3\,\underset{+4\ -2}{CO_2} \quad (6\text{-}64)$$

（酸化数）

Fe_2O_3のFe，Oの酸化数は，注6に述べたように，それぞれ+3，−2である。Cは単体だから酸化数は0である。生成物のFeは単体だから酸化数は0，酸素の酸化数を−2とし，構成原子の酸化数の総和を0とするからCO_2中のCの酸化数は+4となる。鉄は酸化数が減少し，炭素は酸化数が増加している。**酸化数が減少するのが還元，増加するのが酸化**ということになる。Fe_2O_3中の原子Feが還元されたともいえるし，化合物Fe_2O_3が還元されたともいえる[7]。

$$\underset{-\frac{8}{3}\ +1}{C_3H_8} + 5\,\underset{0}{O_2} \longrightarrow 3\,\underset{+4\ -2}{CO_2} + 4\,\underset{+1\ -2}{H_2O} \quad (6\text{-}65)$$

（酸化数）

C_3H_8中の水素原子の酸化数を+1とすれば，炭素原子の酸化数をxとして，$3x+(+1)\times 8=0$が成立するから，少し変な感じがするかもしれないが，炭素原子の酸化数xは$-\frac{8}{3}$となる。酸素の酸化数は0である。これらが反応によって，それぞれ+4，−2に変化しており，C_3H_8中の炭素は酸化され，酸素は還元されたことになる。

$$2\,\underset{0}{Mg} + \underset{0}{O_2} \longrightarrow 2\,\underset{+2\ -2}{MgO} \quad (6\text{-}66)$$

（酸化数）

いうまでもなく，マグネシウムが酸化され，酸素が還元されていることになる。

このように考えてみると，式6-64〜6-66の反応のように，一見形式の異なって見える化学反応も，酸化還元という考え方で整理できることがわかる[8]。さらに，酸化数の変化から，構成原子が酸化されたのか，還元されたのかが理解できる。

6-4-4　酸化剤と還元剤

酸化還元反応で酸化される物質は，別の物質を還元している。逆の言

[7] 原子の酸化と物質の酸化

単体の酸化還元を考える場合には混乱は起こらない。しかし，化合物の酸化還元を考える場合，特に酸化数の変化で酸化還元を判断する場合には，化合物自体が酸化ないし，還元されたというべきなのか，化合物中の特定原子が酸化ないし，還元されたというべきなのか，迷ってしまうことがある。もちろん，どちらの言い方も可能である。化合物に注目するか，化合物中の特定原子に注目するかの違いで言い方が変わるだけである。

[8] 酸化数の変化と電子の授受

式6-64の反応で，反応前後の酸化数の変化は，

Fe：+3 ⟶ 0

C：0 ⟶ +4

である。したがって，Feについての酸化数変化は（0−3）×2×2=−12，Cについての酸化数変化は（4−0）×3=+12となる。注6で述べたように，Fe_2O_3中で，鉄は陽イオンFe^{3+}となっており，また，酸素の酸化数は−2で変わりないので，この酸化数変化は，CからFeへ移動した電子の数に対応した数字と見ることができる。同様に，式6-65の反応では，Cの酸化数変化（増加）とOの酸化数変化（減少）は等しく，さらに式6-66の反応においても，Mgの酸化数変化（増加）およびOの酸化数変化（減少）は等しい。このように，酸化数の変化は，反応にともなって受け渡しされる電子数に対応するものとみなすことができる。

い方をすれば，還元される物質は，別の物質を酸化していることになる。いろいろな物質を調べてみると，相手次第という点はあるが，相手を酸化する働きが強い(自分自身は還元されやすい)物質と，逆に相手を還元する働きが強い(自分自身は酸化されやすい)物質とに，おおよそ分類することができることがわかる。前者は**酸化剤**，後者は**還元剤**と呼ばれる。当然，酸化剤と還元剤の間では，次の例に示すように，酸化還元反応が起こる。

$$\underset{\text{酸化数}+1\ -1}{2\,KI} + \underset{0}{Cl_2} \longrightarrow \underset{0}{I_2} + \underset{+1\ -1}{2\,KCl} \qquad (6\text{-}67)$$

酸化数の変化から明らかなように，I^-は還元剤[9]，Cl_2は酸化剤となる。電子の授受に注目すれば，電子を含むイオン反応式は

還元剤：$2\,I^- \longrightarrow I_2 + 2\,e^-$

酸化剤：$Cl_2 + 2\,e^- \longrightarrow 2\,Cl^-$ (6-68)

となり，還元剤から出た電子が，酸化剤に移っていることがわかる。

酸化剤と還元剤の組み合わせによりさまざまな酸化還元反応が起こり得るが，電子の授受に注目して，還元剤がどのように電子を放出するのか，酸化剤がどのように電子を受け取るのかを反応式の形で表すことができる。表 6-7 に例を示す。ただ，注意しなければならないのは，表の反応式の矢印の向きと逆の方向に反応が起これば，酸化剤も還元剤に，還元剤も酸化剤になるということである[10]。また，物質によっては，相手次第で容易に酸化剤になったり，還元剤になったりする。たとえば，

[9] I^-の由来

ヨウ化カリウム KI は，水溶液中で次のような平衡にある。

$$KI \rightleftarrows K^+ + I^-$$

[10] 酸化剤と還元剤の関係

電子を相手に与える物質が**還元剤**，電子を相手から奪い取る物質が**酸化剤**であるから，たとえば

$$\underset{\text{酸化剤}}{Cl_2} + 2\,e^- \rightleftarrows \underset{\text{還元剤}}{2\,Cl^-}$$

と書くとき，反応が右方向に進めば，Cl_2は電子を受け取ることになるので，Cl_2は酸化剤，反応が左方向に進めば，Cl^-は電子を出すことになるので，Cl^-は還元剤ということになる。もう 1 つ例をあげておこう。

$$\underset{\text{酸化剤}}{O_2} + 4\,H^+ + 4\,e^- \rightleftarrows \underset{\text{還元剤}}{2\,H_2O}$$

表 6-7　おもな酸化剤，還元剤とそれらの水溶液中での反応

	物質名	水溶液中での反応
酸化剤	オゾン O_3	$O_3+2\,H^++2\,e^- \longrightarrow O_2+H_2O$
	過酸化水素 H_2O_2(酸性)	$H_2O_2+2\,H^++2\,e^- \longrightarrow 2\,H_2O\,(H_2O_2+2\,e^- \longrightarrow 2\,OH^-)$
	過マンガン酸カリウム $KMnO_4$(酸性)	$MnO_4{}^-+8\,H^++5\,e^- \longrightarrow Mn^{2+}+4\,H_2O$
	(弱アルカリ，中，弱酸性)	$MnO_4{}^-+4\,H^++3\,e^- \longrightarrow MnO_2+2\,H_2O$
	(アルカリ性)	$MnO_4{}^-+2\,H_2O+4\,e^- \longrightarrow MnO_2+4\,OH^-$
	二クロム酸カリウム $K_2Cr_2O_7$(酸性)	$Cr_2O_7{}^{2-}+14\,H^++6\,e^- \longrightarrow 2\,Cr^{3+}+7\,H_2O$
	硝酸　希硝酸	$HNO_3+3\,H^++3\,e^- \longrightarrow NO+2\,H_2O$
	濃硝酸	$HNO_3+H^++e^- \longrightarrow NO_2+H_2O$
	熱濃硫酸	$H_2SO_4+2\,H^++2\,e^- \longrightarrow SO_2+2\,H_2O$
	ハロゲンの単体 Cl_2 など	$Cl_2+2\,e^- \longrightarrow 2\,Cl^-$など
	二酸化硫黄 SO_2	$SO_2+4\,H^++4\,e^- \longrightarrow S+2\,H_2O$
	酸素 O_2	$O_2+4\,H^++4\,e^- \longrightarrow 2\,H_2O$
還元剤	金属の単体 Na など	$Na \longrightarrow Na^++e^-$など
	過酸化水素 H_2O_2	$H_2O_2 \longrightarrow O_2+2\,H^++2\,e^-$
	シュウ酸 $H_2C_2O_4$	$H_2C_2O_4 \longrightarrow 2\,CO_2+2\,H^++2\,e^-$
	硫化水素 H_2S	$H_2S \longrightarrow S+2\,H^++2\,e^-$
	二酸化硫黄 SO_2	$SO_2+2\,H_2O \longrightarrow SO_4{}^{2-}+4\,H^++2\,e^-$
	チオ硫酸ナトリウム $Na_2S_2O_3$	$2\,S_2O_3{}^{2-} \longrightarrow S_4O_6{}^{2-}+2\,e^-$
	塩化スズ(II)$SnCl_2$	$Sn^{2+} \longrightarrow Sn^{4+}+2\,e^-$
	ヨウ化カリウム KI	$2\,I^- \longrightarrow I_2+2\,e^-$
	硫酸鉄(II)$FeSO_4$	$Fe^{2+} \longrightarrow Fe^{3+}+e^-$

過酸化水素 H_2O_2 は酸性溶液中での KI との反応では，次のイオン反応式に示すように酸化剤として働く[11]。

$$H_2O_2 + 2\,H^+ + 2\,I^- \longrightarrow 2\,H_2O + I_2 \qquad (6\text{-}69)$$

一方，酸性溶液中，過マンガン酸カリウム $KMnO_4$ との反応では，次のイオン反応式に示すように還元剤として働く。

$$5\,H_2O_2 + 2\,MnO_4^- + 6\,H^+ \longrightarrow 8\,H_2O + 2\,Mn^{2+} + 5\,O_2 \qquad (6\text{-}70)$$

(たとえば，硫酸酸性溶液中での化学反応を具体的に書くと，

$$5\,H_2O_2 + 2\,KMnO_4 + 3\,H_2SO_4 \longrightarrow$$
$$K_2SO_4 + 2\,MnSO_4 + 8\,H_2O + 5\,O_2)$$

例題　濃度が不明な硫酸鉄(II)水溶液 10.0 mL をビーカーにとり，硫酸で酸性にしてから，濃度 0.0100 mol/L の過マンガン酸カリウム水溶液を少しずつ加えていくと，10.5 mL を加えたところで反応が完了した。硫酸鉄(II)水溶液の濃度を求めよ。

(略解)　過マンガン酸カリウムは酸化剤として働く。一方，硫酸鉄(II)は還元剤として働く。それぞれの働き方は，次のようになる。

$$MnO_4^- + 8\,H^+ + 5\,e^- \longrightarrow Mn^{2+} + 4\,H_2O \qquad (1)$$
$$Fe^{2+} \longrightarrow Fe^{3+} + e^- \qquad (2)$$

(1)＋(2)×5 として e^- を消去すると，

$$MnO_4^- + 5\,Fe^{2+} + 8\,H^+ \longrightarrow Mn^{2+} + 5\,Fe^{3+} + 4\,H_2O$$

となり，両辺に($K^+ + 9\,SO_4^{2-}$)を加えると，

$$KMnO_4 + 5\,FeSO_4 + 4\,H_2SO_4 \longrightarrow$$
$$MnSO_4 + \frac{5}{2}\,Fe_2(SO_4)_3 + 4\,H_2O + \frac{1}{2}\,K_2SO_4$$

となる。したがって，反応は $KMnO_4$ と $FeSO_4$ の物質量の比が 1：5 の割合で起こる。硫酸鉄(II)の濃度を c[mol/L]とすると，

$$KMnO_4 \text{ の物質量} = 0.0100\ \text{mol/L} \times \frac{10.5}{1000}\ \text{L}$$

$$FeSO_4 \text{ の物質量} = c \times \frac{10.0}{1000}\ \text{L}$$

$$0.0100\ \text{mol/L} \times \frac{10.5}{1000}\ \text{L} : c \times \frac{10.0}{1000}\ \text{L} = 1 : 5$$

となるから，

$$\frac{10.0 \times c}{1000} = \frac{5 \times 0.0100 \times 10.5}{1000}$$

となる。よって，$c = 0.0525$ mol/L

[11] 酸化還元反応の反応式の例

酸化剤　$H_2O_2 + 2\,H^+ + 2\,e^- \longrightarrow 2\,H_2O$　(1)

還元剤　$2\,I^- \longrightarrow I_2 + 2\,e^-$　(2)

(1)＋(2)として e^- を消去すると，

$$H_2O_2 + 2\,H^+ + 2\,I^- \longrightarrow 2\,H_2O + I_2$$

上の式(1)，(2)の反応を具体的に示すと，硫酸酸性溶液で反応を行ったとして，両辺に($SO_4^{2-} + 2\,K^+$)を加えて，次のようになる。

$$H_2O_2 + H_2SO_4 + 2\,KI \longrightarrow K_2SO_4 + 2\,H_2O + I_2$$

6-4-5 金属のイオン化傾向

一口に酸化剤，還元剤といっても，その強さには違いがある。すでに述べたように，過酸化水素 H_2O_2 は酸化剤ではあるが，過マンガン酸カリウム $KMnO_4$ との反応では還元剤として働く。これは，過マンガン酸カリウムの方が，過酸化水素より酸化剤として強いからである。酸化剤，還元剤と言うけれど，その働きの強さによっては，一般に酸化剤と呼ばれるものどうし，還元剤と呼ばれるものどうしでも，酸化還元反応が起こる。

金属の単体を構成する金属原子は，水や水溶液中で陽イオンになり，還元剤として働く。しかし，どのような場合にも必ず電子を放出するというわけではない。還元剤としての相対的強さは，水中における金属のイオンへのなりやすさで決まってくる。金属の種類によって異なるが，この金属原子がイオンになろうとする性質を**イオン化傾向**という。たとえば，硫酸銅(II)水溶液に亜鉛を入れると，溶液が温かくなる(発熱が認められる)と同時に，亜鉛表面に銅が析出(せきしゅつ)[12]するが，硫酸亜鉛の水溶液に銅を入れても，変化は起こらない。これは

$$CuSO_4 + Zn \longrightarrow ZnSO_4 + Cu \qquad (6\text{-}71)$$

の反応が起こることによるが，逆反応は起こらないことを示している。Cu も Zn も陽イオンになることで還元剤となるし，Cu^{2+} も Zn^{2+} も中性原子になることで酸化剤になる。Cu^{2+}($CuSO_4$ 水溶液中では，Cu^{2+} と SO_4^{2-} に電離している)と Zn の組み合わせでは，Cu^{2+} は酸化剤として，Zn は還元剤として働いていることになるが，Zn^{2+}($ZnSO_4$)と Cu の組み合わせでは，Zn^{2+} は酸化剤として働かないし，Cu は還元剤として働かない。このことは，Cu よりも Zn の方が，陽イオンになりやすいこと，つまり還元剤として強いことを意味しており，Cu よりも Zn の方が，イオン化傾向が大きいという言い方もできる。また，イオンの方から見れば，Zn^{2+} よりも Cu^{2+} の方が酸化剤として強いという言い方もできる。

[12] **析出**
溶液ないし液体状態から固体の結晶が分離して出てくることをいう。

いろいろな金属について，イオン化傾向のおよその順序は図 6-9 のようになる。金属のイオン化傾向を，金属の還元剤としての強さ，金属イ

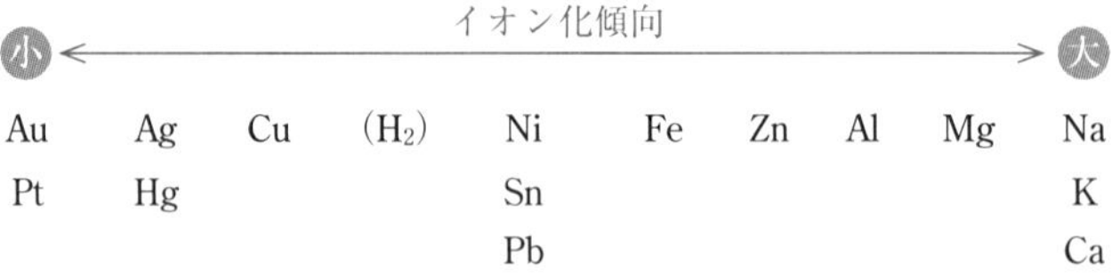

イオン化傾向は，金属をその標準電極電位(p. 169 コラム参照)の大きさの順に並べたものである。元素記号がたてに並べてある金属間では，標準電極電位に大きな差がない。

図 6-9　金属のイオン化傾向の大きさの順序(イオン化列)

オンの酸化剤としての強さという視点で見てきた。しかし，酸化にしても還元にしても，化学反応であるから，見方を変えれば，金属のイオン化傾向は，金属の反応性と密接な関係にあるといえる。

6-4-6 電池――酸化還元反応とエネルギー――

≪電池≫ 式6-71の反応に戻ろう。硫酸銅(II)水溶液に亜鉛を入れると発熱する。この場合，反応にともなって熱エネルギーが放出されたのである。この反応を酸化反応，還元反応に分けて見てみよう。

$$Zn \longrightarrow Zn^{2+} + 2\,e^- \quad (\text{Zn が酸化された}) \qquad (6\text{-}72)$$

$$Cu^{2+} + 2\,e^- \longrightarrow Cu \quad (\text{Cu が還元された}) \qquad (6\text{-}73)$$

上式より，電子がZnからCu^{2+}へ移動していることになる。工夫することにより，この電子の移動を電流として取り出すことができる。酸化還元反応にともなって放出されるエネルギーを，熱エネルギーとしてではなく，電気エネルギーとして取り出すことができるのである。このような装置を**電池**(**化学電池**)という。イギリスのダニエル(J. F. Daniell)は1836年に，亜鉛板，硫酸亜鉛，銅板，硫酸銅(II)を用いて，図6-10に示すような電池(**ダニエル電池**と呼んでいる)を発明した。素焼き板[13]を境に，一方に薄い硫酸亜鉛水溶液に亜鉛板を浸し，他方にはやや濃い硫酸銅(II)溶液に銅板を浸し，図に示したように亜鉛板と銅板を導線でつないだものである。

式6-72の反応によりZnから出た電子は，導線を通って銅板へ向かう。銅板へ行った電子はCu^{2+}に受け取られ，式6-73の反応が起こる。すなわち，電子は導線を通じ，亜鉛板から銅板へ移動したことになる。電流の流れる方向は，電子の流れと逆向きと決められているので，電流は銅板から亜鉛板に流れることになり，導線の途中に電球を置けば点灯する。反応が進行するにつれ，亜鉛板側では陽イオンZn^{2+}が陰イオンより多くなり，逆に銅板側では陽イオンCu^{2+}が陰イオンより少なくな

[13] **塩橋**
亜鉛板上に銅が析出しないように，$ZnSO_4$水溶液と$CuSO_4$水溶液を素焼き板を置いて仕切る場合が図6-10である。これ以外に，$ZnSO_4$水溶液と$CuSO_4$水溶液を別々の容器に入れ，これらの間を**塩橋**(えんきょう)と呼ばれるものでつなぐ場合もある。塩橋は，ゼラチンの中にKNO_3やKClなどの電解質をまぜて，それをU字型のガラス管に詰めたものである。電極での反応の進行にともなって，$ZnSO_4$水溶液側，$CuSO_4$水溶液側で生ずる陰陽イオンの電気的不均衡を補償するため管内のイオンが溶液中に移動する。

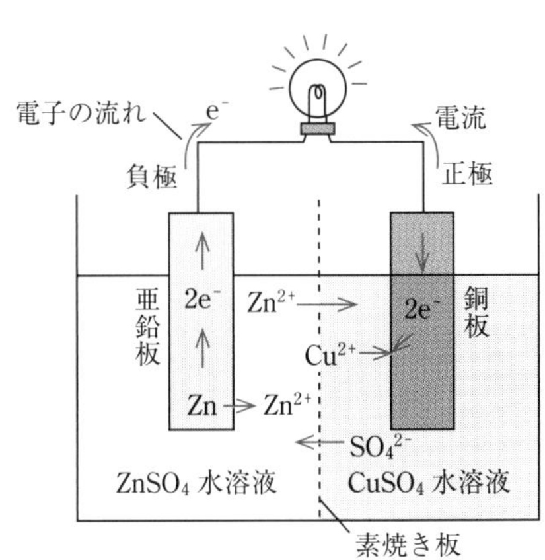

図6-10 ダニエル電池

る。このため，亜鉛板側からは Zn^{2+} が銅板側へ，銅板側からは SO_4^{2-} が亜鉛板側へ，素焼き板を通して移動する。電池では，亜鉛板のように電子が導線へ出ていくところと，銅板のように入ってくるところがあるが，これらを**電極**と呼ぶ。亜鉛板のように電子が導線へ出ていく電極を**負極**(－)，銅板のように電子が導線から入ってくる電極を**正極**(＋)という。負極では酸化反応が，正極では還元反応が起こることになる[14]。

電池の構成を表すのに，いちいち図6-10のように書くのは大変である。そこで，電池の構成を示すために，たとえば図6-10のダニエル電池は次のように表す。慣例として負極を左側に書く。

$$(-)Zn|ZnSO_4aq|CuSO_4aq|Cu(+) \quad (6\text{-}74)$$

(－)Zn，Cu(＋)は電極を，$ZnSO_4aq$，$CuSO_4aq$ は，それぞれ硫酸亜鉛水溶液，硫酸銅(II)水溶液を表している。また，「|」は水溶液と電極の境目，違う溶液の境目[15]を表す。

≪電池の起電力≫　電池の正負両極の間に電圧計を入れれば，両極間の電位差(電圧)が測定できる。この電位差を電池の**起電力**[16]という。ダニエル電池では，負電荷を持つ電子が亜鉛電極から銅電極に向かって移動する。したがって，銅電極の方が亜鉛電極より相対的に正の電位にあることになる。ところで，ダニエル電池の正極となる銅と硫酸銅(II)水溶液の部分(**半電池**)を，銅よりイオン化傾向の小さい銀と硝酸銀水溶液に変えて，次のような電池をつくったとき，その起電力はどうなるのだろうか。

$$(-)Zn|ZnSO_4aq|AgNO_3aq|Ag(+) \quad (6\text{-}75)$$

14 **半電池**
負極部分(亜鉛板＋硫酸亜鉛水溶液)と正極部分(銅板＋硫酸銅水溶液)が1つになって電池が構成されていることになる。そこで，正極部分ないし負極部分を**半電池**という言い方をする。

15 **塩橋の表示**
素焼き板ではなく塩橋を使って電池を構成した場合，「|」ではなく「||」を用いて次のように表す。

$(-)Zn|ZnSO_4aq||CuSO_4aq|Cu(+)$

16 **起電力**
ダニエル電池について見てみよう。電極反応が進行するにつれ，溶液中の Zn^{2+}，Cu^{2+} の濃度は変化する。じつは，このイオンの濃度変化にともなって電位差も変化する。したがって，一口に起電力といっても，イオンの濃度によって異なる。通常は溶液の濃度が両半電池とも1 mol/Lのときの電位差で示す。(p.169コラム「起電力と標準電極電位」参照)

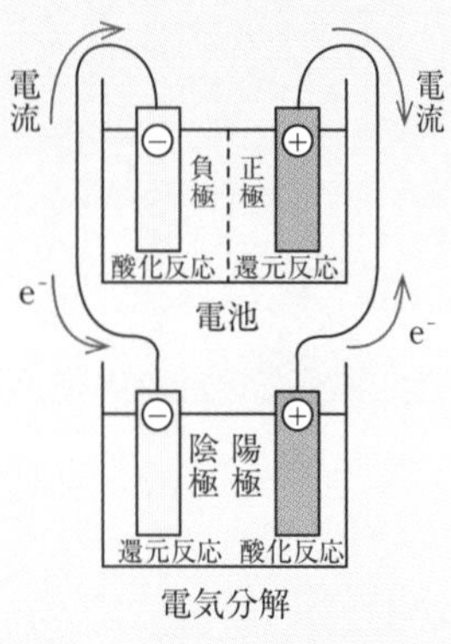

電気分解

実用電池　COLUMN

ダニエル電池は実際に用いられている電池(**実用電池**)ではないが，いろいろな電池が身近で使われている。日常よく使われる乾電池(マンガン電池やアルカリ電池)や，デジタル時計やカメラなどに使われるリチウム電池は，一度使用する(**放電**させる)ともとの状態に戻せない。このような電池を**一次電池**という。これに対して，使い切りではなく，放電した電池に，放電のときと逆向きに電流を通すこと(**充電**)により，もとの状態に戻る電池がある。このような電池は繰り返し使うことができるもので**二次電池**という。二次電池としては車のバッテリーに用いられる鉛蓄電池，パソコンや携帯電話に用いられるニッケル水素電池，リチウムイオン電池などがある。

また，最近注目されているのが**燃料電池**で，酸化還元反応の中で燃焼反応を利用している。天然ガスなどから得られる水素を空気中の酸素と反応(燃焼)させ，そのときに発生するエネルギーを電気エネルギーとして取り出すようにしたものである。

銀は銅よりイオン化傾向が小さいということは，Ag^{+}の方がCu^{2+}より強い酸化剤ということになる。このことは，ダニエル電池に比べ，正極の電位が高く電子を受け入れやすくなっていることを意味している。したがって，起電力はダニエル電池の場合より高くなる(注16参照)。このように，半電池の組み合わせによって起電力は異なる。

酸化剤と還元剤のところで述べたように，組み合わせによっては酸化剤に属している物質も還元剤として働くこともあるし，その逆もあり得る。このことから考えて見ればわかるように，一般には半電池の組み合わせによっては，電極は正極にも負極にもなり得る。

起電力と標準電極電位 COLUMN

起電力は正極と負極との間に生じる電位差のことであるが，あくまでも正極と負極との電位の差であって，正極の電位の高さ(電子が不足することによる電子の受け入れやすさ)，負極の電位の低さ(電子が過剰となることによる電子の出しやすさ)そのものを示しているわけではない。

ダニエル電池を考えてみよう。全体としては次の反応が右向きに起こることになる。

$$Cu^{2+} + Zn \rightleftarrows Cu + Zn^{2+} \quad (1)$$

これは，

$$Zn^{2+} + 2\,e^{-} \rightleftarrows Zn \quad (2)$$

の反応が左向きに，

$$Cu^{2+} + 2\,e^{-} \rightleftarrows Cu \quad (3)$$

の反応が右向きに起こることを示している。まさに，ZnとCuのイオンになりやすさの違いに基づく結果である。つまり，酸化されやすさ，還元されやすさの相対的違いによって反応の方向が決まる。

特定の物質間における酸化されやすさ，還元されやすさではなく，何か絶対的な比較はできないのだろうか。じつは，基準となる電極(**半電池**)と組み合わせて電池を構成し，その起電力を測定することで，絶対的比較は可能である。この標準となる電極は，水素イオン濃度1 mol/Lの水溶液に白金を浸し，101.3 kPa(1 atm)の水素を吹き込んだものであり，**標準水素電極**と呼ばれる。標準水素電極と$Cu+Cu^{2+}$濃度1 mol/Lの半電池を組み合わせた，次の電池の起電力は0.337 Vとなる。

$$(-)Pt, H_2 | H^{+} || Cu^{2+} | Cu(+) \quad (4)$$

この電池では，電子は標準水素電極から導線を通って銅電極の方へ移動することが観測される，すなわち，電流は導線を通って銅電極から標準水素電極の方へ流れる。一方，標準水素電極と$Zn+Zn^{2+}$濃度1 mol/Lの半電池を組み合わせた，次の電池の起電力は，0.763 Vとなる。この場合には，電子は亜鉛電極から導線を通って標準水素電極の

表 6-8　水溶液中における標準電極電位（単位 V，25 ℃）

酸化剤		還元剤	標準電極電位
F_2+2e^-	⇄	$2F^-$	2.87
$H_2O_2+2H^++2e^-$	⇄	$2H_2O$	1.78
$PbO_2+SO_4^{2-}+4H^++2e^-$	⇄	$PbSO_4+2H_2O$	1.69
$MnO_4^-+8H^++5e^-$	⇄	$Mn^{2+}+4H_2O$	1.51
Cl_2+2e^-	⇄	$2Cl^-$	1.36
$Cr_2O_7^{2-}+14H^++6e^-$	⇄	$2Cr^{3+}+7H_2O$	1.29
$O_2+4H^++4e^-$	⇄	$2H_2O$	1.23
Br_2+2e^-	⇄	$2Br^-$	1.09
$NO_3^-+4H^++3e^-$	⇄	$NO+2H_2O$	0.957
Ag^++e^-	⇄	Ag	0.799
$Fe^{3+}+e^-$	⇄	Fe^{2+}	0.771
$O_2+2H^++2e^-$	⇄	H_2O_2	0.689
I_2+2e^-	⇄	$2I^-$	0.535
$SO_2+4H^++4e^-$	⇄	$S+2H_2O$	0.45
$O_2+2H_2O+4e^-$	⇄	$4OH^-$	0.401
$Cu^{2+}+2e^-$	⇄	Cu	0.337
$SO_4^{2-}+4H^++2e^-$	⇄	SO_2+2H_2O	0.171
$S+2H^++2e^-$	⇄	H_2S	0.171
$2H^++2e^-$	⇄	H_2	0
$Pb^{2+}+2e^-$	⇄	Pb	−0.129
$Sn^{2+}+2e^-$	⇄	Sn	−0.138
$Ni^{2+}+2e^-$	⇄	Ni	−0.228
$PbSO_4+2e^-$	⇄	$Pb+SO_4^{2-}$	−0.359
$Fe^{2+}+2e^-$	⇄	Fe	−0.440
$Zn^{2+}+2e^-$	⇄	Zn	−0.763
$2CO_2+2H^++2e^-$	⇄	$H_2C_2O_4$	−0.49
$2H_2O+2e^-$	⇄	H_2+2OH^-	−0.828
$Al^{3+}+3e^-$	⇄	Al	−1.66
$Mg^{2+}+2e^-$	⇄	Mg	−2.66
Na^++e^-	⇄	Na	−2.71
$Ca^{2+}+2e^-$	⇄	Ca	−2.84
$Ba^{2+}+2e^-$	⇄	Ba	−2.92
K^++e^-	⇄	K	−2.93
Li^++e^-	⇄	Li	−3.05

方へ移動する。すなわち，電流は導線を通って標準水素電極から亜鉛電極の方へ流れる。

$$(+)\mathrm{Pt, H_2}|\mathrm{H^+}||\mathrm{Zn^{2+}}|\mathrm{Zn}(-) \quad (5)$$

電流は，電位の高い方から低い方へ流れると考えて，基準となる標準水素電極の電位を 0 V[17]と決めれば，(4)の電池の起電力は 0.337 V，(5)の電池の起電力は−0.763 V となる。これを**標準電極電位**という。ダニエル電池では電位の高い銅電極が正極，電位の低い亜鉛電極が負極となり起電力(標準起電力)[18]は ＋0.337 V−(−0.763 V)＝1.10 V となる。

表に水溶液中における標準電極電位を示す。おおむね，電位の値が正で大きい物質が酸化剤と，負で絶対値の大きい物質が還元剤と呼ばれていることがわかるであろう。また，金属のイオン化傾向の大小も，この標準電極電位の高低に対応している。

17 標準水素電極での反応

$$2H^+ + 2e^- \rightleftarrows H_2$$

標準電極電位：0.000 V

18 ダニエル電池の起電力

電池の起電力はそれを構成する半電池の溶液の濃度によって変化する。ダニエル電池の起電力を E[V]とすると

$$E=E^\circ-\frac{RT}{2F}\log\frac{[\mathrm{Zn^{2+}}]}{[\mathrm{Cu^{2+}}]}$$

と表される。ここで，R は気体定数，T は絶対温度，F はファラデー定数(**6-4-7** 項)である。E° は標準起電力である。電池を使い尽くす，すなわち，起電力 E が 0 V になるときには，コラムの式(1)の可逆反応が平衡に達したことを意味している。

6-4-7 電気分解——電気エネルギーと酸化還元——

≪電気分解≫ 電池では，酸化還元反応にともなって放出されるエネルギーを，電気エネルギーとして取り出す。これと逆に電気エネルギーを与えて，強制的に酸化還元反応を起こすことを**電気分解**という。普通には起こりにくい酸化還元反応を起こすことができる。

電解質の水溶液などに2本の電極を入れ，外部から直流電圧(電池などの直流電源を使用する)をかけることになるが，電源の負極とつないだ電極を**陰極**，正極とつないだ電極を**陽極**という[19]。陰極では外部から電子が入ってくるので電極付近の物質が電子を受け取る還元反応が起こる。また，陽極では，電子が外部へ出ていくので，電極付近の物質が電子を失う酸化反応が起こる[20]。

電気分解は塩化ナトリウムから水酸化ナトリウムをつくるのに利用されている。図6-11にイオン交換膜法による水酸化ナトリウムの製造装置の模式図を示す。陰極では，水が電子を受け取って還元され，陽極では Cl^- が電子を放出し酸化されることになる。

陰極：$2\,H_2O + 2\,e^- \longrightarrow 2\,OH^- + H_2\uparrow$ （還元） (6-76)

陽極：$2\,Cl^- \longrightarrow Cl_2 + 2\,e^-$ （酸化） (6-77)

陰極付近では OH^- が増加するため，電荷を打ち消すために陽イオン交換膜を通って，陽極側から Na^+ が陰極側へ入ってくる。したがって，陰極側の溶液は濃い濃度のNaOH水溶液となる。この際，陽極側からは塩素が，陰極側からは水素が発生する。

≪電気分解の法則≫ まだ電子の存在すら明らかとはなっていなかった1833年，イギリスのファラデー(M. Faraday)は，

「一定の電気量[21]を流したとき，陰極，陽極それぞれの電極で反応するイオンの物質量はその価数に反比例する」

ことを発見した。これは**電気分解の法則**または**ファラデーの法則**と呼ばれている。

塩化銅(II) $CuCl_2$ 水溶液を，炭素を電極として電気分解すると，次の

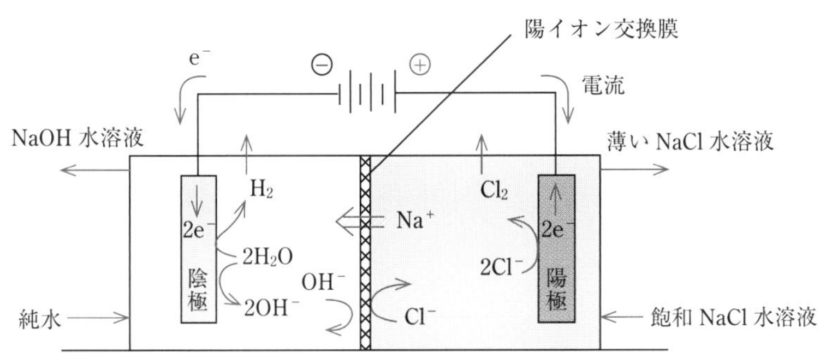

図6-11 イオン交換膜法による水酸化ナトリウムの製造

[19] **電池と電気分解の電極**
電池では**負極**と**正極**，電気分解では**陰極**と**陽極**と，電池と電気分解で電極の呼び方が異なる。この関係は注16の図のようになっている。電池では，負極で酸化反応が，正極で還元反応が自発的に起こるのに対して，電気分解では電子が流れ込む陰極で還元反応が，電子が出て行く側の陽極では酸化反応が起こる。混乱を避けるために，電極で起こる反応に注目して，還元反応が起こる側を**カソード**，酸化が起こる側を**アノード**という言い方をすることもある。

[20] **電極での反応**
陰極へは，電源から負の電荷を持った電子が流れ込む。また，陽極からは電源に向かって電子が出て行く。したがって，陰極では陽イオンが電子を受け取って還元され，また，陽極では，陰イオンが電子を失い酸化されるものと思ってしまうが，必ずしもそういう変化が起こるとは限らない。あくまでも，水溶液中の還元されやすい物質が陰極で電子を受け取り，酸化されやすい物質が陽極で電子を失う。また，水溶液中に還元されにくいイオンや酸化されにくいイオンが存在するときには，溶媒となっている水が反応することになる。塩化ナトリウム水溶液の電気分解における陰極での反応はまさにこの例である。
陰イオンにもイオン化傾向があり $NO^{3-} > SO_4^{2-} > OH^- > Cl^- > Br^- > I^-$ の順にイオンになりやすい。つまり陽極では OH^- ではなく Cl^- が酸化されることになる。「硝硫の水は塩臭ヨウ」と覚える。

もう1つ例をあげると，白金を電極として硫酸ナトリウム水溶液を電気分解すると，陰極ではNa^{+}は還元されず，水が還元される(式6-76)。陽極は白金なので電極自身の変化はなく，また，SO_4^{2-}はもう酸化されないので，次のように水が酸化される。

$$2H_2O \longrightarrow 4H^{+} + O_2\uparrow + 4e^{-}$$

21 電気量
1C(クーロン)は1A(アンペア)の電流が1秒間流れたときの電気量である。
電気量[C]
= 電流[A] × 時間[s]

反応が起こる。

$$(\text{陰極})Cu^{2+} + 2e^{-} \longrightarrow Cu \qquad (6\text{-}78)$$

$$(\text{陽極})2Cl^{-} \longrightarrow Cl_2 + 2e^{-} \qquad (6\text{-}79)$$

電子2 molに相当する電気量を流したとすると，陰極ではCu^{2+} 1 molが電子2 molを受け取ってCu 1 molが析出するし，陽極ではCl^{-} 2 molが電子2 molを放出し，Cl_2 1 molが発生する。電子4 molに相当する電気量を流せば，還元されるCu^{2+}の物質量，酸化されるCl^{-}の物質量は倍になる。

しかし，つねに電極ではイオンが反応しているわけではなく，注20でもふれたようにイオンが反応しない場合もある。むしろイオンが反応しない場合の方が多い。そのような場合には，ファラデーの法則は具合の悪いことになる。しかし，流れた電気量に比例して，電極で反応するイオンの物質量は増えるのは間違いないし，また，イオンが反応しなくても，電極反応では必ず電子の授受が起こっている。したがって，ファラデーが見いだした電気分解における電気量と物質量との関係は，次のように言い換えることができる。

「物質の変化量は，流れた電気量に比例する」

こうすれば，イオンが反応しない場合にも適用できる。イオンが反応する場合には，もちろん先に述べたことが成立する。

電子(電子1個の電気量：1.60×10^{-19} C)1 mol(6.02×10^{23}個)に相当する電気量の絶対値は96500 C($=6.02\times10^{23}$個/mol$\times1.60\times10^{-19}$ C)であり，96500 C/molを**ファラデー定数**といい，記号Fで表す。

例題 硫酸銅(II)$CuSO_4$水溶液を，白金を電極として用い，0.250 Aの一定電流で電気分解したところ，陰極に銅が0.0635 g析出した。このとき，次の問いに答えよ。

(1) 電気分解の時間(電流を流した時間)はいくらか。

(2) 陽極からは，標準状態で何mLの気体が発生するか。

(略解) (1) 陰極では次の還元反応が起こる。

$$Cu^{2+} + 2e^{-} \longrightarrow Cu$$

このことは，陰極で電子2 molに相当する電気量が流れるとき，Cu 1 molが析出することを意味している。Cuのモル質量は63.5 g/molであるから，0.0635 gは1.00×10^{-3} molとなる。したがって，陰極に流れた電気量はファラデー定数96500 C/molを用いて，

$$96500\ \text{C/mol} \times 1.00 \times 10^{-3}\ \text{mol} \times 2 = 193\ \text{C}$$

となる。電流が0.250 Aであるから，電気分解時間は

$$193\ \text{C} \div 0.250\ \text{A} = 772\ \text{C/A} = 772(\text{A} \times \text{s})/\text{A} = 772\ \text{s}$$

となる。すなわち，12 分 52 秒。

(2) 陽極では電極の白金の酸化は起こらず，次式のように水の酸化が起こり，酸素が発生する。(SO_4^{2-}はもう酸化されない)

$$2\,H_2O \longrightarrow 4\,H^+ + O_2\uparrow + 4\,e^-$$

上式は陽極で電子 4 mol に相当する電気量が流れたとき，O_2が 1 mol 発生することを意味している。陽極を流れた電気量は，陰極を流れた電気量と同じはずであるから，193 C でこれは電子 2.00×10^{-3} mol に相当する(193 C÷96500 C/mol)。したがって，陽極で発生する酸素の物質量は，この値の 4 分の 1 の 5.00×10^{-4} mol となる。標準状態(0 ℃，101.3 kPa)で，1 mol の気体の体積は 22.4 L であるから，

$$5.00\times10^{-4}\,\text{mol}\times22.4\,\text{L/mol} = 1.12\times10^{-2}\,\text{L} = 11.2\,\text{mL}$$

ドリル問題 6-4

1. 次の反応において，酸化された物質および還元された物質は何か。化学式で示せ。

(1) $Fe_2O_3 + 2\,Al \longrightarrow 2\,Fe + Al_2O_3$

(2) $C_2H_4 + H_2 \longrightarrow C_2H_6$

(3) $Cu + Cl_2 \longrightarrow CuCl_2$

2. 次の各物質中の下線をつけた原子の酸化数を求めよ。

(1) $H_2\underline{S}$　(2) $\underline{Ca}^{2+}$　(3) $\underline{Mn}O_2$　(4) $\underline{S}O_3{}^{2-}$

(5) $H\underline{N}O_3$　(6) $\underline{Fe}_2O_3$　(7) $K\underline{Mn}O_4$　(8) $\underline{Cr}_2O_7{}^{2-}$

3. ヨウ化カリウム KI 水溶液に塩素 Cl_2 を通すと，水溶液は無色から褐色になる。これは塩素とヨウ化物イオン I^- との間で酸化還元反応が起こり，ヨウ素が生成するためである。このとき次の問いに答えよ。

(1) 塩素 Cl_2 は酸化剤として作用し Cl^- となるが，このときの反応を電子 e^- を含む式で表せ。

(2) ヨウ化物イオン I^- は還元剤として作用して I_2 となるが，このときの反応を電子 e^- を含む式で表せ。

(3) ヨウ化物イオンと塩素の反応式を書け。また，ヨウ化カリウムと塩素の反応式を書け。

4. 次に示す酸化還元反応において，各原子の酸化数の増減を調べ，酸化された原子と還元された原子を示せ。

(1) $N_2 + 3\,H_2 \longrightarrow 2\,NH_3$

(2) $Zn + H_2SO_4 \longrightarrow ZnSO_4 + H_2$

(3) $2\,Na + H_2 \longrightarrow 2\,NaH$

(4) $Fe_2O_3 + 3\,CO \longrightarrow 2\,Fe + 3\,CO_2$

5. 塩化スズ(II)イオン Sn^{2+} を含む水溶液に，次の金属を入れたとき，金属の表面にスズが析出してくるのは，次のうちどれか。

(1) 亜鉛 Zn　(2) 銅 Cu　(3) 鉄 Fe　(4) 銀 Ag

6. 電池に関する次の問いに答えよ。

(1) 電池の負極で起こる反応は，酸化反応か還元反応か。

(2) 電子は導線(外部回路)を正極・負極のどちらから，どちらへ流れるか。

(3) 電流は導線(外部回路)を正極・負極のどちらから，どちらへ流れるか。

7. 電気分解に関する次の問いに答えよ。

(1) 直流電源の正極に接続した電極，負極に接続した電極を，それぞれ何というか。

(2) 直流電源の正極に接続した電極および負極に接続した電極で起こる反応は，酸化反応か還元反応か。

6章 演習問題

1. $3A + 2B \longrightarrow 2C + 4D$ の反応で，A の減少速度が 2.35 $molL^{-1}s^{-1}$ であるとき，B の減少速度および D の増加速度を求めよ。

2. ある一次反応について，次の問いに答えよ。

(1) 25℃で反応させたところ，開始後5分で反応物の 5.0% が消失した。この反応の速度定数を求めよ。

(2) 反応物の50%が消失するのに要する時間(**半減期**という)を求めよ。また，50%が消失した時点から，残っている反応物の50%が消失するのに要する時間を求めよ。

(3) 50℃で反応させたところ，開始後2分で反応物の25.0%が消失した。この反応の速度定数を求めなさい。また，(1)の結果も使用して，反応の活性化エネルギーを求めよ。

(4) 触媒を用いたところ，25℃の反応で反応物の50%が消失するのに要する時間は，用いない場合の3分の1になった。このとき，速度定数はいくらになるか。

3. 活性化エネルギーが 54 $kJmol^{-1}$ の反応がある。25℃における速度定数が 5.0 $Lmol^{-1}s^{-1}$ であるとすると，速度定数が 20.0 $Lmol^{-1}s^{-1}$ となる温度は何℃か。

4. 酢酸 CH_3COOH とエタノール C_2H_5OH との反応は，次のような可逆反応である。

$$CH_3COOH + C_2H_5OH \rightleftarrows CH_3COOC_2H_5 + H_2O$$

酢酸 1.50 mol とエタノール 1.50 mol とを混合して一定温度に保ったところ，酢酸が 0.50 mol になったところで平衡状態に達した。このときの平衡定数を求めよ。

5. 気体 A と気体 B から気体 C が生成する可逆反応 $A + 2B \rightleftarrows 3C$ が平衡状態になったとき，反応混合物中の気体 C の体積百分率と温度，圧力の関係を示す図は次のどれか。ただし，C が生成する反応は発熱反応であるものとする。

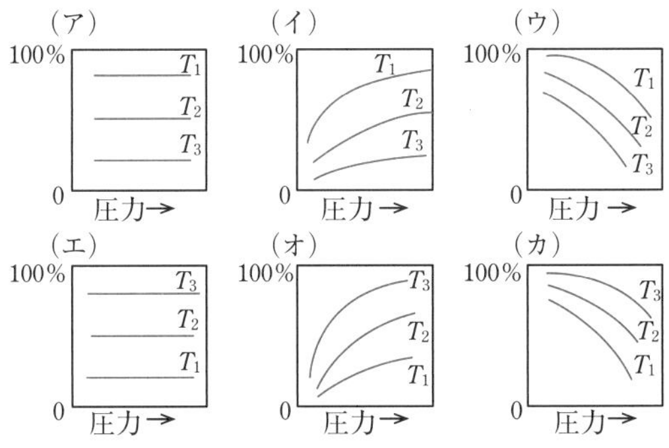

※横軸は圧力
※縦軸は C の体積百分率(%)
※温度は $T_1 > T_2 > T_3$

6. 薄い水溶液中で，弱酸 HA は次のような電離平衡にある。溶液を水で薄めたとき，平衡はどのように変化するか。

$$HA \rightleftarrows A^- + H^+$$

7. 次の問い(1)～(3)に答えよ。ただし，$K_w = 1.0 \times 10^{-14}\ mol^2/L^2$ とする。

(1) 水酸化ナトリウム 4.0 g を水に溶かし，750 mL にした溶液の pH はいくらか。

(2) pH=2 の塩酸を水で100倍に薄めたときの pH はいくらか。

(3) 濃度 0.001 mol/L の塩酸と同じ pH となる酢酸水溶液の濃度を計算せよ。ただし，酢酸の電離定数は 2.75×10^{-5} mol/L とする。

8. 次の反応のうち，酸化還元反応はどれか。また，その反応の酸化剤および還元剤はどれか。

(1)　$NaCl + H_2SO_4 \longrightarrow NaHSO_4 + HCl$

(2)　$SO_2 + 2\,H_2S \longrightarrow 2\,H_2O + 3\,S$

(3)　$AgCl + 2\,NH_3 \longrightarrow [Ag(NH_3)_2]Cl$

(4)　$SnCl_2 + 2\,HgCl_2 \longrightarrow SnCl_4 + Hg_2Cl_2$

(5)　$K_2Cr_2O_7 + 2\,KOH \longrightarrow 2\,K_2CrO_4 + H_2O$

(6)　$3\,Fe + 4\,H_2O \longrightarrow Fe_3O_4 + 4\,H_2$

9. 濃度が不明な過酸化水素 10.0 mL をビーカーにとり，硫酸で酸性にしてから，濃度 0.0100 mol/L の過マンガン酸カリウム水溶液を少しずつ加えていくと，12.0 mL を加えたところで反応が完了した。過酸化水素水の濃度を求めよ。

10. 白金を電極として，硝酸銀水溶液を 965 C の電気量で電気分解した。銀は陽極，陰極のどちらに何 g 析出するか。

11. 化合物 A の分解反応を行ったところ，化合物 A の濃度は時間の経過とともに，下表のように減少していった．表 6-1 にならって，平均反応速度と平均濃度を計算し，これらの関係がどのように表されるか図 6-2 のようなグラフを書いて調べよ。

時間(s)	0	6.2	10.8	14.7	20.0	24.6
[A](mol/L)	0.0250	0.0191	0.0162	0.0144	0.0125	0.0112

12. 次の可逆反応の 373 K における平衡定数は 4.0 である。

$$\underset{\text{酢酸}}{CH_3COOH} + \underset{\text{エタノール}}{C_2H_5OH} \rightleftharpoons \underset{\text{酢酸エチル}}{CH_3COOC_2H_5} + H_2O$$

酢酸 3.00 mol とエタノール 1.50 mol とを混合して 373 K に保ち，平衡状態に達したとき，反応物(酢酸とエタノール)および生成物(酢酸エチルと水)の物質量はそれぞれいくらか。

13. 次の各問いに答えよ。

(1)　酢酸の 0.10 mol/L 水溶液 500 mL と酢酸ナトリウムの 0.20 mol/L 水溶液 500 mL の混合液の pH はいくらか。ただし，酢酸の電離定数は 2.75×10^{-5} mol/L とする。

(2)　(1)の溶液に濃度 1.00 mol/L の塩酸 3.00 mL を加えたときの溶液の pH を求めよ。ただし，溶液の体積変化は無視できるものとする。

14. 次の実験を行ったとき，起こる化学変化の反応式はどのようになるか。

(1)　過酸化水素(H_2O_2)水に二酸化硫黄(SO_2)を通じたとき。

(2)　硫化水素(H_2S)水溶液に二酸化硫黄(SO_2)を通じたとき。

(3)　硫化水素(H_2S)水溶液に酸素(O_2)を通じたとき。

(4)　ヨウ化カリウム(KI)水溶液と硫酸酸性にした過酸化水素(H_2O_2)水を混合したとき。

7 無機化学と無機材料

7-1 元素の分類および典型元素の金属

7-1-1 無機化学[1]とは

私たちの生活している大地，空気，水，さまざまな金属やセラミックスは，**無機化合物**である。大地はおもにさまざまなケイ酸塩より構成されているし，空気や水が存在しなければ生命も誕生していない。また，私たちはさまざまな原材料を利用して豊かな生活を維持しているが，エネルギー源として用いられる石油(これは有機化合物である)を除けば，世界の原材料の売上高の上位には，セメント，アルミニウム(ボーキサイト)，鉄鉱石，銅，金，窒素(ちっそ)，亜鉛，宝石，ニッケル，雲母(うんも)，燐灰石(りんかいせき)，銀，硫黄，コバルト，スズ，クロム，石灰，モリブデン，ホウ素，砕石(さいせき)，建材用砂，砂利，滑石(かっせき)，蝋石(ろうせき)などの無機化合物が並んでいる。

また，現代社会を支えるエレクトロニクスは，シリコン(ケイ素)の上に成り立っている。このシリコンは，無限個ともいえる膨大な数の原子が集まってできたものである[2]。無限構造の固体物質の例として，セラミックス，耐熱合金，超伝導体，半導体などがあげられる。これらの固体物質は，各種元素の化合物あるいは単体である。そのため，元素の性質や反応性といった元素の個性が，その化合物や単体である物質の個性に少なからず反映される。

本章では，これら多様な無機化合物について，その合成や反応性とその応用について述べる。また，ナノテクノロジーが発展する21世紀は，カーボンナノチューブに代表される炭素化合物により支えられると予想されているが，これらの最先端の無機材料化学についても軽くふれる。

7-1-2 典型元素と遷移元素

≪典型元素≫　周期表(図7-1)に示された，1族，2族および12～18族に属する元素を**典型元素**(てんけいげんそ)と呼ぶ[3]。同じ周期に属する典型元素は，原子番号が増えるにしたがって，**価電子**(**2-1-4**項参照)の数も規則的に増えていく。元素の価電子の数は，18族を除き，その元素が属する族番号の一の位の数字に等しい。周期表の同じ族に属する元素を**同族元素**という。典型元素の同族元素は，互いの性質が似通っている。これは，元素の化学的な性質を決める価電子の数が同じであるためである[4]。

ある元素に注目し，その価電子数を調べてみよう。まず，その元素の原子番号よりも小さく，かつ1番近い原子番号の貴(き)ガスに注目する。次

[1]「無機化学」とは
「化学」は物質の成り立ちや性質を研究する学問である。物質に注目して「化学」を分類すると，「有機化学」と「無機化学」に大別される。

[2] 無限構造の固体
「無機化学」において扱う物質は，おもに，非分子性物質，すなわち，原子が無限に連なっているとみなせる構造を持った固体物質である(無限構造の固体物質)。この「無限」は，原子が「無限」とみなせるほどたくさん集まってできた構造という意味である。たとえば，約1cmの固体は，長さ方向に原子が約1億個も並んでいる。

[3] 典型元素
メンデレーエフは，第2周期LiからFまでの7元素を典型元素と呼んだ。これは，最も陽性の強い元素(陽イオンになりやすい元素)から陰性の元素(電子を引き付ける力の強い元素)まで，順に性質が変化する典型的な元素という意味であった。現在では，本文にあるように，典型元素とは原子番号の増加とともに価電子が1つずつ増えていく元素ととらえられている。

に，その貴ガスの原子番号すなわち電子数を，価電子を知りたい元素の原子番号から引く。その残りの電子が価電子である。価電子の占める軌道を**原子価軌道**，または**最外殻軌道**という（**2-2** 節参照）。

典型元素においては，周期表の縦方向，すなわち，族方向の類似性から，1 族を**アルカリ金属**（H を除く），2 族を**アルカリ土類金属**（Be と Mg を除く），12 族を**亜鉛族**，13 族を**ホウ素族**，14 族を**炭素族**，15 族を**窒素族**，16 族を**酸素族**，17 族を**ハロゲン**，18 族を**貴ガス**，と呼ぶ場合がある。

≪遷移元素≫　3 族から 11 族に属する元素を**遷移元素**[5]と呼ぶ。遷移元素は，スカンジウム Sc から鉄 Fe を含んで銅 Cu までの**第一遷移元素**（第 4 周期），イットリウム Y から銀 Ag までの**第二遷移元素**（第 5 周期），ランタン La から金 Au までの**第三遷移元素**（第 6 周期）の 3 系列に分類される。第三遷移元素のランタン La からルテチウム Lu までの 15 個の元素の系列は，**ランタノイド系列**（ランタノイド元素は**希土類元素**ともいう）と呼ばれ，アクチニウム Ac からローレンシウム Lr に至る 15 個の元素を含む**アクチノイド系列**とともに，内遷移元素として，先の 3 系列とは別に扱う。

同じ周期に属する遷移元素は，原子番号が増加しても価電子（最外殻電子）の数は，1～2 個とあまり変化しない。原子番号の増加，すなわち電子数が増えていくと，最外殻ではなく，内側の軌道に電子が入ってい

[4] **最外殻電子**
価電子，**原子価電子**（valence electron）ともいう。原子核から最も遠いところに存在する確率が高い電子のこと。**2-1-4** 項を参照。

[5] **遷移元素**
メンデレーエフの周期表（**2-1-2** 項参照）の 8 族（鉄，コバルト，ニッケル，銅など）は，最も陰性の強い 7 族（現在の周期表の 17 族）から陽性の強い 1 族（現在の 1 族）への途中に位置することから，遷移元素と呼ばれた。

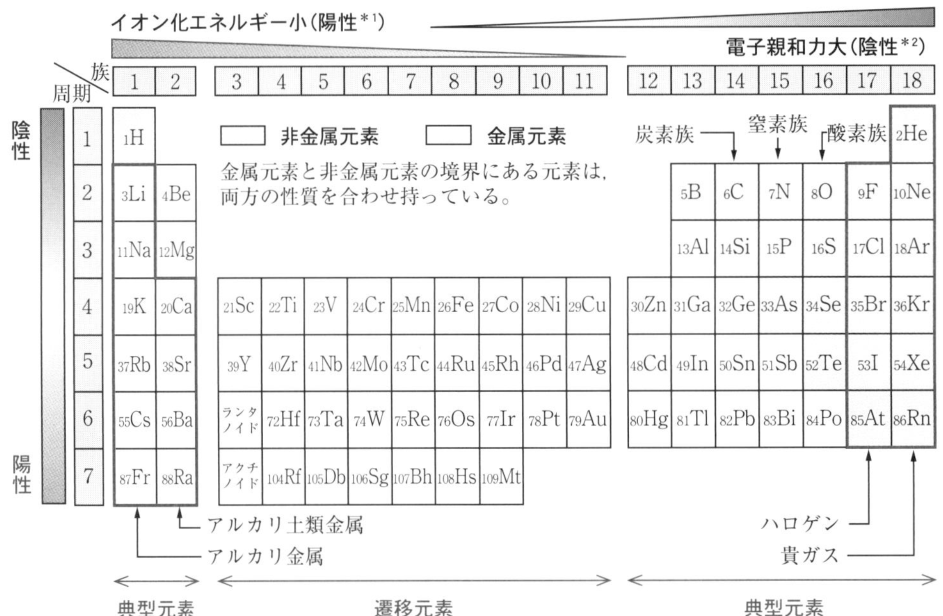

＊1：電子が元素から離れるのに必要なエネルギーをイオン化エネルギーといい，そのエネルギーが小さいほど電子が元素から離れやすくなり，陽性となる。

＊2：電子を引き付けるエネルギーを電子親和力といい，そのエネルギーが大きい元素は陰性となる。

＊3：2 族元素全体をアルカリ土類金属とする場合もある。

図 7-1　元素の周期表

くためである。隣り合う族に属する元素の価電子数がほぼ同じであることから，それら元素間の性質にも類似性がある。

遷移元素は，すべて金属元素(**7-1-3** 項参照)である。遷移元素からなる単体は，高融点かつ高硬度の金属である。遷移元素およびその化合物には，触媒作用[6]を示すものが多い。

遷移元素は，複数の酸化状態[7]を持ち得る。酸化数[8]+2，+3 の化合物が多い。酸化数の大きな遷移金属原子を含んだ化合物は，酸化剤として働く。遷移元素のイオンや化合物は，水溶液中で着色しているものが多い。遷移元素の酸化数の変化に応じて，その色調は変化する。

7-1-3 金属元素と非金属元素

単体が常温で金属としての特性，すなわち，金属光沢，優れた電気伝導性および熱伝導性，大きな延性および展性[9]を持つ場合，その元素を**金属元素**という。金属は，金属元素が**金属結合**(**3-1-5** 項参照)により結合した固体[10]である。金属結合は，金属原子の価電子が金属固体を構成するすべての原子に共有され，固体全体を自由に動き回ることで生じる結合である。つまり金属結合では，価電子が特定の原子間に拘束されていない。このような価電子の状態を**非局在化した状態**という。金属結合が成り立つためには，1 個の原子あたり少なくとも 1 個の電子は，非局在化の状態にあることが必要である。言い換えれば，原子が電子を引き付ける能力が高く，陰イオンになりやすい(電子親和力が大きい)元素は，金属元素にはなり得ない。

図 7-1 に示した周期表を見てみよう。12 族から 18 族の典型元素を見ると，金属元素は，その原子核がまわりを取りまく電子を引き付ける力が弱く(＝陽性)，電子親和力が小さい左下側に位置している。遷移元素は，それよりもさらに左側に位置しており，すべて金属元素である。典型元素のうち，金属元素，非金属元素の境界付近に位置する元素(B, Al, Si, Ga, Ge, As, Sn, Sb, Te, …)は，中間的な性質を示し，**半金属**と呼ばれる。

非金属元素は，金属元素以外のものをさし，水素 H を除き周期表の右上に位置している。18 族以外の非金属元素は，陰イオンになりやすいものが多い。典型元素は，金属・非金属ともに含み，典型元素からなる金属の固体は，軟らかい。これに対して，遷移元素からなる固体は，すべて硬い金属である。

7-1-4 1 族(アルカリ金属元素とその化合物)

≪単体≫　水素を除く(水素は **7-3-1** 項参照)1 族元素(**リチウム Li**，**ナトリウム Na**[11]，**カリウム K**，**ルビジウム Rb**，**セシウム Cs**，**フランシ**

[6] 触媒作用
触媒とは，そのものは姿を変えずに，化学反応の速度を変化させる働きを持つもの。

[7] 酸化状態
p. 12，**6-4** 節も参照。原子が電子を失うと陽イオンになるが，これは「原子が酸化された状態」であるとも言われ，この陽イオンは原子の**酸化状態**と呼ばれる。「酸化」の定義は 3 つあるが，最も広義な定義は，簡単に言うと「電子を奪われると**酸化**，電子を供給されると**還元**」である。

[8] 酸化数
p. 12，**6-4-3** 項も参照。化合物中の元素の酸化状態の程度(電子の授受の様子)を示すのに**酸化数**という数を使う。反応の前後で，ある原子の酸化数が増えるとその原子は**酸化**されたことになり，酸化数が減ると**還元**されたことになる。
化合物中の原子の酸化数を簡単に求めるための規則を，すべてではないが紹介しておく。

① 単体中の原子の酸化数は 0(H_2 : H は 0, Fe : Fe は 0)。
② 化合物中の水素原子の酸化数は＋1，酸素原子の酸化数は－2(H_2O : H は＋1，O は－2)。
③ フッ素は，電気陰性度が大きいので，必ず－1 にする(二フッ化酸素 OF_2 : この場合だけ O は+2，F は－1)。
④ イオン性の化合物中の単原子イオンは，そのイオンの価数を酸化数とする($MgCl_2$: Mg^{2+} は＋2，Cl^- は－1)。
⑤ 電気的に中性な化合物では，酸化数の総和は 0 とする。

表 7-1　アルカリ金属原子の電子配置と性質

元素	電子配置 K, L, M, N, O, P	第一イオン化エネルギー [kJ/mol]	反応性	融点 [℃]	沸点 [℃]	密度 [g/cm^3]	原子半径 [nm]	炎色反応[12]
Li	2, 1	大 520	小	高 180.54	高 1347	小 0.534	小 0.152	深赤
Na	2, 8, 1	496		97.81	883	0.971	0.186	黄
K	2, 8, 8, 1	419		63.65	765	0.862	0.231	赤紫
Rb	2, 8, 18, 8, 1	403		38.89	688	1.532	0.247	赤
Cs	2, 8, 18, 18, 8, 1	小 376	大	低 28.4	低 658	大 1.873	大 0.266	青紫

ウム **Fr**)を**アルカリ金属元素**[13](あるいは**アルカリ金属**)という。いずれも融点(ゆうてん)が低く，軟らかい。アルカリ金属の電子配置と物理的性質を表 7-1 に示す。アルカリ金属の原子は，1 個の価電子を持ち，1 価の陽イオンになりやすい。原子番号が大きくなるほど，すなわち，周期表の下の方に位置するものほど，陽イオンになりやすくなる。これは，表 7-1 に示したように，原子番号が大きくなるほど，原子半径が大きくなり，価電子を放出しやすくなる(＝イオン化エネルギーが小さくなる)ためである。このようなアルカリ金属原子の性質から，イオン結合による化合物をつくりやすく，反応性に富み，還元性(電子を与える性質)が強い。そのため，天然に単体として存在せず，イオンとして海水中や鉱物中に存在する。ナトリウムやカリウムは，空気中で酸素と速やかに反応する，すなわち酸化されやすい。また，水とも激しく反応するので，石油中に保存する。ナトリウムを水と反応させると，常温でも激しく反応して水素を発生し，できた水溶液は強い塩基性(**1-1-3** 項参照)を示す。

アルカリ金属の単体は，アルカリ金属の化合物の融解塩電解(ゆうかいえんでんかい)[14]によって得られる。カリウムとナトリウムは，それら水酸化物融解塩の電解生成物として，1807 年に初めて単離[15]された。

次に，アルカリ金属の化合物の中でも重要な水酸化物，炭酸塩，炭酸水素塩について説明する。

例題　金属ナトリウムと水との反応式を示せ。

(略解)　$2\,Na + 2\,H_2O \longrightarrow 2\,NaOH + H_2$
└ 水酸化ナトリウム

≪水酸化物(ヒドロキシ基(水酸基)OH$^-$を含む化合物)≫　**水酸化リチウム LiOH**[16]，**水酸化ナトリウム**(**苛性**(かせい)**ソーダ：NaOH**)，**水酸化カリウム KOH** などがある。白色の固体で，潮解性(ちょうかいせい)[17]が強い。水によく溶けて，水溶液は強い塩基性を示し，皮膚や粘膜をおかす。水酸化物の固体やその水溶液は，二酸化炭素を吸収して炭酸塩を生じることから，二酸化炭素の吸収剤として利用されている。

≪炭酸塩(炭酸イオン CO$_3^{2-}$を含む化合物)≫　アルカリ金属の炭酸塩には，**炭酸ナトリウム Na_2CO_3**，**炭酸カリウム K_2CO_3** などがある。水

[9] **延性・展性**
金属は，力を加えることにより，ごく細い線状，あるいはごく薄い箔状に変形させることができる。このような金属の性質のことで，線状に引き延ばされる性質を**延性**，箔状に広げられる性質を**展性**という。

[10] **金属の例外**
水銀 Hg は例外であり，唯一，常温において液体である。

[11] **ナトリウム Na**
人体内の Na^+ 量は約 140 g/70 kg 体重である。ヒトの 1 日摂取量は NaCl に換算すると，10〜12 g/day･70 kg であるが，体内への残留は 1〜2 g/day･70 kg である。

[12] **炎色反応**
ナトリウムやカリウムなどの元素を含む化合物を炎の中に入れると，その元素に特有の色が炎に現れる。これを**炎色反応**という。未知化合物の成分元素の検出に手がかりを与える方法である。

によく溶け，水溶液はかなり強い塩基性を示す。炭酸塩に酸を加えると容易に分解して二酸化炭素が発生する。たとえば，炭酸ナトリウムに塩酸を加えると，

$$Na_2CO_3 + 2\,HCl \longrightarrow 2\,NaCl + H_2O + CO_2 \qquad (7\text{-}1)$$

という反応が起こり，塩化ナトリウム NaCl ができるとともに水 H_2O と二酸化炭素 CO_2 が生じる。

炭酸ナトリウムは，ガラスの材料などに用いられる物質で，**アンモニアソーダ法**(**ソルベー法**)により工業的に合成される。アンモニアソーダ法の反応過程を図 7-2 に示す。原料は食塩(塩化ナトリウム)と石灰石(炭酸カルシウム：$CaCO_3$)である。まず，飽和食塩水にアンモニアを十分に溶かし，これに CO_2 を通じる(液中に CO_2 をふき込む)と，溶解度の小さい炭酸水素ナトリウム $NaHCO_3$(後述)が沈殿する。

$$\underbrace{NaCl + H_2O}_{\text{飽和食塩水}} + \underset{\text{アンモニアを溶かす}}{NH_3} + \underset{\text{通じる}}{CO_2} \longrightarrow NaHCO_3\!\downarrow_{\text{沈殿するという記号}} + NH_4Cl \qquad (7\text{-}2)$$

沈殿した炭酸水素ナトリウムを分離して焼くと，次の反応(式 7-3)で目的とする炭酸ナトリウム(ソーダ灰：Na_2CO_3)ができる。

$$2\,NaHCO_3 \xrightarrow{\text{焼成}} \underset{\text{炭酸ナトリウム}}{Na_2CO_3} + H_2O + CO_2 \qquad (7\text{-}3)$$

この反応で生じた CO_2 は，式 7-2 の反応に戻して再利用できる。CO_2 の足りない分は，石灰石を焼いてつくることができる(式 7-4)。

$$\underset{\text{炭酸カルシウム}}{CaCO_3} \longrightarrow CaO + CO_2 \qquad (7\text{-}4)$$

また，式 7-2 で用いるアンモニアは，以下のように生成する。まず，式 7-4 で生成した酸化カルシウム CaO を水と反応させて，水酸化カルシウム $Ca(OH)_2$ をつくる。

$$\underset{\text{酸化カルシウム}}{CaO} + H_2O \longrightarrow \underset{\text{水酸化カルシウム}}{Ca(OH)_2} \qquad (7\text{-}5)$$

式 7-5 でできた水酸化カルシウムを式 7-2 で生成した塩化アンモニウ

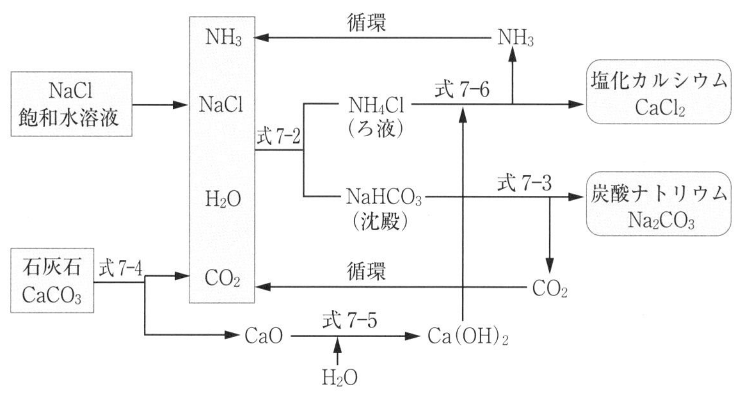

図 7-2　アンモニアソーダ法の反応過程

13 アルカリ金属の生体における欠乏障害と過剰障害
ヒトにおいて，リチウムの欠乏では生殖障害，過剰では腎障害，ナトリウムの欠乏ではアジソン病，過剰では高血圧・脳出血・心臓疾患，カリウムの過剰ではアジソン病を引き起こす。血漿中のカリウム K^+ 濃度が 5.5 mmol/L(ミリモル/リットル)以上で心筋の興奮伝達が抑制，8 mmol/L 以上で不整脈が現れ，ついには心臓停止に至る。

14 融解塩電解
融解状態の塩(**4-3-1** 項参照)を電気分解すること。

15 単離
混合物から，純粋な物質 1 つを取り出すことを**単離**という。

16 水酸化リチウム LiOH
水酸化リチウム LiOH と牛脂などの天然油脂との反応で生成するステアリン酸リチウムはグリースとして優れた性質を持ち，潤滑油として大量に利用されている。

17 潮解性
空気中の水蒸気を吸収し，溶ける性質を**潮解性**(ちょうかいせい)という。

ムと反応させると，アンモニアが発生するので，それを回収して式7-2のアンモニアに用いる。

塩化アンモニウム　水酸化カルシウム　　塩化カルシウム

$$2\,NH_4Cl + Ca(OH)_2 \longrightarrow CaCl_2 + 2\,H_2O + 2\,NH_3 \qquad (7\text{-}6)$$

式7-4，7-5，7-6は，式7-2に用いる二酸化炭素とアンモニアの生成に関係する反応式である。式7-2～7-6の反応式を『(式7-2)×2+(式7-3)+(式7-4)+(式7-5)+(式7-6)』としてまとめると，炭酸ナトリウムの生成に関して次の反応式が得られる。

塩化ナトリウム　炭酸カルシウム　炭酸ナトリウム　塩化カルシウム

$$2\,NaCl + CaCO_3 \longrightarrow Na_2CO_3 + CaCl_2 \qquad (7\text{-}7)$$

炭酸ナトリウムの濃い水溶液を放置すると，十水和物 $Na_2CO_3 \cdot 10\,H_2O$[18]の無色透明な結晶が得られる。この結晶を空気中に放置すると，結晶中の水和水の一部が失われ，白色粉末の $Na_2CO_3 \cdot H_2O$ となる。この現象を**風解**という。

≪炭酸水素塩(炭酸水素イオン HCO_3^- を含む化合物)≫　アルカリ金属の炭酸水素塩は，分解して二酸化炭素を発生しやすいので，発泡入浴剤やベーキングパウダーなどに用いられる。これには，炭酸水素ナトリウム，炭酸水素カリウムなどがある。水にある程度溶けて，水溶液は弱い塩基性を示す。酸を加えると，分解して二酸化炭素を発生する。炭酸水素ナトリウムに塩酸を加えると，

気体になるという記号

$$NaHCO_3 + HCl \longrightarrow NaCl + H_2O + CO_2\uparrow \qquad (7\text{-}8)$$

という反応によって二酸化炭素を発生するが，加熱によっても分解し，以下に示すように二酸化炭素を発生する。

$$2\,NaHCO_3 \longrightarrow Na_2CO_3 + H_2O + CO_2\uparrow \qquad (7\text{-}9)$$

7-1-5　2族(アルカリ土類金属元素とその化合物)

≪単体≫　2族元素は，**ベリリウム Be**，**マグネシウム Mg**[19]，**カルシウム Ca**[20]，**ストロンチウム Sr**，**バリウム Ba**，**ラジウム Ra** の6つの元素からなる。このうち，周期表の第4周期以下に位置する Ca，Sr，Ba，Ra の4元素は，特に性質が似ており，**アルカリ土類金属**[21]と呼ばれる。これら4元素の水酸化物は，水に溶けて強塩基性を示すことから，この呼び名が付けられた[22]。

表7-2に2族原子の電子配置と性質を示す。2族に属する元素の原子は，2個の価電子を持ち，2価の陽イオンになりやすい。アルカリ金属に次いで反応性に富むため，単体は天然には存在せず，多くはイオンとして海水中や鉱物中に存在する[23]。

単体は，2族元素の化合物の融解塩電解によりつくられる。柔らかく，

18 水和物
この物質は結晶であり，化学式にあるように水分子を含んでいる。この水分子のことを**水和水**といい，水和水を持つ物質を**水和物**という。また，水和水を持たない物質は，**無水物**という。

19 マグネシウムの身近な例
クロロフィル(葉緑素)は植物が太陽光を吸収し，二酸化炭素と水からグルコースを合成する光合成において重要な働きをしている。このクロロフィルは骨格構造がポルフィリンの化学構造を有し，その中心にマグネシウムが位置している。

20 カルシウム Ca
カルシウムは人体にとって重要な元素である。体内中には1～2 kg/70 kg 体重のカルシウムイオン Ca^{2+} が存在し，その約99%がヒドロキシアパタイト($Ca_{10}(PO_4)_6(OH)_{12}$)として骨格や歯の組織に，約1%が体液や骨以外の組織に，約0.1%が血液中に存在している。血液中のカルシウム濃度は90 mg/L で厳密に調整されているが，濃度が乱れると途端に脳や心臓の働きに異常が生じる。

表 7-2　2 族原子の電子配置と性質

元素	電子配置 K, L, M, N, O, P	第一イオン化エネルギー [kJ/mol]	反応性	融点 [℃]	沸点 [℃]	密度 [g/cm^3]	原子半径 [nm]	炎色反応
Be	2, 2	大　899	小	高　1287	2472	小 1.848	小 0.111	―
Mg	2, 8, 2	738		650	1095	1.738	0.160	―
Ca	2, 8, 8, 2	590		842	1503	1.55	0.197	橙赤
Sr	2, 8, 18, 8, 2	549		777	1414	2.54	0.215	深赤
Ba	2, 8, 18, 18, 8, 2	小　503	大	低　729	1898	大　3.51	大 0.217	黄緑

銀白色の光沢を持つ。密度は小さいが，アルカリ金属よりも大きい。融点(ゆうてん)はアルカリ金属よりも高い。Be，Mg を除くアルカリ土類金属は，常温で水と反応し，水素を発生して水酸化物となる。たとえば，カルシウムの場合，

$$Ca + 2\,H_2O \longrightarrow \overset{\text{水酸化カルシウム}}{Ca(OH)_2} + H_2 \qquad (7\text{-}10)$$

となる。

マグネシウム Mg は，常温では水と反応しない。空気中では，徐々に酸化される。強熱すると明るい光を発して燃焼し，酸化物となる。かつては写真撮影のフラッシュとして用いられた。その反応は，

$$2\,Mg + O_2 \longrightarrow 2\,MgO \qquad (7\text{-}11)$$

となる。2 族元素のうち，ベリリウム Be，マグネシウム Mg は，炎色反応[24]を示さない。その他のアルカリ土類金属は，特有の炎色反応を示す。

例題　アルカリ土類金属と水との反応性は，族の下の方の元素ほど大きい。その理由をイオン化エネルギーの変化から考察せよ。

(略解)　族の下の方へ行くほど，イオン化エネルギーが小さくなる，すなわち電子を失って陽イオンになりやすい。そのため，族の下の方の元素，Ca，Sr，Ba は，常温で以下のように水と反応し，水酸化物をつくることができる。

$$\overset{\text{M : Ca, Sr, Ba}}{M} + 2\,H_2O \longrightarrow M(OH)_2 + H_2$$

≪酸化物≫　酸化マグネシウム MgO，酸化カルシウム CaO などがある。水には溶けにくいが，酸とは反応する。酸化カルシウムは，**生石灰**(せいせっかい)と呼ばれ，石灰石（主成分は $CaCO_3$）を焼いてつくられる。二酸化炭素発生法の 1 つとして式 7-4 で述べた方法は，酸化カルシウム CaO の生成法でもある。CaO の融点は高く（2572 ℃），るつぼや炉の内張に用いられる。

$$CaCO_3 \longrightarrow CaO + CO_2 \qquad (7\text{-}12)$$

酸化カルシウムは塩基性酸化物であり，水を加えると激しく反応して

21 アルカリ土類金属の生体における欠乏障害と過剰障害

マグネシウムは，不足すると疲労しやすくなり，発汗症状，硬直性けいれん・めまいなどの神経症状，精神錯乱症状，発育不良や皮膚病がみられる。血清中のマグネシウム Mg^{2+} 濃度が上昇すると血圧低下・呼吸抑制，昏睡状態の症状が現れ，159 mmol/L 以上で心臓停止に至る。カルシウムの欠乏では骨格変形・破傷風・虫歯，過剰では胆石・アテローム性動脈硬化症・白内障を引き起こす。

22 アルカリ土類の名称

ベリリウム，マグネシウムも含めて，2 族元素全体をアルカリ土類金属とする場合もある。Ca，Sr，Ba の酸化物（酸素との化合物）が，アルカリの性質と「土」の性質を持っていると，かつては考えられていたことが名前の由来になっている。昔は，アルミニウムの酸化物のように「水に溶けず，熱しても融けない土のようなもの」を「土類」と呼んでおり，たとえば 2 族の他には，3 族の元素のことを「希土類」と呼んでいたこともある。

23 鉱物中のアルカリ土類

鉱物中には，炭酸塩，硫酸塩，酸化物，水酸化物，塩化物などのいろいろな化合物という形で存在している。

24 アルカリ土類金属の炎色反応
炎色反応については p. 180 の注 12 を参照。アルカリ土類金属を含む化合物を炎の中に入れると，ベリリウムとマグネシウムは炎色反応を示さないが，カルシウム Ca は橙赤色，ストロンチウム Sr は深赤色，バリウム Ba は黄緑色を示す。

多量の熱を発生し，水酸化カルシウム $Ca(OH)_2$（消石灰(しょうせっかい)）を生じる。

≪水酸化物≫　水酸化カルシウム $Ca(OH)_2$ は，白色の固体で水に少し溶ける。水酸化カルシウムの飽和水溶液を**石灰水**という。石灰水に CO_2 を吹き込むと，以下の反応によって炭酸カルシウムの白色沈殿を生じる。この反応を利用して，気体中の CO_2 の存在を確認する。

$$Ca(OH)_2 + CO_2 \longrightarrow CaCO_3 + H_2O \tag{7-13}$$

さらに CO_2 を続けて反応させると，炭酸カルシウムは，以下のように水，二酸化炭素と反応して炭酸水素カルシウムとなり，水に溶けるようになる。

左から右に，また右から左にも反応が起きている

$$CaCO_3 + H_2O + CO_2 \rightleftarrows Ca(HCO_3)_2 \tag{7-14}$$

≪炭酸塩≫　炭酸マグネシウム $MgCO_3$ や，すでに何回か登場した**炭酸カルシウム $CaCO_3$** などがある。いずれも水に溶けにくい白色固体である。炭酸カルシウムは，天然には石灰石，大理石などの鉱物として，あるいは貝殻の成分として広く存在する。鍾乳洞は，炭酸カルシウムを主成分とする石灰石が，地下水に溶けてできたものである。すなわち，炭酸カルシウムに，空気中の二酸化炭素が溶けた雨水が長時間接触すると，炭酸水素カルシウムとして徐々に溶解し鍾乳洞になる（式 7-14）。炭酸カルシウムは，強酸と反応して分解され，二酸化炭素を発生するので，実験室での二酸化炭素の製造に利用されている。

例題　炭酸カルシウムを用いて二酸化炭素を得る反応式を示せ。

（略解）　酸と塩基の中和反応という意味では式 7-1 と類似である。

$$CaCO_3 + 2\,HCl \longrightarrow CaCl_2 + H_2O + CO_2\uparrow$$

（補足）　炭酸カルシウムに反応させるものは，本来は「酸」であれば何でもよい。塩酸 HCl を解答例にしたのは，実際の実験を考えたとき，たとえば H_2SO_4 ではその濃度により取り扱いが困難で，生成物の $CaSO_4$ は水に不溶性のため，実験方法によってはうまく反応が続かないかもしれず，そして，HNO_3 はあまり実験では学生に使わせたくない（手が黄色くなる），などを考慮している。

塩酸の場合，生成する $CaCl_2$ は水溶性で，硫酸の場合よりは反応が続きやすい，などという点から解答例にあげた。

≪硫酸塩≫　硫酸カルシウム $CaSO_4$，硫酸バリウム $BaSO_4$ などがあり，いずれもほとんど水に溶けない白色の固体である。硫酸カルシウム 2 水和物 $CaSO_4 \cdot 2\,H_2O$ を**セッコウ（石膏）**といい，天然に産出する。セッコウを焼くと，半水和物 $CaSO_4 \cdot \left(\frac{1}{2}\right)H_2O$（**焼きセッコウ**）となる。焼きセッ

コウは，水と混合して練ると硬化して体積が増えることから，塑像（そぞう），建築材料，医療用ギプスなどの材料として用いられている。硫酸バリウムは，水とも酸とも反応せず，かつX線を遮る（さえぎる）働きがあるので，X線造影剤[25]として利用される。

≪塩化物≫　**塩化マグネシウム $MgCl_2$** は海水に含まれている「にがり」の主成分である。**塩化カルシウム $CaCl_2$** の無水物は吸湿性が高いので，乾燥剤に用いられている。

[25] **X線造影剤**
胃の内部をX線を用いて検査する際，「バリウムを飲まされる」が，この「バリウム」が硫酸バリウム $BaSO_4$ のことである。

7-1-6 12族(亜鉛，水銀の単体とその化合物)

≪亜鉛の単体とその化合物≫　12族の**亜鉛**[26]は，融点（ゆうてん）420℃，密度7.12 g/cm^3 の重金属である。典型元素と遷移（せんい）元素の境界に位置する。2個の価電子を持ち，2価の陽イオンになりやすい。

亜鉛の単体は，せん亜鉛鉱(主成分 ZnS)を焼いて ZnO とし，炭素で還元して単体を得る。電池の負極や鋼板へのめっき[27]，黄銅(真鍮)など合金の材料として用いられる。

酸化物は，白色粉末の**酸化亜鉛 ZnO** である。白色顔料や化粧品，医薬品などに利用されている。酸化亜鉛は水には溶けない。両性酸化物[28]で，酸にも強塩基にも反応して溶ける。

水酸化物は，**水酸化亜鉛 $Zn(OH)_2$** である。これは亜鉛イオン Zn^{2+} を含む水溶液(塩化亜鉛 $ZnCl_2$ の水溶液など)に，水酸化ナトリウム NaOH の水溶液などの塩基を加えると，白色沈殿として生成する。水酸化亜鉛も，両性水酸化物である。

≪水銀の単体とその化合物≫　12族の**水銀 Hg** は，常温で唯一，液体の金属である。常温では酸化されない。鉄・ニッケル以外の金属と合金(**アマルガム**[29])をつくりやすい。

水銀には酸化数が+1と+2のものがある。+1の化合物は(I)を付け，+2の化学物は(II)を付けて表す。塩化水銀(II) $HgCl_2$ は水に溶けやすいが，塩化水銀(I) Hg_2Cl_2 は水に溶けにくい。水銀(II)化合物および水銀の蒸気は極めて毒性が強く，取り扱いに注意がいる[30]。

[26] **亜鉛**
亜鉛の欠乏は小人症・成長阻害・食欲不振・味覚障害・生殖腺機能障害・睾丸萎縮症・知能障害・皮膚炎を，過剰の場合には嘔吐・下痢・高熱・悪寒などを引き起こす。

[27] **鋼板への亜鉛めっき**
鋼板に亜鉛をめっきしたものを**トタン**という。ポルトガル語のタウタンが語源。

[28] **両性酸化物**
ここで言う「両性」とは，酸性と塩基性をあわせ持つ性質のこと。酸性物質に対しては塩基性を，塩基性物質に対しては酸性を示す酸化物を**両性酸化物**と呼ぶ。

[29] **アマルガム**
水銀を組成とする合金をアマルガムという(例：ナトリウムアマルガム Hg_2Na)。銀・スズ・銅・亜鉛などの複数の金属が混ざったアマルガムは，歯に充填する歯科材料として使われている。なお，2種類以上の金属を混ぜ合わせたものを**合金**という。

[30] **水銀**
有機水銀の1つであるメチル水銀は毒性が高く，水俣病の原因となった。

7-1-7 13族(アルミニウムの単体とその化合物)

≪アルミニウムの単体およびその性質≫　周期表13族[31]の元素である**アルミニウム Al** は，3個の価電子を持ち，3価の陽イオンになりやすい。アルミニウムの単体は，銀白色の軽金属で，柔らかく，展性（てんせい）・延性（えんせい）に富む。また，熱・電気をよく伝える。家庭用のアルミサッシやアルミ箔（はく）など，広く用いられている。アルミニウムは，空気中に放置すると表面が酸化され，緻密（ちみつ）な酸化物の膜で覆（おお）われる。この被膜のために，内部まで酸化されない[32]。人工的に，酸化被膜を付けた製品を，**アルマイト**

という。

アルミニウムは単体として天然には存在しないが，ボーキサイト $Al_2O_3 \cdot nH_2O$ という鉱物として，土壌中に広く存在する。単体は，ボーキサイトからつくられる酸化アルミニウム Al_2O_3 を融解塩電解してつくられる[33]。

アルミニウムは，亜鉛，スズ，鉛と同様に両性元素[34]である。酸および塩基と以下のように反応して水素を発生する。

$$2\,Al + 6\,HCl \longrightarrow 2\,AlCl_3 + 3\,H_2 \tag{7-15}$$

$$2\,Al + 2\,NaOH + 6\,H_2O \longrightarrow 2\,Na[Al(OH)_4] + 3\,H_2 \tag{7-16}$$

ただし，酸化力の強い濃硝酸とは，不動態(ふどうたい)をつくり，反応しない。

アルミニウムの粉末と，他の金属酸化物との混合物に点火すると，激しく発熱して金属酸化物が還元され，融解した金属が生じる。この反応を利用して金属単体を得る方法を**テルミット法**という。たとえば，酸化鉄から，下記の反応で純粋な鉄を得ることができる。

$$Fe_2O_3 + 2\,Al \longrightarrow Al_2O_3 + 2\,Fe \tag{7-17}$$

例題　金属アルミニウムと次の物質の反応式を示せ。

(1)　Fe_2O_3　(2)　$NaOH$　(3)　HCl　(4)　HNO_3

(略解)　(1)は，テルミット法(式 7-17)，(2)(3)は両性元素の反応(式 7-16，7-15)，(4)は不動態をつくるので反応しない。

≪アルミニウムの化合物とその性質≫　**酸化アルミニウム Al_2O_3** は，アルミナとも呼ばれる白色粉体で，下記のように酸とも塩基とも反応する両性酸化物である。水には溶けにくい。

$$Al_2O_3 + 6\,HCl \longrightarrow 2\,AlCl_3 + 3\,H_2O \tag{7-18}$$

$$Al_2O_3 + 2\,NaOH + 3\,H_2O \longrightarrow 2\,Na[Al(OH)_4] \tag{7-19}$$

天然に鉱物として産出する純粋な酸化アルミニウムは，コランダムと呼ばれる無色透明の結晶で硬度が高い。ルビーやサファイアは，コランダムにクロムやチタン，鉄などの酸化物が微量含まれているために赤や青に着色した結晶である。これら結晶性の酸化アルミニウムは酸および塩基と反応しない。

水酸化アルミニウム $Al(OH)_3$ は，アルミニウムイオン Al^{3+} を含む水溶液(下記の硫酸アルミニウム水溶液など)に水酸化ナトリウムやアンモニア水など塩基性の水溶液を加えたとき，下記の反応によって白色ゼリー状の沈殿として生じる。

$$Al^{3+} + 3\,OH^- \longrightarrow Al(OH)_3 \tag{7-20}$$

水酸化アルミニウムも両性水酸化物である。

硫酸アルミニウム $Al_2(SO_4)_3$ と硫酸カリウム K_2SO_4 の混合水溶液を

---

31 13 族のガリウム Ga
13 族のガリウム Ga の窒化物(窒化ガリウム GaN)は，名古屋大学(当時)の赤崎勇教授，日亜化学(当時)の中村修二氏により開発された青色発光ダイオードの材料であり，発光ダイオードによる光の三原色の1つとしてディスプレイや交通信号機などに用いられている。

32 不動態
金属の表面が酸化されて生じた金属酸化物の被膜により，内部が保護される現象，およびその被膜のことを**不動態**という。

33 アルミニウム
1gのアルミニウムをつくるために，15～20 ワット時の電気が必要であり，「電気の缶詰」と言われている。

34 両性元素
金属，非金属両方の性質を合わせ持つ元素のことを**両性元素**という。なお，「非金属」な元素が示す性質には，たとえば沸点・融点が低い，固体が柔らかい，共有結合により分子をつくりやすい，陰イオンになる，などがある。

濃縮すると，無色透明な正八面体の結晶が析出する。これは，硫酸カリウムアルミニウム十二水和物 **AlK(SO$_4$)$_2$・12 H$_2$O** で**ミョウバン**[35]と呼ばれる。ミョウバンは，2種類の塩，$Al_2(SO_4)_3$ と K_2SO_4 が物質量の比 1：1でできた塩で，**複塩**[36]の1つである。ミョウバンは，水溶液中では下記のように電離して，始めの混合溶液中に含まれていたものと同じイオンを生じる。

$$AlK(SO_4)_2 \cdot 12\,H_2O \longrightarrow Al^{3+} + K^+ + 2\,SO_4^{2-} + 12\,H_2O \quad (7\text{-}21)$$

7-1-8 14族(スズ族元素とその化合物)

スズ(錫)Sn[37]および**鉛** Pb[38]は，14族に属する元素で，周期表の下の方に位置する金属元素である。同じ14族に属する元素には，**炭素 C**，**ケイ素 Si**，**ゲルマニウム Ge** があるが，周期表の上の方に位置する元素ほど非金属性が強く，ケイ素やゲルマニウムには，両者の中間的な性質，すなわち**半導体性**[39]がある。14族の元素は価電子が4個あり，酸化数が+2または+4をとる。スズは+4，鉛は+2の化合物の方が安定である。

スズの単体は，密度が比較的大きく，銀白色の金属光沢を持ち，展性・延性に富む。さびにくく，鋼板にめっきしてブリキ(オランダ語の blik が語源と言われている)として用いる。また，はんだや青銅などの合金の材料として用いられる。

鉛の単体は，青白色で密度が大きく(11.34 g/cm^3)，やわらかくて加工が容易な金属である。鉛管や鉛蓄電池，X線の遮蔽材として用いられる。また，合金は，はんだの材料として用いられたが，毒性が指摘されるようになり，次第に他の金属に代わりつつある。

スズおよび鉛は両性元素である。ただし鉛は，塩酸や硫酸には溶けにくい。表面に緻密な塩の被膜ができるためである。スズおよび鉛の酸化物，水酸化物も両性である。

鉛の酸化物には，酸化鉛(II)PbO や酸化鉛(IV)PbO_2 などがあり，それぞれ，鉛ガラス，鉛蓄電池正極板などに利用されている。

例題 スズ Sn および鉛 Pb に対する水酸化ナトリウムおよび硝酸の作用を反応式で示せ。

(略解) (1) スズは両性金属で，酸にもアルカリにも溶ける。

$$Sn + 2\,NaOH + H_2O \longrightarrow Na_2SnO_3 + 2\,H_2$$

$$3\,Sn + 4\,HNO_3 + H_2O \longrightarrow 3\,H_2SnO_3 + 4\,NO$$

(2) 鉛は，硝酸以外の酸やアルカリには溶けない。硝酸との反応は，次のようになる。

$$3\,Pb + 8\,HNO_3 \longrightarrow 3\,Pb(NO_3)_2 + 2\,NO + 4\,H_2O$$

[35] **ミョウバン(明礬)**
ミョウバンは，繊維の染めつけや防水加工，水の浄化剤，漬物などの調理，皮のなめし剤，製紙，顔料，医薬品などに使われている。

[36] **複塩**
組成上2種類の塩からなり，水に溶かすと2種類以上の陽イオンや陰イオンに分かれる塩を**複塩**という。

[37] **スズ**
ヒトにおいてスズの欠乏は成長阻害を，過剰は肝障害を引き起こす。船底塗料に用いられていた有機スズは環境問題を引き起こした。

[38] **鉛**
鉛の欠乏は貧血・成長阻害，過剰では中毒症状を引き起こす。ローマ時代(紀元前300年頃)に水道の給水管として鉛管が用いられた。容器・調理器から溶出した鉛を含むワインなどを飲用したため鉛中毒となり，ローマ帝国の滅亡の遠因となった。日本においても江戸時代・明治時代に鉛白($2\,PbCO_3 \cdot Pb(OH)_2$) が白粉として用いられ，慢性鉛中毒が発生した。

[39] **半導体**
電気伝導性が，金属と非金属の中間に位置する物質を**半導体**という。

ドリル問題 7-1

1. 空欄に元素記号あるいはふさわしい言葉を入れよ。

　水素を除く1族元素，リチウム(　　)，ナトリウム(　　)，カリウム(　　)，ルビジウム Rb，セシウム(　　)，フランシウム Fr を(　　　　　　　　　)という。

2. 空欄に数字を入れよ。

　アルカリ金属の原子は，(　　)個の価電子を持ち，(　　)価の陽イオンになりやすい。

3. 空欄に元素記号あるいはふさわしい言葉を入れよ。

　2族元素は，ベリリウム(　　　)，マグネシウム(　　　)，カルシウム(　　　)，ストロンチウム Sr，バリウム(　　　)，ラジウム(　　　)の6つの元素からなる。このうち，周期表の第(　　　)周期以下に位置するカルシウム，ストロンチウム，バリウムおよびラジウムの4元素は(　　　　　　　)と呼ばれる。

4. 空欄に数字を入れよ。

　2族に属する原子は，(　　)個の価電子を持ち，(　　)価の陽イオンになりやすい。

5. 空欄に元素記号あるいはふさわしい言葉を入れよ。

　12族元素の亜鉛は，電池の(　　)や鋼板への(　　)，(　　)など合金の材料として広く用いられている。

6. 空欄に元素記号あるいはふさわしい言葉を入れよ。

　12族の水銀は，常温で唯一，(　　)の金属である。水銀は極めて毒性が強く，水俣病の原因となったのは，(　　　)である。

7. 空欄に元素記号あるいはふさわしい言葉，数字を入れよ。

　13族の元素であるアルミニウム(　　)は，(　　)個の価電子を持ち，(　　)価の(　　)イオンになりやすい。

8. 空欄にふさわしい言葉を入れよ。

　アルミニウムは，空気中に放置すると表面が(　　)され，緻密な(　　)の膜で覆われる。この皮膜のために，内部まで酸化されない。この状態および皮膜のことを(　　　)という。

9. 空欄に化学式あるいはふさわしい言葉を入れよ。

　酸化アルミニウム(　　　　)は(　　　　)とも呼ばれる白色粉体で，酸とも塩基とも反応する(　　　)酸化物である。

10. 空欄に元素記号あるいはふさわしい言葉を入れよ。

　スズ(　　)および鉛(　　)は14族に属する元素で，周期表の下の方に位置する(　　)元素である。同族の元素には，炭素，ケイ素，ゲルマニウムがあるが，周期表の上に位置する元素ほど(　　　)性が強く，中間に位置するケイ素やゲルマニウムには半導体性がある。

7-2 遷移元素の金属

7-2-1 6族(クロム族元素とその化合物)

6族に属する元素は，**クロム Cr**[1]，**モリブデン Mo**[2]，**タングステン W**である。単体は硬く，高融点(ゆうてん)で，特にタングステンは炭素についで高い融点を持つ(3410℃)。クロムは，低温では表面が酸化されて不動態(ふどうたい)になり，反応性が乏(とぼ)しい。そのため，酸化力のある硝酸や王水(おうすい)[3]には溶けない。クロムのこの性質から，さまざまな金属表面をメッキするのに利用されている。モリブデンとタングステンの鉄合金は，極めて硬く，切削・工具用鋼鉄として用いられている。モリブデンの酸化物は，触媒としても利用されている。

クロムの酸化数には，+2，+3，+6の3種類がある。酸化数+6の化合物である二クロム酸カリウム $K_2Cr_2O_7$ は，酸性雰囲気下(ふんいきか)[4]で Cr^{3+} になる傾向が大きいため，二クロム酸カリウム1 molあたり6 molの電子[5]を受け取り，強い酸化剤として働く。

（二クロム酸カリウム1モル）（「酸性雰囲気」なので溶液中に H^+ がある）（電子6モルを受け取る）

$$2\,K^+ + Cr_2O_7^{2-} + 14\,H^+ + 6\,e^- \longrightarrow 2\,K^+ + 2\,Cr^{3+} + 7\,H_2O \qquad (7\text{-}22)$$

例題 二クロム酸カリウムが，硫酸酸性において過酸化水素 H_2O_2 と反応するとき，酸化還元反応(1章および**7-1**節の注7，8参照)をイオン式で示せ。

(略解) まず，酸化剤，還元剤のそれぞれについて反応式をつくる。

$$Cr_2O_7^{2-} + 14\,H^+ + 6\,e^- \longrightarrow 2\,Cr^{3+} + 7\,H_2O \qquad (1)$$

$$H_2O_2 \longrightarrow O_2 + 2\,H^+ + 2\,e^- \qquad (2)$$

式(1)+式(2)×3より，

$$Cr_2O_7^{2-} + 3\,H_2O_2 + 8\,H^+ \longrightarrow 2\,Cr^{3+} + 3\,O_2 + 7\,H_2O$$

7-2-2 7族(マンガンとその化合物)

7族に属する**マンガン Mn**[6]は，あらゆる元素のうち，最も多様な酸化状態をとる。酸化数の大きな化合物は酸化剤として利用されている。マンガンの単体は，銀白色で硬くもろい。空気中で表面が酸化される。

マンガンの酸化数には，+2，+3，+4，+6，+7がある。酸性溶液中では+2，塩基性溶液中では+4の化合物が安定である。**過マンガン酸カリウム $KMnO_4$**(マンガンの酸化数+7)は，濃赤紫色の針状結晶で水に溶けやすく，赤紫色の過マンガン酸イオン MnO_4^- を生じる。硫酸

[1] **クロム**
宝石の赤いルビーは酸化アルミニウムの結晶であるが，微量のアルミニウムイオン(Al^{3+})がクロムイオン(Cr^{3+})に置き換わったものである。クロムが欠乏すると高血糖や糖尿の症状が現れ，生殖に支障が生じるが，過剰では肺・上気道ガン・接触性皮膚炎を引き起こす。

[2] **モリブデン**
微生物が空気中の窒素を固定する際に重要な働きをする酵素は，モリブデン鉄タンパク質である。モリブデンが欠乏すると痛風・貧血・性欲不調・食道ガンなどを引き起こす。

[3] **王水**
濃塩酸3体積，濃硝酸1体積の混合溶液を**王水**という。

[4] **酸性雰囲気下**
酸性を示す溶液中で，という意味。化学では，注目する物質や反応のまわりの状況・環境を「**雰囲気**」という言い方をすることがある。

[5] **なぜ「6 molの電子」か**
$Cr_2O_7^{2-}$ のクロムは+6価(Cr^{6+})であり，2 molの Cr^{6+} (1 molの $Cr_2O_7^{2-}$) が2 molの Cr^{3+} になるので，(6−3)×2=6ということで「6 molの電子」ということになる。

[6] **マンガン**
マンガンが欠乏すると，骨格異常・成長阻害・生殖機能障害・運動失調，過剰では神経障害・甲状腺肥大・パーキンソン病などを引き起こす。

によって酸性にされた溶液中では，下記の反応に示すように過マンガン酸カリウム 1 mol あたり 5 mol の電子を受け取り，強い酸化力を示す。

過マンガン酸カリウム１モル　硫酸酸性下なので溶液中にH^+がある　電子５モルを受け取る

$$K^+ + MnO_4^- + 8\,H^+ + 5\,e^- \longrightarrow K^+ + Mn^{2+} + 4\,H_2O \quad (7\text{-}23)$$

例題　酸性溶液中における過マンガン酸カリウムとシュウ酸 $H_2C_2O_4$ との反応を示せ。

(略解)　酸化剤の反応式は，

$$MnO_4^- + 8\,H^+ + 5\,e^- \longrightarrow Mn^{2+} + 4\,H_2O \quad (1)$$

還元剤の反応式は，

$$H_2C_2O_4 \longrightarrow 2\,CO_2 + 2\,H^+ + 2\,e^- \quad (2)$$

式(1)×2＋式(2)×5 より，

$$5\,H_2C_2O_4 + 2\,MnO_4^- + 6\,H^+ \longrightarrow 2\,Mn^{2+} + 10\,CO_2 + 8\,H_2O$$

7-2-3　8 族(鉄とその化合物)

≪鉄の性質≫　8 族に属する**鉄 Fe**[7]は，地殻中において，アルミニウムに次いで 4 番目に多く存在する元素で，最も広く利用されている金属である。おもな酸化数は，+2 と+3 で，+3 の状態が最も安定である。鉄は，金属としては反応性が大きく，希塩酸や希硫酸と反応して水素を発生する。濃硝酸では，表面に酸化被膜が形成され，不動態になる。高湿度の雰囲気(ふんいき)下ではさびやすく，水和性で赤褐色の酸化鉄 Fe_2O_3 が生成する。これを**赤さび**という。赤さびは，緻密な酸化膜ではないので，腐食が進行する。

≪製鉄≫　赤鉄鉱 Fe_2O_3，褐鉄鉱 $Fe_2O_3 \cdot nH_2O$ などの鉄鉱石から，利用しやすい鋼(こう)を得るために，製鉄と製鋼の過程を経る。**製鉄**は，溶鉱炉で鉄鉱石を**銑鉄**(せんてつ)とする工程である。鉄鉱石は，溶鉱炉中で，コークス[8] C とともに高温の空気にさらされ，コークスから発生する CO の還元作用により銑鉄となる。その過程を反応式で下記に示す。

$$C + O_2 \longrightarrow CO_2 \quad \text{（二酸化炭素の生成）} \quad (7\text{-}24)$$

$$CO_2 + C \longrightarrow 2\,CO \quad \text{（一酸化炭素の生成）} \quad (7\text{-}25)$$

$$Fe_2O_3 + 3\,CO \longrightarrow 2\,Fe + 3\,CO_2 \quad \text{（銑鉄の生成）} \quad (7\text{-}26)$$

酸化鉄の一酸化炭素による還元　銑鉄

銑鉄は，約 4％の炭素を含み，硬くてもろいが溶けやすい。そのため，鋳物(いもの)[9]の原料として用いられる。

≪製鋼≫　製鋼は，銑鉄を鋼(「こう」または「はがね」)とする工程であ

[7] **鉄**
鉄の欠乏は貧血・脱毛症・根気減退を，過剰では出血・嘔吐・循環器障害・血色素症などを引き起こす。人体中の鉄含有量は 3～4 g/70 kg 体重であり，その大部分は血液中に存在する。

[8] **コークス**
石炭の高温乾留(空気をしゃ断して加熱する操作)によって得られる，鉄鉱石の還元に使われる固体。多孔質の炭素燃料で主成分は炭素 C。

[9] **鋳物**
砂を固めてつくった鋳型に銑鉄を流し込み，冷却・凝固してつくられたものを**鋳物**という。

る。溶鉱炉から取り出した銑鉄は，転炉[10]に移し，酸素を吹き込んで炭素を燃焼させて除くことにより，炭素含有率を0.02～2%に下げて鋼（炭素含有量が少ない鉄）とする。

鋼は，弾性に富み，強靭であり，建築部材などの構造材，自動車・列車などの輸送機器，その他広い分野に用いられ，現代の文明を支えている。現在，用いられている鉄の大部分は鋼である。また，鉄は最も基本的な強磁性体であり，電気・電子機器に多く用いられている。

≪ヘモグロビン≫　鉄の重要な化合物の1つに，血液中に含まれる赤色色素のヘモグロビンがある。ヘモグロビンの主要部であるポルフィリン構造を図7-3に示す。Fe^{2+}イオンは，窒素原子4個に囲まれており，さらに，この鉄イオンに酸素または水分子が配位することができる。ヘモグロビンは，肺においては，酸素を鉄に配位させ，血液の流れによって体内の必要な箇所に酸素を運搬する。酸素は，必要な場所で離され，代わりに水分子が配位する。

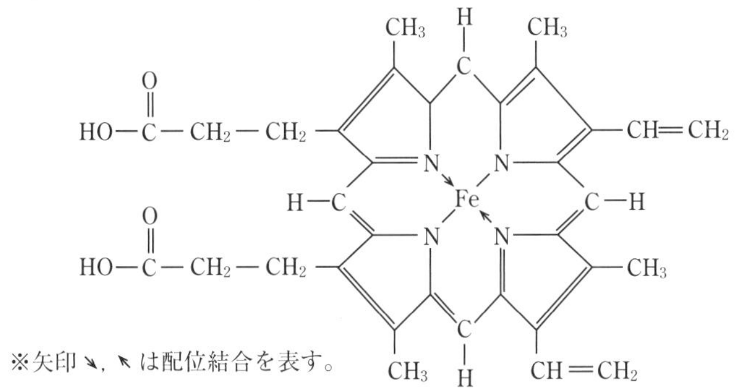

※矢印↘，↖は配位結合を表す。

図7-3　ヘモグロビンの主要部（ポルフィリン構造）

例題　鉄は，乾いた空気中でさびにくいが，湿度が高いと常温でもさびる。この変化を反応式で示せ。

（略解）　さびは，鉄の酸化によるものであり，酸素と水以外に，空気中の二酸化炭素がさびの発生を促進する作用がある。これは，炭素が鉄に作用して$Fe(HCO_3)_2$となり，これが酸素によって$Fe(OH)_3$に変わるためと考えられている。すなわち，以下の反応式となる。

$$Fe + 2CO_2 + 2H_2O \longrightarrow Fe(HCO_3)_2 + H_2$$

$$4Fe(HCO_3)_2 + O_2 + 2H_2O \longrightarrow 4Fe(OH)_3 + 8CO_2$$

7-2-4 9族（コバルトとその化合物）

9族に属する**コバルトCo**[11]は，鉄よりも固く，反応性に乏しい。薄い酸にはゆっくりと反応するが，濃硝酸との反応では，表面に不動態を生

[10] **転炉**
銑鉄とくず鉄を入れて，鋼を精錬（化合物から化学的処理により金属の単体を取り出す操作）する炉を**転炉**という。銑鉄中に含まれるリン，炭素，ケイ素が酸化されるときの反応熱（酸化熱）を利用する。

[11] **コバルト**
ヒトにおいてコバルトの欠乏は貧血・食欲不振・体重減少を，過剰では心筋疾患・赤血球増加症・甲状腺肥大などを引き起こす。

じる。コバルトの最高酸化状態は酸化数+5である。化学的に重要な酸化数は，+2，+3である。

コバルトは，ニッケルや銅の鉱物に伴って産出する。単体は，コークスから得られる一酸化炭素による還元反応で得られる。コバルトは，鉄，ニッケル，クロム，およびマンガンとは任意の割合で混ざり，高速度鋼[12]，耐腐食鋼として用いられるとともに，磁性材料としてエレクトロニクスで重要な役割を担(にな)っている。

[12] 高速度鋼
高速度工具鋼のこと。高い硬度を持ち，摩耗にも強いがさびやすい。

7-2-5 10族（ニッケルとその化合物）

10族の元素は，**ニッケルNi**[13]，**パラジウムPd**，および**白金Pt**からなる。これらはいずれも触媒として重要である。ニッケルNiは，銀白色の金属で，常温では水や空気と反応せず，鉄よりも安定である。そのため，電気メッキにより，鉄の表面を保護する被膜として利用される。薄い酸には容易に溶けてH_2を発生し，Ni^{2+}となる。王水(おうすい)や濃硝酸に対しては，不動態になる。ニッケル粉末は，空気により容易に酸化され，自然発火する場合もある。

ニッケルは，おもに硫化物[14]，ヒ化物[15]や磁硫鉄鉱(じりゅうてっこう)(Ni，Fe)Sとして産出する。硫化物は，まず酸化物に転換し，コークスにより金属に還元する。ニッケルは，貨幣，ニッケル鋼，ステンレス鋼，ニクロムなど幅広い用途に用いられている。また，鉄，コバルトとともに常温で強磁性を示す元素であり，電気・電子工学分野でも広く用いられている。

[13] ニッケル
ニッケルの欠乏は赤血球減少・成長阻害が生じ，接触性アレルギー皮膚炎やガンを引き起こす。

[14] 硫化物
硫黄Sとの化合物を**硫化物**という。硫黄については**7-3-4**項参照。

[15] ヒ化物
ヒ素Asとの化合物を**ヒ化物**という。ヒ素については，**7-3-3**項参照。

7-2-6 11族（銅族元素とその化合物）

11族の元素は，**銅Cu**[16]，**銀Ag**，**金Au**からなる。これらは，いずれも常温常圧下で腐食に強く，金属光沢が美しいことから貨幣(かへい)によく用いられ，**貨幣金属**とも呼ばれる。さらに，美しいだけではなく，以下に示すように，金属としても優れた性質を有している。酸化状態としては，いずれも+1，+2，および+3をとるが，銅は+2，銀は+1，金は+3が最も安定である。

≪銅≫　銅の単体は，天然にも存在するが，多くは**黄銅鉱**(おうどうこう)(主成分$CuFeS_2$)を原料としてまず粗銅(そどう)を得て，さらに電気分解[17]を経て純度の高い銅が得られる。銅は，電気伝導性に優れ，電線材料として広く用いられている。また，**黄銅**(主成分Cu，Zn)や**リン青銅**(せいどう)(主成分Cu，Sn，P)などの合金材料としても多く用いられている。長期にわたり風雨にさらされた銅の表面には，緑色の**緑青**(ろくしょう)が生じる。銅は還元力が小さく，塩酸や希硫酸など非酸化性の酸[18]には侵されないが，硝酸や濃硫酸など酸化性の酸には溶けて，下記の反応式に示すように，銅(II)イオンCu^{2+}となる。

[16] 銅
ヒトにおいて銅の欠乏は貧血症・毛髪色素欠乏症・栄養疾患・成長減退・脳障害を，過剰の場合には肝硬変・腹痛・嘔吐・下痢・運動障害・知覚神経障害・接触性皮膚炎などが生じる。

[17] 電気分解
電気エネルギーを利用して化学変化を起こすことを**電気分解**という。

[18] 非酸化性の酸
「非酸化性の酸」とは，H^+と金属による酸化還元反応を起こさない酸のことである。逆に硝酸や濃硫酸は相手を酸化させる「酸化剤」になる酸である。酸化は**6-4**節を参照。

$$3\,Cu + 8\,HNO_3 \longrightarrow 3\,Cu(NO_3)_2 + 2\,NO + 4\,H_2O \qquad (7\text{-}27)$$

└ 水溶液中では Cu^{2+} と NO_3^- に電離

≪銀≫　銀は，金に次ぐ展性（てんせい）・延性（えんせい）を有する。熱および電気伝導性は，銀が最も優れており，銅が銀に次いで大きい。

銀の単体は，金属，硫化物，ヒ化物あるいは塩化物として産出する。主鉱石は輝銀鉱 Ag_2S であるが，銅，亜鉛，鉛などの鉱石中にも共存する。銀は，装飾品や電気部材に用いられる他，感光剤としての用途も大きい。銀は，常温常圧下，空気中では酸化されにくい。濃硝酸と熱濃硫酸には溶けて，酸化数＋1 の化合物[19]を生じる。

┌ 水溶液中では Ag^+ と NO_3^- に電離

$$Ag + 2\,HNO_3 \longrightarrow AgNO_3 + NO_2 + H_2O \qquad (7\text{-}28)$$

Ag^+ イオンは，ハロゲン化物イオンと反応して**ハロゲン化銀**(**7-3-5** 項参照)を生成する。ハロゲン化銀は，光によって分解し，銀を析出する。白黒写真の感光剤は，ハロゲン化銀のこの性質(**感光性**という)を利用したものである[20]。

≪金≫　金は，金属の中で最も延性・展性に富む。厚さ 0.1 μm の薄い箔とすることができ，また，1 g の金を約 3000 m の線にすることができる。化学反応性に乏しく，ほとんどの酸とは反応しないが，王水(**7-3-3** 項)には溶解する。

例題　硝酸銀水溶液に塩化ナトリウムを加えて，塩化銀を生成したときの変化を反応式で示せ。

(略解)　$AgNO_3 + NaCl \longrightarrow AgCl + NaNO_3$

塩化銀 AgCl は白色沈殿で，光によって分解し，銀を析出する。

[19] 酸化数 1 の化合物

本文の「酸化数＋1 の化合物」とは，「銀の酸化数が＋1 の化合物」という意味である。なお，銀の安定な酸化数は＋1 だが，＋2 や＋3 の化合物も存在する。

[20] 白黒写真の感光剤

白黒写真の基本的な原理は本文で述べた通りであるが，実用上はもう少し工夫が必要である。

まず，感光して銀が析出(固体ができること)しても，その部分の銀は少量であるため，像が見えるように量を増やす必要がある。この操作は「現像液」を使って行われている。

次に，感光していない部分がこれ以上感光しては困るため，不要なハロゲン化銀を取り除く必要がある。この操作は「定着液」を使って行われている。

また，ハロゲン化銀の感光において，吸収する光の波長は青色の方に偏っている。可視光の領域で反応が起こるように，可視光に感光する色素が混ぜられている。この感光色素は，可視光を受けると電子を放出し，銀イオンに電子を与えて銀を析出させるのである。

ドリル問題 7-2

1. 空欄に元素記号あるいはふさわしい言葉を入れよ。
　6 族に属する元素は，クロム(　　　)，モリブデン(　　　)，タングステン(　　　)であり，(　　　　　)とも呼ばれる。
2. 空欄にふさわしい言葉を入れよ。
　6 族元素の中で，(　　　　　)は炭素に次いで高い融点を持つ。(　　　　　)は，低温では表面が酸化されて(　　　)になる。この性質を利用して，さまざまな金属表面をメッキするのに用いられる。
3. 空欄に元素記号あるいは化学式を入れよ。
　8 族に属する鉄(　　)は，存在量も多く，広く使われている金属である。高湿度の雰囲気下ではさびやすく，赤さびと呼ばれる赤褐色の酸化鉄(　　　　)が生成する。
4. 空欄に元素記号あるいはふさわしい言葉を入れよ。
　9 族に属するコバルト(　　)は，(　　　)材料として重要な役割を担っている。
5. 空欄に元素記号あるいはふさわしい言葉を入れよ。
　10 族の元素は，ニッケル(　　　)，パラジウム(　　　)，および白金(　　)である。これらはいずれも触媒として重要である。ニッケルは，鉄，コバルトとともに常温で(　　　)を示す材料であり，電気・電子工学分野でも広く用いられている。
6. 空欄に元素記号あるいはふさわしい言葉を入れよ。
　11 族の元素は，銅(　　)，銀(　　)，金(　　)からなる。これらはいずれも腐食に強く，金属光沢が美しいことから貨幣によく用いられ，(　　　　)とも呼ばれる。
7. 空欄にふさわしい言葉を入れよ。
　銅は銀についで(　　　　　)に優れ，電線材料として広く用いられている。また，主成分が銅および亜鉛の合金である(　　　　　)の材料としても用いられている。
8. 空欄にふさわしい言葉を入れよ。
　金は，(　　　)に富む。そのため，厚さ 0.1 μm の薄い箔にすることができる。さらに金は，(　　　)にも富む。1 g の金は，約 3000 m の線に加工することができる。銀も，金について，これらの性質を有する。

7-3 非金属元素

7-3-1 水素とその化学的性質

≪水素≫　**水素 H** は，あらゆる元素を単純化した場合に行き着く基本構造を持つ元素である。水素は，伝統的に，周期表では 1 族のアルカリ金属元素のグループに入れられることが多い。アルカリ金属元素と同様，+1 価のイオンになるが，電子を 1 つ受け入れて，ハロゲン元素と同様，−1 価のイオンにもなり得る。さらに，化合物をつくる際，共有結合を形成することがほとんどである。このように，水素は，1 族と 17 族の特徴もあわせ持っている。本書では，水素を他の元素から切り離して扱うこととする。

≪単体の性質と製法≫　水素は，無味・無臭・無色の最も軽い気体である。空気中では，無色の炎を出して燃える。水素と酸素を体積比 2 : 1 で混合した気体を**水素爆鳴気**（すいそばくめいき）という。水素爆鳴気に点火すると，激しく反応して約 3500 ℃の高温を生じる。この高温を利用して，金属の溶接・切断，石英の溶融加工を行うことができる。水素分子は，低温では反応性が低い。

水素の工業的製法と実験室でつくる場合を以下に記す。

(1)　触媒を用い，下記のような反応によって，石油や石油ガスを加熱分解することにより得る方法

Ni 触媒：　$\underset{\text{飽和炭化水素}}{C_nH_{2n+2}} + nH_2O \longrightarrow nCO + (2n+1)H_2$　(7-29)[1]

Ni 触媒：　$C_nH_{2n+2} + 2nH_2O \longrightarrow nCO_2 + (3n+1)H_2$　(7-30)

FeO 触媒：　$CO + H_2O \longrightarrow CO_2 + H_2$　(7-31)

(2)　水を電気分解することにより得る方法

ニッケルめっきを施した鉄板を陽極，鉄板を陰極として水酸化ナトリウム水溶液を電気分解すると，陰極に水素が発生する。

(3)　水性ガスから分離して得る方法

まず，赤熱したコークスに，水蒸気を送って，下記のような**水性ガス**[2]をつくる。

$C + H_2O \longrightarrow \underbrace{CO + H_2}_{\text{水性ガス}}$　(7-32)

水性ガスに，水蒸気を加え，熱した酸化鉄に通すことにより，次のように CO_2 と H_2 の混合気体が得られる。

$CO + H_2O \longrightarrow CO_2 + H_2$　(7-33)

この混合気体を圧縮・冷却すると，CO_2 が液化し，H_2 を分離して得ることができる。

[1] **飽和炭化水素**
C と H からなる単結合のみの有機化合物。8-1-5 項，8-2-1 項を参照。

[2] **水性ガス**
高温のコークス(炭素)と水が反応してできた，CO と H_2 の混合ガスを水性ガスという。**合成ガス**ともいう。

(4)　実験室で水素を得る方法

亜鉛 Zn，アルミニウム Al や鉄 Fe に，酸化作用のない希硫酸を加え，次の反応を起こさせる。

$$Zn + H_2SO_4 \longrightarrow ZnSO_4 + H_2 \qquad (7\text{-}34)$$

≪化合物≫　水素と塩素との反応は，光や熱によって開始する連鎖反応として知られており，常温でも以下のように水素化物を生じる。

$$H_2 + Cl_2 \longrightarrow 2\,HCl \qquad (7\text{-}35)$$

高温では，窒素やナトリウムなど他の元素とも反応し，水素化物が得られる。

$$3\,H_2 + N_2 \longrightarrow 2\,NH_3 \qquad (7\text{-}36)$$

$$H_2 + 2\,Na \longrightarrow 2\,NaH \qquad (7\text{-}37)$$

水素は，いろいろな金属酸化物を高温で金属に還元する作用があり，次の例のように還元剤として用いられる。

$$CuO + H_2 \longrightarrow Cu + H_2O \qquad (7\text{-}38)$$

$$Fe_3O_4 + 4\,H_2 \longrightarrow 3\,Fe + 4\,H_2O \qquad (7\text{-}39)$$

7-3-2　14 族（炭素族元素とその化合物）

≪炭素族元素≫　周期表 14 族に属する元素のうち，非金属元素である**炭素 C**，**ケイ素 Si**[3]（シリコン）を**炭素族元素**という。これらの原子は，4 個の価電子を持ち，共有結合性化合物をつくる。

≪炭素の単体≫　炭素の単体は，天然には石炭や黒鉛として大量に存在し，わずかではあるがダイヤモンドとしても産出する。炭素の単体には，**ダイヤモンド**，**黒鉛**（**グラファイト**），**フラーレン**，**無定形炭素**などがあり，これらは，互いに同素体（どうそたい）[4]である。ダイヤモンド，黒鉛およびフラーレンの構造と性質について，表 7-3 および **7-4** 節に示す。これら炭素の同素体は，炭素原子が規則的に並ぶことによりできる結晶である。構造を比較してもわかるように，炭素間の結合と炭素の配列が異な

[3] **ケイ素**
ヒトにおいてケイ素の欠乏は骨格形成不全を，過剰の場合には尿石形成を引き起こす。

[4] **同素体**
同じ元素からなる単体で，性質の異なる物質を互いに**同素体**という。

表 7-3　ダイヤモンド，黒鉛およびフラーレンの構造と性質

同素体	ダイヤモンド	黒鉛（グラファイト）	フラーレン（C_{60}）
融点/沸点（℃）	3550/4800	3370（昇華）	—
密度（g/cm^3）	3.51	2.27	1.68
色	無色	灰黒色	茶褐色
かたさ	かたい	やわらかい	—
電気伝導性	なし	あり	なし
結晶構造			

るので，性質が大きく異なる。

炭素の同素体のうち，無定形炭素には，すすや木炭，活性炭などがある。これらは，細かい黒鉛の集合体と考えられている[5]。フラーレン C_{60} は，サッカーボール状の構造を持つ新物質である。これは，無定形炭素である「すす」の中から見つかったもので，その構造の特異性と物性への興味から，最近，研究が行われているものである[6]。

炭素は，化学的に安定で，常温では反応しない。高温では，他の元素と化合して，下記のような化合物を生成する。

$$C + O_2 \longrightarrow CO_2 \quad (7\text{-}40)$$ [7]

$$C + S_2 \longrightarrow CS_2 \quad (7\text{-}41)$$

≪炭素の化合物≫　炭素の化合物は，生物の主要な成分元素として，また，有機化合物や炭酸塩として広く存在する。炭素の酸化物として，**一酸化炭素 CO** と**二酸化炭素 CO_2**[8]が重要である。一酸化炭素は無色・無臭の有毒な気体で，水にはほとんど溶けない。炭素および有機化合物を酸素が不十分な状態で燃焼すると得られる。一酸化炭素は，血液中のヘモグロビンと結合し，酸素を運搬する能力を失わせるため，有毒である。一酸化炭素は，還元作用が強く，高温で多くの金属化合物を金属に還元するのに用いられている。

二酸化炭素 CO_2 は，常温で最も安定な炭素の酸化物である。炭素の完全燃焼で生じるほか，炭酸カルシウムに塩酸を加えて発生させることもできる。無色・無臭の空気より重い気体で毒性はない。化学的に安定であり，他の物質は二酸化炭素中で燃焼しない。近年，大気中の二酸化炭素の量は，産業の発展に伴う化石燃料(石炭や石油)の大量消費および大規模な森林伐採のため，増加の一途をたどっている。大気中の二酸化炭素の存在は，地表の熱を逃がさない温室効果をもたらし，地球上の生物の生息環境を守る働きをしている。しかし一方では，二酸化炭素の量が今以上に増えることにより，地球の平均気温が大きく上昇すれば，穀倉地帯の砂漠化，極地の氷の融解による海岸地帯での都市水没など，さまざまな影響が心配されている。

二酸化炭素は，下記に示すように水に少量溶けてわずかに解離し，弱酸性を示す[9]。

$$CO_2 + H_2O \rightleftarrows H^+ + HCO_3^- \quad (7\text{-}42)$$

二酸化炭素は，20 ℃，57234.5 hPa(ヘクトパスカル)(56.5 atm)の圧力を加えると固体になる。この固体は，二酸化炭素分子からできた結晶で，通称**ドライアイス**である。ドライアイスは，1 気圧では−78.5 ℃ で昇華(しょうか)するので，冷却剤として用いられる。

二酸化炭素を水酸化カルシウム水溶液(石灰水)に通すと，炭酸カルシウムが生成して白濁(はくだく)[10]する(式 7-13 参照)。

[5] 無定形固体(アモルファス)
固体物質の中で，原子・イオン・分子などの粒子が，規則正しく配列していないものを**無定形固体**または**アモルファス(非晶質)**という。無定形炭素はこの 1 種である。

[6] すすから見つかった素材
本文にあるフラーレンやカーボンナノチューブは，物性にまだ未知なところがあり，研究対象・素材として注目されている。この 2 つについての概略は **7-4** 節を参照。

[7] 式 7-40 の反応
炭が燃える現象は，この反応である。

[8] 二酸化炭素
大気中の二酸化炭素は，植物の光合成の際に利用され，炭水化物と酸素が生成する。大気中の二酸化炭素濃度が高くなると，植物の成長もよくなる。この技術はメロン栽培の際にも使われ，糖度が高くなる。
また，大気中の二酸化炭素濃度は，産業革命時に 280 ppm (0.028%)であったが，現在では 400 ppm と，化石燃料の大量消費により増加している。この大気中の二酸化炭素濃度の増加は，近年の地球温暖化の原因と考えられている。

[9] サイダーの味
サイダーは，甘味をつけた水溶液に炭酸を加圧して溶解させてあるので，式 7-42 のように H^+ が存在し，酸っぱく感じる。

[10] 白濁
結晶が析出するなどして，溶液が白く濁ることを**白濁**という。

アルカリ金属の炭酸塩は水に溶けるが，他の金属の炭酸塩は一般的に水には溶けない。アルカリ金属以外の炭酸塩は，加熱分解すると CO_2 を発生する。

$$CaCO_3 \longrightarrow CaO + CO_2 \tag{7-43}$$

植物は，光合成により，二酸化炭素と水からグルコース[11]などを合成している。

$$6\,CO_2 + 6\,H_2O \longrightarrow \overset{\text{グルコース}}{C_6H_{12}O_6} + 6\,O_2 \tag{7-44}$$

例題 CO および CO_2 の工業的製法をそれぞれ１つずつ反応式を用いて記せ。

(略解) CO は，水性ガス(CO と H_2 の混合気体)として得られる。水性ガスは，1000 ℃に熱したコークス中へ水蒸気を通すことにより生成する。

$$C + H_2O \rightleftarrows CO + H_2 - 120\,\text{kJ}$$

CO_2 は，石灰石 $CaCO_3$ を焼いて酸化カルシウムを得る過程の副生成物として多量に得られる。

$$CaCO_3 \longrightarrow CaO + CO_2$$

≪ケイ素の単体≫ **ケイ素 Si** の単体は天然には存在しないが，二酸化ケイ素 SiO_2(ケイ砂)として地殻(ちかく)中に存在する。地殻においてケイ素は，酸素についで２番目に多く存在する元素である。ケイ素は，二酸化ケイ素 SiO_2 にコークス C を加えて，電気炉中で強熱し，次の反応で還元することにより得られる。

$$SiO_2 + 2\,C \longrightarrow Si + 2\,CO \tag{7-45}$$

ケイ素は，黒色の金属光沢を持つ固体で，ダイヤモンドと同じ結晶構造を持つ。電気伝導性があり，半導体の性質を持つ。そのため，純度の高いものは，太陽電池やコンピュータの LSI など，エレクトロニクス分野の重要な材料である。化学的に安定であるが強塩基とは反応し，ケイ酸塩を生じる。ケイ酸塩は，二酸化ケイ素と並び，岩石，土壌を構成するおもな成分である。

$$Si + 2\,NaOH + H_2O \longrightarrow Na_2SiO_3 + 2\,H_2 \tag{7-46}$$

≪ケイ素の化合物≫ **二酸化ケイ素 SiO_2(石英)**は，Si と O が共有結合により結合してできた固体である。純粋な結晶を**水晶**といい，砂状のものを**ケイ砂**という。無色・透明の結晶で，共有結合のため硬く，融点(ゆうてん)が非常に高い(1713 ℃)。二酸化ケイ素(石英)を加熱・融解させた後，冷却すると，結晶にはならずに無定形のガラス状[12]になる。これを**石英ガラス**という。石英ガラスは，融点が高く，温度変化による寸法の変化が小さいので，化学実験器具材料として用いられる。純度の高いものは紫

[11] **グルコース**
グルコースは，糖類の１つで単糖類である。たくさんのグルコースが脱水して結合すると，デンプンやセルロースとなる。**糖類**は，カルボニル基とヒドロキシ基を持つ化合物で，$C_m(H_2O)_n$ で表される。**炭水化物**とも呼ばれる。

[12] **ガラス**
これも，**7-3** 節注５で述べた**無定形固体(アモルファス)**である。無定形固体の代表的なものが**ガラス**である。

外線をよく通すので，レンズなど光学器械に用いられる。化学的に安定であるが，次の反応でフッ化水素酸（HF の水溶液）には侵される。

$$SiO_2 + 6\,HF \longrightarrow H_2SiF_6 + 2\,H_2O \quad (7\text{-}47)$$

二酸化ケイ素とコークスの混合物を電気炉で強熱すると，下記の反応で**カーボランダム**（炭化ケイ素 SiC）が得られる。これは，ダイヤモンドに迫る硬度を持つので研磨剤として利用される。

$$SiO_2 + 3\,C \longrightarrow SiC + 2\,CO \quad (7\text{-}48)$$

二酸化ケイ素は，水酸化ナトリウムとともに高温で熱すると融解し，次に示すように**ケイ酸ナトリウム**となる。

$$SiO_2 + 2\,NaOH \longrightarrow Na_2SiO_3 + H_2O \quad (7\text{-}49)$$

ケイ酸ナトリウムに水を加えて熱すると，水飴（みずあめ）状の**水ガラス**ができる。水ガラスに塩酸を加えると，ケイ酸 $SiO_2 \cdot nH_2O$ が遊離する。ケイ酸を乾燥させると，多孔質（たこうしつ）[13]の**シリカゲル**が得られる。シリカゲルは，吸着剤・乾燥剤として用いられる。

7-3-3 15族（窒素族元素とその化合物）

≪窒素族元素と窒素≫　周期表15族に属する元素のうち，非金属元素である**窒素（ちっそ） N**，**リン P**，**ヒ素 As**[14]を**窒素族元素**という。価電子を5個持ち，共有結合性化合物をつくる。窒素は，分子の状態で地上の大気の約80%を占め，常温では安定な，無色・無臭の気体である。天然の窒素化合物として主要なものは，アミノ酸，タンパク質などの生体物質である。化学工業製品における窒素化合物としておもなものは，肥料，農薬，火薬類があげられる。リンは，天然には，リン酸塩としてリン鉱石中に含まれている。リン酸やその塩は，化学肥料として，また，工業製品の原料として重要である。

≪窒素の単体≫　**窒素 N_2** は，工業的には液体空気の**分留（ぶんりゅう）**により得られる。分留は，空気を極めて低い温度まで冷却し，空気中の成分が固体や液体に変わる温度の違い[15]を利用して，空気中の他の成分を取り除く方法である。液体窒素が気体に変わる沸点は，−195.8℃なので，液化した空気をこの温度に保つと酸素だけが蒸発する。実験室では，下記の反応で，亜硝酸アンモニウムを加熱分解して得る。

$$NH_4NO_2 \longrightarrow 2\,H_2O + N_2 \quad (7\text{-}50)$$

窒素は無色・無臭の気体で水に溶けにくい。常温では安定で反応を起こしにくいが，高温ではいろいろな元素と反応し，化合物となる。

≪窒素の化合物≫

① **アンモニア**

アンモニア NH_3[16]は，**ハーバー法**（または**ハーバー・ボッシュ法**）により工業的に合成される。この方法は，四酸化三鉄 Fe_3O_4 を主成分とす

[13] **多孔質**
ごく小さな孔を多数持った固体のことを**多孔質**という。多孔質に加工すれば，まわりに触れる面が大きくなる（反応する面が大きくなる）という性質を持つことになる。

[14] **ヒ素**
ヒ素の化合物の中で，亜ヒ酸（As_2O_3）は強い毒性を持ち，推理小説などに毒物として登場する。ヒ素の欠乏は生育阻害・繁殖能低下を，過剰の場合にはガンを引き起こす。

[15] **沸点や融点の違い**
たとえば，二酸化炭素は−78.5℃でドライアイスとなり，酸素は−183℃で液体となる。

[16] **アンモニアの用途**
アンモニアは，化学肥料の原料である。また，硝酸の原料でもあり，工業用原料として重要な物質である。

る触媒を用い，200〜1000 atm，500 ℃くらいの雰囲気下，窒素と水素を直接反応させて合成する方法で，次の反応でつくられる。

$$N_2 + 3\,H_2 \longrightarrow 2\,NH_3 + 92.2\,kJ/mol \qquad (7\text{-}51)$$ [17]

実験室では，塩化アンモニウム NH_4Cl に水酸化カルシウム $Ca(OH)_2$ を加えて加熱することにより，次の反応で得られる。

$$2\,NH_4Cl + Ca(OH)_2 \longrightarrow CaCl_2 + 2\,H_2O + 2\,NH_3 \qquad (7\text{-}52)$$

アンモニアは，無色，刺激臭のある気体で，水によく溶ける。水溶液は，弱い塩基性を示す。

$$NH_3 + H_2O \rightleftarrows NH_4^+ + OH^- \qquad (7\text{-}53)$$

②　窒素酸化物

窒素は，いろいろな割合で酸素と化合物をつくるが，**一酸化窒素 NO**，**二酸化窒素 NO_2**[18]が重要である。一酸化窒素の製法は，工業的には，硝酸を合成する一過程である。すなわち，白金触媒を用いて，アンモニアを酸化すると次の反応で得られる。

$$4\,NH_3 + 5\,O_2 \longrightarrow 4\,NO + 6\,H_2O \qquad (7\text{-}54)$$

一酸化窒素[19]は，無色・無臭の気体で水に溶けにくい。非常に酸化されやすく，次のように空気中で酸化されて二酸化窒素になる。

$$2\,NO + O_2 \longrightarrow 2\,NO_2 \qquad (7\text{-}55)$$

二酸化窒素は，赤褐色・刺激臭の気体で有毒である。工業的には，硝酸製造の一工程おいて，NO の酸化により大量に製造されている。二酸化窒素は，水に溶けて硝酸と亜硝酸，あるいは一酸化窒素となり，酸性を示す。

③　硝酸

硝酸 HNO_3 は，工業的には**オストワルト法**により製造する。反応は，以下に示すアンモニアの酸化である。まず，白金触媒を用いてアンモニアを酸化すると，一酸化窒素と水蒸気の混合気体が得られる。

$$4\,NH_3 + 5\,O_2 \xrightarrow{\text{加熱}} 4\,NO + 6\,H_2O \qquad (7\text{-}56)$$

この混合気体を冷却し，一酸化窒素を下記の式のように酸化して二酸化窒素とする。

$$2\,NO + O_2 \longrightarrow 2\,NO_2 \qquad (7\text{-}57)$$

この二酸化窒素を温水と反応させると，次のように硝酸を得ることができる。

$$3\,NO_2 + H_2O \xrightarrow{\text{温水}} 2\,HNO_3 + NO \qquad (7\text{-}58)$$

市販の濃硝酸(濃度 16 mol/L)は，濃度約 60％の無色の水溶液で，強酸である。光や熱により，下記の反応で分解されやすいので，褐色瓶に入れて冷暗所に保存する。

[17] **式 7-51 の意味**
92.2 kJ は，1 mol の N_2 と 3 mol の H_2 から，2 mol の NH_3 が生成されるときに発生する熱量である。

[18] **NO_x**
自動車の排気ガス中に含まれる窒素酸化物は，NO や NO_2 を総称して NO_x(ノックス，x は何か数値が入る変数という意味で，普通は 1 か 2)と呼ばれ，大気汚染の原因となっている。

[19] **一酸化窒素の用途**
一酸化窒素(NO)から合成した塩化ニトロシルは，シクロヘキサンと反応し，6-ナイロンの原料となる。
一酸化窒素(NO)は，血管拡張作用など多くの生理機能を示し，狭心症の治療薬・ニトログリセリンの活性の本体である。1998 年のノーベル生理学・医学賞は，「一酸化窒素(NO)の生理作用」を解明したＦ・ムラド，Ｒ・Ｆ・ファーチゴット，Ｌ・イグナロに授与された。

$4\,HNO_3 \longrightarrow 4\,NO_2 + 2\,H_2O + O_2$　(7-59)

濃硝酸，希硝酸の両方とも強い酸化作用を示し，下記のように銅や銀を酸化して溶かす。

濃硝酸：$Cu + 4\,HNO_3 \longrightarrow Cu(NO_3)_2 + 2\,NO_2 + 2\,H_2O$　(7-60)

希硝酸：$3\,Cu + 8\,HNO_3 \longrightarrow 3\,Cu(NO_3)_2 + 2\,NO + 4\,H_2O$　(7-61)

濃硝酸1体積と濃塩酸3体積の混合溶液を**王水**（おうすい）という。王水は，金や白金を溶かすことができる。

≪リンの単体≫　リン P は，リン鉱石にリン酸カルシウム $Ca_3(PO_4)_2$ などの化合物として含まれる。単体は，天然には存在しない。単体を得るには，リン鉱石にコークス C とケイ砂 SiO_2 を加えて電気炉で強熱し，発生した気体のリンを冷却すると，下記の反応で**黄リン** P_4（おう）(**白リン**（はく）ともいう)が得られる。

$2\,Ca_3(PO_4)_2 + 6\,SiO_2 + 10\,C \longrightarrow 6\,CaSiO_3 + 10\,CO + P_4$　(7-62)

リンには多種類の同素体があるが，黄リンと赤リンが代表的なものである。黄リンは，四面体構造をした P_4 分子からなる結晶である。反応性が高く，猛毒である。空気中で自然発火するため，水中で保存する。**赤リン P**（せき）は，赤褐色の粉体である。その構造は，多数のリン原子が共有結合して，鎖状，網目状に複雑であるため，組成式「P」で表す。黄リンとは異なり，常温では比較的安定である。毒性もない。

例題　リンの同素体である黄リンと赤リンの性質を表にまとめて比較せよ。

(略解)

黄リン P_4	赤リン P
融点 44.1℃	融点 600℃
常温でろう状の固体	常温で固体
白色あるいは淡黄色	赤褐色
猛毒	無毒
常温で酸化され黄緑色の光を生じる	常温では酸化も発光もしない
空気中約 35℃で自然発火する	自然発火しない
水に不溶	水に不溶
二硫化炭素，ベンゼンに溶ける	二硫化炭素，ベンゼンにも不溶
反応性が高く，ハロゲンと激しく反応	黄リンより反応性が低い
水中に保存	空気中で密栓して保存
発煙剤や殺鼠剤に使用	花火やマッチに使用

≪リンの化合物≫　十酸化四リン P_4O_{10} は，黄リンや赤リンを空気中で燃焼させると得られる。

$P_4 + 5\,O_2 \longrightarrow P_4O_{10}$　(7-63)

十酸化四リンは，白色粉末で吸湿性が高く，乾燥剤として用いられる。水に溶かして煮沸すると，次の反応で**リン酸 H_3PO_4** が得られる。

$$P_4O_{10} + 6\,H_2O \longrightarrow 4\,H_3PO_4 \qquad (7\text{-}64)$$

リン酸は，無色の結晶で潮解性があり，その水溶液は酸性を示す。

7-3-4 16族（酸素族元素とその化合物）

≪酸素族元素：特に酸素と硫黄（いおう）≫ 周期表16族に属する元素のうち，**酸素 O**，**硫黄 S**[20]は非金属，**セレン Se**[21]，**テルル Te** は半導体で，これらも非金属である。この4元素を**酸素族元素**という。ここでは，そのうち，酸素と硫黄について取りあげる。価電子を6個持ち，電子を2個取り入れて2価の陰イオンになるか，2個の電子を共有して共有結合をつくり，貴（き）ガスと同じ構造をとって安定化しようとする。

酸素は，単体として天然に存在するほかには，酸化物や塩として地殻（ちかく）中に存在する。硫黄は，単体として天然に存在するほかに，黄鉄鉱 FeS_2，黄銅鉱 $CuFeS_2$，セン亜鉛鉱 ZnS として地殻中に存在する。

≪酸素の単体≫ **酸素 O_2** は，空気中に体積で約21％含まれる。工業的に酸素を得る方法として，液体空気の分留（ぶんりゅう）や，水の電気分解による方法がある。2026×10^2 hPa（ヘクトパスカル）（約200 atm）に圧縮した空気を断熱膨張（だんねつぼうちょう）[22]させると液体空気が得られる。これを沸点の差（窒素 −195.8℃，酸素 −183.0℃）を利用して分留すると酸素が得られる。実験室では過酸化水素水 H_2O_2 に触媒として二酸化マンガン MnO_2 を加えると，下記の反応が起こり，酸素を得ることができる。

$$2\,H_2O_2 \longrightarrow 2\,H_2O + O_2 \qquad (7\text{-}65)$$

酸素は，無色・無臭の気体で水に溶けにくい。反応性が高く，いろいろな元素と化合して酸化物をつくる。化合に際して熱や光の発生を伴う場合を**燃焼**という。

オゾン O_3 は，酸素の同素体である。空気または酸素中で放電を行うか，酸素に紫外線を当てることにより，下記の反応で生成する。

$$3\,O_2 \rightleftarrows 2\,O_3 \qquad (7\text{-}66)$$

オゾンは不安定な物質であり，常温で自然に分解して酸素になる。その際，反応性の高い状態の酸素を生じるので，強い酸化作用を示す。この作用は，飲料水の殺菌や繊維の漂白に用いられる。自然界には，大気上層にオゾン層として存在し，地球に降り注ぐ有害な紫外線を吸収する役割を担っている。

≪酸素の化合物≫ 分子中に酸素が含まれている酸を**オキソ酸**という。例として，硝酸 HNO_3，次亜塩素酸（じあえんそさん）HClO，硫酸 H_2SO_4 などがあげられる。

水 H_2O は，酸素の水素化物であり，酸素族元素の水素化物の中で，

[20] 硫黄
硫黄は火山国・日本において豊富に存在する資源であるが，現在，利用されている硫黄は原油の脱硫によって得られている。

[21] セレン
セレン欠乏症は，中国東北部の風土病である克山病（心筋症の一種で致死率が高い）やロシアの風土病のカシンベック病（骨や関節の変形），不妊症などがある。慢性中毒は消化器障害・発汗過多・黄疸・肝臓や腎臓障害や筋ジストロフィーなどを引き起こす。

[22] 断熱膨張
外部との熱の交換を行わずに（断熱），気体状の物質を膨張させることを**断熱膨張**という。

唯一無毒な物質である。極めて安定な物質で，他の物質との混合物として，あるいは，水和水として存在する。水分子は強い極性を持つため，水分子間に水素結合が生じ，分子間の相互作用が極めて大きい。他の酸素族元素の水素化物(たとえばH_2Sに関しては後述)と比べて，融点0℃，沸点100℃と高いのは，この水素結合のためである(**3-2-3**項参照)。

過酸化水素 H_2O_2 は，分子内に酸素原子どうしの結合を持つ。このような化合物を**過酸化物**という。過酸化物は，一般に不安定で，分解して酸素を放出するので酸化剤として用いられる[23]。

[23] **活性酸素**
反応性の高い酸素原子を含む化合物のことをさし，酸素分子に電子が1つ入ったもの(O_2^-)と，過酸化水素，ヒドロキシル基(OH)などを含めて**活性酸素**という。

≪硫黄の単体≫　**硫黄S**の同素体には，**斜方硫黄**(α-硫黄)，**単斜硫黄**(β-硫黄)，**無定形硫黄**(または**ゴム状硫黄**，γ-硫黄)と呼ばれるものがある。このうち，斜方硫黄，単斜硫黄は結晶で，結晶構造が異なる。結晶の基本になるのは，環状のS_8分子である(図7-4)。S_8分子の積み重なり方の違いが，α，βの違いとなる。硫黄は，工業的には重油の脱硫工程(硫黄を取り除く工程)において，多量に得られる。常温では安定だが，高温では種々の元素と化合して硫化物をつくる。

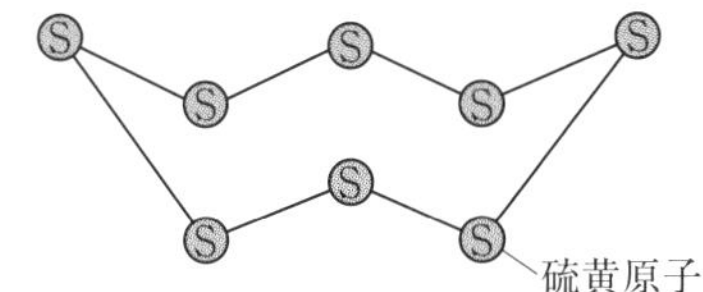

図7-4　S_8分子の構造

≪硫黄の化合物≫

① **硫化水素**

硫化水素 H_2S は，硫黄の水素化物である。火山や温泉の噴出ガス中に含まれる。空気より重く，無色で猛毒の気体で，腐卵臭がある。水に溶けやすく，硫化水素水は弱い酸性を示す。硫化水素は，次のように強い還元性を示す。

$$SO_2 + 2\,H_2S \longrightarrow 2\,H_2O + 3\,S \qquad (7\text{-}67)$$

硫化水素は，多くの金属イオンと反応して，金属硫化物の沈殿を生じるので，金属イオンの分離・検出に用いられる。

例題　硫化水素H_2Sを実験室で発生させる方法を説明せよ。

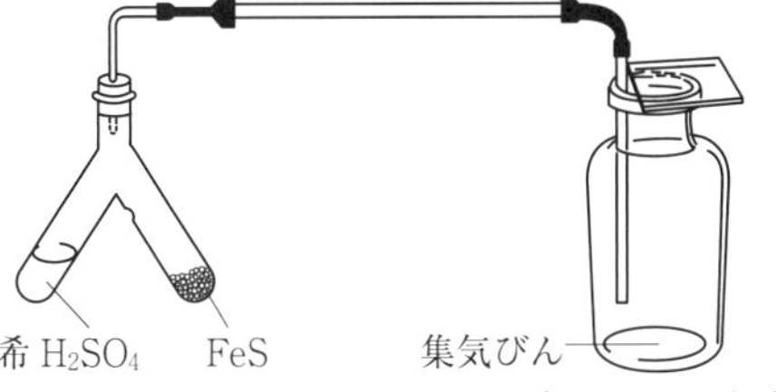

図7-5　H_2Sの発生

(略解) 硫化鉄(II)FeS に，希塩酸や希硫酸を加えて発生させる。

$$FeS + 2\,HCl \longrightarrow FeCl_2 + H_2S$$
$$FeS + H_2SO_4 \longrightarrow FeSO_4 + H_2S$$

② 二酸化硫黄

二酸化硫黄 SO_2 は，工業的には，硫黄や黄鉄鉱 FeS_2 を燃焼させてつくる。

$$S + O_2 \longrightarrow SO_2 \qquad (7\text{-}68)$$

$$4\,FeS_2 + 11\,O_2 \longrightarrow 2\,Fe_2O_3 + 8\,SO_2 \qquad (7\text{-}69)$$

二酸化硫黄 SO_2 は，有毒で腐食性のある無色の気体で，刺激臭がある。水に溶けやすく，その溶液は，酸としての性質を示す。SO_2 は，酸化剤としても還元剤としても働く。すなわち，強い還元剤に会えばこれを酸化し，下記に示すように，自身は還元される。

$$2\,H_2S + SO_2 \longrightarrow 2\,H_2O + 3\,S \qquad (7\text{-}70)$$

また，水が存在する場合には還元性を示す。たとえば，過マンガン酸カリウムとの反応においては，還元剤として作用し，下記に示すように，自身は酸化される。

$$2\,KMnO_4 + 5\,SO_2 + 2\,H_2O \longrightarrow K_2SO_4 + 2\,MnSO_4 + 2\,H_2SO_4 \qquad (7\text{-}71)$$

③ 硫酸

硫酸 H_2SO_4 は，**接触法**という方法で工業的に製造される。原理的には二酸化硫黄 SO_2 の酸化と水による吸収である。SO_2 を温度 400〜500 ℃で，触媒(酸化バナジウム(V)V_2O_5)の存在下，空気中の酸素により酸化して三酸化硫黄をつくる。生じた SO_3 を濃硫酸に吸収させると，発煙硫酸ができる。この発煙硫酸を希硫酸で薄めたものが濃硫酸 H_2SO_4 である。この反応を以下に示す。

$$2\,SO_2 + O_2 \longrightarrow 2\,SO_3 \qquad (7\text{-}72)$$

$$SO_3 + H_2O \longrightarrow H_2SO_4 \qquad (7\text{-}73)$$

7-3-5 17族(ハロゲン元素とその化合物)

周期表17族に属する元素は，**フッ素 F**，**塩素 Cl**，**臭素 Br**，**ヨウ素 I**，**アスタチン At** で，これらを**ハロゲン元素**といい[24]，非金属元素である。ハロゲン原子は，いずれも7個の価電子を持ち，電子を1個取り入れて1価の陰イオンになりやすい。フッ素は，ホタル石 CaF_2 として，塩素は岩塩の形で産出する。塩素，臭素，ヨウ素は，海水中や海藻中に陰イオンとして存在する。アスタチンは，自然界には極めて微量しか存在しない放射性元素である。

24 ハロゲンの語源
「ハロゲン」の語源は，ギリシャ語の「塩をつくるもの」という言葉である。

表 7-4　ハロゲンの単体の性質

	F_2	Cl_2	Br_2	I_2
原子の電子配置 K, L, M, N, O	2, 7	2, 8, 7	2, 8, 18, 7	2, 8, 18, 18, 7
色	淡黄色	黄緑色	赤褐色	黒紫色
常温での状態	気体	気体	液体	固体
酸化力(反応性)	大 ←			小
電気陰性度	4.0 大 ←	3.2	3.0	2.7 小
第一イオン化エネルギー[kJ/mol]	1681 大 ←	1251	1140	1008 小
融　点[℃]	−219.62 低	−100.98	−7.2	113.6 → 高
沸　点[℃]	−188.14 低	−34.05	58.78	184.35 → 高
固体の密度[g/cm^3]	1.5 疎	2.2	4.2	4.93 → 密
原子半径[nm]	0.068 小	0.099	0.114	0.133 → 大

≪ハロゲンの単体≫　単体は，いずれも二原子分子で，有色・有毒である。常温・常圧における単体の状態は，原子番号の増加とともに，気体(F_2，Cl_2)，液体(Br_2)，固体(I_2)となる。ハロゲンの単体の性質を表 7-4 に示す。原子番号が大きい単体ほど沸点(ふってん)・融点(ゆうてん)も高い。

ハロゲン元素は，いずれも酸化作用を示す。フッ素の酸化力が最も強く，水でさえ下記に示す反応で酸化する。

$$F_2 + H_2O \longrightarrow 2\,H^+ + 2\,F^- + \frac{1}{2}\,O_2 \qquad (7\text{-}74)$$

族の下の方，すなわち原子番号の増加とともに，酸化力は減少する。ハロゲン単体の反応性および酸化力は，原子番号が小さいほど大きい。フッ素は，あらゆる元素中で最も反応性が高く，酸素やクリプトン Kr，キセノン Xe などの貴(き)ガス元素と直接反応する[25]。塩素と臭素も大部分の元素と反応し，化合物をつくるが，フッ素よりも反応性は小さい。

≪塩素≫　**塩素 Cl_2** は，工業的には，濃い食塩水を電気分解して，下の反応により陽極にて発生・採取する。

陽極：$2\,Cl^- \longrightarrow 2\,e^- + Cl_2$　(7-75)

陰極：$2\,H^+ + 2\,e^- \longrightarrow H_2$　(7-76)

実験室においては，濃塩酸に酸化マンガン MnO_2 を加えて加熱することにより，下の反応で得られる。

$$MnO_2 + 4\,HCl \xrightarrow{\text{加熱}} MnCl_2 + 2\,H_2O + Cl_2 \qquad (7\text{-}77)$$

塩素は，水にわずかに溶けて，塩素水となり，以下のように**次亜塩素**(じあえんそ)

[25] フッ素の反応性の高さの理由と貴ガスとの反応

フッ素は，電気陰性度(結合している他の原子から電子を引きつける力)が最も強く，そのために反応性が高い。高い反応性から，18 族の貴ガスとも化合物をつくることが知られている。キセノン Xe とは XeF_2，XeF_4，クリプトン Kr とは KrF_2 などの化合物をつくる。

酸 HClO と**塩酸 HCl** を生じる。

$Cl_2 + H_2O \longrightarrow HCl + HClO$ (7-78)

次亜塩素酸は，強い酸化剤であることから，塩素水は漂白剤や殺菌剤として用いられている。

塩素は，化学的に活性でいろいろな元素と直接化合して塩化物をつくる。水素とは特に反応性が高く，塩素と水素を体積比 1：1 で混合した気体に光をあてると爆発的に反応が進む。そのため，この混合気体を**塩素爆鳴気**という。

例題 ハロゲン分子の酸化力の強さは，$F_2 > Cl_2 > Br_2 > I_2$ の順に弱くなる。この理由を考察せよ。

(略解) 電気陰性度を考える。反応の相手物質から電子を奪って相手を酸化する傾向は，電気陰性度の大きな元素ほど強い。ハロゲン元素は，周期表の族方向に原子番号の大きなものほど電気陰性度が小さくなる。そのため，酸化剤としての強さは，$F_2 > Cl_2 > Br_2 > I_2$ の順に弱くなる。

≪ハロゲン化水素≫ ハロゲンは，水素と化合しやすい。得られた水素化合物を**ハロゲン化水素**という。

$H_2 + X_2 \longrightarrow 2\,HX$ （X はハロゲン） (7-79)

HX は水中でイオン化し，その水溶液は**ハロゲン化水素酸**という。

① フッ化水素酸

フッ化水素酸 HF は，電離度が小さく弱酸である。ケイ酸塩や二酸化ケイ素と反応して，下に示すように SiF_4(気体)を生じる。

$SiO_2 + 4\,HF \longrightarrow SiF_4 + 2\,H_2O$ (7-80)

HF は，フッ化カルシウム CaF_2 に濃硫酸を作用させてつくる。

② 塩化水素

塩化水素 HCl は，実験室においては，塩化ナトリウムに濃硫酸を加えて加熱することにより，下記の反応で得られる。

$NaCl + H_2SO_4 \longrightarrow NaHSO_4 + HCl$ (7-81)

工業的には，H_2 と Cl_2 を直接反応させて，次の反応で得られる。

$H_2 + Cl_2 \longrightarrow 2\,HCl$ (7-82)

これは，無色・刺激臭のある気体である。塩化水素は水によく溶け，その水溶液は**塩酸**という。塩酸は，強酸である。

≪ハロゲン化銀≫ ハロゲン化物イオンと銀イオンは，微量でも反応し，**ハロゲン化銀**が沈殿として生成する。

$Cl^- + Ag^+ \longrightarrow AgCl$ (7-83)

$Br^- + Ag^+ \longrightarrow AgBr$ (7-84)

$I^- + Ag^+ \longrightarrow AgI$ (7-85)

この反応は，ハロゲン化物イオンの検出に利用されている。

ハロゲン化銀には**感光性**があり，とくに，AgCl，AgBr，AgI を光にあてると，分解して銀が遊離する。写真は，この反応を利用したものである(**7-2-6** 項を参照)。

7-3-6 18族(貴ガス元素とその性質)

周期表18族に属する**ヘリウム He**，**ネオン Ne**，**アルゴン Ar**，**クリプトン Kr**，**キセノン**(ゼノン)**Xe**，**ラドン Rn** を**貴ガス**という。最外殻電子数は，ヘリウムは2個，他の元素は8個で，安定な電子配置をとる。貴ガス元素は，空気中にわずかしか含まれないことから，「希な」という意味で希ガス(rare gas)と呼ばれていた。最近は，化学的に安定な意味の**不活性ガス**＝貴ガス(noble gas)と呼ばれる。貴ガスの単体は，貴ガス原子そのものが安定であることから，単原子分子として存在する。

ヘリウムは，温泉ガスや火山ガス，天然ガスから得られている。ネオン，アルゴン，クリプトン，キセノンは，液体空気の分留によって得られる。

貴ガスの単体は，常温で無色・無臭の気体であり，融点および沸点が異常に低い。とくにヘリウムの融点は0.95 K(26気圧)，沸点は4.2 Kと物質中で最も低い。

ドリル問題 7-3

1. 空欄にふさわしい言葉を入れよ。

水素は，無味・無臭・無色の最も軽い気体である。水素は，高温では金属酸化物から(　　)を奪う働きが強い，すなわち(　　　)がある。

2. 空欄に元素記号あるいはふさわしい言葉を入れよ。

14族に属する元素のうち，非金属元素である炭素(　　)，ケイ素(＝シリコン)(　　　)を(　　　　)という。これらの原子は，(　　)個の価電子を持ち，共有結合性化合物をつくる。

3. 空欄にふさわしい言葉を入れよ。

ケイ素の結晶は，黒色の金属光沢を持つ固体で，(　　　　　)と同じ結晶構造を持つ。電気をわずかに通し，(　　　　)としての性質を持つので，コンピュータや太陽電池の材料として用いられる。

4. 空欄にふさわしい化学式あるいは言葉を入れよ。

二酸化ケイ素(＝石英ともいう)(　　　)は，シリコンと酸素が(　　)結合により結合してできた固体である。二酸化ケイ素を加熱・融解させた後，冷却して得られるものを(　　　　)という。純度の高いものは，レンズなど光学器械に用いられる。

5. 空欄に元素記号あるいはふさわしい言葉を入れよ。

15 族に属する元素のうち，非金属元素である窒素(　　　)，リン(　　　)，ヒ素(　　　)を(　　　　)という。価電子を(　　)個持ち，(　　　　)により化合物をつくる。

6. 空欄にふさわしい数字あるいは言葉を入れよ。

窒素は，分子の状態で地上の大気の約(　　)%を占め，常温では安定な，無色・無臭の気体である。天然の窒素化合物として主要なものは，(　　　)酸，タンパク質などの生体物質である。

7. 空欄にふさわしい化学式あるいは言葉を入れよ。

アンモニア(　　)は，(　　　　　　　　)法により工業的に合成される。アンモニアは，無色・(　　　)臭のある気体で水によく溶ける。水溶液は，弱い(　　　　)を示す。

8. 空欄にふさわしい化学式あるいは言葉を入れよ。

硝酸(　　　　)は，工業的には(　　　　　)法により製造する。反応の基本は，アンモニアの(　　)である。市販の濃硝酸は強酸である。光や熱により分解されやすいので，(　　　)に入れて(　　　)に保存する。濃硝酸・希硝酸ともに強い(　　)作用を示し，銅や銀も溶かす。

9. 空欄に元素記号あるいはふさわしい言葉を入れよ。

16 族に属する元素のうち，酸素(　　)，硫黄(　　)は非金属，セレン Se，テルル Te は半導体でこれらも非金属である。この 4 元素を(　　　　　)という。

10. 空欄にふさわしい化学式あるいは言葉を入れよ。

分子中に酸素が含まれている酸を(　　　　　)酸といい，例として硝酸(　　　　　)や硫酸(　　　　)があげられる。分子内に酸素原子どうしの結合を持つ化合物を(　　　　)といい，たとえば過酸化水素(　　　　)があげられる。

11. 空欄にふさわしい化学式あるいは言葉を入れよ。

硫化水素(　　　)は，硫黄の水素化物である。火山や温泉の噴出ガス中に含まれ，(　　　)臭があり，空気より(　　　)く，無色で猛毒の気体である。硫化水素は，強い(　　　)性を示す。

12. 空欄に元素記号あるいはふさわしい言葉を入れよ。

17 族に属する元素は，フッ素(　　)，塩素(　　)，臭素(　　)，ヨウ素(　　)，アスタチン At で，これらを(　　　　　)という。いずれも非金属元素である。ハロゲン原子は，いずれも(　　)個の価電子を持ち，電子を(　　)個取り入れて(　　)価の陰イオンになりやすい。

13. 空欄に元素記号あるいはふさわしい言葉を入れよ。

18 族に属するヘリウム(　　)，ネオン(　　)，アルゴン(　　)，クリプトン(　　)，キセノン(ゼノン)(　　)，ラドン Rn を貴ガスという。貴ガス元素は安定な電子配置をとることから，原子状態ですでに安定であり，貴ガスの単体は(　　　　　)として存在する。

7-4 無機材料および炭素材料〜身のまわりにも多く使われる先端材料

7-4-1 無機材料とは

この節では，身のまわりに使われる材料を化学の観点から分類し，おもに無機および炭素材料について解説する。「基礎化学」の段階では，材料についてあまりくわしいことまで知っておく必要はない。ただし，工学系の学生にとっては，ここで大体どんな材料があるのかをながめておけば，将来学ぶことへの足がかりになるであろう。なお，それぞれのくわしい事は専門書を参照してほしい。

≪無機材料≫　われわれが通常用いている材料(物質)を化学的な観点から分類すると，以下のように大きく**有機材料**と**無機材料**に分類することができる。簡単に言えば，広義の**有機材料**[1]とは有機化合物(おもに有機高分子化合物)など炭素原子Cを中心に含む物質によって構成される材料であり，**無機材料**とは，それ以外のものをさす。無機材料の中には**金属材料**も含まれる。

≪炭素材料≫　ダイヤモンド，グラファイトなどは**炭素材料**として独立に分類されることも多い。炭素材料は，ダイヤモンド・グラファイトの同素体など，炭素原子のみからなる単体とその複合系から構成される極めて多様性のある材料である。かつては，ダイヤモンド，グラファイトなど炭素のみで構成される炭素材料は無機材料の一部に分類された。しかしながら,カーボンファイバーをはじめとする新しい炭素材料(**ニューカーボン**)は，有機化学的な手法によって製造されたり，改質されたりすることも多く，またその炭素原子が主成分ということで，最近では有機材料の一部として見ることも一般的である。狭義の有機材料と言えば，炭素材料を除く有機材料であると思えばよい。

≪複合材料と形態による分類≫　これらの材料を単独で用いるのではなく，複合させて用いる複合材料も最近では一般的である。また，これらの材料をその形態(幾何学的な形)から分類すると，**線材料**(**1次元材料**)，**薄膜**(はくまく)**材料**(**2次元材料**)，**バルク材料**[2](**3次元材料**)などと分けることもできる。

また，それぞれの材料を結晶学的に分類すると，**結晶材料**(単結晶材料，多結晶材料)，**非晶質**(ひしょうしつ)(**ガラス**)**材料**に分けることができる。

≪機能・用途による材料の分類≫　材料をその機能から分類する方法から言うと，たとえば，**機能材料**，**構造材料**などという分類を用いる場合もある。機能材料としてはさらに，その機能によって細かく分類される。**絶縁材料**，**半導体材料**，**超伝導材料**などの分類は，その材料のおもに電気的性質によって分けられたものである。あるいは，それら材料を

[1] **有機材料について**
ちなみに，有機材料の代表格は，ナイロン，ゴム(ラバー)，ポリエチレンなど有機高分子からなる**ポリマー**(下記参照)と呼ばれる材料群である。ナイロン,ポリエステルなどは,紡糸され繊維としてわれわれの日常的な衣類に大量に用いられている。イソプレンゴム，ネオプレンゴムなどは合成ゴムとして，自動車をはじめとする輸送機器や動力伝達のためのベルトなど産業機器にとっても不可欠な材料である。ポリエチレン，ポリプロピレン，塩化ビニルなども身のまわりのどこにでも使われている材料である。これら有機材料は，一般に耐熱性は低く，比較的柔らかくしなやかな材料が多い。
なお，1種または数種の分子(**モノマー**)が繰り返し結合(**重合**という)した高分子を**ポリマー**という。

[2] **バルク**
バルクとは，ここでは「かたまり」のこと。

用いる用途によって，**航空機材料**，**自動車材料**，**エネルギー関連材料**，**環境関連材料**などのように分類することもある。

7-4-2 各種無機材料の例

狭義(きょうぎ)の無機材料とは，金属材料を除く無機物質からなる材料群で，その代表格が**セラミックス**と呼ばれる材料である。セラミックスとは，一般に無機材質を焼結(しょうけつ)[3]して材料として成形，機能化したものであり，昔でいう陶磁器類のような焼き物がその代表である。**アルミナ**(酸化アルミニウム Al_2O_3)，**チタニア**(酸化チタン TiO_2)，**シリカ**(酸化ケイ素 SiO_2)，**ジルコニア**(酸化ジルコニウム ZrO_2)などの**酸化物**が多く用いられ，最近では**窒化物**(ちっかぶつ)(窒化ケイ素 Si_3N_4，窒化アルミ AlN など)，**炭化物**(炭化ケイ素 SiC，炭化チタン TiC，炭化タングステン WC)なども用いられている。

一般的に，これらセラミックス系無機材料は，有機材料，金属材料と比較すると，高温まで安定で耐熱性に優れている。また有機材料とは対照的に比較的固く，加工性は悪い。一般には焼結前に粉体(ふんたい)の状態である程度成型し，その後高温で焼結することによりセラミックス材料として用いる。セラミックスは，焼結による寸法の変化があることや，焼結後には加工しにくくなることが短所で，精密な寸法を要求される機械部品をつくるには高コストとなる。したがって最近では，**化学気相蒸着法**(きそう)[4](chemical vapor deposition：CVD)や**物理気相蒸着法**[5](physical vapor deposition：PVD)によって薄膜化したり，表面コーティングとして表面層のみの複合材料として用いることも多い。

これら無機材料は，電気的には，その結晶形態，欠陥，不純物などによって特異な物性を発現することが多く，おもに電子材料[6]として注目され，実用化されている。電子材料として用いる場合には，CVD 法や PVD 法によって薄膜化したり，多層化したりして用いることもある。

≪金属材料≫　金属材料は，青銅，鉄鋼(スチール)に代表されるように人類が最も広範に古くから使用してきた材料である。また自由電子による金属光沢によって，鏡のような光の反射材料，装飾品としても重要な役割を演じてきた。電気的には，金，銀，銅をはじめとする導電材料としても貴重であり，半導体と並び，現在の電子技術社会を支えている。

金属材料の多くは，塑(そ)性加工，切削(せっさく)加工，研磨(けんま)加工などにより，高い寸法精度で圧延(あつえん)，成型，線材化することができる。したがって，自動車や航空機のボディなどさまざまな曲面状加工も容易であり，複雑な機械部品の主たる構成部品は金属材料でできている。また金属元素のうち，特に遷移(せんい)金属類は，多くの化学反応に対しさまざまな触媒活性[7]を示し，石油化学をはじめとする現在の化学工業を支えている。有機材料の多く

[3] **焼結**
固体粉末を焼くことで結合を生じさせ，成形することを**焼結**という。

[4] **化学気相蒸着法**
薄膜にする材料を，さまざまな化学反応で基板表面に沈着させる方法。

[5] **物理気相蒸着法**
薄膜にする材料を，物理的に蒸発させ，表面に沈着させる方法。

[6] **電子材料**
ここでいう電子材料とは，電子回路の素子(LSI，トランジスタなど)に使われる材料のこと。

[7] **触媒活性**
触媒については，**7-1** 節の注 6 を参照。**触媒活性**とは，ある反応において，物質が触媒として働くとき，反応速度を増大させる作用の尺度のこと。つまり，触媒の性能の尺度。

[8] **共鳴(p. 212)**
分子内の二重結合と単結合が相互に影響しあって，どちらの状態をもとり得るような状態を**共鳴**あるいは**共役**という。**3-1-4** 項を参照。

[9] **異なった形態・異なった物性(p. 212)**
sp^3 混成軌道で炭素原子を結

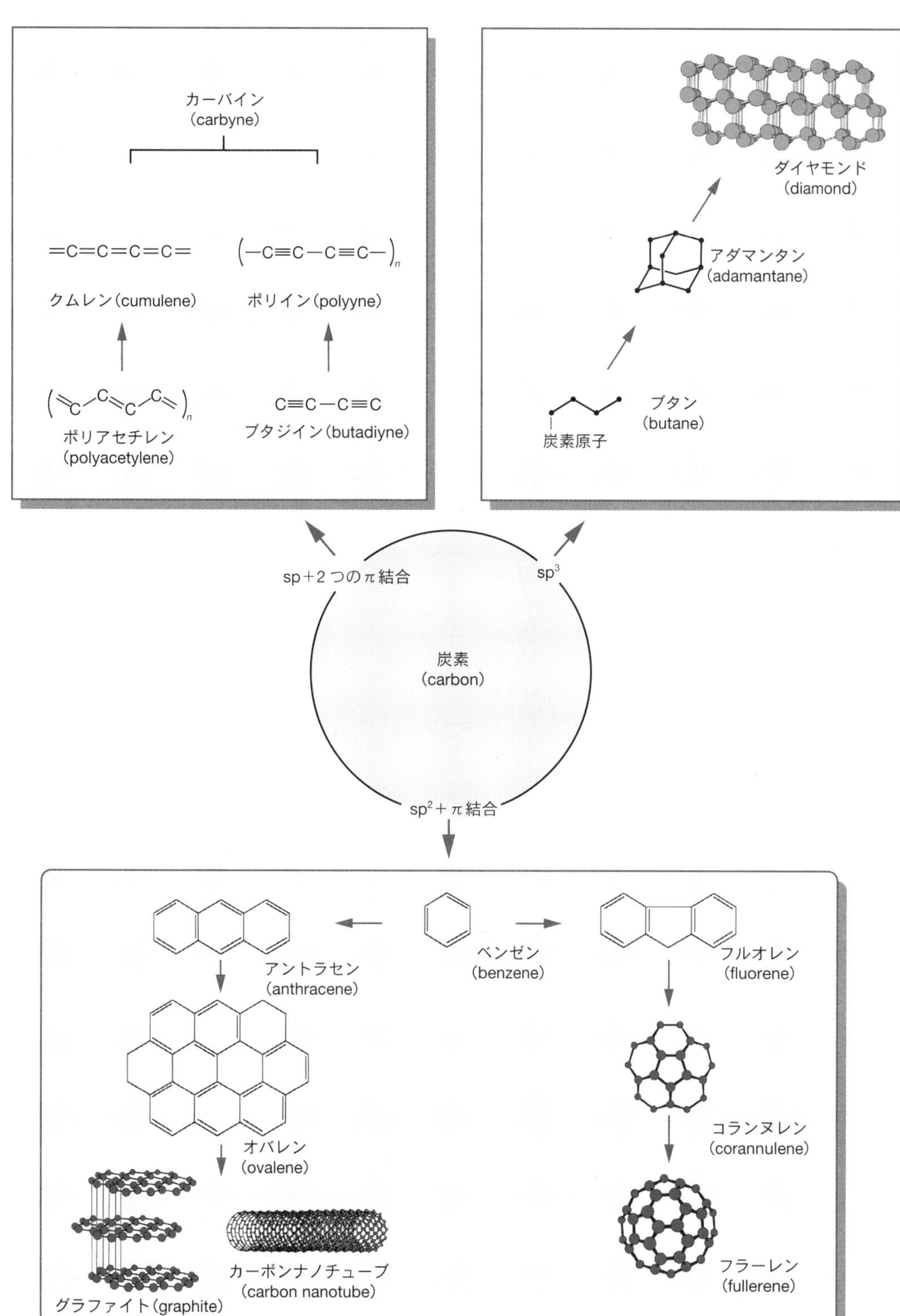

図 7-6　炭素材料群：炭素原子の配位数によって異なる炭素材料

合させた究極の物質は**ダイヤモンド**で，最も硬く，最も熱伝導性の高い絶縁物である。
sp 混成軌道で結合させた化合物は**カーバイン**であるが，安定な物質として単離されていない。
sp^2 混成軌道の炭素原子を正六角形に配置して，平面構造をとったものが**グラファイト**で，導電性を示す。
その平面を曲げてチューブ状にしたものが，**カーボンナノチューブ**で，その六角形の配置から，導電性や半導体性を示す。

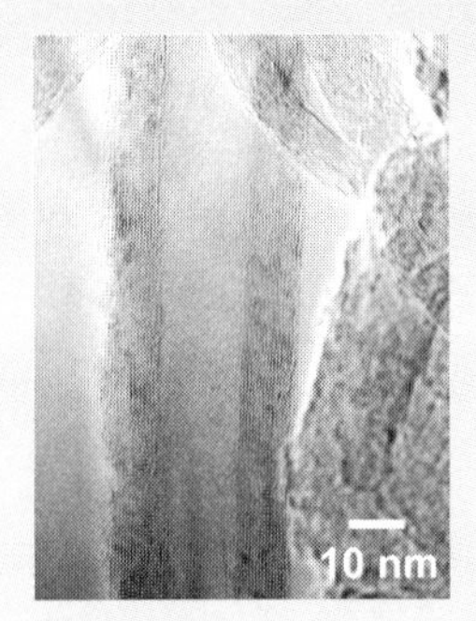

上はカーボンナノチューブの透過電顕写真。繊維状の構造で，内部ははっきりした中空。繊維を構成する部分・壁の部分はグラファイト層が平行。

[10] カーボンナノフィラメントの透過電顕写真
直径 40 nm の繊維状の構造で，内部の中空部分はあまりはっきりせず，繊維を構成する部分・壁の部分の構造が乱れていて，はっきりしたグラファイト構造は見られない。

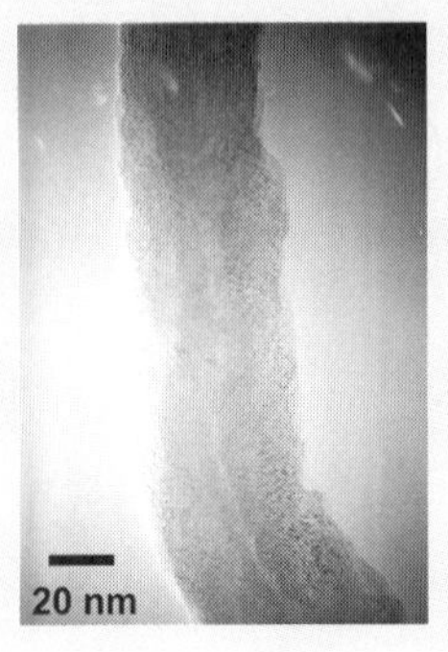

は，その合成経路のどこかで，これら金属触媒による反応過程を経ている。

≪炭素材料≫　炭素材料とは，おもに炭素原子からなる材料群であり，基本的には有機化合物と同類ではあるが，有機化合物に比較して水素，酸素など炭素原子以外の元素の比率が極めて小さい材料である。とくに，その形態および物性の多様性から，最近注目される未来材料である。炭素材料の多様性は，有機化合物の多様性と同じく，炭素原子の持つ配位数の多様性にある。炭素原子は通常，最安定な状態としては sp^3 混成軌道をとるが，これ以外に sp^2 混成軌道，sp 混成軌道状態にもなる。炭素-炭素間の結合様式は，これら 3 つの混成軌道による結合によって多様性を持ち，さらに混成軌道どうしの共鳴[8]で π（パイ）電子雲が形成され，これによる安定化などで，さまざまな形態，異なった物性[9]を発現する。たとえば，ダイヤモンド結晶は，局所的には sp^3 混成軌道による共有結合で三次元的に形成された結晶であり，グラファイトは sp^2 混成軌道による平面的な構造（グラフェン）を基礎とする層状材料である。グラフェン層は π 電子雲の共鳴により，層全体が 1 層 1 層が安定化されており，グラファイト系全体としては，ダイヤモンド結晶よりも熱力学的に安定な相となっている。1 層 1 層の層間の結合は弱く，異方性の材料となっている。同じ炭素原子のみからなる同素体でありながら，その局所的な結合状態によって，マクロ物性がまったく異なる材料となっている。たとえば，ダイヤモンドは光学的には紫外線～赤外線域にわたり強い吸収帯がなく透明であり，電気的には絶縁体であるのに対して，グラファイトは，光学的に黒く，また電気的には導電体となっている。

≪炭素系材料の多様性≫　これらの結合状態を積極的に制御しながら合成を進めると，たとえば，カーボンファイバー，カーボンナノフィラメント[10]のような一次元状の細い繊維状物質や，グラファイトのような二次元平面状物質，あるいは，その中間であるグラファイト面が筒状に形成されたカーボンナノチューブという筒状繊維物質など，特異な微細構造を持った物質も設計，合成することが可能である。炭素材料は，その特性から極限環境下においても使用され，最近の先端技術の一部を担っている。たとえば，カーボンファイバー（炭素繊維）は，実用化された新素材の中では理想的な強度（計量かつ高強度），高耐熱性を持つ材料であるといえる。開発の歴史的にみると，航空宇宙軍事産業の副産物で，もともとは戦闘機，ロケットなどコストをあまり気にしない分野から応用，実用化されて，比較的高価であった。最近では，民生用航空機をはじめ，ゴルフ用品，テニスラケット，自転車などスポーツ用品，釣り竿などにも使用されている。

カーボンファイバーと言われるものは，1 本の太さが 1 μm 以下の極めて細い繊維状物質で，アクリル繊維[11]を特別な熱処理をほどこすことによって，純粋な炭素にした繊維である。一般的には，このような繊維を約10000本を1束にしたものを樹脂材料に浸して120℃程度の加熱処理によって焼き固めると軽くて強靱な材料として使用できる。これが俗に言う「カーボンファイバー」である。一番の特徴は，単位体積あたり鋼の1/4～1/6の重量という軽さと，単位断面積あたり約5倍以上といわれる強度である。

また，繊維を織り込む方向性を制御することによって強度を調整でき，力の加わる方向に沿って繊維を配置するなどして，強度と剛性，靱(じん)性(せい)を両立させせることを可能にしている。

≪炭素材料の利用≫ たとえば，身近な分野で炭素材料の応用例をみてみると，戦闘機以外にもボーイング787型機など大型の旅客機においても炭素繊維強化複合材料の使用比率が大幅に拡大している。また，極限の技術，スピードを追求するF1などのモータースポーツの分野でも，炭素繊維材料の持つ軽量かつ高強度という利点から，レーシングカーの車体の中心部であるボディにカーボンファイバーによるモノコック構造[12]が採用されている。レーシングカーや航空機の分野では，重量の軽さと高い剛性を同時に得るために古くからアルミニウム合金によるハニカム構造[13]を用いたモノコックが使われてきたが，1980年代頃から，従来アルミ合金でつくられていたモノコックがカーボン複合材料に代わることによって，ボディ剛性[14]が飛躍的に向上した。さらに最近では，自転車，車椅子などより身近なところにも，軽くて丈夫なカーボン複合材料の普及が広まっている。

≪カーボンブレーキ≫ また，同じ輸送機器分野で，高性能ブレーキ材料としてもカーボン複合材料が注目されてきている。自動車などのブレーキの役割は，動いている車の運動エネルギーを効率よく熱エネルギーに変えることである。具体的には，回転しているブレーキローターにブレーキパッドを押し付けることで生じる摩擦(まさつ)によって，熱エネルギーに変換される。このとき発生する摩擦熱をいかに効率よく除去できるか，また摩擦熱による温度変化に材料が耐えられるかが，ブレーキ材料としては重要となる。発生する摩擦熱によってブレーキシステムの温度が上昇し，材料の特性が変化してしまっては，ブレーキシステムとして機能しなくなり，制動力が低下してしまう。したがって，ブレーキ材料としては，高い耐熱性と，温度による摩擦係数の変化がないことが求められる。たとえば，レーシングカーではつねに極限的な速度からフルブレーキングが重要であり，このときには短時間で大量の摩擦熱が発生する。通常のブレーキシステムではブレーキローターは鋳鉄(ちゅうてつ)製[15]のものが使われるが，鋳鉄製のローターは，高温になると摩擦係数が急激に

[11] 純粋な炭素にしたアクリル繊維
アクリル繊維(たとえば次のポリアクリロニトリル)

$$-\!\!\left(CH_2 - \underset{\underset{C\equiv N}{|}}{CH} \right)\!\!-_n$$

を炭化し，グラファイト構造を持つ炭素のみからなるファイバーにしたもの。

[12] モノコック構造
モノコック構造とは，カニのように，外殻が強度部材(骨など形を支える部材)を兼ねる構造のこと。

[13] ハニカム構造
ハニカム構造とは，六角形を並べる形の構造で，とても丈夫である。語源は「蜂の巣(honeycomb)」である。

[14] ボディ剛性
ボディ剛性とは，曲げやねじれに対する強さのこと。

[15] 鋳鉄
鋳鉄とは，炭素が2.06%以上混ざった，鉄と炭素とケイ素(1.5～2.0%)の合金のこと。炭素含有率のとても高い鉄で，銑鉄とも呼ばれ，製鉄の過程でつくられる。普通の鉄(鋼)に比べて耐食性，耐摩耗性，吸振性，成形性に優れるが，弾性がなく，衝撃に弱いという弱点がある。**7-2-3**項を参照。

変化してしまう。そのため，幾何学的な形状の工夫などによって，ローターから熱を放出しやすいようにさまざまな対策が必要となる。カーボン複合材料は比熱が大きく，耐熱性にも優れており，同じ摩擦による熱エネルギーを吸収しても，温度上昇も少なく，さらに同じ温度変化に対しての摩擦係数の変化も少ないなどブレーキシステムの素材としては最適な性質を持っている。すなわち，カーボン複合材料を用いたブレーキシステムは従来の鋳鉄製ローターのシステムに比較して，安定した制動力が持続できることになる。

≪カーボンブラック≫　自動車，航空機にとって，もう１つの最も重要な部品要素がタイヤである。1900年代初頭には，加硫（かりゅう）とともにカーボンブラック[16]の添加がゴムに対して大きな補強性を有することが発見されており，以降，自動車用タイヤをはじめとしたゴム製品へのカーボンの添加が応用されている。カーボンブラックなどミクロな炭素材料がタイヤ用ゴムに果たす役割は大きく，これら炭素材料そのものの物性，あるいは炭素材料の混ぜ方によって，強度，高度，耐熱性，耐摩耗性，摩擦性能が大きく作用される。言い換えれば自動車用タイヤはゴム全体が20〜30%がカーボンという「有機材料-炭素材料」の複合材料である。

16 カーボンブラック
カーボンブラックとは，微粉の炭素のこと。

　また最近では，リチウムイオン電池に代表される二次電池の素材，あるいはエネルギー変換の効率の高さが注目されている燃料電池の触媒担体・電極の素材として，カーボンブラック，カーボンファイバーなど各種炭素材料の応用が検討されている。

　最後に最も身近なところで，人類史上最大の発明と言われている「紙と鉛筆」の，鉛筆の芯ももちろん炭素複合材料の代表である。このように炭素材料は古くて新しく，また身のまわりの極めて簡単なところから最先端分野にいたるあらゆる分野でわれわれにとって不可欠な材料となっている。さらに，最近研究開発の進みつつあるナノメートルサイズの炭素材料群は，これまで以上に各種分野で，今後われわれの生活を支え，また新しく変えていく可能性のある材料である。

7章 演習問題

1. 次の文章を読み，(　)内の言葉でふさわしいものを選べ。

　アルカリ金属は，原子番号が大きいほどイオン化エネルギーは小さくなる。その理由は，原子番号が大きくなると，最外殻軌道の電子がより原子核から(遠い　近い)電子殻に存在することになり，原子核からの距離が(遠く　近く)なる。したがって，原子核が最外殻電子に及ぼす(引力　斥力)が，より原子核に近い内殻電子によってさえぎられ，最外殻電子が(離れやすく　引きつけられやすく)なるためである。

2. 次の文章を読み，(　)内の言葉でふさわしいものを選べ。

　ハロゲン元素単体の酸化力の強さ，すなわち反応の相手物質から電子を奪って相手を酸化する傾向は，分子量の(小さな　大きな)ものほど大きく，分子量が(小さく　大きく)なるほど小さくなる。酸化力は，電気陰性度の(小さな　大きな)元素ほど強い。ハロゲン元素の電気陰性度は，周期表の族方向に原子番号の(小さな　大きな)ものほど大きい。これは，原子番号の(小さい　大きい)フッ素の方がヨウ素に比べてイオン半径が(小さく　大きく)，ヨウ素に比べて原子核の正電荷が電子を引き付ける力が大きい，つまり，結果的に他から電子を取り込む力が(弱く　強く)なるためと考えられる。

3. カルシウムの炭酸塩および硫酸塩について以下の問いに答えよ。

　(1)　硫酸カルシウムは天然には二水和物として産出し，セッコウと呼ばれる。この化学式を記せ。

　(2)　二酸化炭素は，通常，炭酸カルシウムに希塩酸を加えて発生させる。希塩酸の代わりに，希硫酸を加えた場合にも二酸化炭素は得られるか。反応式を書き，考察せよ。(ヒント：硫酸カルシウムの水への溶解度を考えてみよ。)

4. 融解した銑鉄を転炉に入れて酸素を吹き込み，含まれる炭素の割合を2%以下に減らすとともに，不純物を除くと，強くて粘りのある鋼(こう，または，はがね)が得られる。鋼は，さらに種々の特性を持たせるために，炭素以外の元素を添加し，特殊鋼として用いることが多い。鋼にさびにくい性質を持たせるため，クロム，ニッケルを混ぜてつくった合金を何と呼ぶか。また，クロムやニッケルを混ぜることによりさびにくくなるのはなぜか。

5. 周期表を自分で書き，第4周期(できれば第5周期)までの元素記号と名称を暗記せよ。

6. テルミット反応について調べよ。

7. 一酸化窒素と二酸化窒素について，それぞれの分子量，融点および沸点，常温での状態，反応性について調べ，比較せよ。

8. アルカリ金属の単体は，空気や水と激しく反応するため石油中に保存する。原子番号が大きくなると，その反応性はどうなるか。さらに，アルカリ金属を扱う上で注意することを記せ。

8 有機化学と身のまわりの物質

8-1 有機化合物の定義，分類，構造，命名法

8-1-1 身のまわりの有機化合物

私たちの身体を構成するタンパク質も脂肪も炭水化物もビタミン・ホルモンもすべて有機化合物である。また，私たちの身のまわりにはさまざまな有機化合物が利用されている。原始人の時代に身にまとったものは毛皮であり，道具として棍棒(こんぼう)を持っていたし，その後，麻・綿・絹による衣服をまとうようになった。これらはすべて有機化合物であり，自然環境から得られたものである。その後長い間，自然環境から手に入れたものをそのまま，あるいは加工して，木材，染料，石けん，にかわなどとして生活に利用してきた。さらに石炭から得られるコールタールからの染料の合成をはじめとして，多くの有機化合物が石炭から合成されるようになり，20 世紀に入ってからは，その原料が石炭から石油に代わった。石油は，油田から採掘されるさまざまな炭化水素化合物の混合物である。この石油を「分留(ぶんりゅう)・精製」し，私たちの社会に利用される有機化合物が合成されている(図 8-1)。石油は，その沸点の差により石油ガス，ナフサ，灯油，軽油，重油，アスファルトに分けられる。ナフサからは，リフォーミング[1]によりオクタン価[2]の高いガソリンが得られ，**熱分解**により石油化学工業の原料となるエチレン，プロピレンや各種の芳香族(ほうこうぞく)化合物が得られる。エチレンはポリエチレン，ポリ塩化ビニル，ポリスチレン，エチルアルコールなど，プロピレンはポリプロピレン，フェノール，アセトン，オクタノールなど，芳香族化合物はベンゼン，ポリスチレン，フェノール，テレフタル酸などの原料として利用されている。これらは，さまざまな合成樹脂・フィルム，合成繊維，合成ゴム，合成洗剤，塗料・溶剤として私たちの生活を支えている。

[1] リフォーミング(接触改質)
ナフサはそのままでは高オクタン価ガソリンなどの需要を満たすことができない。このため触媒を利用して側鎖の多い高オクタン価の炭化水素に転換する。

[2] オクタン価
8-1-3 項のコラムを参照。

8-1-2 有機化合物の定義，性質

≪有機化合物の定義≫ 7-4 節の図 7-6 のように，炭素の同素体である黒鉛(グラファイト)では，炭素原子は六角平面状に規則正しく配列され，何層にも重なった構造になっている。また，ダイヤモンドでは炭素原子は立体的に配置された正四面体構造になっており，ともに炭素原子どうしが多数結合している。炭素原子には，このように炭素原子相互で多数結合できる特性があり，これを**骨格**(**炭素骨格**ともいう)として水素・酸素・窒素などが結合し，いろいろな炭素化合物ができる。これら

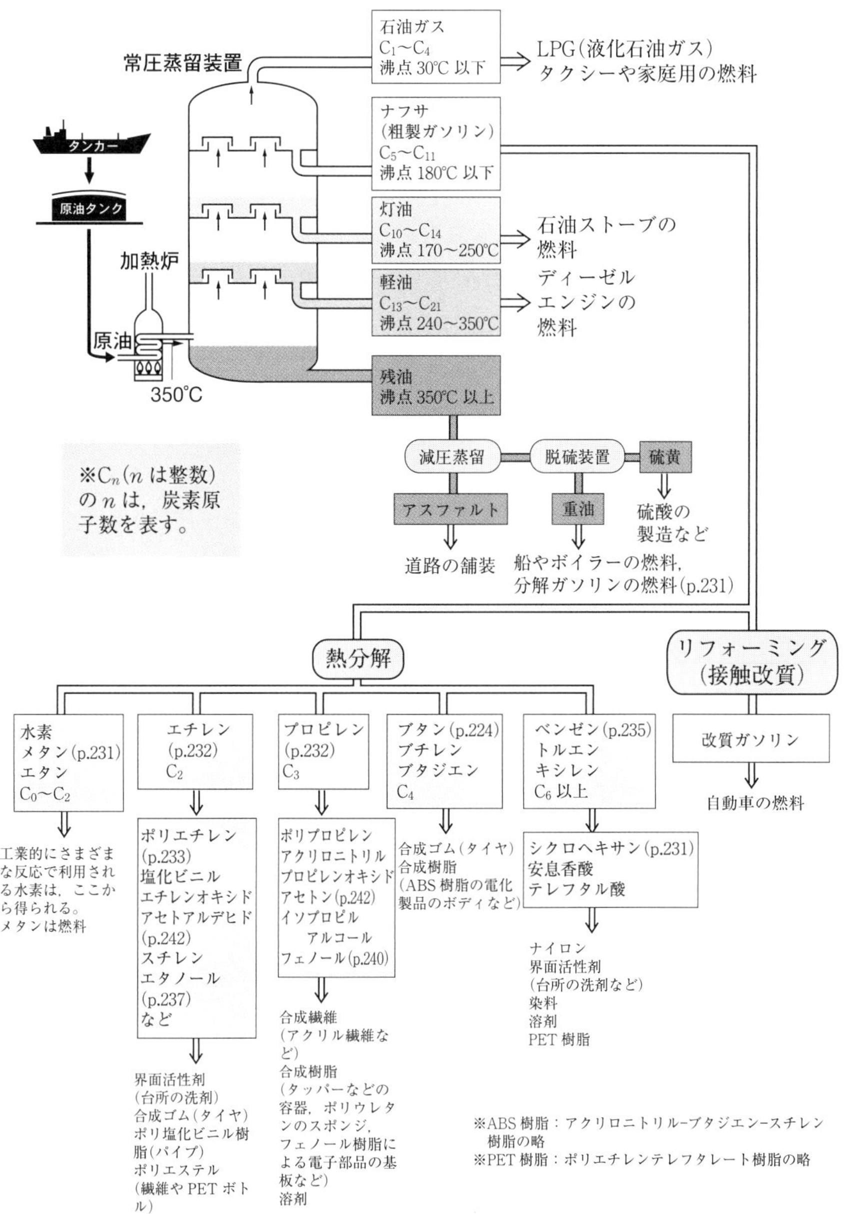

図 8-1　石油の分留と精製

の炭素化合物は，古くはすべて生物体から得られており，19 世紀の初め頃までは，これらは生物の体内で生命力によってつくられるものであると考えられていた。そして，無生物界の無機化合物と区別して，これらの炭素化合物を**有機化合物**と呼び，その化学を**有機化学**と呼んだ。現在も習慣上，炭素化合物を有機化合物という。

しかし，研究が進むにつれて，生命力に頼らなくても，炭素化合物の多くを実験室でつくれるようになった。今では，生物がつくっていないものまでも製造できるようになった。近い将来，セルロース[3](図 8-2)やデンプン[4](図 8-3)なども合成できるようになるだろう。

[3] セルロースの構造
セルロースは，図 8-2 にあるように，多数の単糖が結合した**多糖類**と呼ばれる糖である。植物繊維はセルロースからなる。

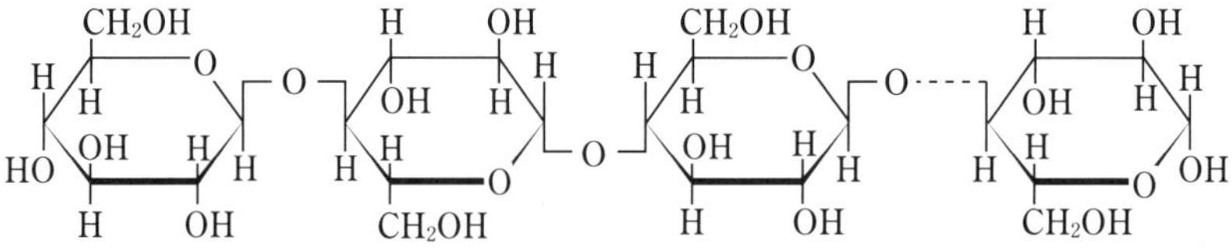

図 8-2　セルロースの構造

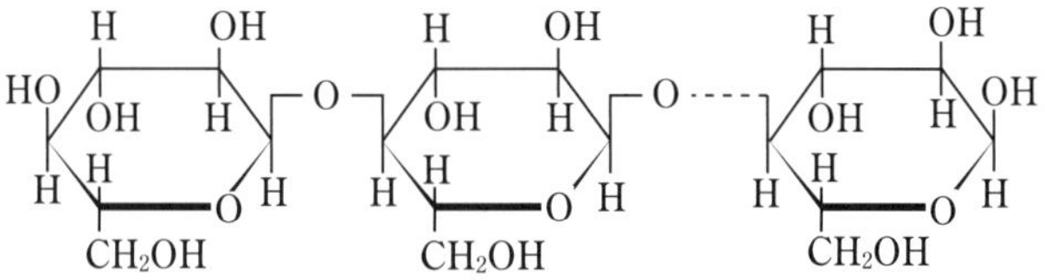

図 8-3　デンプンの構造

[4] **デンプン**
デンプンは，緑葉を持つ植物体の中の葉緑素(クロロフィル)の存在下で，日光の助けを借りて，空気中の二酸化炭素と，根から吸い上げた水からつくられる(**光合成反応**)。

[5] **塩類**
酸と塩基の反応により生じる水以外の生成物を**塩**(えん)という。たとえば，$HCl+NaOH \longrightarrow NaCl+H_2O$ の NaCl が塩である。

有機化合物の多くは**C，H，O，Nの4元素**からできている。このほか，硫黄Sやハロゲン(Clなど，**7-3-5** 項参照)を含むものもある。有機化合物を構成する元素の種類は少数であるが，これらが組み合わされてできる化合物の数は極めて多く，無機化合物の10倍から100倍も存在するといわれている。

≪有機化合物の性質≫　有機化合物の性質は，これまでに学んだ無機化合物(たとえば塩化ナトリウム NaCl などの塩類(えんるい)[5])と比べて性質が大きく異なる。たとえば，塩類は固体で融点(ゆうてん)が高い(塩化ナトリウムの融点は800℃)が，有機化合物は常温でメタンのように気体であるか，アルコールのように液体であるか，またはナフタレン(**8-2-5** 項参照)のように固体であっても，融点はせいぜい300℃ぐらいまでである。そして，高温では不安定で，炭化されやすく，四塩化炭素 CCl_4(**8-2-1** 項参照)のような特別なものを除くと，みな空気中で燃える。

また，アルコール，砂糖，酢酸(さくさん)などのように水に溶ける化合物もあるが，一般には，石油や油脂のように水に溶けにくく，アルコールやベンゼン(**8-2-5** 項参照)などの溶剤(溶媒)に溶けやすい。

炭素化合物の中には，酢酸のような，極めて弱い電解質もあるが，多くは非電解質で，イオンに電離しない。

水溶液中での無機塩類の反応(たとえば，硝酸銀 $AgNO_3$ と塩化ナトリウム NaCl の反応では室温で瞬時に塩化銀 AgCl の沈殿ができる)と比べて，炭素化合物の反応は，エネルギーを与えて原子間の強い結合を断ち切り，新しい結合をつくる必要があるので，多くの場合，加熱が必要で反応時間も長くかかる。

8-1-3 有機化合物の分類と官能基

≪構造による分類≫　図8-4のように，数多くある有機化合物は，その構造上の特徴にしたがって，共通の群に分類することができる。**炭素の**

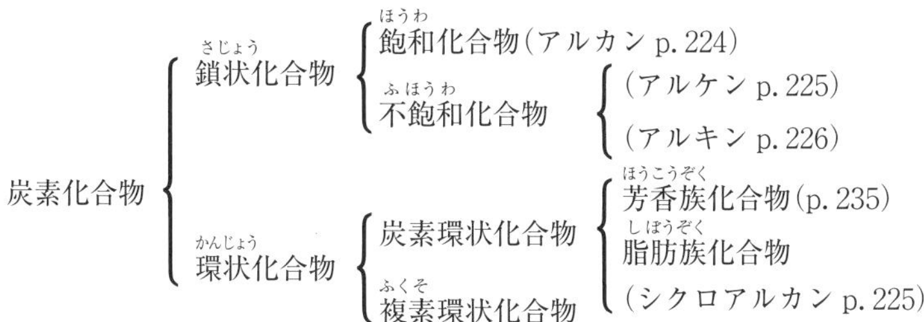

図 8-4　構造による分類[6][7][8]

骨格により分類し，さらに，そのおのおのについて**官能基**[9]で分類する。

≪官能基による分類≫　いろいろな炭素化合物は，ある炭化水素(くわしくは **8-1-5** 項参照)を母体として，その水素原子のいくつかを水素以外の原子や酸素・窒素などを含む原子団と結び付けた構造になっている。たとえば，メタノールの分子は，メタン CH_4 の水素原子 1 個の代わりに，ヒドロキシ基 $-OH$ が入っている。すなわち，CH_3-(メチル基)と $-OH$ を結合したものである。エタノールの分子は，エタン C_2H_6 の水素原子 1 個をヒドロキシ基で置き換えた構造になっている。これらは，「基」を明らかにするために，CH_3OH，C_2H_5OH などと表す。酢酸は，メタンの水素 1 原子がカルボキシ基 $-COOH$ で置き換わった化合物で，このカルボキシ基の水素が電離して酸性を示す。メタノール・エ

表 8-1　代表的な官能基

基	この基を持つ化合物の一般名	実　例
ヒドロキシ基 $-OH$	アルコール フェノール	エタノール CH_3CH_2OH, フェノール (ベンゼン環)$-OH$
ホルミル基(アルデヒド基とも呼ばれる) $-CHO$	アルデヒド	ホルムアルデヒド $HCHO$, アセトアルデヒド CH_3CHO
カルボキシ基 $-COOH$	カルボン酸	ギ酸 $HCOOH$, 酢酸 CH_3COOH
カルボニル基 $>CO$	ケトン	アセトン CH_3COCH_3, アセトフェノン (ベンゼン環)$-COCH_3$
ニトロ基 $-NO_2$	ニトロ化合物	ニトロベンゼン (ベンゼン環)$-NO_2$
アミノ基 $-NH_2$	アミン	メチルアミン CH_3NH_2, アニリン (ベンゼン環)$-NH_2$
スルホ基 $-SO_3H$	スルホン酸	ベンゼンスルホン酸 (ベンゼン環)$-SO_3H$
アセチル基 $-COCH_3$	アセチル化合物	アセチルサリチル酸 (ベンゼン環に $OCOCH_3$ と $COOH$)

6 鎖状化合物，環状化合物
炭素骨格が直鎖または分枝状の化合物で環構造を含まない有機化合物を**鎖状化合物**という。シクロヘキサンのように環構造を含む有機化合物は**環状化合物**という。

7 飽和化合物，不飽和化合物
分子中に炭素-炭素間二重結合や三重結合を含まない化合物を**飽和化合物**という。逆に，分子中に炭素-炭素間二重結合や三重結合を含む化合物を**不飽和化合物**という。

8 炭素環状化合物，複素環状化合物
炭素環式化合物，複素環式化合物とも呼ばれる。前者は，環状構造で，環を構成する原子が炭素だけからなるもの。後者は，環状構造で，環を構成する原子が炭素原子だけでなく，窒素，酸素や硫黄などを含むものである。

9 官能基
有機化合物の中に存在する原子(たとえば，$-Cl$，$-Br$ など)または原子団(たとえば，$-SO_3H$，$-NO_2$ などのように，いくつかの原子が集まって行動するもの)のうちで，その化合物が示す特徴的な性質や反応性の原因となるものを**官能基**という。アルコールのヒドロキシ基($-OH$)，カルボン酸のカルボキシ基($-COOH$)などが官能基である。単に**基**とも呼ばれる。

タノール・酢酸は，水と自由に溶け合う。これは，ヒドロキシ基やカルボキシ基が水の分子と似た性質を持っていて，水分子との親和力が大きいので自由に溶け合う(4 章参照)。炭化水素が水に溶けないのは，炭素・水素だけからできている構造が，水に対して親和力を示さないからである。表 8-1 に代表的な官能基を示す。

有機化学は構造の理解が大切　COLUMN

有機化合物はその構造により性質が異なり，その構造を理解することが重要である。たとえば，ガソリンは，石油の中の沸点範囲 30〜180 ℃，炭素数 4〜10 の炭化水素化合物の混合物で構成されている。アンチノック性[10]の高い 2, 2, 4-トリメチルペンタン(イソオクタン)のオクタン価[11](記号：O. N.)を 100，アンチノック性の低いヘプタンのオクタン価を 0 として，さまざまな炭化水素化合物のオクタン価が測定される(構造によりオクタン価も異なる)。また，レギュラーやハイオクタンガソリン(ハイオク)などに分類されているが，いろいろな炭化水素化合物の混合によりオクタン価が調製され利用されている。

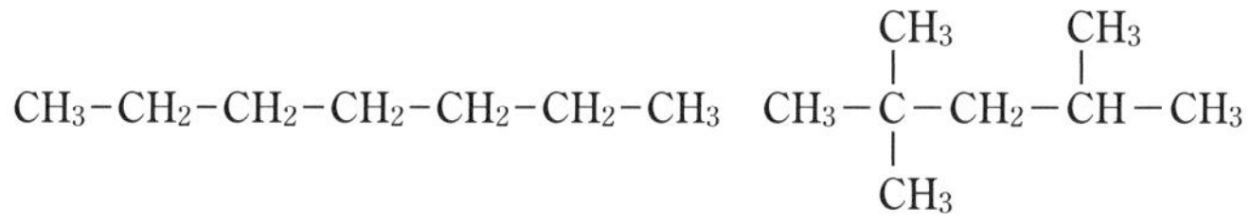

$$CH_3-CH_2-CH_2-CH_2-CH_2-CH_2-CH_3 \qquad CH_3-\underset{\underset{CH_3}{|}}{\overset{\overset{CH_3}{|}}{C}}-CH_2-\overset{\overset{CH_3}{|}}{CH}-CH_3$$

heptane (O. N. = 0)　　2, 2, 4-trimethylpentane (O. N. = 100)

図 8-5　オクタン価の基準になる物質

[10] アンチノック性
ガソリンエンジンでは，ガソリンと空気の混合気体をピストンで圧縮する際に，圧縮比を高めると熱効率がよくなり，大きな馬力が得られる。しかし，圧縮比をある限度以上に高めると，**ノッキング**という異常爆発が起こり，エンジンは金属を叩くような音がして，馬力は低下する。炭素原子が一列に並んだアルカンは，最も燃焼性がよくノッキングを起こしやすい。つまり**アンチノック性**が低い。同じアルカンの中でも，枝分かれの多い炭化水素はアンチノック性が高い。アンチノック性の高さは，次の順になる。
芳香族炭化水素＞枝分かれの多いアルカンやアルケン＞シクロアルカン＞直鎖のアルケンや枝分かれの少ないアルカン＞直鎖のアルカン

[11] オクタン価
オクタンとは炭素数 8 の飽和炭化水素で，その異性体の 1 つであるイソオクタンがガソリンの性能の基準として用いられるので，**オクタン価**といわれている。

8-1-4 有機化合物の構造式の決定

≪第 1 段階：分離と精製≫　有機化合物の構造式を決定するには，まず始めに，炭素化合物を純粋なものとして取り出す。その方法として再結晶，蒸留，抽出などの操作が用いられる。純粋な物質は一定の融点・沸点・比重・屈折率などを持つ。いろいろな精製法を試みて，精製操作の前後で物理的性質が変わらなければ，その物質は純粋であると考えてよい。また，各種クロマトグラフィー(ガスクロマトグラフィー，液体クロマトグラフィーなど)や核磁気共鳴(かくじききょうめい)スペクトル(NMR)で純度を調べることもできる。純物質が得られたら，第 2 段階，第 3 段階で元素組成と分子量を決定して分子式を求め，さらに第 4 段階で核磁気共鳴スペクトルや赤外吸収スペクトルを測定して構造式を決定する。

≪第 2 段階：実験式の決定(元素分析)≫　炭素化合物は，酸素中で燃やすか酸化剤と熱すると，化合物中の炭素は二酸化炭素に，水素は水になる。ある量の試料から生じた二酸化炭素と水の量を測定すると，試料中の炭素量と水素量が求められる。

たとえば，エタノール 4.00 mg を燃焼して，CO_2 7.64 mg と H_2O 4.68 mg が生じたとすると，エタノール 4.00 mg 中に

$$\text{炭素は}\quad 7.64\,\text{mg} \times \frac{\text{C}}{\text{CO}_2} = 7.64\,\text{mg} \times \frac{12}{44} = 2.08\,\text{mg}$$

$$\text{水素は}\quad 4.68\,\text{mg} \times \frac{2\,\text{H}}{\text{H}_2\text{O}} = 4.68\,\text{mg} \times \frac{2}{18} = 0.52\,\text{mg}$$

酸素は，試料の質量から，酸素以外の成分の質量を差し引いて求める。したがって，酸素は 4.00 mg−(2.08 mg+0.52 mg)=1.40 mg

次に，これらの質量を各元素の原子量で割ると，原子数の比が求められる。

$$\text{C : H : O} = \frac{2.08}{12} : \frac{0.52}{1} : \frac{1.40}{16}$$

$$= 0.173 : 0.520 : 0.0874 \fallingdotseq \underbrace{2 : 6 : 1}_{\text{元素の比を示すので整数比となる}}$$

これを化学式 C_2H_6O と表し，この化学式を**組成式**(そせいしき)(有機化学では特に**実験式**)という。

≪第 3 段階：分子式の決定≫　実験式が同一でも，分子式[12]が異なれば別の物質である。たとえば，アセチレンもベンゼンも実験式は CH であるが，分子式はそれぞれ C_2H_2，C_6H_6 で，別の物質である。

もう 1 つ例をあげると，エタノールの実験式は C_2H_6O であるので，分子式は C_2H_6O, $(C_2H_6O)_2$, $(C_2H_6O)_3$, …$(C_2H_6O)_n$ などのどれかになる。分子式は実験式の整数(n)倍であるから，この n を求めるには分子量を知る必要がある。エタノールは，蒸気の密度[13]から分子量を求めると 46 になり，$n=1$ に相当するから，分子式は C_2H_6O となる。

≪第 4 段階：構造式の決定≫　分子の中で，原子がどのようなつながり方をしているかを示したものが**構造式**である。炭素化合物を構成している元素のうちで，重要なものの原子価(3 章を参照)は，炭素 4 価，窒素・リンが 3 価，酸素・硫黄が 2 価，水素・ハロゲンが 1 価である。構造式は，このような原子価の規則にしたがって，各原子の結合の仕方を示したものである。

たとえば，C_2H_6O という分子式を持つ化合物の構造を，原子価の規則にしたがって構造式で表すと，図 8-6 の 2 つが考えられる。

これらの構造式を(a)は CH_3CH_2OH あるいは C_2H_5OH，(b)は CH_3OCH_3 あるいは $(CH_3)_2O$ などと簡単に記し，これを**示性式**(しせいしき)(化合物

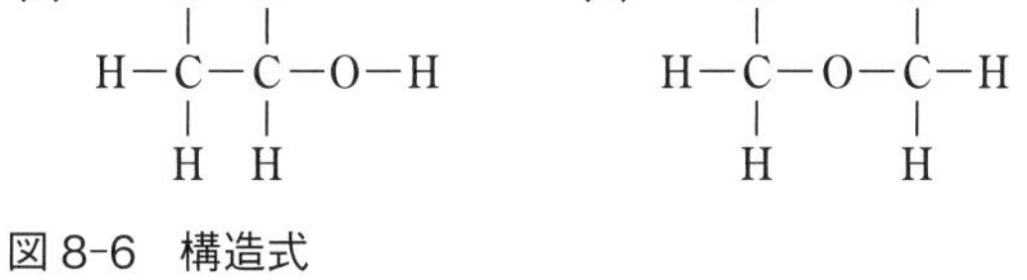

```
(a)    H  H              (b)    H     H
       |  |                     |     |
    H─C─C─O─H               H─C─O─C─H
       |  |                     |     |
       H  H                     H     H
```

図 8-6　構造式

[12] **分子式**
分子の組成を表すために，元素の種類と数を表した化学式。アセチレンは C_2H_2，ベンゼンは C_6H_6，メタンは CH_4 などで与えられる。

[13] **密度**
単位体積あたりの質量を**密度**という。

の性質を示す式)という。

次に，エタノールは，(a)，(b)のどちらなのかを決定していこう。まず，エタノールに金属ナトリウムを作用させると水素を発生する。

$$\underset{\text{エタノール}}{2\,C_2H_6O} + 2\,Na \longrightarrow \underset{\text{ナトリウムエトキシド}}{2\,C_2H_5ONa} + H_2 \qquad (8\text{-}1)$$

しかし，得られたナトリウムエトキシド中の水素は，これ以上ナトリウムで置換できない。すなわち，エタノール分子中にある6個の水素原子中，1個だけがナトリウムで置き換えられる。このような性質を表すためには，エタノール分子中の1個の水素と他の5個の水素の結合状態が違っている(a)の構造を採用しなければならない。構造が決まれば，たとえばエタノールに塩化水素を作用させると塩化エチルと水ができるが，その反応は次の式になることがすぐにわかる。

$$\underset{\text{エタノール}}{\begin{array}{c} H\ \ H \\ |\ \ \ | \\ H-C-C-O-H \\ |\ \ \ | \\ H\ \ H \end{array}} + \underset{\text{塩化水素}}{H-Cl} \longrightarrow \underset{\text{塩化エチル}}{\begin{array}{c} H\ \ H \\ |\ \ \ | \\ H-C-C-Cl \\ |\ \ \ | \\ H\ \ H \end{array}} + H_2O \qquad (8\text{-}2)$$

次に，原子が(b)の構造式のように結合することはないか考えてみよう。C_2H_6O の分子式を持つ化合物は，エタノールの他にジメチルエーテル[14]がある。(b)がジメチルエーテルの構造式であることは，構造式が知られている化合物(ナトリウムメトキシドとヨウ化メチル)から，ジメチルエーテルが合成できることで確かめられる。

$$\underset{\text{ナトリウムメトキシド}}{\begin{array}{c} H \\ | \\ H-C-ONa \\ | \\ H \end{array}} + \underset{\text{ヨウ化メチル}}{\begin{array}{c} H \\ | \\ I-C-H \\ | \\ H \end{array}} \longrightarrow \underset{\text{ジメチルエーテル}}{\begin{array}{c} H\qquad H \\ |\qquad\ | \\ H-C-O-C-H \\ |\qquad\ | \\ H\qquad H \end{array}} + \underset{\text{ヨウ化ナトリウム}}{NaI} \qquad (8\text{-}3)$$

さて，構造式がわかったところで，C_2H_6O がエタノールなのかジメチルエーテルなのか知るには，ナトリウム Na と反応させてみて，式8-1の反応が起きるかどうかで区別できる。

エタノールとジメチルエーテルのように，異なった物質が同じ分子式を持つ関係を互いに**異性体**(**構造異性体**)であるという。同種の化学結合は，どんな分子中にあっても，分子に同じような性質を与えるので，構造式から分子中の結合の種類を知ると，その化合物のおよその性質が推定される。したがって，構造式の似たものを集めて，多くの化合物を分類することができる。また，構造式は，ある化合物を簡単な化合物から合成するのに役立つ。

≪第5段階：分子の形≫　X線回折[15]を用いると，分子の構造を立体的に知ることができ，分子内の原子間距離(表8-2)や結合と結合がなす角

[14] ジメチルエーテル(DME)
化学式が CH_3OCH_3 で示される最も簡単なエーテル。沸点が−25.1℃の無色の気体で，圧力をかけると容易に液化する。性質はLPGの主成分のプロパンやブタンに類似している。現在，大部分が塗料，農薬，化粧品などのスプレー用噴射剤として利用されている。メタノールよりも毒性は低く，低毒性の物質である。最近は，輸送用燃料(ディーゼルエンジン代替用燃料)として検討されている。

[15] X線回折
結晶によるX線の回折現象を利用して，結晶構造を決定すること。

(原子価角)が求まる。

炭素原子から出る4個の結合の方向は，紙に書かれた構造式に表されるような，一平面内に存在するものではなく，正四面体の中心からその頂点に向かう直線の方向にある(図8-7)。したがって，2つの結合がとる角度は，109°28′(1°=60′であるから，およそ109.5°)である。酸素の2つの原子価がとる角(原子価角)は，物質によって多少の違いはあるが，105°〜110°である。たとえば，窒素の3つの原子価は，三角錐の頂点にある窒素原子から稜に沿った方向に向かい，2つの原子価角は，107°くらいである。

[16] 長さの単位
原子間の大きさではnm(ナノメートル)の単位が使われるが，書籍によっては**オングストローム**(Å)が使われている。
1 Å = 0.1 nm = 10^{-10} m

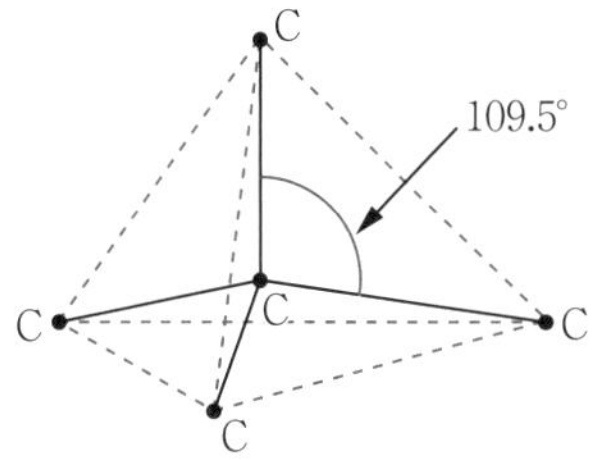

図8-7　炭素原子の原子価角

表8-2　いろいろな結合の原子間距離(nm)[16]

結合	距離	結合	距離	結合	距離
C−C	0.154	C−O	0.142	C−H	0.109
C=C	0.134	C=O	0.121	N−H	0.101
C≡C	0.120	C−N	0.147	O−H	0.097

8-1-5 有機化合物の命名法

≪慣用名≫　有機化合物の名称には，化合物の持つ臭い，色，味などに由来する名前が付けられ，昔から広く使われていたものがある。たとえば，ギ酸(蟻酸；蟻の体内に存在する)，シュウ酸(蓚酸；カタバミの葉に存在する)，ブドウ糖(グルコース；甘いの意)などがある。このような名称を**慣用名**という。

≪IUPAC命名法[17]≫　一方，数多い有機化合物を規則的に命名する必要が生じ，**IUPAC**(International Union of Pure and Applied Chemistry)**命名法**ができた。この名称を学ぶにあたり，まず始めに知らなければならない重要事項は，**ギリシア数詞**である(表8-3)。

[17] IUPAC命名法
規則的な命名法といっても，いろいろな種類の化合物群に対してたった1つということではなく，複数の命名法が認められている場合が多い。いわゆる慣用名も使用が認められている場合があり，これをもとに命名することもある。IUPACの命名法はこれまで何回か見直しが行われているが，この項では1979年にまとめられたものに基づき，いくつかの化合物群について一般によく使われる命名法を概説する。

表8-3　数接頭語

mono	モノ	1	undeca	ウンデカ	11
di	ジ	2	dodeca	ドデカ	12
tri	トリ	3	trideca	トリデカ	13
tetra	テトラ	4	tetradeca	テトラデカ	14
penta	ペンタ	5	eicosa	エイコサ	20
hexa	ヘキサ	6	henicosa	ヘンイコサ	21
hepta	ヘプタ	7	docosa	ドコサ	22
octa	オクタ	8	triaconta	トリアコンタ	30
nona	ノナ	9	hentriaconta	ヘントリアコンタ	31
deca	デカ	10	tetraconta	テトラコンタ	40

(1)　飽和鎖状炭化水素(alkane)

C_nH_{2n+2}(n=1, 2, 3, 4…)の分子式で表される一群の飽和化合物[18]を**alkane**といい，この名称は「**ane**」で終わる。直鎖の化合物では，それぞれCH_4：methane，C_2H_6：ethane，C_3H_8：propane，C_4H_{10}：butane[19]と命名し，C_5H_{12}：pentane[20]以上では表 8-3 の数接頭語が炭素原子数を示す。たとえば，C_6H_{14} なら hexane[21]である。

アルカンの命名は，最初に分子中の炭素原子の**最長鎖**を見つけることから始まる。次に，最長鎖のアルカンの**ある部分の水素原子がアルキル基**[22]**で置き換わった化合物として命名**する。たとえば図 8-8 では，最長鎖が炭素数 6 で，左から 3 番目の炭素の水素原子が$-CH_3$(methyl 基)で置き換わっていることから，3-methylhexane(3 番目の炭素にメチル基が付いたヘキサン)と命名する。

```
 1       2       3      4        5       6
CH3 − CH2 − CH − CH2 − CH2 − CH3
                 |
                CH3−メチル基
```

図 8-8　アルカンの命名　3-メチルヘキサン

なお，アルカンの命名で，最長鎖のどちら側から数えるかで番号が異なることがある。まず，**片方から数えた番号と反対側から数えた番号を始めから 1 つずつ比較して，最初に違った番号があったとき，その番号が小さい方の番号の付け方を採用**する(図 8-8 では，左から数えた方が小さい)。たとえば図 8-9 は，2, 3, 5-trimethylhexane[23](2, 4, 5-ではない)と命名する。

```
CH3 − CH − CH2 − CH − CH − CH3
       |            |     |
      CH3          CH3   CH3
```

図 8-9　アルカンに複数の同じ基が付いた場合

1 つの分子中に数種類の置換基[24]があるときは，番号順ではなく，置換基をアルファベット順に並べる。図 8-10 は，5-ethyl-2-methylheptane(2 と 5 の位置にそれぞれ methyl 基と ethyl 基が付いている。右からでは 3 と 6 に付いている。methyl 基と ethyl 基では，最初の文字 e がアルファベット順で前になるので，ethyl 基を前に，methyl 基を後ろに置き，5-ethyl-2-methylheptane となる)である。

```
CH3 − CH − CH2 − CH2 − CH − CH2 − CH3
       |                  |
      CH3−メチル基        CH2
                          |    ┐
                         CH3  エチル基
```

図 8-10　アルカンに数種類の基が付いた場合

---

[18] 飽和
有機化合物中の炭素原子の原子価が満たされているもので，すべての炭素-炭素結合が単結合だけで，二重結合や三重結合を含まないことを飽和という。有機化学の用語で，溶液の**飽和**とは異なる。図 8-4 と注 7 を参照。

[19] ブタン
沸点 −0.50 ℃のガス。ガソリンの蒸気圧調節やオクタン価向上に利用されている。また，ガスライターの主成分。

[20] ペンタン
沸点 36.1 ℃。エアゾール用，樹脂発泡剤，金属洗浄剤に利用。

[21] ヘキサン
沸点 68.7 ℃。食用油脂抽出溶剤や接着剤溶剤，塗料・インキ溶剤に利用。

[22] アルキル基
次ページの「(3) アルキル基」を参照。

[23] 名称中の「トリ」とは
図 8-9 を見ればわかるように，2 番目，3 番目，5 番目の炭素に合計 3 つ(tri)のメチル基が付いたヘキサンであるから，2, 3, 5-トリメチルヘキサンと名付ける。表 8-3 参照。

[24] 置換基
有機化合物中の水素原子を他の原子団で置き換えたとき，水素の代わりに導入された原子団を**置換基**という。

(2) 飽和環状炭化水素(cycloalkane)

分子式 C_nH_{2n} で表され分子内に環状構造を1つ持つ飽和炭化水素を **cycloalkane** という。シクロアルカンは，炭素数同数の飽和鎖状炭化水素の名称の頭に「cyclo」(環の意味)を付ける。

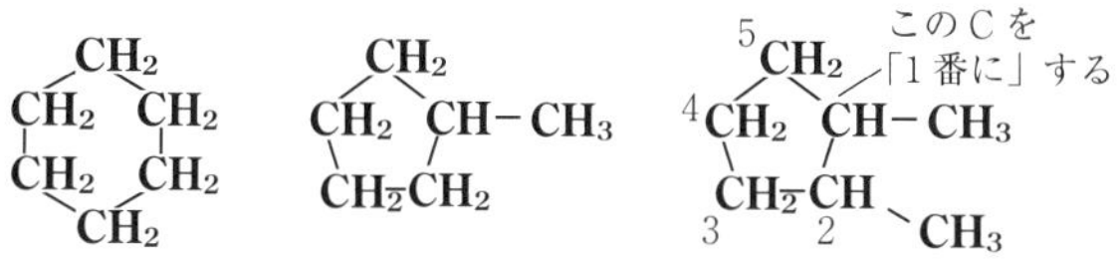

シクロヘキサン cyclohexane　メチルシクロペンタン methylcyclopentane　ジメチルシクロペンタン 1, 2-dimethylcyclopentane

図 8-11　シクロアルカン[25][26]

(3) アルキル基(alkyl)

C_nH_{2n+1}(**alkyl 基**)は，直鎖状飽和炭化水素の末端の炭素から水素原子1個を除いた1価の基で，対応するアルカンの名称の語尾 ane を「**yl**」に変えて命名する。なお，アルキル基を R や R′(R と異なるアルキル基の場合)で示すことがある。

[例]　$-CH_3$: methyl,　$-CH_2CH_3$: ethyl,
$-CH_2CH_2CH_3$: propyl,　$-CH_2CH_2CH_2CH_3$: butyl

直鎖状飽和炭化水素の末端以外の炭素から水素原子1個を除いた1価の基は，水素原子1個を除いた炭素原子(この炭素を**遊離原子価を持つ炭素**という)を炭素の位置番号を1として示し，側鎖[27]の基名を接頭語として付ける。

$\overset{4}{CH_3}-\overset{3}{CH_2}-\overset{2}{CH_2}-\overset{1}{CH}(CH_3)-$　1-methylbutyl

$\overset{4}{CH_3}-\overset{3}{CH_2}-\overset{2}{CH}(CH_3)-\overset{1}{CH_2}-$　2-methylbutyl

図 8-12　アルキル基の名称

(4) 不飽和炭化水素(alkene, alkyne, 8-2-1 項も参照)

二重結合を1つ持つ鎖状炭化水素 C_nH_{2n}(**alkene**)は，語尾に「**ene**」を付ける。C=C を含む最長鎖を主骨格とし，二重結合の番号が最小となるように炭素に番号を付ける。

[例]

$CH_2=CH_2$	ethene
$CH_2=CH-CH_3$	propene
$CH_2=CH-CH_2-CH_3$	1-butene
$CH_2=CH-CH_2-CH_2-CH_3$	1-pentene
$CH_3-CH=CH-CH_2-CH_3$	2-pentene
$CH_3-CH=CH-CH(CH_3)_2$	4-methyl-2-pentene
$CH_2=CH-CH_2-CH_2-CH_2-CH_3$	1-hexene

[25] シクロヘキサンとメチルシクロペンタン
シクロヘキサンは，ナイロンの原料となるアジピン酸，ヘキサメチレンジアミンや ε-カプロラクタムの合成原料である。
なお，環内の炭素数が5個は「ペンタン」，6個は「ヘキサン」になる。表 8-3 を参照。

[26] 環状構造の場合の炭素の番号の付け方
1, 2-ジメチルシクロペンタンの「1, 2-」とは，1つの CH_3 が付いた炭素に「1」の番号を付けたとき，別の CH_3 が付いた炭素の番号が最小になるように回し付けると「2」になるので，「1, 2-」となる(「1, 5-」ではない)。

[27] 側鎖
ここで言っている最長鎖は，**主鎖**と呼ばれることがある。これに対し，主鎖から分かれている部分を**側鎖**と呼ぶ。

三重結合を1つ持つ鎖状炭化水素 C_nH_{2n-2}(**alkyne**(アルキン))は，語尾に「**yne**(イン)」を付ける。C≡C を含む最長鎖を主骨格とし，三重結合の番号が最小となるように炭素に番号を付ける。

［例］　CH≡CH　ethyne(エチン)
　　　$CH_3-C≡CH$　propyne(プロピン)

(5)　ハロゲン化炭化水素(8-2-1 項参照)

枝のある炭化水素の命名の場合と同様の表し方でハロゲンの数と位置を示す。F は **fluoro**(フルオロ)，Cl は **chloro**(クロロ)，Br は **bromo**(ブロモ)，I は **iodo**(ヨード)となる。

この他，炭化水素残基(ざんき)の後に fluoride(フルオリド)，chloride(クロリド)，bromide(ブロミド)，iodide(ヨージド)などを付けて表す方法がある。

［例］	IUPAC 名		
	monochloromethane(モノクロロメタン)	CH_3Cl	methyl chloride(メチル クロリド)
	dichloromethane(ジクロロメタン)	CH_2Cl_2	methylene chloride(メチレン クロリド)
	trichloromethane(トリクロロメタン)	$CHCl_3$	chloroform(クロロホルム)
	3-bromo-1-propene(ブロモ プロペン)	$CH_2=CH-CH_2Br$	allyl bromide(アリル ブロミド)

(6)　アルコール(8-2-6 項参照)

アルカンの誘導体(ゆうどうたい)[28]として扱い，炭化水素の名称の後尾 e を「**ol**(オール)」に置き換えて表す。OH(ヒドロキシ)基を含む最長鎖を主鎖(しゅさ)とし，OH 基が付く位置に小さい方の番号を付け，アラビア数字で示す。たとえば，$CH_3CH_2CH_2CH_2OH$ を 1-butanol(ブタノール)，$(CH_3)_3COH$ を 2-methyl-2-propanol(プロパノール)という。分子中に OH 基が2個, 3個, …あるときは，語尾をそれぞれ diol(ジオール), triol(トリオール), …とする。また，慣用名(ethylene glycol(エチレン グリコール))が使える。$HOCH_2CH_2OH$ では，1, 2-ethanediol(エタンジオール)となる。

[28] 誘導体
ある基本となる有機化合物の構造を一部変化させて得られる化合物。たとえば，ブタンの末端炭素の水素原子を OH 基で置き換えたものはブタンの誘導体と考えて 1-butanol と命名する。

また，アルキル基の名称に「アルコール」を付ける命名法もある。たとえば，CH_3OH は methyl alcohol(メチル アルコール)，$C_6H_5CH_2OH$ は benzyl alcohol(ベンジル アルコール)という。複雑なアルコールは，簡単なアルコールの誘導体として表される。なお，アルコールは

$R-CH_2OH$ を primary alcohol(プライマリー)(**第一級アルコール**)[29]

$R(R')CHOH$ を secondary alcohol(セカンダリー)(**第二級アルコール**)

$R'-C(R)(R'')OH$ を tertiary alcohol(ターシャリー)(**第三級アルコール**)

に分類され，たとえば，$CH_3CH_2CH_2CH_2OH$ を primary butyl alcohol(プライマリー ブチル アルコール)，$CH_3CH(OH)C_2H_5$ を secondary butyl alcohol，$(CH_3)_3COH$ を tertiary butyl alcohol という。

[29] R の意味
ここで，R は，H またはアルキル基を表す。R′ は R と異なるアルキル基，R′′ は R, R′ と異なる基(同じ基でもよい)を表す。

(7)　エーテル(8-2-8 項参照)

アルコキシ基あるいは**アルキルオキシ基 RO**[30]の存在を示す命名法を

[30] アルコキシ基・アルキルオキシ基・RO
炭素数4までは**アルコキシ基**，5以上は**アルキルオキシ基**と命名する。「RO」の「R」はアルキル基,「O」は酸素で，つまり「酸素の付いたアルキル基」という意味。たとえば，CH_3O- など。

用いる。たとえば，CH_3OCH_3 を methoxymethane，$CH_3OCH_2CH_3$ を methoxyethane という。methoxy，ethoxy，propoxy，butoxy，phenoxy は短縮した alkoxy を用いるが，一般には alkyloxy となる。たとえば，$CH_3CH_2CH_2CH_2CH_2O-$ は pentoxy ではなく pentyloxy である。

また，慣用名では，エーテルの酸素原子に付く2つの炭化水素基名をアルファベット順に並べ，「ether」という語を付け加えて表す。たとえば，$CH_3OC_2H_5$ は ethyl methyl ether，2つの炭化水素基が同じ場合は，$(C_2H_5)_2O$ は diethyl ether[31]，または di を省略して ethyl ether という。alkoxy 命名法では，大きい方の基を母体として命名する。

[例] $CH_3CH_2-O-CH_2CH_3$ ethoxyethane

$CH_3-O-C_6H_5$ methoxybenzene

[31] ジエチルエーテル
沸点34.5℃。揮発性で引火性が強く，麻酔作用がある。

(8) アルデヒド(8-2-9項参照)

語尾「**al**」は**アルデヒド基** CHO を示す。たとえば CH_3CHO(慣用名は acetaldehyde) は ethanal，$(CH_3)_2CHCHO$ は 2-methyl-1-propanal となるが，アルデヒド基は末端にしか結合できないので，2-も-1-も不要となり methylpropanal でよい。

また，慣用名では，アルデヒドが直接酸化されて得られる酸の名称から語尾の ic acid を除き，「aldehyde」を付け加えて表す命名法もある。たとえば，CH_3CHO は酸化によって酢酸 acetic acid(慣用名)CH_3COOH になるので acetaldehyde，CH_3CH_2CHO は propionaldehyde となる。ただし，相当する1価の酸に慣用名の使用が認められる場合に限られる。

(9) ケトン(8-2-9項参照)

炭化水素の名称の後尾 e を「**one**」にする。たとえば，$(CH_3)_2CO$ は 2-propanone，$CH_3COCH(CH_3)_2$ は 3-methyl-2-butanone である。

また，慣用名では，C=O 基に結合する基の名称の後に ketone を付けて表す命名法もある。たとえば，$(CH_3)_2CO$ は dimethyl ketone または acetone(慣用名)，$CH_3COCH(CH_3)_2$ は，isopropyl methyl ketone である。

(10) カルボン酸(8-2-10項参照)

炭素原子数同数の炭化水素の名称の語尾に「**oic acid**」を付け加えて表す。たとえば，CH_3COOH は ethanoic acid(日本語ではエタン酸)，$CH_3CH=CHCH_2CH_2COOH$ は 4-hexenoic acid(−COOH の C が炭素番号1となる，日本語では4-ヘキセン酸)，コハク酸$(CH_2COOH)_2$(慣用名 succinic acid)は butanedioic acid(ブタン二酸)である[32]。

[32] カルボン酸の位置番号
炭素原子が4価のため，COOH は化合物の構造上，末端以外はあり得ないので，特に位置番号をいう必要はない。

また，第2法は，カルボキシ基を置換基として付ける命名法もある。たとえば，クエン酸 $HOOCCH_2C(OH)(COOH)CH_2COOH$(慣用名 citric acid)は，2-hydroxypropane-1, 2, 3-tricarboxylic acid という。クエン酸ははじめに述べた方法による命名はできない。

慣用名は，その所在，色や性質などに関連したものが多い。たとえば，ギ酸 formic acid は昆虫のアリから，酢酸 acetic acid は酢から，酪酸 butyric acid の名称は butter からきている。これらの命名法を構造の簡単なカルボン酸で比較すると，次の[例]のようになる。

[例]	CH_3COOH	$CH_2=CHCOOH$
慣用法	acetic acid	acrylic acid
第1法	ethanoic acid	propenoic acid
第2法	methanecarboxylic acid	ethenecarboxylic acid

(11) エステルおよび塩(8-2-10 項参照)

カルボン酸から得られるエステルや塩は，アルコールまたはフェノールの OH 基を除いた残基の名称，または金属名(元素周期表に示す)に，カルボン酸の名称の語尾 ic acid を「**ate**」に変えて表す。たとえば，エタノールと酢酸のエステル $CH_3COOC_2H_5$ は ethyl ethanoate，CH_3COONa は sodium ethanoate(sodium はナトリウムの英語名エタン酸ナトリウム)と1語ではなく2語になる。

カルボン酸に慣用名が認められている上記の物質はそれぞれ ethyl acetate(エチルアセタート)(酢酸エチル)，sodiumu acetate(ソジウムアセタート)(酢酸ナトリウム)という命名ができる。

(12) 酸誘導体

酸誘導体に属するものには，**酸無水物**$(RCO)_2O$，**酸アミド** $RCONH_2$，**酸塩化物** RCOCl，**ニトリル** RCN などがある。酸を RCOOH とすると，無水物の場合には酸名の acid を anhydride に，oic acid, ic acid を酸アミドの場合は amid に，酸塩化物の場合は oyl に変えた上で chloride をつけ，さらにニトリルの場合には onitrile に変えて命名する。ギ酸と酢酸からできた酸無水物 $HCOOCOCH_3$ では，ethanoic methanoic anhydride(アルファベット順に ethanoic が前にくる)である。

慣用名が使える酸についても同様に命名できる。たとえば，$(CH_3CO)_2O$ は acetic anhydride，CH_3CONH_2 は acetamide，CH_3COCl は acetyl chloride，CH_3CN は acetonitrile という。

(13) アミン(8-2-11 項参照)

第一級アミン[33] RNH_2 の場合は，母体化合物 RH の名称に接尾語「**amine**」を付け，第二級および第三級アミンは，第一級アミンの *N*-置換体[34]として命名する。同じ置換基が付く場合には，たとえば $(C_2H_5)_2NH$ diethylamine(ジエチルアミン)，$(C_2H_5)_3N$ triethylamine(トリエチルアミン)となる。

窒素に結合する基のうち，最も長鎖の部分を基本構造に選ぶ。たとえ

[33] **第一級アミン**
アミン類では窒素原子に結合する炭素鎖の数で分類する。たとえば，CH_3NH_2 や $CH_3CH_2NH_2$ は**第一級アミン**，$(CH_3)_2NH$ は**第二級アミン**，$(CH_3)_3N$ は**第三級アミン**と分類する。

[34] ***N*-置換体**
窒素 N に結合する水素がアルキル基で置き換わった化合物を ***N*-置換体**という。

ば，$CH_3CH_2NH_2$ は ethanamine（エタナミン）（母音が重なるので ethaneamine としない），$CH_3CH_2CH_2N(CH_3)CH_2CH_3$ では，$CH_3CH_2CH_2N$＜の窒素原子にメチル基とエチル基が結合しており，*N*-ethyl（エチル）-*N*-methylpropanamine（メチルプロパナミン）[35]，$H_2N(CH_2)_6NH_2$ では 1, 6-hexanediamine（ヘキサンジアミン）と表す。$(CH_3)_2N(CH_2)_6NH_2$ は *N*, *N*-dimethyl（ジメチル）-1, 6-hexanediamine，$CH_3NH(CH_2)_6NH(CH_3)$ は 1 つの分子内の別の窒素原子に合計 2 つのメチル基が結合しており，*N* と *N'* で表記し，*N*, *N'*-dimethyl-1, 6-hexanediamine となる。

また，RNH_2 の置換基 R の名称に amine を付ける命名法もあり，構造が比較的簡単な場合によく用いられる。CH_3NH_2 は methylamine（メチルアミン）[36]，$CH_3CH_2NH_2$ は ethylamine（エチルアミン），$CH_3CH_2CH_2N(CH_3)CH_2CH_3$ は *N*-ethyl（エチル）-*N*-methylpropylamine（メチルプロピルアミン），$H_2N(CH_2)_6NH_2$ は hexamethylenediamine（ヘキサメチレンジアミン）[37]と表す。また慣用名が使える場合は，たとえば，aniline（アニリン）$C_6H_5NH_2$ を基本体として，$C_6H_5NHCH_3$ を *N*-methylaniline（メチルアニリン），$C_6H_5N(CH_3)_2$ を *N*, *N*-dimethylaniline（ジメチルアニリン）という。

[35] *N*-エチル-*N*-メチルプロパナミン
窒素にエチル基が結合し，同じ窒素にメチル基も結合したプロパナミン。*N* は窒素を表し，イタリック体で表記する。

[36] メチルアミンの臭い
メチルアミンは生魚臭，トリメチルアミンは腐った魚臭の原因物質。

[37] ヘキサメチレンジアミン
6, 6-ナイロンの原料。

（14） 2 種以上の官能基を持つ化合物

2 種以上の官能基を持つ化合物では，**1 種の最も優先する官能基だけを接尾語で表し，他の官能基は接頭語で表す**。接尾語とする優先性，すなわち，できるだけ小さい番号となる順位は次の通りである。

カルボン酸＞酸ハロゲン化物＞酸アミド＞アルデヒド＞ニトリル＞ケトン＞アルコール＞フェノール＞アミン＞エーテル

たとえば，アルコールとアミンを 1 分子内に持つ化合物 $CH_3CH(OH)CH_2CH_2NH_2$ では，アルコール＞アミンでアルコールの方が優先するので，OH 基の付く炭素原子の番号が小さくなるようにし，接尾語は ol を用いて，4-amino（アミノ）-2-butanol（ブタノール）となる（$-NH_2$ は接尾語では amine（アミン）だが接頭語では amino（アミノ）になる。OH 基の接頭語 hydroxy（ヒドロキシ）を使う 3-hydroxy-1-butanamine は間違い）。

表 8-4　命名法で接頭語として用いる場合の官能基名

$-COOH$	carboxy（カルボキシ）
$-NH_2$	amino（アミノ）
$-OH$	hydroxy（ヒドロキシ）
$-N{=}N-$	azo（アゾ）

ドリル問題 8-1

1. ある有機化合物 1.0 g を燃焼したら，1.1 g の二酸化炭素が発生した。この有機化合物の炭素含有率を求めよ。

2. ある有機化合物 100 mg は炭素 92.3 mg，水素 7.7 mg からなる。この化合物の実験式を求めよ。

3. 実験式が CH_2O で分子量が 60 である有機化合物の分子式を求めよ。

4. 1 気圧，100 ℃で気体の C，H または C，H，O からなる有機化合物が 3.06 L ある。これに十分な量の酸素を加えて完全燃焼させたところ，二酸化炭素 8.8 g と水 5.4 g を生じ，その他は過剰の酸素のみであった。この有機化合物にはどのような化合物が考えられるか，構造式または示性式と名称を答えよ。

5. 次の 1～10 の構造式で (a) 互いに異性体の関係にあるもの，(b) 互いに同一物質であるものをあげよ。

1. $\begin{array}{ccccccccc} & & H & & H & & H & & \\ & & | & & | & & | & & \\ H & - & C & - & C & - & C & - & Cl \\ & & | & & | & & | & & \\ & & H & & H & & H & & \end{array}$

2. $\begin{array}{ccccccccc} & & H & & H & & H & & \\ & & | & & | & & | & & \\ H & - & C & - & C & - & C & - & H \\ & & | & & | & & | & & \\ & & H & & H & & Cl & & \end{array}$

3. $\begin{array}{ccccc} & & H & & \\ & & | & & \\ H & - & C & - & Br \\ & & | & & \\ & & Br & & \end{array}$

4. $\begin{array}{ccccc} & & H & & \\ & & | & & \\ Br & - & C & - & Br \\ & & | & & \\ & & H & & \end{array}$

5. $\begin{array}{ccccccc} & & H & & H & & \\ & & | & & | & & \\ H & - & C & - & C & - & Cl \\ & & | & & | & & \\ & & H & & Cl & & \end{array}$

6. $\begin{array}{ccccccc} & & H & & H & & \\ & & | & & | & & \\ H & - & C & - & C & - & H \\ & & | & & | & & \\ & & Cl & & Cl & & \end{array}$

7. $\begin{array}{ccccccccccc} & & H & & H & & H & & & & \\ & & | & & | & & | & & & & \\ H & - & C & - & C & - & C & - & O & - & H \\ & & | & & | & & | & & & & \\ & & H & & H & & H & & & & \end{array}$

8. $\begin{array}{ccccccccc} & & H & & H & & & & \\ & & | & & | & & & & \\ H & - & C & - & C & - & O & - & H \\ & & | & & | & & & & \\ & & H & & H & & & & \end{array}$

9. $\begin{array}{ccccccccccc} & & H & & H & & O & & H & & \\ & & | & & | & & \| & & | & & \\ H & - & C & - & C & - & C & - & C & - & H \\ & & | & & | & & & & | & & \\ & & H & & H & & & & H & & \end{array}$

10. $\begin{array}{ccccccccccc} & & H & & H & & H & & H & & \\ & & | & & | & & | & & | & & \\ H & - & C & - & C & - & C & - & C & = & O \\ & & | & & | & & | & & & & \\ & & H & & H & & H & & & & \end{array}$

6. 次の分子式で示されるそれぞれの化合物について，考えられるすべての異性体を構造式で書け。

(1)　C_3H_8O　(2)　C_4H_{10}　(3)　C_4H_9Cl　(4)　$C_4H_{10}O$

7. A 欄の (a)～(e) の分類に属する物質を B 欄から選べ。

A 欄　(a)　アルコール　(b)　アルデヒド　(c)　カルボン酸
　　　(d)　アミン　(e)　フェノール

B 欄　1.　CH_3COOH　2.　CH_3OCH_3　3.　CH_3OH
　　　4.　CH_3CHO　5.　⌬−OH　6.　⌬−NH_2
　　　7.　⌬−COOH

8. C_6H_{14} の異性体をすべて書き，それぞれの IUPAC 名を英語で記せ。

8-2 基本的な有機化合物と反応

8-2-1 単結合で鎖状の炭化水素：アルカン

C_nH_{2n+2} で表される**アルカン**(p. 224 も参照)は，いずれも水より密度が低く，水に不溶の中性化合物で，反応性に乏(とぼ)しい。直鎖(ちょくさ)で比較的分子量の小さいアルカンは，熱濃硫酸，熱濃硝酸，二クロム酸カリウム $K_2Cr_2O_7$ や過マンガン酸カリウム $KMnO_4$ などの酸化剤にも安定である。また，分子量が大きく，沸点の高いアルカンは，熱分解を受けやすい。

≪燃焼≫　メタンガス[1]やプロパンガスのように，アルカンは燃焼により多量の熱を発生するので，良好な燃料となる。

$$CH_4(\text{気}) + 2\,O_2(\text{気}) \longrightarrow CO_2(\text{気}) + 2\,H_2O(\text{液}) + 892\ \text{kJ/mol} \quad (8\text{-}4)$$

$$C_3H_8(\text{気}) + 5\,O_2(\text{気}) \longrightarrow 3\,CO_2(\text{気}) + 4\,H_2O(\text{液}) + 2220\ \text{kJ/mol} \quad (8\text{-}5)$$

≪熱分解≫　原油を直接蒸留して得られる低沸点アルカンに，ガソリン[2](直留(ちょくりゅう)ガソリン)がある。高沸点の重油を熱分解して得られるガソリンが分解ガソリンである(図 8-1 を参照)。

≪ハロゲン化≫　アルカン中の水素は，光(紫外線)照射下で塩素や臭素と置換反応[3]してハロゲン化されたアルカン(**ハロアルカン**)を生じる。たとえば，式 8-6 のようにメタンを塩素化すると，反応の度合いにより，メタンの水素が順次塩素に置き換わったクロロメタン CH_3Cl，ジクロロメタン CH_2Cl_2，トリクロロメタン[4] $CHCl_3$，テトラクロロメタン CCl_4 を生じる。このとき，HCl を同時に生成する。

$$CH_4\ (\text{メタン}) \xrightarrow[Cl_2,\ \text{光}]{\nearrow HCl} CH_3Cl\ (\text{クロロメタン（塩化メチル）}) \xrightarrow[Cl_2,\ \text{光}]{\nearrow HCl} CH_2Cl_2\ (\text{ジクロロメタン（塩化メチレン）})$$

$$\xrightarrow[Cl_2,\ \text{光}]{\nearrow HCl} CHCl_3\ (\text{トリクロロメタン（クロロホルム）}) \xrightarrow[Cl_2,\ \text{光}]{\nearrow HCl} CCl_4\ (\text{テトラクロロメタン（四塩化炭素）}) \quad (8\text{-}6)$$

8-2-2 単結合で環状の炭化水素：シクロアルカン

環状構造を持つ飽和炭化水素 C_nH_{2n} を**シクロアルカン**(p. 225 も参照)という。n=3 のシクロプロパン，n=4 のシクロブタン[5]はいずれも C−C−C の結合角が小さく，それぞれ 60 度とおよそ 90 度である。酸化

[1] **メタン**
沸点−161 ℃のガス。天然ガスの主成分であり，都市ガスとして利用されている。

[2] **ガソリン**
200 種類以上の炭化水素化合物からなり，その組成によりオクタン価が異なる。

[3] **置換反応**
化合物中にある原子または原子団を別の原子または原子団で置き換える反応を**置換反応**という。

[4] **トリクロロメタン**
慣用名はクロロホルム。沸点 61.2 ℃の無色透明な液体で，麻酔作用がある。19 世紀イギリスのビクトリア女王のお産にクロロホルムを使って無痛分娩を行った。現在では，肝臓毒性のため使われていない。

[5] **シクロブタン**
シクロブタンを形成する 4 個の炭素は同一平面上になく，正方形がゆがんだ形をしており，結合角は 90 度ではない。

CH₂ CH₂ CH₂ CH₂

により開環する反応が起こりやすい。炭素数5以上の環からなるシクロアルカンは比較的安定で，化学的性質は炭素数同数のアルカンと似ている。

8-2-3 二重結合を持つ鎖状の炭化水素：アルケン

分子中に二重結合を1個持つ鎖状不飽和炭化水素を**アルケン**(p. 225も参照)といい，C_nH_{2n} の分子式を持つ鎖状化合物である。C_nH_{2n} のうち，**エチレン**が最も簡単な構造のアルケンであり，すべての構成原子が平面内に入ることのできる構造を持つ分子である。エチレンの水素原子1個をメチル基で置き換えると，**プロピレン** $CH_2=CH-CH_3$ になる。

≪立体異性体≫ 炭素数4以上のアルケンでは，構造異性体の他に，分子の立体的な構造が異なる異性体が存在する。これを**立体異性体**(りったいいせいたい)という。2-butene(ブテン)，$CH_3-CH=CH-CH_3$ には図8-13の構造式で示される2つがある。C=C 二重結合は，C−C 単結合と異なり，2本のばねで結合したようなもので，自由に回転できないことから，この2つは同一物質ではない。これらを**シス-トランス異性体**または**幾何異性体**(きかいせいたい)という。

$$\begin{matrix}CH_3 & & CH_3\\ & C=C & \\ H & & H\end{matrix}\qquad\qquad \begin{matrix}CH_3 & & H\\ & C=C & \\ H & & CH_3\end{matrix}$$

シス形　　　　トランス形

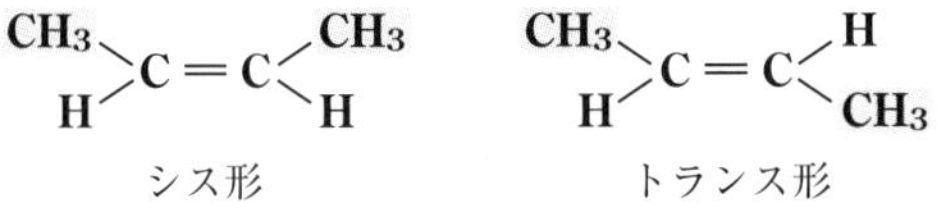

図8-13　シス-トランス異性体[6]

[6] **シス-2-ブテンとトランス-2-ブテン**
図8-13のシス形は *cis*-2-butene と書く。融点 −138.91℃，沸点3.72℃。トランス形は *trans*-2-butene と書く。融点 −105.55℃，沸点0.88℃。

≪付加≫ アルケンの C=C 二重結合は，アルカンの C−C 単結合より反応が起こりやすい。ハロゲン，ハロゲン化水素，水素などの原子や原子団が結合しやすく，次式のようにエチレンに Br_2 や HBr が付加すると，二重結合は単結合になる。このような反応を**付加反応**[7]という。

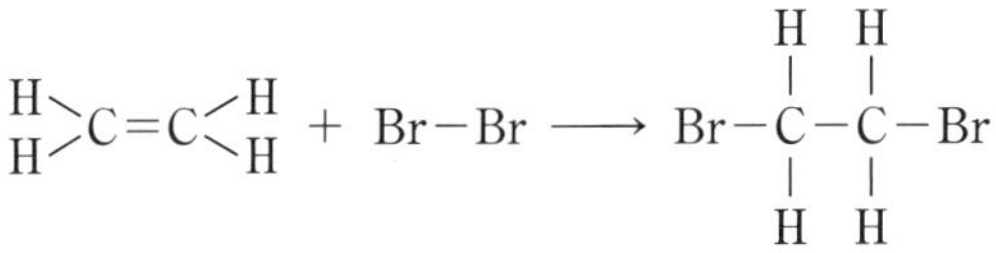

[7] **付加反応**
単に**付加**ということがある。

$$\begin{matrix}H & & H\\ & C=C & \\ H & & H\end{matrix} + Br-Br \longrightarrow Br-\begin{matrix}H\\ |\\ C\\ |\\ H\end{matrix}-\begin{matrix}H\\ |\\ C\\ |\\ H\end{matrix}-Br \qquad (8\text{-}7)$$

$$\begin{matrix}H & & H\\ & C=C & \\ H & & H\end{matrix} + H-Br \longrightarrow H-\begin{matrix}H\\ |\\ C\\ |\\ H\end{matrix}-\begin{matrix}H\\ |\\ C\\ |\\ H\end{matrix}-Br \qquad (8\text{-}8)$$

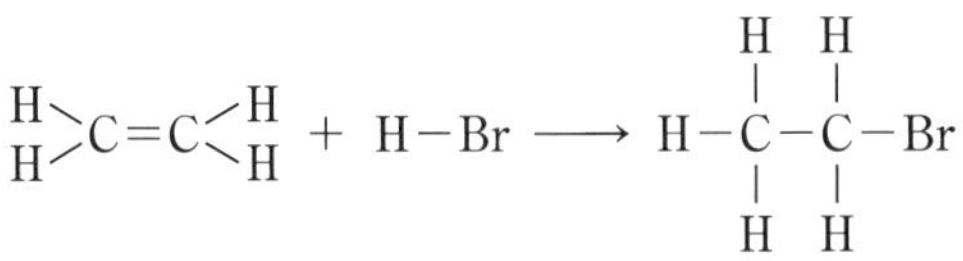

それでは，プロピレン $CH_2=CHCH_3$ に臭化水素 HBr が付加する場合はどうなるのだろうか。$CH_3-CH_2-CH_2Br$ が生じるのだろうか，それとも $CH_3-CHBr-CH_3$ が生じるのだろうか。

メチル基は電子供与性基(でんしきょうよせいき)[8]であり，図8-14の構造式中の矢印のように電子が流れ，右端の炭素がいくらか負(δ^-)(デルタ)になり，中央の炭素がいくらか正(δ^+)になる。そこで正に帯電している H−Br の H^+ が右端の炭素に近づき，中間状態として図8-14中央のようになる。

[8] **電子供与性基**
電子供与性基とは，電子を引き寄せる(電子吸引性)のではなく，電子を押し出す性質を持った基のこと。メチル基は電子供与性基，ニトロ基($-NO_2$)は**電子吸引性基**である。

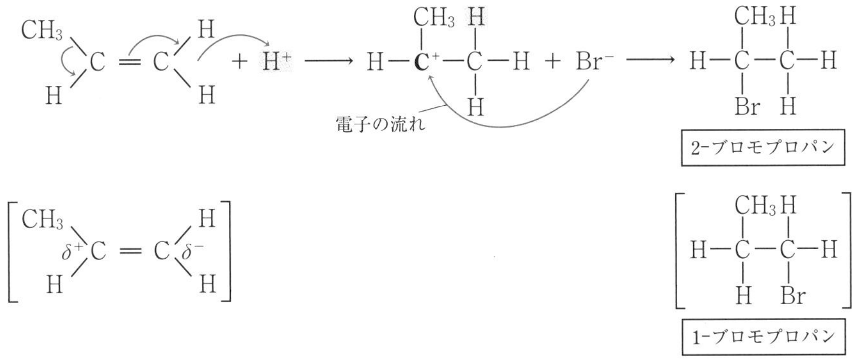

$$CH_3-CH=CH_2 + H^+ \longrightarrow H-\overset{CH_3}{C^+}-\overset{H}{\underset{H}{C}}-H + Br^- \longrightarrow H-\overset{CH_3}{\underset{Br}{C}}-\overset{H}{\underset{H}{C}}-H$$

電子の流れ

2-ブロモプロパン

$$\left[CH_3(H)\overset{\delta^+}{C}=\overset{\delta^-}{C}H_2 \right] \qquad \left[H-\overset{CH_3}{\underset{H}{C}}-\overset{H}{\underset{Br}{C}}-H \right]$$

1-ブロモプロパン

図 8-14　プロピレンの電子の流れ（曲がった矢印）と HBr の付加

最後に Br^- が C^+ に結合して反応が完了する。したがって，$\overset{2-ブロモプロパン}{CH_3-CHBr-CH_3}$ が生じ，$\overset{1-ブロモプロパン}{CH_3-CH_2-CH_2Br}$ はできない。

このように，**水素を含む化合物が炭素二重結合に付加するとき，陰性成分**（負電荷を帯びやすい成分，図 8-14 の例では Br^-）**が水素の少ない方の炭素に結合する**。これを**マルコウニコフ則**[9]という。プロピレンに酢酸 CH_3COOH や硫酸 H_2SO_4 が付加するときもこれと同じで，硫酸の場合は $CH_3-CH(OSO_3H)-CH_3$ ができるので，これを加水分解すると 2-propanol，$(CH_3)_2CHOH$ が生じる。このようにアルケンへの硫酸付加-加水分解（水により分解させる反応）では第一級アルコール（**8-2-6** 項参照）は生成せず，第二級アルコールが生じる。

≪酸化≫　二重結合の部分は酸化されやすい。エチレンやプロピレンは過マンガン酸カリウム $KMnO_4$ で酸化され，グリコールが得られる。

$$\underset{\text{エチレン}}{CH_2=CH_2} + O + H_2O \longrightarrow \underset{\text{エチレングリコール}}{CH_2(OH)-CH_2OH} \qquad (8\text{-}9)$$

$$\underset{\text{プロピレン}}{CH_3-CH=CH_2} + O + H_2O \longrightarrow \underset{\text{プロピレングリコール}}{CH_3-CH(OH)-CH_2OH} \qquad (8\text{-}10)$$

エチレンをパラジウム触媒[10]の存在下で酸化すると，アセトアルデヒド[11]が得られる。この方法を**ヘキスト・ワッカー法**という[12]。

$$2\,CH_2=CH_2 + O_2 \xrightarrow{PdCl_2,\ CuCl_2} \underset{\text{アセトアルデヒド}}{2\,CH_3CHO} \qquad (8\text{-}11)$$[13]

≪重合（じゅうごう）≫　二重結合など不飽和結合を持つ化合物は，その分子が多数結合して 1 個の分子になる傾向，すなわち**重合性**がある。エチレンを重合したものがポリエチレン[14]である。

8-2-4　三重結合を持つ炭化水素：アルキン

アルキン（p. 226 も参照）は，分子中に三重結合を 1 個持つ鎖状不飽和炭化水素である。一般式 C_nH_{2n-2} で表され，最も簡単な分子が**アセチレ**

[9] **マルコウニコフ（Markovnikov）則**
不飽和結合にハロゲン化水素が付加する反応に関する経験則である。1870 年にロシアのマルコウニコフ（V. V. Markovnikov）が見いだした。

[10] **触媒**
反応速度を変化させ，それ自身は反応前後で同じ状態を維持する物質を**触媒**という。多くは反応速度を増加させるが，逆に減少させる物質（**触媒毒**）もある。

[11] **アセトアルデヒド**
アセトアルデヒドは，酸化されて酢酸，還元されてエタノール，アルドール縮合などを経て 1-ブタノールや 2-エチル-1-ヘキサノールなどになる。有機化学工業で大量に合成されている物質の出発原料である。

[12] **ヘキスト・ワッカー法**
エチレンからのアセトアルデヒドの合成方法の 1 つ。石炭からアセチレンを経由したアルデヒド合成法を，石油からの合成法に転換した反応である。

[13] **反応式の矢印に書かれている物質などについて**
有機反応は，無機反応と比べて副生成物ができることが多

ン H−C≡C−H(CH≡CH と記しても同じ)で直線状分子である。三重結合はアルケンと同様に，ハロゲン，ハロゲン化水素，水素などと付加反応するほかに，炭素に結合する水素はカルシウム，銅，銀など金属とも置換(ちかん)反応する。

≪付加≫

$$CH{\equiv}CH \xrightarrow[Ni]{H_2} [CH_2{=}CH_2] \xrightarrow[Ni]{H_2} CH_3{-}CH_3 \quad (8\text{-}12)$$

$$CH{\equiv}CH + CH_3COOH \xrightarrow{O_2,\,Pd} CH_2{=}CH - OCOCH_3 \quad (8\text{-}13)$$ [15]

$$CH{\equiv}CH \xrightarrow{HCN} \overset{\text{アクリロニトリル}}{CH_2{=}CHCN} \quad (8\text{-}14)$$ [16]

$$CH{\equiv}CH \xrightarrow[Hg^{2+}]{H_2O} \overset{\text{アセトアルデヒド}}{CH_3CHO} \quad (8\text{-}15)$$

水銀(II)塩などを触媒として水を付加させると，ビニルアルコール($CH_2{=}CHOH$：不安定で単離できない)を経て，工業的に重要なアセトアルデヒドを合成することができる[17]。しかし，近年は式 8-11 のように，エチレンをパラジウム触媒で酸化する方法に替わった。

≪重合≫　アセチレンも重合性がある。アセチレン 3 分子が重合するとベンゼンが得られる。

$$3\,CH{\equiv}CH \longrightarrow \text{ベンゼン} \quad (8\text{-}16)$$

$$2\,CH{\equiv}CH \xrightarrow{Cu_2Cl_2} \overset{\text{ビニルアセチレン}}{CH_2{=}CH{-}C{\equiv}CH}$$

$$\xrightarrow{CH\equiv CH} \overset{\text{ジビニルアセチレン}}{CH_2{=}CH{-}C{\equiv}C{-}CH{=}CH_2} \quad (8\text{-}17)$$

≪金属化合物の生成≫　アセチレンおよびその水素の 1 つをアルキル基で置き換えた 1-アルキンは，三重結合が結合した炭素に結合する水素を金属で置換できる。たとえば，アセチレンをアンモニア性硝酸銀溶液[18]に通すと，銀アセチリド[19](アセチレン銀)を生じる。

$$H{-}C{\equiv}C{-}H \xrightarrow{Ag(NH_3)_2OH} Ag{-}C{\equiv}C{-}Ag \quad (8\text{-}18)$$

≪燃焼≫　アセチレンを酸素とともに燃焼させると，およそ 2500℃の高温に達するので，鉄 Fe(融点 1530℃)を溶かすことができる(アセチレンバーナー)。アセチレンと空気または酸素との混合物は，広い範囲で爆発範囲(2.5%〜81%)にあり，混合気体の取り扱いは危険で注意を要する。

い。また，触媒や溶媒を使うことも多いので，主原料を矢印の左側に，生成物を矢印の右側に書き，矢印の上下に反応に用いるその他の試薬，触媒，溶媒，さらには反応条件などを書くことが多い。

[14] ポリエチレン(p.233)
ポリエチレンは日本において，年間 300 万トン強，生産されている。

[15] 酢酸ビニル
重合して得られるポリ酢酸ビニルは，チューインガムや接着剤・塗料に使用される。また，けん化してポリビニルアルコールを合成する。ポリビニルアルコールは接着剤や偏光膜(液晶ディスプレイ)として利用されたり，ビニロンの原料として使われる。

[16] アクリロニトリル
重合したものがアクリル繊維として利用されている。ポリアクリロニトリルはポリアクリルアミド(紙力増強剤)や炭素繊維の原料である。

[17] 水銀は毒性が強い
アルデヒドの合成過程で，微量生成した有機水銀による汚染が，水俣病の原因である。

[18] アンモニア性硝酸銀溶液
硝酸銀水溶液にアンモニア水を加えると，褐色の沈殿を生じるが，さらにアンモニア水を加えると，沈殿が溶けて無色透明な水溶液ができる。これをアンモニア性硝酸銀溶液という。$Ag(NH_3)_2OH$ で表すこともある。

[19] 銀アセチリド
アセチレン銀，雷銀(らいぎん)とも呼ばれる。不安定で，加熱，摩擦，接触で爆発する。

8-2-5 二重結合を持つ環状の炭化水素：芳香族炭化水素

ベンゼン(図 8-15)やそのアルキル置換化合物であるトルエン，キシレン(図 8-16)あるいはナフタレンやアントラセンのように，**ベンゼン環**が数個結合したもの[20]を**芳香族炭化水素**という。

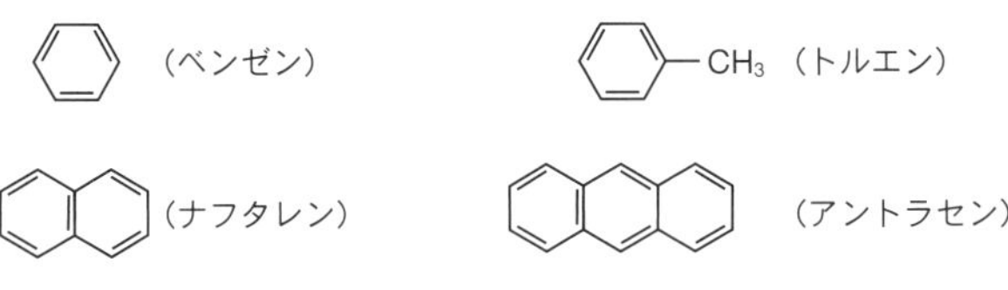

図 8-15 芳香族炭化水素

芳香族化合物は，アルカン，アルケン，アルキンなどとは著しく異なった性質を示す。エタンの C−C 間結合の長さは 0.154 nm，エチレンの C=C 間は 0.134 nm であるのに対して，ベンゼン C_6H_6 の炭素間は 0.140 nm で，単結合と二重結合の中間の長さである。6 個の炭素原子が環状正六角形の構造をしており，すべての炭素原子と水素原子が同一平面上にある。ベンゼンの構造は，上で示したように単結合と二重結合を交互に描いて表す(**ケクレ構造**という)が，実際には隣り合っているどの炭素原子間の距離も等しい。

キシレンは，ベンゼン環に 2 個のメチル基を持つ。2 個のメチル基が結合する位置により，*o*−，*m*−，*p*−の 3 種の異性体が天然物中に存在する[21]。図 8-16 に，融点(mp)と沸点(bp)を示す。

o−キシレン	*m*−キシレン	*p*−キシレン
mp −25℃	mp −48℃	mp 13℃
bp 144℃	bp 139℃	bp 138℃

図 8-16 キシレンの 3 種(オルト・メタ・パラ)の異性体

≪ハロゲン化≫ ベンゼン環のハロゲン置換反応は，脂肪族[22]の場合と異なり，鉄などを触媒に用いないと起こりにくく，その反応は緩慢である。

$$C_6H_6 + Br_2 \xrightarrow{Fe} C_6H_5\text{–}Br + HBr \qquad (8\text{-}19)$$

トルエンの沸点で，光照射しながらハロゲン化すると，反応が進行するにつれて，メチル基の水素が置換される。

$$C_6H_5\text{–}CH_3 \xrightarrow{Cl_2} C_6H_5\text{–}CH_2Cl \xrightarrow{Cl_2} C_6H_5\text{–}CHCl_2 \xrightarrow{Cl_2} C_6H_5\text{–}CCl_3 \qquad (8\text{-}20)$$

[20] **縮合環**
ベンゼン環が数個結合したものを**縮合環**という言い方もする。

[21] ***p*−キシレン**
ポリエチレンテレフタラート(PET，ポリエステル)の原料であるテレフタル酸は，*p*−キシレンの酸化により合成される。

[22] **脂肪族**
芳香族以外の有機化合物を**脂肪族**と総称することがある。もともとは油脂(脂肪)に含まれる化合物の炭素骨格が鎖状であったことに由来する。シクロアルカンなどの環状の化合物を含めて総称する場合と，直鎖の化合物のみを総称する場合がある。

ベンゼンに光照射しながら塩素を作用させると，二重結合すべてに塩素が付加する。

$$C_6H_6 + 3Cl_2 \xrightarrow{\text{日光}} C_6H_6Cl_6 \quad (8\text{-}21)$$

ヘキサクロロシクロヘキサン[23]

[23] ヘキサクロロシクロヘキサン
BHCとも略称され，7種の存在可能な異性体があり，そのうちγ体(リンデン)が殺虫剤として有効である。DDTとともに殺虫剤として利用されていたが，残留毒性が大きく使用が禁止された。

なお，ベンゼンは，ニッケル触媒存在下の高温・高圧で水素を付加反応させると，シクロヘキサン C_6H_{12} を生じる。

≪アルキル化・アシル化≫ 塩化アルミニウム $AlCl_3$，フッ化ホウ素 BF_3，塩化スズ(IV) $SnCl_4$ などを触媒に用いて，ベンゼンにハロゲン化アルキルを反応させると，ベンゼン環の水素をアルキル基で置換できる。

$$C_6H_6 + CH_3Cl \xrightarrow{AlCl_3} C_6H_5\text{–}CH_3 + HCl \quad (8\text{-}22)$$

塩化アセチル(CH_3COCl)を作用させるとアシル化されてアセトフェノンが得られ，アセトフェノンのカルボニル基を還元するとアルキル化したエチルベンゼンが得られる。

$$C_6H_6 + CH_3COCl \xrightarrow{AlCl_3} C_6H_5\text{–}COCH_3 + HCl$$

塩化アセチル　アセトフェノン

$$\xrightarrow{H_2} C_6H_5\text{–}CH_2CH_3 \quad (8\text{-}23)$$

エチルベンゼン

≪ニトロ化≫ ベンゼンに濃硝酸と濃硫酸の混合物(混酸(こんさん))を作用させ，ニトロ基($-NO_2$)を導入すると，ニトロベンゼンができる。

$$C_6H_6 + HNO_3 \xrightarrow{H_2SO_4} C_6H_5\text{–}NO_2 + H_2O \quad (8\text{-}24)$$

濃硝酸　ニトロベンゼン

トルエンをニトロ化するとトリニトロトルエン(TNT)を生じる。TNTは爆薬として使われる。

$$C_6H_5CH_3 + 3HNO_3 \xrightarrow{H_2SO_4} C_6H_2(CH_3)(NO_2)_3 + 3H_2O \quad (8\text{-}25)$$

TNT

≪スルホン化≫ ベンゼンを濃硫酸と反応させると水素がスルホ基($-SO_3H$)で置換されたベンゼンスルホン酸が得られる。

$$C_6H_6 + H_2SO_4 \xrightarrow{\text{加熱}} C_6H_5\text{–}SO_3H + H_2O \quad (8\text{-}26)$$

濃硫酸　ベンゼンスルホン酸

≪酸化≫　ベンゼン環の水素は酸化されにくいが，五酸化バナジウム V_2O_5 を触媒に用いて空気酸化させることができる。

$$\text{benzene} \xrightarrow[V_2O_5]{O_2} \text{無水マレイン酸}, \quad \text{naphthalene} \xrightarrow[V_2O_5]{O_2} \text{無水フタル酸} \qquad (8\text{-}27)$$

無水マレイン酸　　　無水フタル酸

8-2-6 アルコール

≪アルコールとフェノール≫　炭化水素の水素原子を$-OH$（ヒドロキシ基）で置換（ちかん）したものが**アルコール**である。また，ベンゼン環の水素原子を$-OH$ で置換したものを**フェノール**という。フェノールについては後述する。

≪アルコール≫　分子中に$-OH$が1つのものを**1価アルコール**といい，メタノール CH_3OH，エタノール CH_3CH_2OH などがある。ヒドロキシ基$-OH$ の数により，**2価アルコール**(例；1, 2-エタンジオール(慣用名は

24 **記号 *n*-**
表 8-5 内の *n*-は，normal のnで，直鎖を表す。

表 8-5　1価アルコール

分子式	示性式	名　称	沸点(℃)	溶解度(g/水 100 g)
CH_4O	CH_3OH	methanol（メタノール）, methyl alcohol	65	∞
C_2H_6O	CH_3CH_2OH	ethanol（エタノール）, ethyl alcohol	78	∞
C_3H_8O	$CH_3CH_2CH_2OH$	1-propanol（プロパノール）, *n*-propyl alcohol[24]	97	∞
	$(CH_3)_2CHOH$	2-propanol, isopropyl alcohol	83	∞
$C_4H_{10}O$ 第一級アルコール	$CH_3CH_2CH_2CH_2OH$	1-butanol（ブタノール）, *n*-butyl alcohol	117	8.3
第一級アルコール	$(CH_3)_2CHCH_2OH$	2-methyl-1-propanol, isobutyl alcohol	108	10.0
第二級アルコール	$CH_3CH_2CH(CH_3)OH$	2-butanol, *s*-butyl alcohol	100	26.0
第三級アルコール	$(CH_3)_3COH$	2-methyl-2-butanol, *t*-butyl alcohol	83	∞

表 8-6　2価と3価アルコール

示性式	名　称	沸点(℃)	溶解度(g/水 100 g)
$CH_2(OH)-CH_2OH$	1, 2-ethanediol（エタンジオール）, ethylene glycol	197	∞
$CH_3CH(OH)-CH_2OH$	1, 2-propanediol（プロパンジオール）, propylene glycol	187	∞
$CH_2(OH)-CH_2CH_2OH$	1, 3-propanediol, trimethylene glycol	210	∞
$CH_2(OH)-CH(OH)-CH_2OH$	1, 2, 3-propanetriol（プロパントリオール） glycerol	290(分解)	∞

エチレングリコール[25]) $CH_2(OH)-CH_2OH$), **3 価アルコール**(例, 1, 2, 3-プロパントリオール(グリセリン[26]) $CH_2(OH)-CH(OH)-CH_2OH$) などがある。低分子量のアルコールは水とよく混じる(表 8-5, 8-6 の溶解度参照)。

25 エチレングリコール
自動車のラジエターの不凍液, ポリエステル(PET)の原料。

26 グリセリン
各種化粧品, 食品, 火薬, 医薬品, 不凍液。

アルコールは, OH 基のつく炭素原子が他の炭素原子といくつ結合しているかにより, **第一級アルコール**, **第二級アルコール**, **第三級アルコール**に分類される。メタノールは第一級アルコールである。

アルコールは炭素数同数の炭化水素と比べて沸点や融点が高い。これは－OH に電荷の偏(かたよ)りが起こり, 水素結合を形成してアルコール分子どうしが引き合うからである(図 8-17)。特に, 1, 2-エタンジオールのように－OH をより多く持つアルコールは, その傾向が強く沸点が高い。

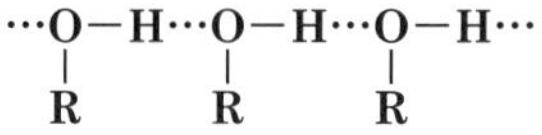

$$\cdots \underset{\displaystyle R}{\underset{|}{O}}-H\cdots \underset{\displaystyle R}{\underset{|}{O}}-H\cdots \underset{\displaystyle R}{\underset{|}{O}}-H\cdots$$

図 8-17　アルコールの水素結合

≪アルコールと金属との反応≫　アルコールは中性物質であるが, －OH の水素原子は金属ナトリウムと反応して水素を発生し, **ナトリウムアルコキシド**になる。

$$2\,C_2H_5OH + 2\,Na \longrightarrow 2\,C_2H_5ONa + H_2 \qquad (8\text{-}28)$$

≪アルコールと酸との反応(エステル化)≫　アルコールは酸と反応してエステル[27]になる。

27 エステル
酢酸, 硫酸などの酸素を含む酸(オキソ酸)とアルコールから水が取れてできた物質を**エステル**という。p. 246 参照。

$$C_2H_5-OH + HO-\underset{\underset{\displaystyle O}{\|}}{C}CH_3 \longrightarrow C_2H_5O-\underset{\underset{\displaystyle O}{\|}}{C}CH_3 + H_2O \qquad (8\text{-}29)$$

$$C_2H_5-OH + HO-SO_3H \longrightarrow C_2H_5O-SO_3H + H_2O \qquad (8\text{-}30)$$

フィッシャーエステル化反応　COLUMN

カルボン酸とアルコールの反応で代表的な反応にエステル化があり, 一般的なエステル合成法でフィッシャーエステル化反応(Fischer esterification reaction)がある。最初に酸触媒(H^+)がカルボニル(C=O)酸素に付加し, アルコール酸素がカルボニル炭素を求核攻撃した中間体が生成。その後酸触媒(H^+), 水が脱離しエステルが生成する。

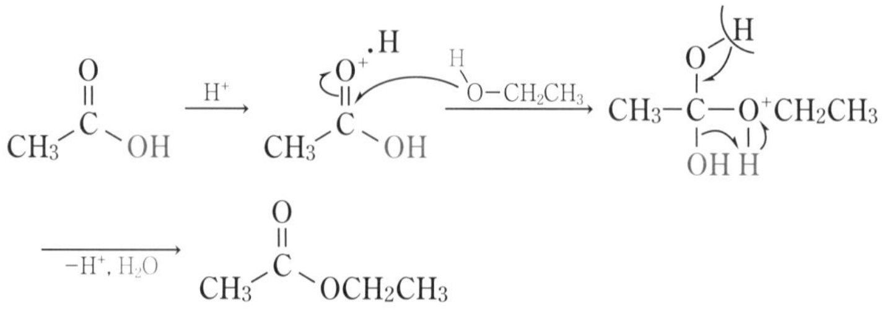

$$CH_3-\overset{\overset{\displaystyle O}{\|}}{C}-OH \xrightarrow{H^+} CH_3-\overset{\overset{\displaystyle O^+\cdot H}{\|}}{C}-OH \xrightarrow{H-O-CH_2CH_3} CH_3-\overset{\overset{\displaystyle O-H}{|}}{\underset{\underset{\displaystyle OH}{|}}{C}}-\underset{\displaystyle H}{O^+}CH_2CH_3 \xrightarrow{-H^+,\ H_2O} CH_3-\overset{\overset{\displaystyle O}{\|}}{C}-OCH_2CH_3$$

硫酸との反応では，反応温度が高くなると，2分子間で脱水されたジエチルエーテルや，分子内で脱水されたエチレンになる。

$$2\,C_2H_5OH \xrightarrow{H_2SO_4} C_2H_5-O-C_2H_5 + H_2O \quad (140\,^\circ C) \qquad (8\text{-}31)$$

$$C_2H_5OH \xrightarrow{H_2SO_4} CH_2=CH_2 + H_2O \quad (170\,^\circ C) \qquad (8\text{-}32)$$

分子内で水が取れる反応を**脱水反応**という。また，エステル化やジエチルエーテルができる反応のように，2つの分子から水などの簡単な分子が取れて，新しい分子ができる反応を**縮合反応**(しゅくごう)という。

≪アルコールの酸化反応≫　第一級アルコール，第二級アルコール，第三級アルコールは，それぞれ酸化の受け方が異なる。第一級アルコールはアルデヒド[28]を経てカルボン酸に，第二級アルコールはケトン(**8-2-9**項)を生じる。第三級アルコールは酸化を受けにくく，強く酸化させると炭素数の減少を伴う。炭素数4の例を次の式に示す。

第一級アルコール

$$\underset{\text{1-butanol}}{CH_3-CH_2-CH_2-CH_2-OH} \xrightarrow{\text{酸化}} \overset{\text{アルデヒド}}{\underset{\text{butanal}}{CH_3-CH_2-CH_2-CHO}}$$

$$\xrightarrow{\text{酸化}} \overset{\text{カルボン酸}}{\underset{\text{butanoic acid}}{CH_3-CH_2-CH_2-COOH}} \qquad (8\text{-}33)[29]$$

$$\underset{\text{2-methyl-1-propanol}}{(CH_3)_2CH-CH_2-OH} \xrightarrow{\text{酸化}} \overset{\text{アルデヒド}}{\underset{\text{methylpropanal}}{(CH_3)_2CH-CHO}}$$

$$\xrightarrow{\text{酸化}} \overset{\text{カルボン酸}}{\underset{\text{methylpropanoic acid}}{(CH_3)_2CH-COOH}} \qquad (8\text{-}34)$$

第二級アルコール

$$\underset{\text{2-butanol}}{CH_3-CH_2-CH(CH_3)-OH} \xrightarrow{\text{酸化}} \overset{\text{ケトン}}{\underset{\text{butanone}}{CH_3-CH_2-C(CH_3)=O}} \qquad (8\text{-}35)$$

$$\underset{\text{2-methyl-2-propanol}}{CH_3-C(CH_3)_2-OH} \xrightarrow{\text{酸化}} \overset{\text{ケトン(アセトン)}}{(CH_3)_2C=O} + \overset{\text{ギ酸}}{HCOOH} \qquad (8\text{-}36)$$

酸化を受けにくいが，強く酸化すると炭素－炭素結合が切れアセトンやギ酸が生じる

≪アルコールの製法≫　代表的なアルコールであるエタノールは，「お酒」を作る方法(**発酵法**)で得られる。デンプンを酵素アミラーゼによりマルトース(糖の一種)とし，さらに酵素マルターゼを用いてグルコース(糖の一種)とする。最終的に酵素チマーゼによりアルコールを得る方法である。

$$\underset{\text{グルコース}}{C_6H_{12}O_6} \longrightarrow 2\,C_2H_5OH + 2\,CO_2 \qquad (8\text{-}37)$$

[28] **アルデヒド**
お酒を飲んだときの悪酔いの原因物質は，体内でエタノールの酸化により生じるアセトアルデヒドである。

[29] **Butanoic acid：ブタン酸**
慣用名は酪酸。不快な足の臭いの原因物質である。

工業的にはエチレンを出発物質として硫酸付加，加水分解により得られる。

$$CH_2{=}CH_2 \xrightarrow{H_2SO_4} CH_3{-}CH_2{-}OSO_3H \xrightarrow{H_2O} CH_3CH_2OH \qquad (8\text{-}38)$$

8-2-7 フェノール

芳香族炭化水素のベンゼン環の水素をヒドロキシ基$-OH$で置換した化合物を**フェノール**といい，ナフタレン環(**8-2-5** 項参照)の水素を$-OH$で置換したものは**ナフトール**という(図 8-18)。

$-OH$の数が1個のものは**1価フェノール**，2個のものは**2価フェノール**などという。アルコールは中性であるが，フェノールは酸性である。水に溶けにくいものが多いが，アルカリにはよく溶ける。

カルボキシ基($-COOH$)，ニトロ基($-NO_2$)，アミノ基($-NH_2$)を持つフェノールもある。

≪フェノールの製法≫　石炭を乾留[30]して得られるコールタール中に存在する。工業的には**クメン法**(イソプロピルベンゼン，別名 cumene を経由する合成法)による合成が多い(式 8-39)。

30 乾留
空気(酸素)を遮断して固体有機物を強く熱する操作を**乾留**という。石炭を乾留すると，コークス(固体)，コールタール(液体)，石炭ガス(気体)が得られる。

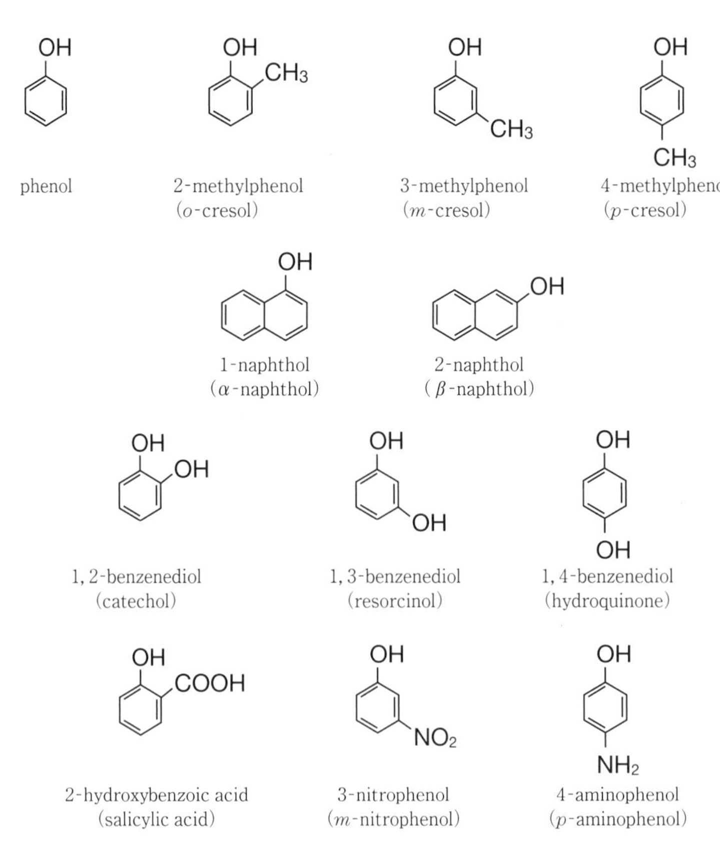

図 8-18　いろいろなフェノールとナフトール

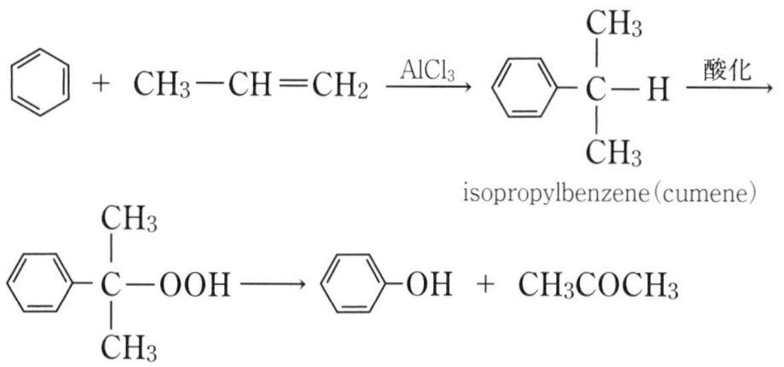

$$\text{C}_6\text{H}_6 + CH_3{-}CH{=}CH_2 \xrightarrow{AlCl_3} C_6H_5{-}C(CH_3)_2{-}H \xrightarrow{\text{酸化}}$$

isopropylbenzene (cumene)

$$C_6H_5{-}C(CH_3)_2{-}OOH \longrightarrow C_6H_5{-}OH + CH_3COCH_3 \qquad (8\text{-}39)$$

《フェノールの呈色(ていしょく)反応》 フェノール類は，塩化鉄(III) $FeCl_3$ 水溶液に対して呈色反応[31]を示す。フェノール[32](紫)，クレゾール[33](青)，カテコール(緑)，サリチル酸(紫)などとなる。

[31] **呈色反応**
色の発色や変化を伴う化学反応を**呈色反応**という。

[32] **フェノールの利用**
フェノールは，消毒剤，合成樹脂の原料である。図 8-18 参照。

[33] **クレゾール**
クレゾールは，メチルフェノールの慣用名。消毒，防腐剤に使われる。図 8-18 参照。

8-2-8 エーテル

エーテル(一般式 R−O−R′)は，炭素数同数のアルコールと同じ分子式であり，アルコールの異性体である。ヒドロキシ基がなく，水素結合を生じないので，同炭素数のアルコールより沸点が低く，ナトリウムなどの金属とも反応しない。CH_3CH_2OH(エタノール)の沸点は 78 ℃であるのに対して，炭素数同数の CH_3-O-CH_3(ジメチルエーテル)の沸点は −25 ℃である。単に**エーテル**といわれる**ジエチルエーテル** $C_2H_5-O-C_2H_5$ の沸点は 35 ℃で，揮発性で，可燃性，引火性の高い無色の液体である。

水に溶けにくく，有機物をよく溶かすので溶剤として用いられるが，反応性は乏(とぼ)しい。

8-2-6 項で述べたように，エタノールの脱水反応で合成できる。

$$2\,C_2H_5OH \xrightarrow{H_2SO_4} C_2H_5-O-C_2H_5 + H_2O \qquad (8\text{-}40)$$

ethoxyethane, diethyl ether

8-2-9 アルデヒドとケトン

>C=O を**カルボニル基**という。カルボニル基に少なくとも 1 個の水素原子が結合した化合物を**アルデヒド**といい，2 個の炭化水素基が結合した化合物を**ケトン**という。

$$\begin{array}{cc} \text{R}\\\text{H}\end{array}\!\!>C{=}O \qquad \begin{array}{cc} \text{R}\\\text{R'}\end{array}\!\!>C{=}O$$

アルデヒド　　ケトン

図 8-19　アルデヒドとケトン

《アルデヒド》 最も簡単なアルデヒドは**ホルムアルデヒド**(methanal(メタナール))で，この水溶液が**ホルマリン**である。ホルマリンは毒性が強く，防腐剤としてベニヤ板などの建材に使用されるが，ハウスシック症候群の原因物質とされている。また，生体のホルマリン漬け標本にも使われる。フェノール樹脂，尿素樹脂などの原料となる。

$$\mathrm{H}\!\!>\!\mathrm{C{=}O}\ (\mathrm{H})\qquad \mathrm{CH_3}\!\!>\!\mathrm{C{=}O}\ (\mathrm{H})$$

ホルムアルデヒド　アセトアルデヒド

図 8-20　ホルムアルデヒドとアセトアルデヒド

アセトアルデヒドは刺激臭のある液体(沸点 20℃)で，アルコールのところで述べたように，第一級アルコールのエタノールを酸化すると得られる。アセトアルデヒドがさらに酸化されると，**酢酸**(さくさん)になる。

アルデヒド基(−CHO)を持つ化合物は，還元剤[34]として使われる。アルデヒドは**アンモニア性硝酸銀溶液**を還元して銀を析出[35]し，カルボン酸になる。この反応を**銀鏡反応**(ぎんきょう)といい，鏡の製造に使われる。

$$\mathrm{RCHO + 2\,Ag(NH_3)_2OH \longrightarrow 2\,Ag + RCOONH_4 + 3\,NH_3 + H_2O} \tag{8-41}$$

この反応は略して次のように記す。

$$\mathbf{RCHO + Ag_2O \longrightarrow 2\ Ag + RCOOH} \tag{8-42}$$

芳香族アルデヒドを除くアルデヒドに**フェーリング溶液**[36]を加えて熱すると，酸化銅(I) Cu_2O の赤色沈殿を生じる。銀鏡反応，フェーリング反応ともにアルデヒドの検出に用いられる。

$$\mathrm{2\,Cu^{2+} + NaOH + RCHO + H_2O \longrightarrow RCOONa + Cu_2O + 4\,H^+} \tag{8-43}$$

アルデヒド中のカルボニル基の二重結合は，いろいろな付加反応をする。

$$\mathrm{CH_3CH{=}O + H_2 \longrightarrow CH_3CH_2OH} \tag{8-44}$$

$$\mathrm{CH_3CH{=}O + NH_3 \longrightarrow CH_3CH(OH)NH_2} \tag{8-45}$$

$$\mathrm{CH_3CH{=}O + HCN \longrightarrow CH_3CH(OH)CN} \tag{8-46}$$

$$\mathrm{CH_3CH{=}O + NaHSO_3 \longrightarrow CH_3CH(OH)SO_3Na} \tag{8-47}$$

≪ケトン≫　第二級アルコールを酸化すると，**ケトン**になる。ケトンは酸化されにくく，アルデヒドのような還元性はない。

$$\mathrm{R,R'{>}CHOH \underset{還元}{\overset{酸化}{\rightleftarrows}} R,R'{>}C{=}O} \tag{8-48}$$

最も簡単なケトンは**アセトン**で，水と自由に溶けあう(どんな割合でも溶けることをさす)無色の液体(沸点 56℃)である。酢酸カルシウムの熱分解で得られる。

$$\mathrm{(CH_3COO)_2Ca \longrightarrow CH_3COCH_3 + CaCO_3} \tag{8-49}$$

工業的には，フェノールの製法のところで示したクメン法や 2-プロパノールの酸化などでつくられる。

メチルケトンあるいは酸化によりメチルケトンを生じるアルコールは，塩基性条件下でヨウ素を作用させると，ヨードホルム(CHI_3)の黄色結晶を生じる。この反応を**ヨードホルム反応**という。メチルケトンと

[34] **還元剤**
他の物質を還元できる物質を**還元剤**という。1-1-3 項，6-4-4 項を参照。

[35] **析出**
液体または気体中から固体が分離してくることを**析出**という。

[36] **フェーリング溶液**
ドイツの化学者フェーリング(H. von Fehling)によりつくられた，還元糖の検出，定量に用いられる試薬。硫酸銅(II)，酒石酸カリウムナトリウム，水酸化ナトリウムからなる水溶液である。

は式 8-48 の R または R′(または両方とも)が CH_3 であるものをさす。R または R′ のどちらかが CH_3 であれば，他方は H でもよい(エタノールが酸化されると R が CH_3，R′ が H のアセトアルデヒドを生成し，ヨードホルム反応を示す)。

$$R-COCH_3 + 3\,I_2 + 4\,NaOH \longrightarrow CHI_3 + RCOONa + 3\,NaI + 3\,H_2O \quad (8\text{-}50)$$

$$CH_3CH_2OH + 4\,I_2 + 6\,NaOH \longrightarrow CHI_3 + HCOONa + 5\,NaI + 5\,H_2O \quad (8\text{-}51)$$

環状ケトンのシクロヘキサノンからは，6-ナイロンが得られる。

シクロヘキサノン $\xrightarrow[\text{ヒドロキシルアミン}]{NH_4OH}$ シクロヘキサノンオキシム $\longrightarrow$ ε-カプロラクタム $\longrightarrow$ $\left[NH-(CH_2)_5-C(=O) \right]_n$ 6-ナイロン　(8-52)

8-2-10 カルボン酸とエステル

≪カルボン酸(1 価カルボン酸)≫　カルボキシ基(−COOH)を持つ化合

表 8-7　カルボン酸(飽和脂肪酸)

示性式	名　称	融点(℃)	沸点(℃/Pa)
$HCOOH$	methanoic acid, formic acid	9	101
CH_3COOH	ethanoic acid, acetic acid	17	118
CH_3CH_2COOH	propanoic acid, propionic acid	−22	141
$CH_3CH_2CH_2COOH$	butanoic acid, *n*-butyric acid	−8	164
$(CH_3)_2CHCOOH$	2-methylpropanoic acid, isobutyric acid	−47	154
$C_{17}H_{35}COOH$	octadecanoic acid, stearic acid	70	166/133

表 8-8　カルボン酸(不飽和脂肪酸)

示性式	名　称	融点(℃)	沸点(℃/Pa)
$CH_2=CHCOOH$	propenoic acid, acrylic acid	14	141
$CH_2=CH(CH_3)COOH$	2-methylpropenoic acid, methacrylic acid	16	163
$C_{17}H_{33}COOH$	oleic acid	16	233/1330
$C_{17}H_{31}COOH$	linoleic acid	−5	230/2128
$C_{17}H_{29}COOH$	linolenic acid	−11	232/2261

物を**カルボン酸**という。第一級アルコールを酸化するとアルデヒドを経由してカルボン酸になる。水素あるいは炭化水素基とカルボキシ基を1個持つ鎖状カルボン酸(**1価カルボン酸**)を**脂肪酸**という。脂肪酸のうち，炭化水素基の結合がすべて飽和結合のものを**飽和脂肪酸**，二重結合などを持つものを**不飽和脂肪酸**という[37]。炭化水素基が大きいものを**高級脂肪酸**，小さいものを**低級脂肪酸**という。分子内に2個以上のカルボキシ基を持つカルボン酸はその数に応じて**2価カルボン酸**(**ジカルボン酸**)，**3価カルボン酸**などという。また，ヒドロキシ基$-OH$を持つカルボン酸が**ヒドロキシ酸**(**オキシ酸**ともいう)である。表8-7，表8-8に代表的なカルボン酸を示す。

37 飽和脂肪酸と不飽和脂肪酸
加水分解酵素リパーゼの作用により生じた脂肪酸は飽和脂肪酸，不飽和脂肪酸にかかわらず，同じ炭素数の場合には，これらに含まれるエネルギー量はほぼ同じである。ただし，体内においては，飽和脂肪酸の方が不飽和脂肪酸に比べて分解されにくいと考えられている。一般的に，飽和脂肪酸の含量が高い動物性食品の脂肪は，植物性食品の脂肪に比べて好ましくないといわれている。

カルボキシ基は，水溶液中でわずかに電離し，生じたH^+により弱酸性を示す。水酸化ナトリウムなどの塩基と反応し，塩を生じる。

酢酸のように低級脂肪酸は水に可溶であるが，高級脂肪酸は水に溶けにくく，アルコールやエーテルに溶ける。ステアリン酸ナトリウム$C_{17}H_{35}COONa$は，固形石けん[38]として家庭でもよく使われる。

38 石けんについて
p. 246を参照。石けんについては，本シリーズの「基礎化学2」にも記述した。

ギ酸 $HCOOH$は，最も簡単な脂肪酸で，脂肪酸の中では最も強い酸性を示し，アルデヒド基を持つので還元性も示す。酸化されると二酸化炭素と水が生じる。

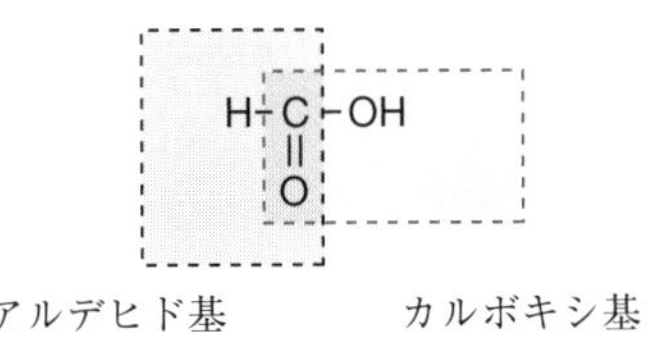

図8-21　ギ酸の構造

酢酸 CH_3COOHは「酢」として食用にも使われる。融点が17℃であり，純粋なものはこの温度以下で凝固するので**氷酢酸**といわれる。

カルボン酸はP_4O_{10}と加熱すると式8-53のようにカルボン酸2分子から1分子の水がとれる(**酸無水物**という)。酢酸の場合は，**無水酢酸**になる。酸無水物は電離してH^+を生じる水素を持たないので，中性である。水と反応して徐々にカルボン酸に戻る。

$$\begin{matrix} RCOOH \\ RCOOH \end{matrix} \longrightarrow \begin{matrix} R-C=O \\ \quad\;\; \diagdown O \\ \quad\;\; \diagup \\ R-C=O \end{matrix} + H_2O \qquad (8\text{-}53)$$

≪2価カルボン酸≫　**シュウ酸** $HOOC-COOH$は，空気中で水和物[39]を形成する安定な結晶で，酸-アルカリ滴定の基準となる溶液(**標準溶液**)の調製に使用される。

39 水和物
水分子が他の分子と結合してできた化合物を**水和物**という。

アジピン酸 $HOOC-(CH_2)_4-COOH$とヘキサメチレンジアミン$H_2N-(CH_2)_6-NH_2$からは，**6, 6-ナイロン**が得られる。

$$n\mathrm{HOOC}-(\mathrm{CH_2})_4-\mathrm{COOH}+n\mathrm{H_2N}-(\mathrm{CH_2})_6-\mathrm{NH_2}$$

$$\longrightarrow\ -[\mathrm{CO}-(\mathrm{CH_2})_4-\mathrm{CO}-\mathrm{NH}-(\mathrm{CH_2})_6-\mathrm{NH}]_n-+2n\mathrm{H_2O} \quad (8\text{-}54)$$

6,6-ナイロン

≪ヒドロキシ酸≫　**乳酸**[40]はヒドロキシ基 OH を持つカルボン酸，すなわち**ヒドロキシ酸**(**オキシ酸**)である。中央の C には異なる 4 個の原子や原子団(H，CH_3，OH，COOH)が結合している(図 8-22)。このような炭素原子を**不斉炭素原子**という。

図 8-23 のように，乳酸の不斉炭素原子を正四面体の中心に置くと，乳酸の構造には，互いに重ね合わすことができない 2 つの異性体があることがわかる。まるで鏡に映った右手(実像)が左手(鏡像)のようになることと似ている。この中心元素(図 8-23 の C*)は**キラル中心**(chiral：掌)または**不斉中心**と呼ばれ，炭素以外にも窒素，リンなどにも見られる。このような異性体を**光学異性体**という。光学異性体は，化学的性質は同じであるが，右手に相当するものと左手に相当するものは，偏光面[41]を同じ大きさだけ反対に回転させる性質がある[42]。

≪アミノ酸≫　ヒドロキシ酸のヒドロキシ基をアミノ基$-NH_2$に換えた構造を持つものが**アミノ酸**である。最も簡単な構造のアミノ酸である

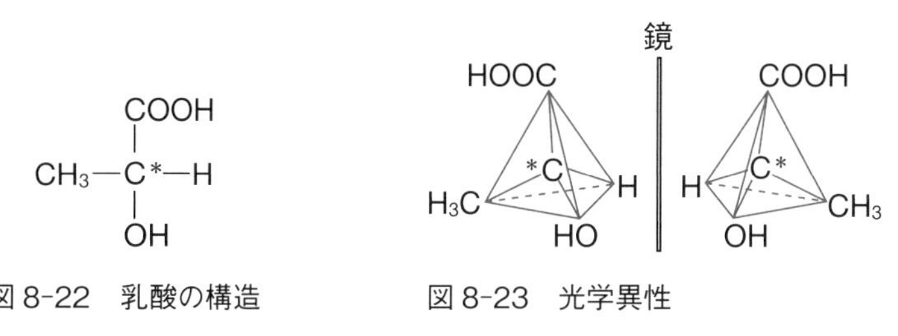

図 8-22　乳酸の構造　　図 8-23　光学異性

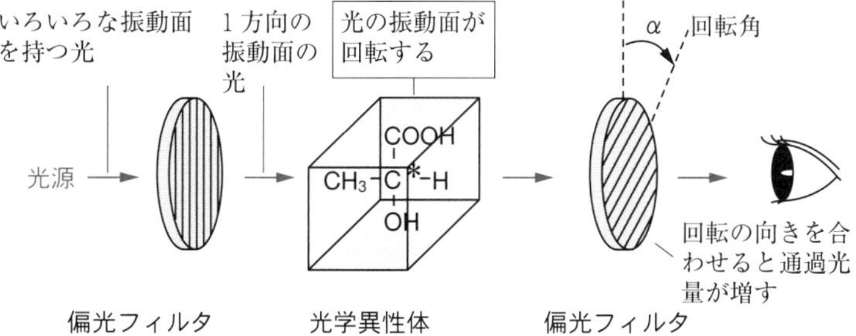

図 8-24　光学異性体は光を偏光させる

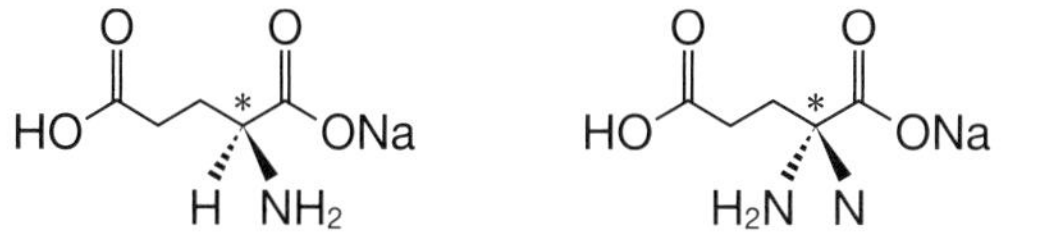

L-グルタミン酸ナトリウム（うまみ成分として使用）　D-グルタミン酸ナトリウム（苦い）

図 8-25　アミノ酸の例(ここで C* はキラル中心)

[40] 乳酸
乳酸は，果実やヨーグルトに含まれている。また，筋運動の際に大量に生じて，疲労した筋肉中に蓄積される。

[41] 偏光面
太陽の光など，通常の光はいろいろな振動面や波長の波が混ざっている。ここでいう振動面とは，振動の方向のことで，たとえば 2 本の縄を縦と横に波打たせてみると，それは「振動面が 90° 違う波」というように思ってもらえればよい。
さて，偏光板(フィルタ)は 1 方向の振動面の光しか通さない性質を持っている。この単一平面で振動する光を**偏光**といい，偏光の振動面のことを**偏光面**という。

[42] 右旋性と左旋性
図 8-24 のように，偏光を光学異性体に当てたとき，出てきた光の偏光面が右(時計回り)に回転していたらその物質は**右旋性**であるといい，左に回転していたら**左旋性**であるという(本文の「右手に相当」「左手に相当」とはこのこと)。光学異性体は，どちらかが右旋性，もう片方が左旋性を示し，右旋性を示す方の名称に d または(+)を付け，左旋性を示す方に l または(−)を付ける(糖やアミノ酸の場合は大文字 D と L を使う)。

グリシン $H_2C(NH_2)COOH$ を除くアミノ酸は，不斉炭素原子を持ち，光学異性体が存在する[43]。

43 アミノ酸の光学異性体
アミノ酸にはD体，L体の光学異性体があるが，生物に利用されているアミノ酸はL体である。L-グルタミン酸モノナトリウム塩は，コンブの旨味成分であるが，D体は旨味がなくむしろ苦い味がする。

≪エステル≫　オキソ酸(酸素原子を含む酸)とアルコールから水が取れた構造の化合物を**エステル**という。酸がカルボン酸の場合は**カルボン酸エステル**，硫酸なら**硫酸エステル**，硝酸なら**硝酸エステル**となる。

酢酸エチル(酢酸エチルエステルとはいわない)は硫酸を触媒として，酢酸とエタノールから得られる。エステルが生成する反応を**エステル化反応**といい，その逆反応を**加水分解反応**という。

$$CH_3COOH + HOCH_2CH_3 \underset{\text{加水分解}}{\overset{\text{エステル化}}{\rightleftarrows}} CH_3COOCH_2CH_3 + H_2O \quad (8\text{-}55)$$

酢酸エチルは沸点77℃の無色の液体で，果実のような芳香がある。水に溶けにくく，有機溶剤として用いられる。一般に比較的分子量の小さいエステルは果実中にも存在し，合成品は食用の香料として使用される。酢酸ペンチル $CH_3COOC_5H_{11}$ はバナナの香り，酪酸(らくさん)エチル $C_3H_7COOC_2H_5$ はパイナップルの香りを持つ。

エステルは多量の水の中で徐々に加水分解して，カルボン酸とアルコールを生じる。また，水酸化ナトリウムなど強塩基と反応してカルボン酸塩とアルコールを生じる。この反応を**けん化**という。油脂は，高級脂肪酸とグリセリンのエステルであり，けん化により**石けん**が合成される。

$$RCOOR' + NaOH \xrightarrow{\text{けん化}} RCOONa + R'OH \quad (8\text{-}56)$$

8-2-11 その他の有機化合物(アミン)

アニリン $C_6H_5NH_2$ は，ニトロベンゼンにスズまたは鉄と塩酸を作用させ還元すると得られる(式8-57)。特臭があり，純粋なものは無色の油状物質である(沸点185℃)。水には難溶であるが，塩酸と反応してアニリン塩酸塩となり水に溶ける(式8-58)。

$$C_6H_5NO_2 + 6(H) \longrightarrow C_6H_5NH_2 + 2\,H_2O \quad (8\text{-}57)$$

$$C_6H_5NH_2 + HCl \longrightarrow C_6H_5NH_3{}^+Cl^- \quad (8\text{-}58)$$

アセトアニリド $C_6H_5NHCOCH_3$ はアニリンと無水酢酸との反応により得られる白色結晶(融点115℃)で，かつては解熱剤として用いられた。$-CO-NH-$結合を**アミド結合**という。

塩化ベンゼンジアゾニウムは，アニリンの希塩酸溶液に亜硝酸ナトリウム $NaNO_2$ を作用させると得られる(**ジアゾ化反応**)。この溶液にナトリウムフェノキシドの水溶液を作用させると，**アゾ基**$-N=N-$を持つオレンジ色の染料 *p*-ヒドロキシアゾベンゼンが得られる(**アゾ染料**)。

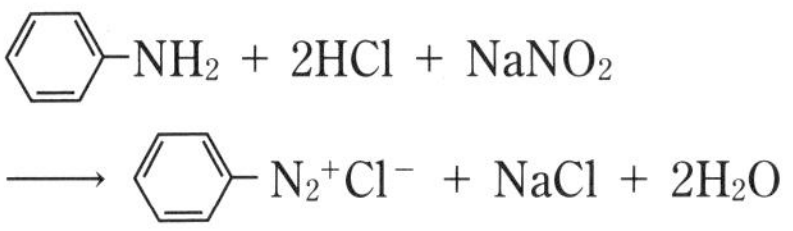

$$C_6H_5\text{-}NH_2 + 2HCl + NaNO_2 \longrightarrow C_6H_5\text{-}N_2^+Cl^- + NaCl + 2H_2O \qquad (8\text{-}59)$$

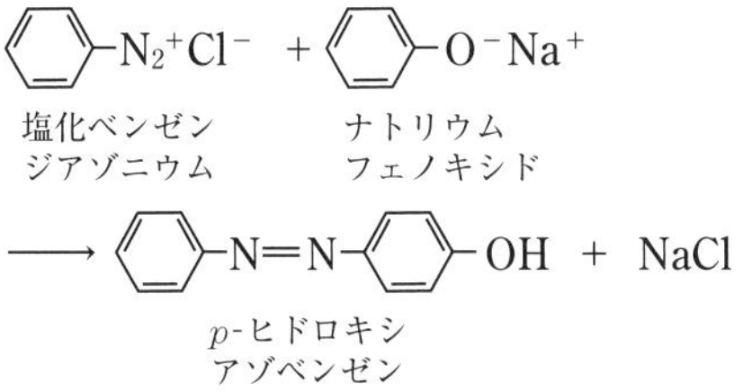

$$C_6H_5\text{-}N_2^+Cl^- + C_6H_5\text{-}O^-Na^+ \longrightarrow C_6H_5\text{-}N{=}N\text{-}C_6H_4\text{-}OH + NaCl \qquad (8\text{-}60)$$

塩化ベンゼンジアゾニウム　ナトリウムフェノキシド

p-ヒドロキシアゾベンゼン

ジーンズを染めるのに使われる**インジゴ**は，天然の紺色染料である藍（あい）の成分である。1897 年，この染料の合成法が確立された。

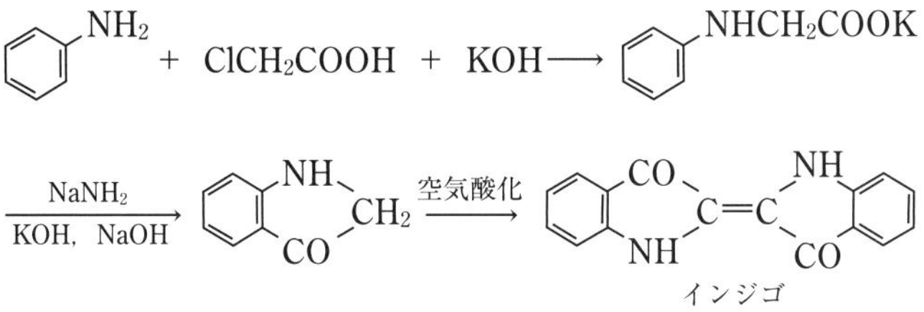

$$C_6H_5\text{-}NH_2 + ClCH_2COOH + KOH \longrightarrow C_6H_5\text{-}NHCH_2COOK$$

$$\xrightarrow[\text{KOH, NaOH}]{\text{NaNH}_2} \quad \xrightarrow{\text{空気酸化}} \quad \qquad (8\text{-}61)$$

インジゴ

アゾ染料

SUDAN Ⅲ（黄色）　SUDAN 410（赤色）

インジゴ染料

インジゴ（青色）　ジブロモインジゴ（紫色）

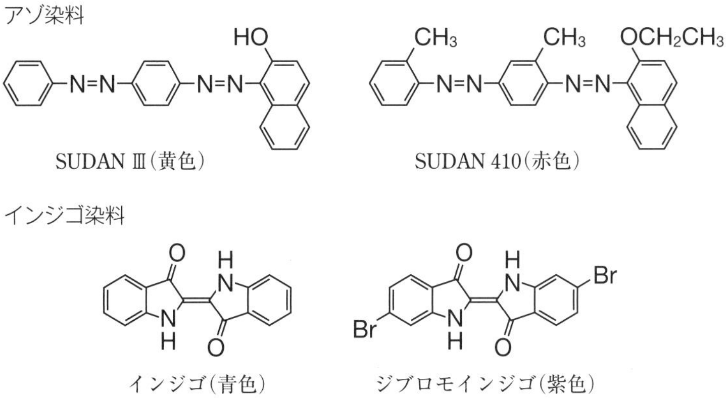

図 8-26　代表的な染料

ドリル問題 8-2

1. $C_{40}H_{56}$ には二重結合はいくつあるか。ただし，2つの環状構造を持ち，三重結合は持たないものとする。
2. 次の化合物のうち，1 L を完全燃焼するのに最も多量の空気を必要とするものはどれか。
   (1)　$CH_2{=}CH_2$　(2)　$CH{\equiv}C{-}CH_3$　(3)　$CH{\equiv}CH$　(4)　$CH_3{-}CH_3$
3. 次の分子式で示される化合物の同一質量を完全燃焼させるとき，最も多量の二酸化炭素を生じるものはどれか。
   (1)　CH_4　(2)　C_2H_2　(3)　C_2H_4　(4)　C_2H_6　(5)　C_3H_8
4. 体積組成がメタン 40%，エチレン 30%，プロピレン 20%，アセチレン 10% の混合気体 387 g に，水素を十分に反応させたところ，不飽和化合物はすべて飽和化合物に変化した。
   (1)　何モルの水素が反応したか。
   (2)　この反応で生成した化合物の名称を記せ。
5. 次の化合物の構造式または示性式を示せ。
   (1)　メタノール
   (2)　エタノール
   (3)　ジエチルエーテル
   (4)　アセトアルデヒド
   (5)　アセトン
6. 次の一般式を持つ化合物の一般名を記せ。
   (1)　R－OH
   (2)　R－CHO
   (3)　R－O－R′
   (4)　R－COOH
   (5)　R－COO－R′
7. 次の(ア)～(オ)の化合物について，(1)～(4)の問いに答えよ。
   (ア)　メタノール　(イ)　ホルムアルデヒド　(ウ)　酢酸　(エ)　アセトン
   (オ)　エチルエーテル
   (1)　常温で気体の化合物はどれか。
   (2)　沸点の最も高い化合物はどれか。
   (3)　水に溶けにくい化合物はどれか。
   (4)　水に溶けて，電離する化合物はどれか。
8. アンモニア性硝酸銀溶液を還元して銀鏡をつくるものは次のどれか。
   (1)　CH_3OH　(2)　CH_3OCH_3　(3)　HCOOH　(4)　CH_3COCH_3
   (5)　CH_3COOH

8章 演習問題

1. 一般に実験式を整数倍すると分子式になる。次の(ア)〜(ク)の実験式について成分元素の原子価から考えて，(1)〜(4)の問いに答えよ。答えは1つとは限らない。

(ア) C_2H_3Cl　(イ) CH_4　(ウ) CH_2　(エ) CHCl

(オ) CH_2O　(カ) CH_4O　(キ) CH_4Cl　(ク) C_2H

(1) この実験式のままでのみ分子式を表すものはどれか。

(2) この実験式を何倍かした場合にのみ，分子式を表すものはどれか。

(3) この実験式のままでも，また，この実験式を何倍かしたものも分子式となるものはどれか。

(4) 実験式として誤りであるものはどれか。

2. 炭素，水素，酸素からなる有機化合物がある。この化合物の元素分析値はC：52.17%，H：13.04%である。この化合物の組成式を求め，可能な分子式，構造式(示性式)を示せ。

3. ある炭化水素1 molを完全燃焼させるのに，酸素2.5 molが必要であった。この炭化水素を推定し，その名称のIUPAC名を英語で記し，構造式を示せ。

4. 原子数の比がC：H：O＝3：3：1で，分子量が約110である芳香族化合物には，同じ種類の置換基が2個あり，その位置がパラである。この化合物の構造式を示せ。

5. モノカルボン酸エステル1.85 gに1 mol/L水酸化ナトリウム水溶液30.0 mLを加えて完全に加水分解させたのち，残留する水酸化ナトリウムを0.20 mol/L塩酸で滴定したところ，25.0 mLを要した。このエステルに該当するすべての化合物を示性式で示せ。

6. 次の化合物の名称のIUPAC名を英語で記せ。

(1) $CH_3CH(C_2H_5)CH(CH_3)CH_2CH_3$

(2) $CH_2{=}C(CH_3)CH{=}CH_2$

(3) $CH_3{-}C{\equiv}C{-}CH(CH_3)_2$

(4) $CHCl_3$

(5) $CH_2{=}CH{-}CH_2Br$

7. $C_4H_{10}O$の異性体をすべて書き，それぞれの名称のIUPAC名を英語で記せ。

8. 次の化学変化について構造式を使って反応式で示せ。

(1) メタノールを酸化銅で酸化したとき。

(2) アセトアルデヒドを空気で酸化したとき。

(3) エタノールを濃硫酸と混合し，140℃に熱したとき。

(4) 酢酸とエタノールに少量の硫酸を加え，おだやかに加熱したとき。

9. 次の化合物の名称のIUPAC名を英語で記せ。

(1) HCHO　(2) $CH_3CH_2COCH_2CH_3$

(3) $HOOC{-}CH_2CH_2{-}COOH$　(4) $CH_3CH_2COOCH_2CH_3$

(5) $CH_3CH_2CH_2CONH_2$　(6) $H_2N{-}(CH_2)_4{-}NH(CH_3)$

10. 次に示す化合物のIUPAC名の正誤を判定せよ。名称に誤りがある場合は，正しい名称を記せ。

(1) 2-methyl-4-(1-methylethyl)pentane

(2) 5-ethyl-4-methyl-3-heptene

(3) 1-bromo-2-propene

(4) 2, 3-dimethyl-1-propanol

(5) ethanoic methanoic anhydride

11. 次の化合物の名称の IUPAC 名を英語で記せ。

(1) $CH_2{=}CHCH_2CHO$

(2) $CH_3COOCOCH_3$

(3) $OHCCH_2CH_2COOH$

(4) $CH_3CH(OH)CH_2CH_2NH_2$

(5) $CH_3CH(OH)CH_2COCH_3$

12. 次の化合物の名称の IUPAC 名を英語で記せ。

(1) 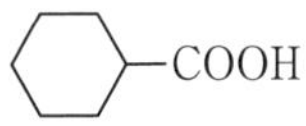 —COOH

(2) 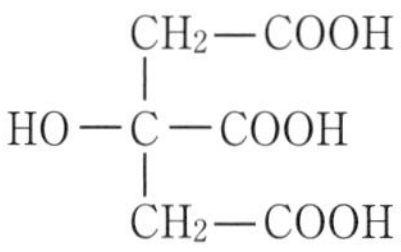
CH_2—COOH
HO—C—COOH
CH_2—COOH

13. 分子式 $C_9H_{12}O$ のベンゼン置換体 A がある。A は塩化鉄(III)溶液による呈色反応を示さない。また，A を弱く酸化すると分子式 $C_9H_{10}O$ のケトンとなり，強く酸化するとテレフタル酸が得られる。A の構造式は次のどれか。

(1) 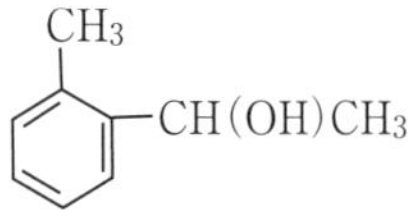 CH_3 —CH(OH)CH_3

(2) 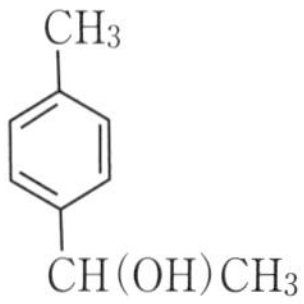 CH_3 CH(OH)CH_3

(3) CH_3 —CH_3 CH_2OH

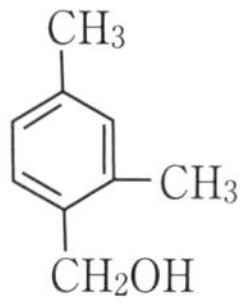

(4) 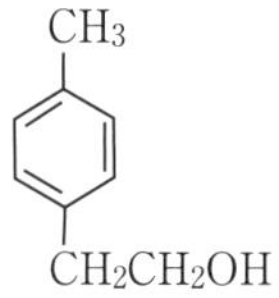 CH_3 CH_2CH_2OH

(5) 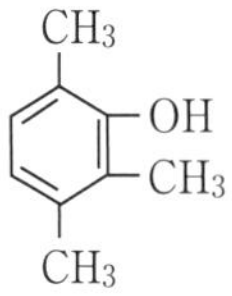 CH_3 —OH —CH_3 CH_3

14. ある 1 価のアルコールに酢酸と濃硫酸を加え反応させたところ，分子量がもとのアルコールより 42 大きく，もとのアルコールの 1.7 倍の分子量を持つ化合物を得た。このアルコールの示性式を記せ。

計算問題の解答

※本書の各問題の「解答例・詳しい解答」は，下記URLの本書の紹介ページよりダウンロードすることができます。キーワード検索で「新編基礎化学」を検索してください。

https://www.jikkyo.co.jp/

1-1 ドリル問題

1. 2.30 **2.** (1) 32.04 (2) 17.03 (3) 98.09 (4) 158.04 (5) 58.44 (6) 100.09 (7) 78.11 (8) 101.11
3. (1) 5.55 mol (2) 0.508 mol (3) 0.499 mol (4) 2.17 mol (5) 0.752 mol (6) 0.999 mol (7) 2.27 mol (8) 0.420 mol (9) 1.41 mol **4.** 1.0×10^{-3} mol/L **5.** 0.1000 mol **6.** 2.2×10^{22} 個

1-2 ドリル問題

1. 55.49 mol **2.** 2.0 mol **3.** 15 g **4.** 3.1×10^{-3} mol **5.** 230.1 g **6.** 0.5 L **7.** 1.0×10^{-10} mol/L
8. 17.91 mol **9.** (1) $\dfrac{1}{n+1}$ (2) $\dfrac{e^4-1}{2}$ (3) $4\ln 3$ **10.** (1) $6x^2-6x+1$ (2) $-\dfrac{3}{x^4}$ (3) $2e^{2x}$ (4) $\dfrac{e^x}{x}$
(5) $2x+3$ (6) $2-\dfrac{7}{x^2}-\dfrac{4}{x^3}$ **11.** (1) $\dfrac{x^4}{2}+x^3-\dfrac{x^2}{2}+4x+C$ (2) $\dfrac{e^{3x}}{3}+C$ (3) $2x^2+3\ln x+C$

1章　演習問題

1. 原子量197，金 Au **2.** 7.8×10^2 個 **3.** 6.8 ppm **4.** (1) $2\,H_2S+SO_2 \longrightarrow 3\,S+2\,H_2O$
(2) $N_2+3\,H_2 \longrightarrow 2\,NH_3$ (3) $CH_3CH_2OH+3\,O_2 \longrightarrow 2\,CO_2+3\,H_2O$ (4) $2\,H_2O_2 \longrightarrow 2\,H_2O+O_2$
5. $CH_4+2\,O_2 \longrightarrow CO_2+2\,H_2O$ **6.** $Zn+2\,HCl \longrightarrow ZnCl_2+H_2$ **7.** $CaCO_3+2\,HCl \longrightarrow CaCl_2+H_2O+CO_2$
8. 1.2×10^5 個，1.4 pg/日 **9.** 55.9 **10.** 8.368×10^6 J **11.** 3% **12.** 10^{-3} mol/L **13.** 4.54 mol **14.** 2860 g
15. 230 mol **16.** 0.0318 g **17.** 0.40 g **18.** ＜解答例＞ 10^{-5} mol/L～10^{-6} mol/L
19. ＜解答例＞ 0.85～0.95%

2-1 ドリル問題

1. 6.99×10^7 個
2.

	陽子	中性子	電子
^{35}Cl	17	18	17
$^{37}Cl^-$	17	20	18
$^{23}Na^+$	11	12	10

3. 15.9994 **4.** 122 nm，103 nm，97.3 nm **5.** 52.9 pm **6.** (1) p. 28参照 (2) p. 32参照 (3) p. 36参照
7. H^-，Li^+，Be^{2+}，B^{3+}，C^{4+}，…のどれかをあげればよい。 **8.** 4.07×10^{-19} J，2.45×10^2 kJ mol^{-1}

2章　演習問題

1. 9種類 **2.** He^+：5251 kJ mol^{-1}，Li^{2+}：11815 kJ mol^{-1}

3-1 ドリル問題

1.

	(1)	(2)	(3)	(4)	(5)	(6)
分子またはイオン	H_2O	H_2	CH_4	NH_3	Na^+	Cl^-
電子の数	10	2	10	10	10	18
原子核内の陽子数	10	2	10	10	11	17

3.
(1) $H:\underset{\cdot\cdot}{\overset{\cdot\cdot}{O}}:H$ (2) $H:H$ (3) $:\underset{\cdot\cdot}{\overset{\cdot\cdot}{Cl}}:\underset{\cdot\cdot}{\overset{\cdot\cdot}{Cl}}:$ (4) $H:\underset{\cdot\cdot}{\overset{\cdot\cdot}{Cl}}:$

3-2 ドリル問題

2. アンモニア分子(NH_3) $\longrightarrow H:\underset{\cdot\cdot}{\overset{\overset{H}{\cdot\cdot}}{N}}:H$ アンモニウムイオン($NH_4{}^+$) $\longrightarrow H:\underset{\underset{H}{\cdot\cdot}}{\overset{\overset{H}{\cdot\cdot}}{N}}{}^+:H$
3. 水素：H^+；$H>H^+$，酸素：O^{2-}；$O^{2-}>O$，ナトリウム：Na^+；$Na>Na^+$，塩素：Cl^-；$Cl^->Cl$

5. 水に溶けやすい物質：(3) HCl，(5) $NaCl$，(6) NH_3　水に溶けにくい物質：(1) N_2，(2) H_2，(4) CH_4

4-1，4-2 ドリル問題

1. 1070 kPa，2.140×10^6 N　**2.** 23.4 dm^3，2.34×10^4 cm^3，23.4 L，2.34×10^4 mL

3. (1) 127 kPa　(2) 203 kPa　(3) 13.2 L　(4) 5.60 L　(5) 12.0 L　(6) −1℃　(7) 313℃　(8) 189 kPa
(9) 7.21 L　(10) 0.466 mol　(11) 81.0 kPa

4-3　ドリル問題

1. 3.22%　**2.** 0.104 mol/L　**3.** 1.25 mol/kg　**4.** 30.0 g　**5.** 0.313 mol　**6.** 490 g　**7.** 44.8 g
8. 100.258℃　**9.** −0.927℃　**10.** 310 kPa

4章　演習問題

1. 2.45 L　**2.** 30.1　**3.** (1) $m_B=\frac{m_A(P_2-P_1)}{P_1}$　(2) P_2-P_1[kPa]　**4.** 22.8 g　**5.** 8.1×10^{20} 個

6. 9.96×10^3 Pa　**7.** 質量パーセント濃度：2.2%，モル濃度：0.38 mol/L，質量モル濃度：0.37 mol/kg

8. 4.24 mL　**9.** (ウ)(オ)(エ)(イ)(ア)(カ)　**10.** 27.5 g　**11.** 0.0760 g

12. 質量パーセント濃度：19.4%，モル濃度：10 mol/L　**13.** 酸素：0.100 mol，窒素：0.300 mol

14. 混合気体の全圧：174 kPa，窒素の分圧：34.3 kPa，アルゴンの分圧：139 kPa

15. $p_A=\frac{n_A}{n_A+n_B+n_C}P$，$p_B=\frac{n_B}{n_A+n_B+n_C}P$，$p_C=\frac{n_C}{n_A+n_B+n_C}P$　**16.** 128　**17.** 199 g/水 100 g

5-1　ドリル問題

1. 6.62×10^2 m/s　**2.** 発熱反応　**3.** 106 kJ　**4.** 平均速度：4.5×10^2 m/s，根平均二乗速度：4.9×10^2 m/s，衝突頻度：$6.1\times10^9\ s^{-1}$，平均自由行程：74 nm，壁面との衝突総数：$2.7\times10^{23}\ cm^{-2}\,s^{-1}$

5. −892 $kJmol^{-1}$

5章　演習問題

1. 発熱反応　**2.** (a) 1.2×10^3 m/s　(b) 9.89×10^4 m　(c) $1.24\times10^{-2}\ s^{-1}$　**3.** −1369 $kJmol^{-1}$

4. プロパンの生成熱：106 kJ，燃焼熱：2220 kJ　**5.** $\Delta S=\frac{\Delta H}{T}$　$T=\frac{\Delta H}{\Delta S}=\frac{4600}{29.0}=159$ K

6. $\Delta G=\Delta H-T\Delta S=-46.11-(298\times-99.38\times10^{-3})=-16.48\ kJ\,mol^{-1}$　ΔG の符号は負であるのでアンモニアの生成反応が進む。

6-1　ドリル問題

1. 水素：0.030 mol/L ずつ減少，アンモニア：0.020 mol/L ずつ増加

2. 反応物に注目すると，$-\frac{\Delta[CH_3OH]}{\Delta t}\left(-\frac{d[CH_3OH]}{dt}\right)$，$-\frac{\Delta[CH_3COOH]}{\Delta t}\left(-\frac{d[CH_3COOH]}{dt}\right)$

生成物に注目すると，$\frac{\Delta[CH_3COOCH_3]}{\Delta t}\left(\frac{d[CH_3COOCH_3]}{dt}\right)$，$\frac{\Delta[H_2O]}{\Delta t}\left(\frac{d[H_2O]}{dt}\right)$

3. 0.02 mol/(L・s)　**4.** 0.010 mol/(L・s)　**5.** ヨウ化水素平均分解速度：0.0040 mol/(L・s)，水素平均生成速度：0.0020 mol/(L・s)　**6.** $v=k[A]^2$

7. (1)

時間[s]	60	120	150	240	300
[C][mol/L]	0.657	0.432	0.350	0.186	0.122

(2) $t=0$ s と $t=120$ s の間：4.74×10^{-3} mol/(L・s)，$t=0$ s と $t=240$ s の間：3.39×10^{-3} mol/(L・s)，$t=0$ s と $t=300$ s の間：2.93×10^{-3} mol/(L・s)

(3)

時間[s]	60	120	150
速度[mol/(L・s)]	4.60×10^{-3}	3.02×10^{-3}	2.45×10^{-3}

8. 3.7 倍　**9.** 57 倍

6-2 ドリル問題

1. (1) $K=\dfrac{[SO_3]^2}{[SO_2]^2[O_2]}$, (2) $K=\dfrac{[NO_2]^2}{[N_2O_5]}$, (3) $K=\dfrac{[H_2][I_2]}{[HI]^2}$, (4) $K=\dfrac{[NH_3]^2}{[N_2][H_2]^3}$

2. (1) 0.016 (2) 17.4 kPa, 0.016 **3.** (1) 右へ移動 (2) 右へ移動 (3) 左へ移動 (4) 移動は起こらない
4. (1) 左へ移動 (2) 右へ移動 (3) 影響なし (4) 左へ移動 (5) 右へ移動 **5.** (4)が正しい

6-3 ドリル問題

1. 0.03 **2.** 0.07 **3.** 3.4 **4.** 1.7 **5.** 1.0×10^{-8} mol/L **6.** 1.0×10^{8} 倍 **7.** 12.3 **8.** 0.02
9. 0.05 **10.** 8. の場合：10.8, 9. の場合：10.5 **11.** (1) < (3) < (4) < (5) < (2)
12. 酸性：(1) (2) (3) (4), アルカリ性：(5) (6) (7), 最も酸性が強いもの：(1), 最もアルカリ性が強いもの：(7)

6-4 ドリル問題

1. (1) 酸化された物質：Al, 還元された物質：Fe_2O_3 (2) 酸化された物質：H_2, 還元された物質：C_2H_4
(3) 酸化された物質：Cu, 還元された物質：Cl_2
2. (1) −2 (2) +2 (3) +4 (4) +4 (5) +5 (6) +3 (7) +7 (8) +6
3. (1) $Cl_2 \longrightarrow 2\,Cl^- + 2\,e^-$ (2) $2\,I^- + 2\,e^- \longrightarrow I_2$
(3) $2\,I^- + Cl_2 \longrightarrow I_2 + 2\,Cl^-$, $2\,KI + Cl_2 \longrightarrow I_2 + 2\,KCl$
4. (1) 酸化された原子：H, 還元された原子：N (2) 酸化された原子：Zn, 還元された原子：H
(3) 酸化された原子：Na, 還元された原子：H (4) 酸化された原子：C, 還元された原子：Fe
5. (1) 亜鉛 Zn と (3) 鉄 Fe **6.** (1) 酸化反応 (2) 負極から正極へ流れる (3) 正極から負極へ流れる
7. (1) 正極に接続した電極：陽極, 負極に接続した電極：陰極 (2) 正極：酸化反応, 負極：還元反応

第6章 演習問題

1. B の減少速度：1.57 $molL^{-1}s^{-1}$, D の増加速度：3.13 $molL^{-1}s^{-1}$ **2.** (1) 0.010 min^{-1} (2) 69 分, 138 分
(3) $k=0.14\ min^{-1}$, $E_a=84$ kJmol^{-1} (4) 0.030 min^{-1} **3.** 45 ℃ **4.** 4.0 **5.** (エ) **6.** 平衡は右に移動して, 平衡定数を一定に保つ。 **7.** (1) 13.1 (2) 4 (3) 3.6×10^{-2} mol/L **8.** (2) 酸化剤は SO_2, 還元剤は H_2S (4) 酸化剤は $HgCl_2$, 還元剤は $SnCL_2$ (6) 酸化剤は H_2O, 還元剤は Fe **9.** 0.0300 mol/L **10.** 陰極, 1.08 g **12.** 酢酸：1.7 mol, エタノール：0.2 mol, 酢酸エチル：1.3 mol, 水：1.3 mol **13.** (1) 4.9 (2) 4.8

7-1 ドリル問題

1. Li, Na, K, Cs, アルカリ金属元素あるいはアルカリ金属 **2.** 1, 1 **3.** Be, Mg, Ca, Ba, Ra, 4, アルカリ土類金属 **4.** 2, 2 **5.** 負極, めっき, 真ちゅう **6.** 液体, メチル水銀 **7.** Al, 3, 3, 陽 **8.** 酸化, 酸化物, 不動態 **9.** Al_2O_3, アルミナ, 両性 **10.** Sn, Pb, 金属, 非金属

7-2 ドリル問題

1. Cr, Mo, W, クロム属元素 **2.** タングステン, クロム, 不動態 **3.** Fe, Fe_2O_3 **4.** Co, 磁性 **5.** Ni, Pd, Pt, 強磁性 **6.** Cu, Ag, Au, 貨幣金属 **7.** 電気伝導性, 黄銅(あるいは真ちゅう) **8.** 展性, 延性

7-3 ドリル問題

1. 酸素, 還元性 **2.** C, Si, 炭素族元素, 4 **3.** ダイヤモンド, 半導体 **4.** SiO_2, 共有, 石英ガラス **5.** N, P, As, 窒素族元素, 5, 共有結合 **6.** 80, アミノ **7.** NH_3, ハーバーあるいはハーバー・ボッシュ, 刺激, 塩基性 **8.** HNO_3, オストワルト, 酸化, 褐色瓶, 冷暗所, 酸化 **9.** O, S, 酸素族元素 **10.** オキソ, HNO_3, H_2SO_4, 過酸化物, H_2O_2 **11.** H_2S, 腐卵, 重(おも), 還元 **12.** F, Cl, Br, I, ハロゲン元素, 7, 1, 1 **13.** He, Ne, Ar, Kr, Xe, 単原子分子

7章 演習問題

1. 遠い, 遠く, 引力, 離れやすく **2.** 小さな, 大きく, 大きな, 小さな, 小さい, 小さく, 強く **3.** (1) $CaSO_4\cdot 2H_2O$ (2) $CaCO_3 + H_2SO_4 \longrightarrow CaSO_4\downarrow + CO_2 + H_2O$ 不適である。 **5.** 解答は, 図 7-1 と見開きの周期表を参照。
8. アルカリ金属の反応性は, 原子番号が大きいものほど高い。

8-1 ドリル問題

1. 30% **2.** CH **3.** $C_2H_4O_2$ **4.** C_2H_6(エタン), CH_3OCH_3(ジメチルエーテル), CH_3CH_2OH(エタノール)
5. (a) 異性体の関係…5と6, 9と10 (b) 同一物質…1と2, 3と4 **7.** (a) 3 (b) 4 (c) 1と7 (d) 6 (e) 5
8. $CH_3CH_2CH_2CH_2CH_2CH_3$ hexane　$CH_3CH_2CH_2CH(CH_3)_2$ 2-methylpentane
$CH_3CH_2CH(CH_3)CH_2CH_3$ 3-methylpentane　$(CH_3)_2CHCH(CH_3)_2$ 2,3-dimethylbutane
$(CH_3)_3CCH_2CH_3$ 2,2-dimethylbutane

8-2 ドリル問題

1. 11個 **2.** (2) **3.** (3) **4.** (1) 8.97 mol (2) エチレンからはエタン, プロピレンからはプロパン, アセチレンからはエタンが生じる。 **5.** (1) CH_3OH (2) CH_3CH_2OH (3) $CH_3CH_2OCH_2CH_3$ (4) CH_3CHO (5) CH_3COCH_3
6. (1) アルコール (2) アルデヒド (3) エーテル (4) カルボン酸 (5) エステル **7.** (1)-イ (2)-ウ (3)-オ (4)-ウ **8.** (3)

8章 演習問題

1. (1) イ, カ (2) ウ, エ, ク (3) ア, オ (4) キ **2.** 組成式：C_2H_6O, 分子式：C_2H_6O, 構造式(示性式)：C_2H_5OH と CH_3OCH_3
3. ethyne, H−C≡C−H **4.** HO−(ベンゼン環)−OH **5.** CH_3COOCH_3, $HCOOC_2H_5$ **6.** (1) 3,4-dimethylhexane
(2) 2-methyl-1,3-butadiene (3) 4-methyl-2-pentyne (4) trichloromethane (5) 3-bromopropene
7. アルコールとして

$CH_3CH_2CH_2CH_2OH$	1-butanol
$CH_3CH_2CH(OH)CH_3$	2-butanol
$(CH_3)_2CH(OH)CH_3$	2-methyl-2-propanol
$(CH_3)_2CHCH_2OH$	2-methyl-1-propanol

エーテルとして

$CH_3OCH_2CH_2CH_3$	methoxypropane
$CH_3OCH(CH_3)_2$	methoxymethylethane
$CH_3CH_2OCH_2CH_3$	ethoxyethane

8. (1) $CH_3OH + CuO \rightarrow HCHO + Cu + H_2O$ (2) $2\,CH_3CHO + O_2 \rightarrow 2\,CH_3COOH$
(3) $2\,CH_3CH_2OH \rightarrow CH_3CH_2OCH_2CH_3 + H_2O$ (4) $CH_3COOH + CH_3CH_2OH \rightarrow CH_3COOCH_2CH_3 + H_2O$
9. (1) methanol (2) 3-pentanone (3) butanedioic acid (4) ethylpropanoate (5) butanamide
(6) *N*-methyl-1,4-butanediamine **10.** (1) 誤り 2,3,5-trimethylhexane (2) 正しい (3) 誤り 3-bromopropene
(4) 誤り 2-methyl-1-butanol (5) 正しい **11.** (1) 3-butenal (2) ethanoic anhydride (3) 4-oxobutanoic acid
(4) 4-amino-2-butanol (5) 4-hydroxy-2-pentanone
12. (1) cyclohexanecarboxylic acid (2) 2-hydroxypropane-1,2,3-tricarboxylic acid **13.** (2) **14.** C_3H_7OH

さくいん

■ 側注タイトル

■ あ行

■ か行

さ行

た行

な行

は行

■ ま行

■ や行

■ ら行

●本書の関連データが Web サイトからダウンロードできます。

https://www.jikkyo.co.jp/download/ で

「新編基礎化学」を検索してください。

提供データ：ドリル問題と演習問題の解答

■執筆

藤野（ふじの）　竜也（たつや）　東洋大学理工学部教授

相沢（あいざわ）　宏明（ひろあき）　東洋大学理工学部准教授

石井（いしい）　茂（しげる）　東洋大学理工学部教授

田代（たしろ）　基慶（もとみち）　東洋大学理工学部教授

●表紙カバーデザイン――(株)エッジ・デザインオフィス

●本文デザイン――アンド・ティーズ・デザイン

専門基礎ライブラリー

新編基礎化学　第2版

2013年3月20日　初版第1刷発行

2021年7月1日　第2版第1刷発行

●執筆者　藤野　竜也（ほか3名）

●発行者　小田良次

●印刷所　中央印刷株式会社

●発行所　実教出版株式会社

〒102-8377

東京都千代田区五番町5番地

電話［営　業］(03) 3238-7765

［企画開発］(03) 3238-7751

［総　務］(03) 3238-7700

https://www.jikkyo.co.jp/

ISBN 978-4-407-35248-1 C3043

Printed in Japan

有機化合物命名法（IUPAC命名法）② …前見返しの続き

アルケン (alkene)	二重結合を一つもつ鎖状炭化水素アルケン（alkene）は，アルカンの接尾語aneをエンeneに変える。 C=Cを含む最長鎖を主骨格（基本となる炭素鎖）とし，二重結合の番号が最小となるように炭素に番号を付ける。	$CH_3CH=CHCH_2CH_3$ $CH_3CH=CHCH(CH_3)_2$	2-ペンテン 2-pentene 4-メチル-2-ペンテン 4-methyl-2-pentene
アルキン (alkyne)	三重結合を一つもつ鎖状炭化水素アルキン（alkyne）は，アルカンの接尾語aneをインyneに変える。 C≡Cを含む最長鎖を主骨格とし，三重結合の番号が最小となるように炭素に番号を付ける。	$CH\equiv CH$ $CH_3-C\equiv CH$	エチン（アセチレン） ethyne (acetylene) プロピン propyne
ハロゲン化炭化水素 (haloalkane)	枝のある炭化水素の命名の場合と同様の表し方でハロゲンの数と位置を示す。Fはフルオロfluoro，Clはクロロchloro，Brはブロモbromo，Iはヨードiodoとなる。	CH_3Cl CH_2Br_2 CHI_3 $CH_2=CH-CH_2Br$	モノクロロメタン monochloromethane ジブロモメタン dibromomethane トリヨードメタン triiodomethane 3-ブロモ-1-プロペン 3-bromo-1-propene
アルコール (alcohol)	炭化水素の名称の後にolをつけて表す。methaneolのように母音が続くときは，eを削除しmethanolとなる。間に数詞（di,triなど）が入るとき，eは削除しない（1,2-ethanediol）。OH基を含む最長鎖を主鎖とし，OH基がつく位置に最も小さい番号をつけ，アラビア数字で示す。 分子中にOH基が2個，3個，…あるときは語尾をそれぞれジオールdiol，トリオールtriol，…とする。	$CH_3CH_2CH_2CH_2OH$ $(CH_3)_3COH$ $CH_2(OH)CH_2OH$	1-ブタノール 1-butanol 2-メチル-2-プロパノール 2-methy-2-propanol 1,2-エタンジオール 1,2-ethanediol
エーテル (ether)	アルコキシ基あるいはアルキルオキシ基RO（炭素数4まではアルコキシalkoxy基，5以上はアルキルオキシalkyloxy基）の存在を示す命名法を用いる。より長鎖のアルキル基を主骨格とする。	CH_3OCH_3 $CH_3OCH_2CH_3$	メトキシメタン methoxymethane メトキシエタン methoxyethane
アルデヒド (aldehyde)	炭化水素の名称の後にalをつけて表す。 母音が続くときは，アルコールの命名法と同様にeを削除する。	CH_3CHO $(CH_3)_2CHCHO$	エタナール ethanal 2-メチル-1-プロパナール 2-methyl-1-propanal アルデヒド基は末端にしか結合できないので，この場合は「2-」も「1-」も不要でメチルプロパナールmethylpropanalでよい。